THERMAL FLUID ENGINEERING USING EXCEL

EXCEL을 이용한

열유체공학

모정하 이태희 이병호 우종식 김근묵

JINSAEM 진샘미디어

머리말

지난 수년간 저자는 열과 유체에 관련된 전공과목의 강의를 통하여 학생들에게 매트랩(Matlab)의 중요성과 응용력을 가르쳐 오면서 약간의 아쉬움을 느끼곤 했다.

매트랩은 전 세계적으로 대학, 연구소, 산업체, 엔지니어, 과학자 등이 사용하는 과학기술용 계산을 위한 매우 강력한 컴퓨터 언어이다. 그리고 학생들이 수강 후에 숙제를 하거나 보고서를 작성할 때 유용하게 활용할 수 있는 상용코드이지만 접근성이 떨어져 사용하기에 불편하므로 성과를 기대하기 어려운 점이 있다.

엑셀(Excel)은 미국의 Microsoft사에서 문서나 데이터를 관리하기 위하여 만든 프로그램이며 스프레드시트(spread sheet) 또는 워크시트(work sheet)에 바탕을 두고 있다. 현재는 전세계적으로 사용되고 있으며, 적용 범위도 확장되어 문서나 데이터 관리 외에 수식계산 작업, 차트나 그림 작성, 함수식을 이용한 계산, 도표 작성 등 매우 다양한 기능을 발휘할 수 있다. 그리고 숫자와 데이터를 셀(cell)에 저장하고 이 셀들을 이용하여 여러 가지 목적에 맞도록 변형시키고 수정시키며, 계산도 할 수 있고 그래프도 생성시킬 수 있다.

여기에 더하여 엑셀은 장소에 관계없이 집이나 학교 등 어디서나 사용이 가능하다는 뛰어난 접근성을 가지고 있다. 따라서 학생들이 관심을 기울여 잘 활용하면 전공에 대한 분석과 응용력을 한층 높일 수 있다.

"구슬이 서 말이라도 꿰어야 보배다"라는 속담이 있다. 아무리 강력한 상용코드라 할지라도 산업현장에서 발생하는 다양한 문제의 해결에 적용할 수 없다면 이 코드는 무용지물에 불과할 것이다. 이에 본 저자는 엑셀을 처음 접하는 공학도가 열 및 유체 관련 과목인 열역학, 유체역학, 열전달 등과 같은 학문 분야에서 엑셀이라는 소프트웨어를 적용하여 열적 시스템을 해석하고 결과를 도출할 수 있도록 기본 개념과 폭넓은 응용 분야를 다루는데 주력하였다.

이와 같은 취지에 따라 본서에서는 기존의 교과서에 비해 약간 다른 형식으로 내용을 구성하였으며, 주요 특징은 다음과 같다.

- 풍부한 예제 : 엑셀의 이해력과 응용력을 향상시키기 위해 풍부한 예제를 소개하였다.
- 그래프 표현 강화 : 해석한 결과의 가시화를 위하여 그래프 표현 내용을 강화하였다.
- 내장함수의 활용 : 프로그램을 작성하지 않고 엑셀에 내장된 함수를 사용하여 문제를 해석하였다.
- 다양한 문제의 선정 : 본서에 수록된 대부분의 예제 및 문제는 기존의 교과서 또는 산업현장에서 발생하는 내용을 기준으로 선정하였다.

본 교재는 엑셀 부분 2개, 열역학 부분 6개, 유체역학 부분 5개, 총 13개의 장(chapter)으로 구성되었다. 그리고 각각의 장은 이론 및 식을 설명한 내용 부분, 식을 적용하여 문제를 해석하는 예제풀이 부분, 학생의 응용력과 분석력을 키우는 연습문제 부분으로 구성되었다.

특히 기존의 교과서와 달리 예제풀이 부분을 한곳으로 모았으며, 전반부는 전자계산기를 이용하여 해결할 수 있는 예제풀이A, 후반부는 엑셀을 이용하여 해결할 수 있는 예제풀이B 부분으로 분리하여 편집하였다.

엑셀을 다루는 공학도에게 좋은 길잡이가 될 수 있도록 깊이 있고 충실한 내용을 위하여 편집에 많은 노력을 기울였다. 그러나 이러한 노력에도 불구하고 표현의 미숙과 어딘가에 오류가 남아 있을지도 모른다는 생각에 걱정이 앞선다. 아무쪼록 저자가 의도했던 학습효과가 독자들에게 충분히 전달되고 열 및 유체 관련 분야에서 엑셀 응용 입문서로서의 역할을 할 수 있기를 간절히 기대한다. 이 책이 나오기까지 많은 조언과 도움을 주신 주위 분들께 감사드린다. 특별히 저자가 대면한 적은 없지만 엑셀의 MathExcel 함수를 취급하면서 훌륭한 자료를 제공하여 준 사종엽 교수님께 지면을 통하여 감사의 말씀을 전해 드린다.

본서가 학생들에게 전공과목에 대한 흥미를 유발시키고 전공과 연관된 문제에 대하여 해석력과 응용력이 향상되기를 기대하며, 또한 본서가 더욱 훌륭한 교과서가 될 수 있도록 앞으로도 꾸준히 정진하고 노력하겠다는 말을 남기고 싶다.

2015년 11월

저자대표 모 정 하

차례

PART 1 엑셀(EXCEL)

PART 2 열역학

PART 1

엑셀(EXCEL)

Chapter 1　엑셀의 기본 기능

Chapter 2　엑셀의 공학적 응용

Chapter 1

엑셀의 기본 기능

1-1 | 엑셀의 개요

1 엑셀이란 무엇인가?

"엑셀(Excel)"은 미국의 마이크로소프트(Microsoft)사에서 스프레드시트를 중심으로 데이터 관리나 수치계산을 위하여 만든 프로그램이다. 엑셀이 나오기 전에 로터스나 쿼트로 등의 프로그램이 있었지만, 지금은 스프레드시트의 대표적인 프로그램으로써 엑셀이 전세계적으로 사용되고 있다. 일반적으로 엑셀은 스프레드시트(spread sheet) 또는 워크시트(work sheet)를 의미한다.

워크시트는 행과 열의 개념이 적용된 표 형태의 편집창이며 여러 가지 도표의 양식으로 계산하는 사무업무를 자동으로 처리할 수 있는 표 계산 스프레드시트이다. 아울러 수식계산 작업, 차트나 그림 작성, 함수식을 이용한 계산, 도표 작성 등 매우 다양한 기능을 발휘할 수 있다. 그리고 숫자와 데이터를 셀(cell)에 저장하고 이 셀들을 이용하여 여러 가지 목적에 맞도록 변형시키고 수정시키며, 계산도 할 수 있고 그래프도 생성시킬 수 있다.

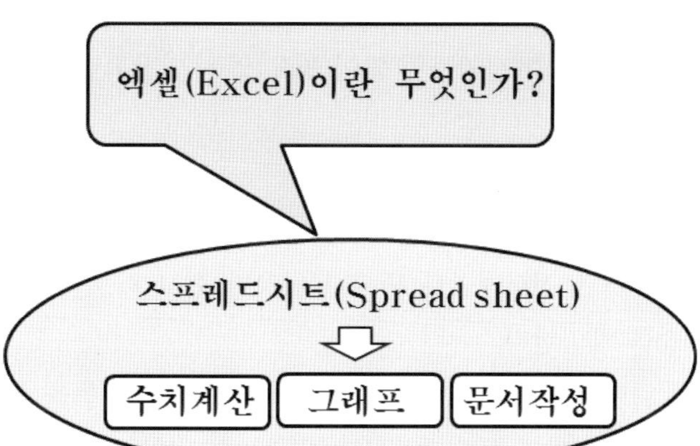

2 엑셀의 주요 기능

스프레드시트로 대변되는 엑셀이 수행할 수 있는 대표적인 기능을 간략하게 설명하면 다음과 같다.

1 수치계산 기능

1) 엑셀의 가장 중요한 기능 중의 하나이다.
2) 간단한 사칙연산부터 복잡한 통계자료까지 수치계산을 쉽고 빠르게 할 수 있다.
3) 함수마법사를 이용하여 간단한 방정식부터 초월함수가 포함된 복잡한 방정식 등을 간편하게 처리할 수 있다.

2 그래프 작성 기능

1) 이 기능도 엑셀에서 가장 중요한 기능 중의 하나이다.
2) 많은 종류의 차트모양을 이용하여 다양한 형태(막대 그림, 곡선 그림, 원형 그림 등)의 그림을 그릴 수 있다.
3) 그래프의 형식에 관련된 다양한 부분(축서식, 제목, 범례, 레이블 등)을 쉽고 간단하게 편집할 수 있다.

3 문서작성 기능

1) 엑셀이 탄생하게 된 주 목적이며 손으로 수행하던 문서 관리를 다루기에 편한 전자표 형태로 컴퓨터화한 것이다.
2) 엑셀은 행과 열로 구성된 표 형태의 워크시트이기 때문에 문서작성이 매우 용이하다.
3) 여러 가지 기법을 적용하여 반복된 작업을 단순화시킬 수 있고 수정이나 삽입 등 편집 작업을 효율적으로 수행할 수 있다.
4) 규격과 형식이 일정하고 계산기능이 많이 필요 없는 일반적인 업무용 문서를 매우 효과적으로 다룰 수 있다.

4 데이터베이스 기능

1) 자료를 일정한 순서로 정렬하거나 필요한 자료만 쉽고 빠르게 삽입 또는 추출할 수 있는 등의 기능을 제공한다.
2) 다양한 종류의 일에 연관된 수많은 자료나 문서 또는 숫자 등을 목적에 맞도록 보관, 수정, 필터링, 목표값 찾기 등의 기능을 수행할 수 있다.

5 매크로(macro) 기능

1) 이는 엑셀의 고급 기능 중의 하나이다.
2) 자주 사용하는 기능이나 내용을 매크로로 작성(프로그램 작성을 의미함)하여 보관하면 반복되는 작업을 편리하게 처리할 수 있다.

6 다른 프로그램과의 호환성

1) 엑셀로 작성된 파일을 MS 워드, 한글로 작성한 문서 또는 파워포인트 등으로 자유롭게 전달할 수 있다.
2) 인터넷 환경에서 자주 이용되는 E-mail이나 전자문서와도 자유로운 호환이 가능하다.

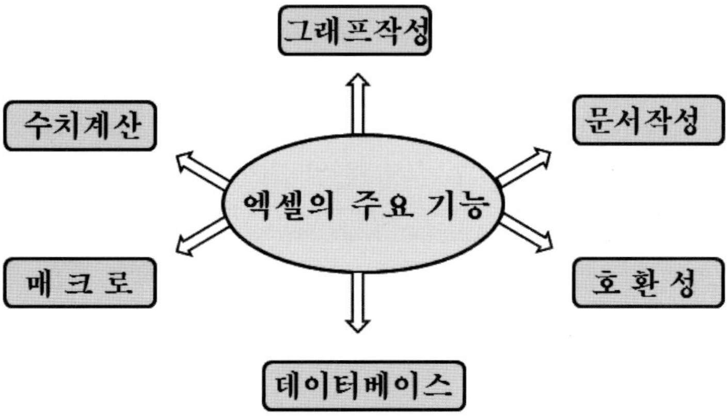

3 엑셀의 화면 구성

엑셀을 실행시키면 다음 그림과 같이 빈 문서의 엑셀 화면이 나타난다. 첫 화면에 있는 주요 구성은 아래와 같다.

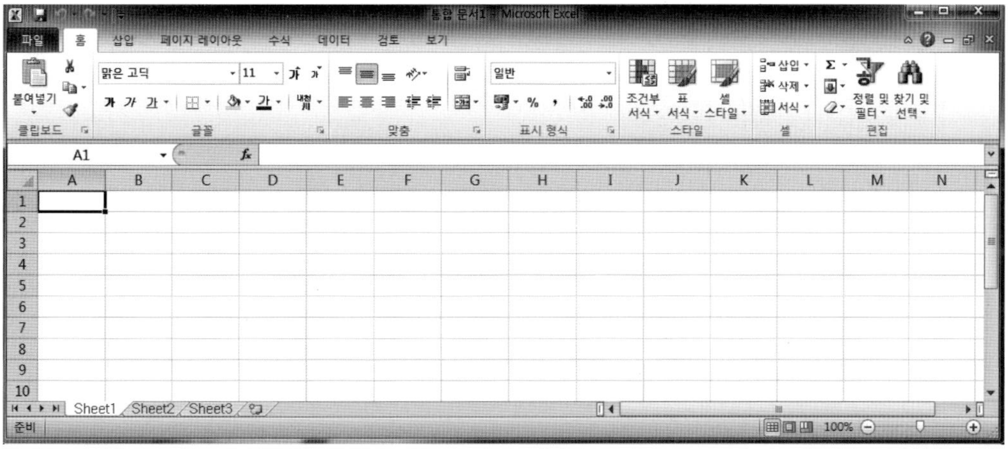

1 주요 구성

① 홈, ② 삽입, ③ 페이지 레이아웃, ④ 수식, ⑤ 데이터, ⑥ 검토, ⑦ 보기

2 세부 내용

① **홈** : 클립보드, 글꼴, 맞춤, 표시형식, 스타일, 셀, 편집

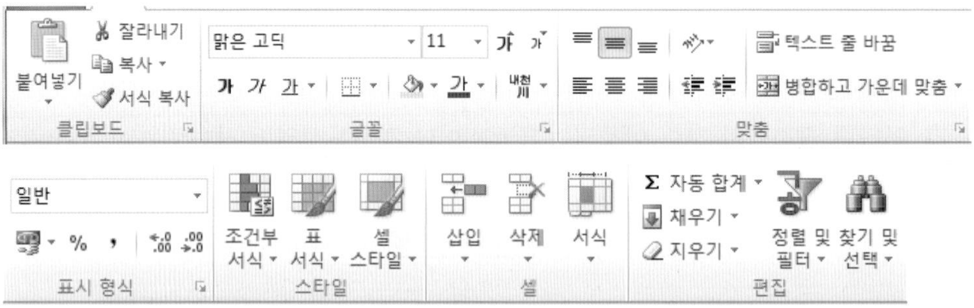

② **삽입** : 표, 일러스트레이션, 차트, 스파크라인, 필터, 링크, 텍스트, 기호

③ **페이지 레이아웃** : 테마, 페이지 설정, 크기조정, 시트옵션, 정렬

④ 수식 : 함수 라이브러리, 정의된 이름, 수식분석, 계산

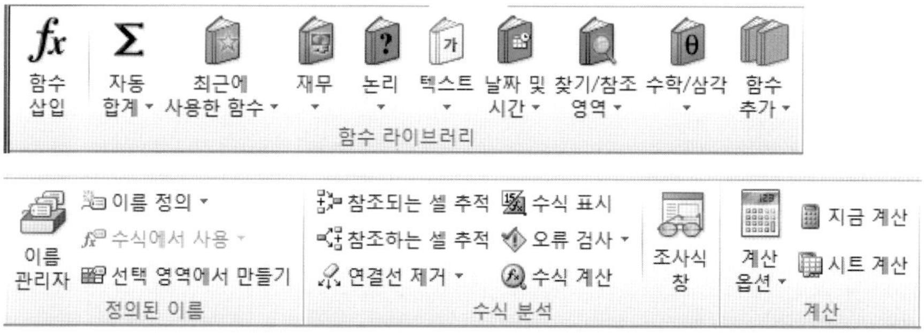

⑤ 데이터 : 외부데이터 가져오기, 연결, 정렬 및 필터, 데이터도구, 윤곽선, 분석

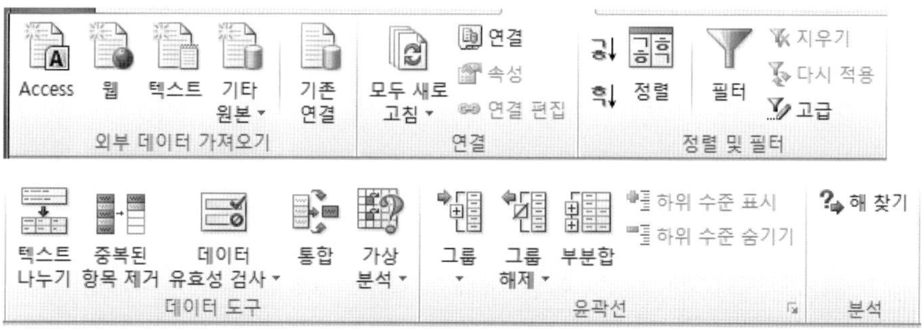

⑥ 검토 : 언어교정, 언어, 메모, 변경내용

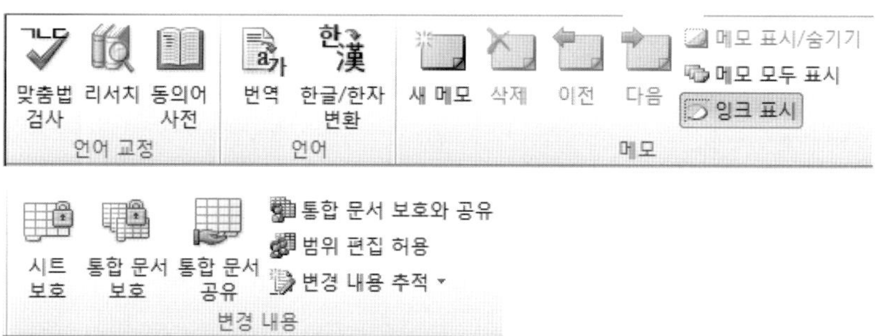

⑦ 보기 : 통합문서보기, 표시, 확대/축소, 창, 매크로

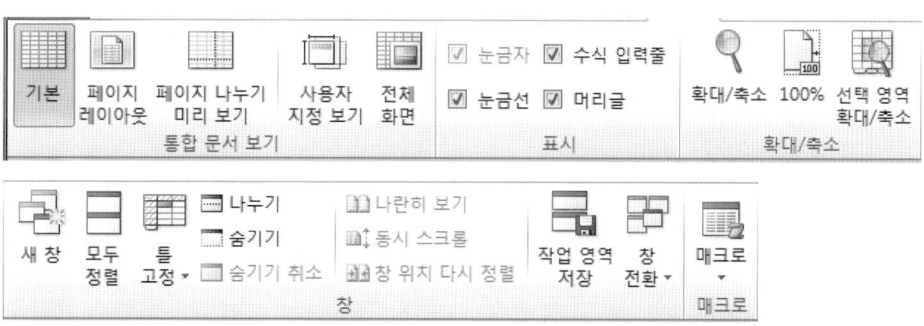

1-2 | 수식 계산

1 합계

1 동일한 숫자

1) A1 cell에 "3" 입력 후 [Enter↵]를 누른다.
2) A1 cell의 오른쪽 끝으로 마우스 이동하면 마우스 포인터의 모양이 십자(+) 모양으로 변경된다.
3) 마우스 왼쪽 단추를 누른 상태에서 A10 cell까지 끌고 내려온다(pull down). → A-column에 같은 숫자가 나타난다.
4) 마우스로 A1~A10 cell까지 지정한 후 "수식" 화면의 "Σ" 기호를 클릭한다. → A11 cell에 합계된 숫자 "30"이 나타난다.

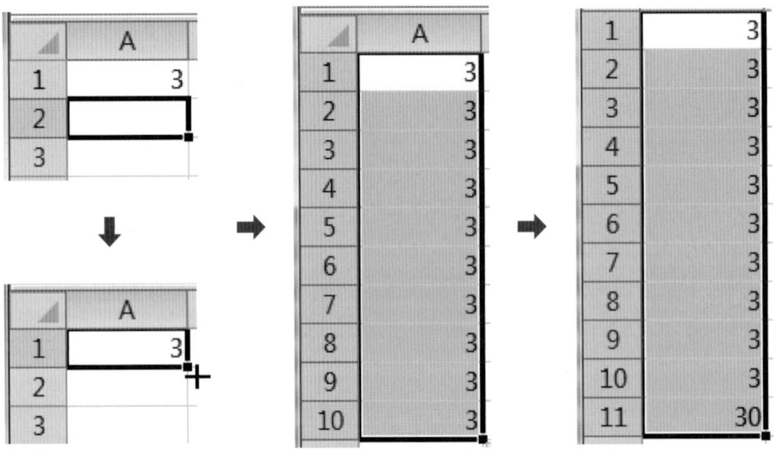

2 등간격($\Delta x = 1$: 1~10)

1) A1 cell에 "1" 입력 후 [Enter↵] key를 누른다.
2) A1 cell의 오른쪽 끝으로 마우스 이동하면 마우스 포인터의 모양이 십자(+) 모양으로 변경된다.
3) [Ctrl] key와 함께 마우스 왼쪽 단추를 누른 상태에서 10번째 cell까지 끌고 내려온다. → A-column에 1~10까지 숫자가 나타난다.
4) 마우스로 A1~A10 cell까지 지정한 후 "수식" 화면의 "Σ" 기호를 클릭한다. → A11 cell에 합계된 숫자 "55"가 나타난다.

3 등간격($\Delta x = 2$: 1~21)

1) A1 cell에 “1”, A2 cell에 “3” 입력 후 [Enter↵] key를 누른다.
2) 마우스로 A1~A2 cell까지 지정한 후 cell의 오른쪽 끝으로 마우스를 이동하면 마우스 포인터의 모양이 십자(+) 모양으로 변경된다.
3) 마우스 왼쪽 단추를 누른 상태에서 11번째 cell까지 끌고 내려온다. → A-column에 1~21까지 숫자가 나타난다.
4) 마우스로 A1~A11 cell까지 지정한 후 “수식” 화면의 “Σ” 기호를 클릭한다. → A12 cell에 합계된 숫자 “121”이 나타난다.

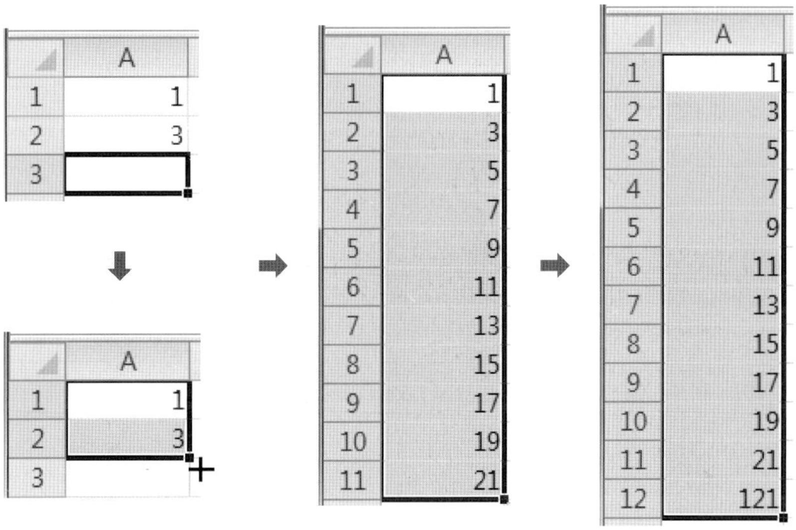

2 방정식 계산

1 다항식

$$y = x^5 - 3.5x^4 + 2.75x^3 + 2.125x^2 - 3.875x + 1.25(0 \le x \le 10)$$

1) A1 cell에 “0” 입력 후 [Enter↵] key를 누른다.
2) A1 cell의 오른쪽 끝으로 마우스 이동하면 마우스 포인터의 모양이 십자(+) 모양으로 변경된다.
3) [Ctrl] key와 함께 마우스 왼쪽 단추를 누른 상태에서 11번째 cell까지 끌고 내려온다. → A-column에 0~10까지 숫자가 나타난다.
4) B1 cell에 “=A1^5-3.5*A1^4+2.75*A1^3+2.125*A1^2-3.875*A1+1.25” 입력 후 [Enter↵] key를 누른다. → B1 cell에 “1.25” 숫자가 나타난다.

5) B1 cell의 오른쪽 끝으로 마우스 이동하면 마우스 포인터의 모양이 십자(+) 모양으로 변경된다.

6) 마우스 왼쪽 단추를 누른 상태에서 B11 cell까지 끌고 내려온다. → B-column에 각각의 x 값에 대하여 계산된 숫자가 나타난다.

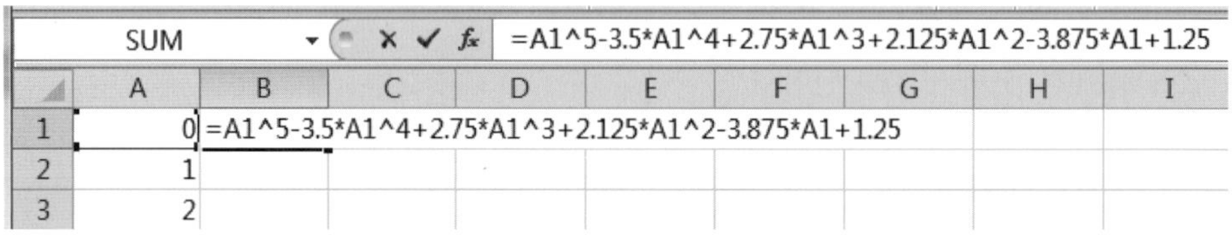

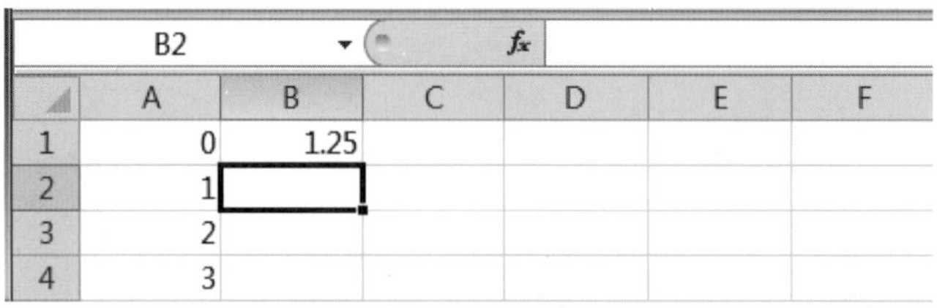

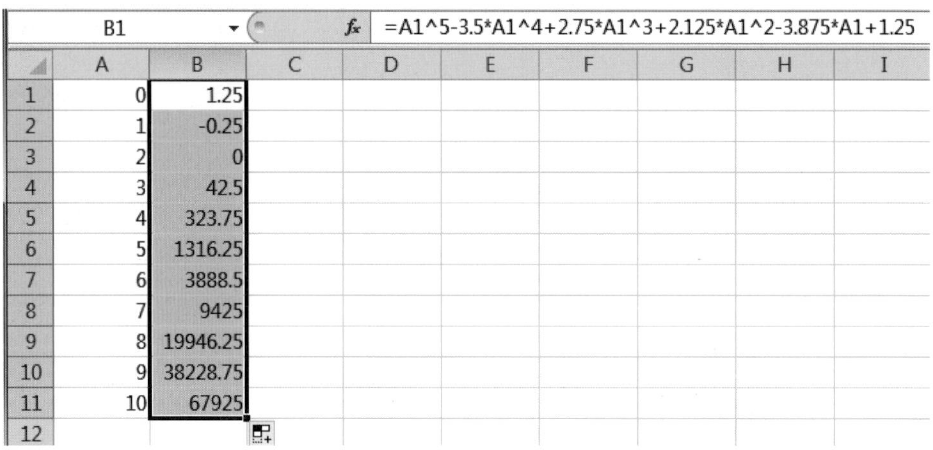

2 다비선형 방정식

$$y = \frac{1}{(x-0.3)^2+0.01} + \frac{1}{(x-0.9)^2+0.04} - 6(0 \le x \le 1,\ \Delta x = 0.1)$$

1) A1 cell에 "0", A2 cell에 "0.1" 입력 후 [Enter↵] key를 누른다.

2) 마우스로 A1~A2 cell까지 지정한 후 cell의 오른쪽 끝으로 마우스를 이동하면 마우스 포인터의 모양이 십자(+) 모양으로 변경된다.

3) 마우스 왼쪽 단추를 누른 상태에서 11번째 cell까지 끌고 내려온다. → A-column에 0~1까지 숫자가 나타난다.

4) B1 cell에 "=1/((A1−0.3)^2+0.01)+1/((A1−0.9)^2+0.04)−6" 입력 후 [Enter↵] key를 누른다. → B1 cell에 "5.176471" 숫자가 나타난다.
5) B1 cell의 오른쪽 끝으로 마우스 이동하면 마우스 포인터의 모양이 십자(+) 모양으로 변경된다.
6) 마우스 왼쪽 단추를 누른 상태에서 B11 cell까지 끌고 내려온다. → B-column에 각각의 x 값에 대하여 계산된 숫자가 나타난다.

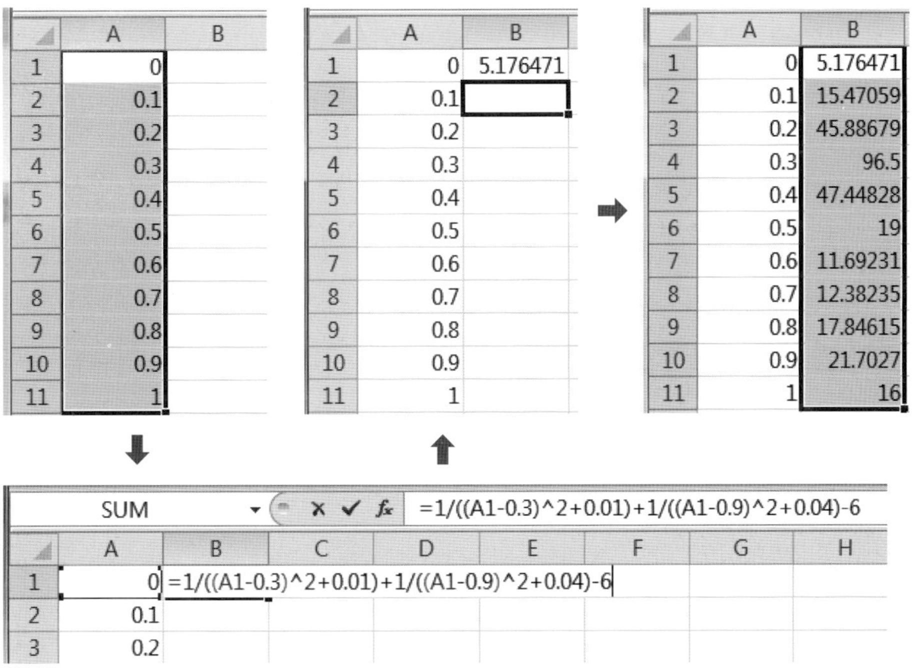

3 초월함수 계산

엑셀에서 초월함수는 도(degree) 또는 라디안(radians)에 따라 다음과 같이 표현된다.

• sin(radians(30)) = 0.5, sin(pi()/6) = 0.5

1 물체의 자유낙하

물체의 질량은 m, 중력가속도는 g, 저항계수는 C_d일 때, 높은 곳에서 자유낙하하는 물체의 속도를 시간에 따라 구하는 식은 다음과 같다. 문제의 조건은 $m = 70kg$, $g = 9.81m/s^2$, $C_d = 0.25$이다.

$$v = \sqrt{\frac{mg}{C_d}} \cdot \tanh\left(\sqrt{\frac{gC_d}{m}} \cdot t\right) \quad (0 \le t \le 10)$$

1) A1 cell에 “0”, A2 cell에 “1” 입력 후 [Enter↵] key를 누른다.
2) 마우스로 A1~A2 cell까지 지정한 후 cell의 오른쪽 끝으로 마우스를 이동하면 마우스 포인터의 모양이 십자(+) 모양으로 변경된다.
3) 마우스 왼쪽 단추를 누른 상태에서 11번째 cell까지 끌고 내려온다. → A-column에 0~10까지 숫자가 나타난다.
4) B1 cell에 “=sqrt(70*9.1/0.25)*tanh(sqrt(9.81*0.25/70)*A1)” 입력 후 [Enter↵] key를 누른다. → B1 cell에 “0” 숫자가 나타난다.
5) B1 cell의 오른쪽 끝으로 마우스 이동하면 마우스 포인터의 모양이 십자(+) 모양으로 변경된다.
6) 마우스 왼쪽 단추를 누른 상태에서 B11 cell까지 끌고 내려온다. → B-column에 각각의 t 값에 대하여 계산된 숫자가 나타난다.

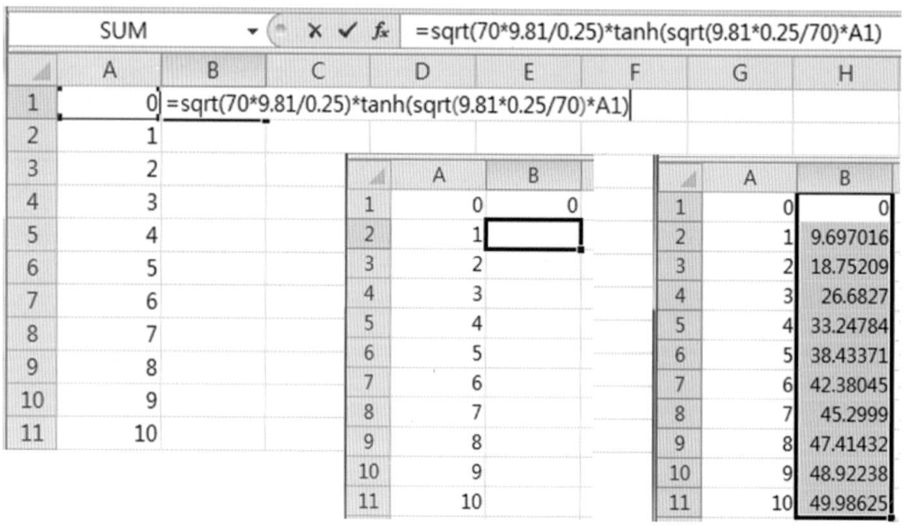

2 용기 내의 액체 체적

반지름이 r이고 길이 L인 속이 빈 실린더 안에 있는 액체의 체적 V와 액체의 깊이 h는 다음의 관계식으로 주어진다. 여기서 $r=2m$, $L=5m$이다.

$$V=\left\{r^2\cos^{-1}\left(\frac{r-h}{r}\right)-(r-h)\sqrt{2rh-h^2}\right\}L\,(0\le h\le 4,\ \Delta h=0.5m)$$

1) A1 cell에 “h[m]”, A2 cell에 “0”, A3 cell에 “0.5” 입력 후 [Enter↵] key를 누른다.
2) 마우스로 A2~A3 cell까지 지정한 후 cell의 오른쪽 끝으로 마우스를 이동하면 마우스 포인터의 모양이 십자(+) 모양으로 변경된다.

3) 마우스 왼쪽 단추를 누른 상태에서 10번째 cell까지 끌고 내려온다. → A-column에 0~4까지 숫자가 나타난다.
4) B1 cell에 “V[m^3]”, B2 cell에 “=(2^2*acos((2-A2)/2)-(2-A2)*sqrt(2* 2*A2-A2^2))*5” 입력 후 [Enter↵] key를 누른다. → B2 cell에 “0” 숫자가 나타난다.
5) B2 cell의 오른쪽 끝으로 마우스 이동하면 마우스 포인터의 모양이 십자(+) 모양으로 변경된다.
6) 마우스 왼쪽 단추를 누른 상태에서 B10 cell까지 끌고 내려온다. → B-column에 각각의 h 값에 대하여 계산된 숫자(V)가 나타난다.

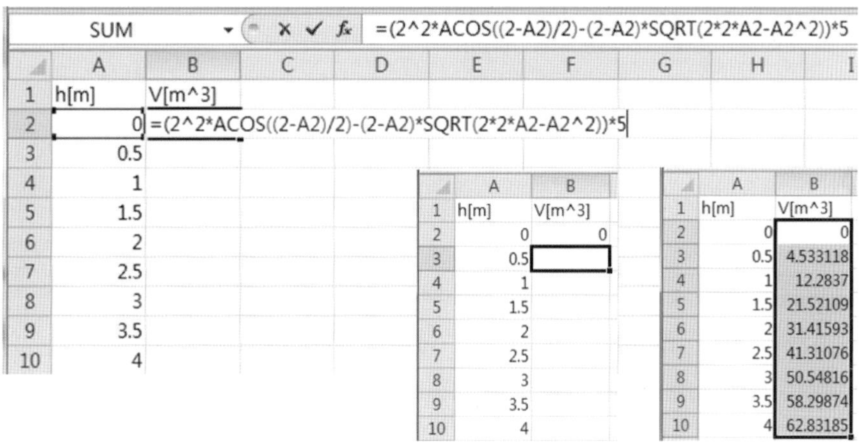

4 지수 및 로그함수 계산

1 지수함수

$$y = x^2 e^{3x} (0 \le x \le 1,\ \Delta x = 0.1)$$

1) A1 cell에 “x”, A2 cell에 “0”, A3 cell에 “0.1” 입력 후 [Enter↵] key를 누른다.
2) 마우스로 A2~A3 cell까지 지정한 후 cell의 오른쪽 끝으로 마우스를 이동하면 마우스 포인터의 모양이 십자(+) 모양으로 변경된다.
3) 마우스 왼쪽 단추를 누른 상태에서 12번째 cell까지 끌고 내려온다. → A-column에 0~1까지 숫자가 나타난다.
4) B1 cell에 “y”, B2 cell에 “=A2^2*exp(3*A2)” 입력 후 [Enter↵] key를 누른다. → B2 cell에 “0” 숫자가 나타난다.
5) B2 cell의 오른쪽 끝으로 마우스 이동하면 마우스 포인터의 모양이 십자(+) 모양으로 변경된다.

6) 마우스 왼쪽 단추를 누른 상태에서 B12 cell까지 끌고 내려온다. → B-column에 각각의 x 값에 대하여 계산된 숫자(y)가 나타난다.

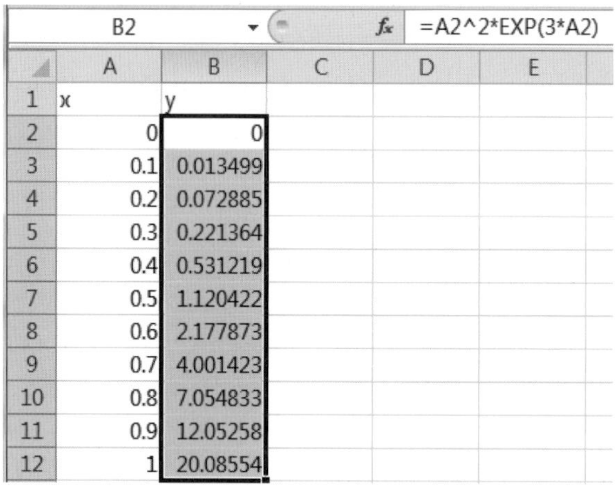
B2 fx =A2^2*EXP(3*A2)

	A	B	C	D	E
1	x	y			
2	0	0			
3	0.1	0.013499			
4	0.2	0.072885			
5	0.3	0.221364			
6	0.4	0.531219			
7	0.5	1.120422			
8	0.6	2.177873			
9	0.7	4.001423			
10	0.8	7.054833			
11	0.9	12.05258			
12	1	20.08554			

2 로그함수

- $\log_{10}(x)$는 밑이 "10"인 상용로그(common logarithm) 함수이다.
- $\log_e(x) = \ln(x)$는 밑이 "e"인 자연로그(natural logarithm) 함수이다.

엑셀에서 표기법은 다음과 같다.

- $\log_{10}(x)$ ⇒ "log10(x)" 또는 "log(x,10)"
- $\log_a(x)$ ⇒ "log(x,a)"
- $\ln(x)$ ⇒ "ln(x)"

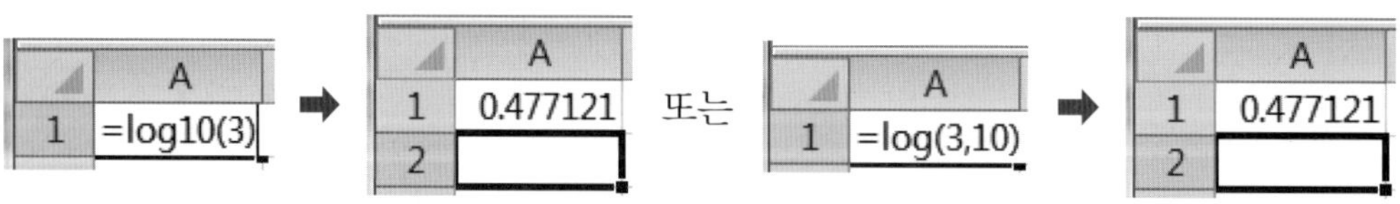

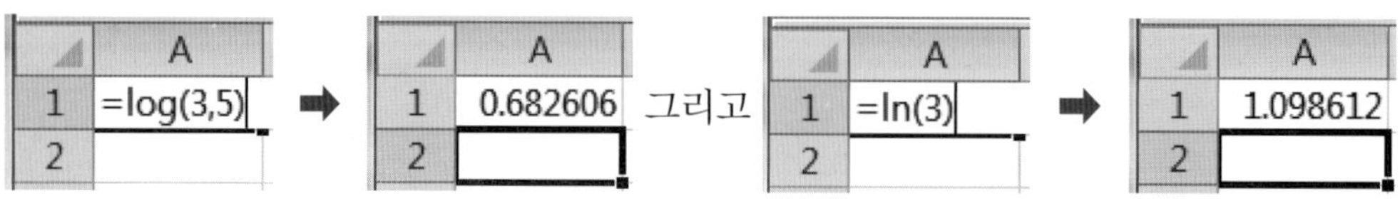

1-3 함수 마법사

1 개요

그림과 같이 수식 메뉴에서 "함수마법사[fx]"를 사용하면 함수가 포함된 식을 계산하기가 용이하다. 함수마법사는 사용할 함수를 저장하는 곳이다. "함수마법사" 창에서 사용할 함수, 예를 들어 "SUM"을 클릭하면 이 함수에 대한 "수식 편집상자"가 나타나고 수식의 내용을 입력하고 "확인" 단추를 클릭하면 지정한 cell에 함수값이 나타난다.

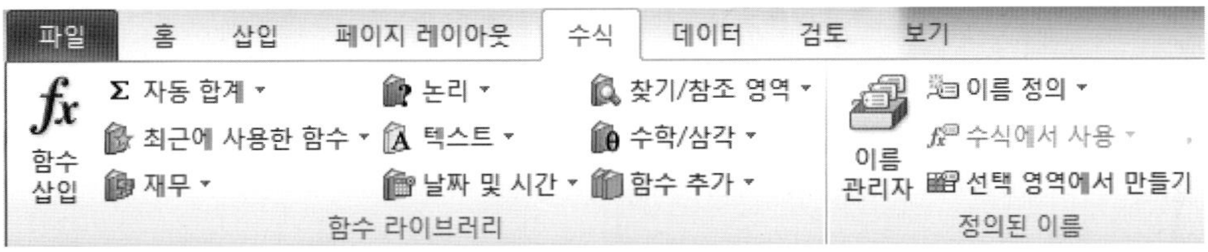

[수식 메뉴]

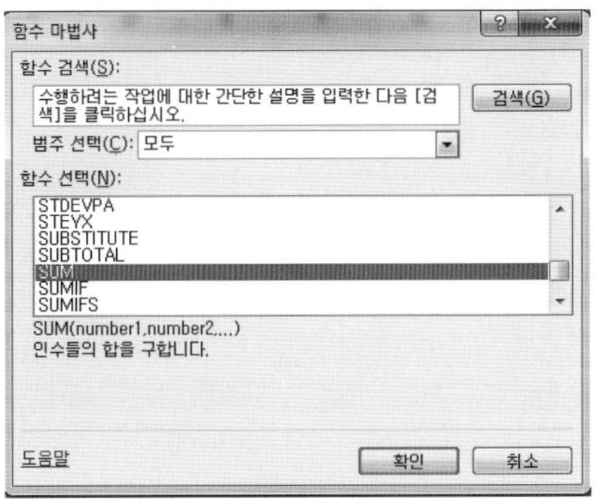

[함수마법사]

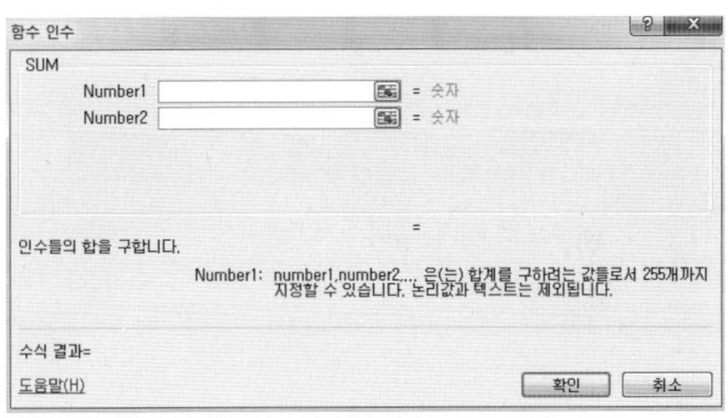

[수식 편집상자]

2 응용 예

다음 식은 비선형 방정식이며 비교적 짧은 x 의 범위에서 가파른 변화를 나타내는 식이다. "함수마법사"에 수록된 몇 개의 함수를 이용하여 합계, 평균, 최대, 최소값을 찾아보자.

$$y = \frac{1}{(x-0.3)^2+0.01} + \frac{1}{(x-0.9)^2+0.04} - 6 \ \ (0 \le x \le 1, \ \Delta x = 0.05)$$

- 함수의 종류 : "sum", "$average$", "max", "min"

  ① cell에 "x=", "y=", "합계=", "평균=", "최대=", "최소="를 입력한다.

  ② A-column에 x 값을 0~1까지 생성한다.

③ B2 cell에 "=1/((A2−0.3)^2+0.01)+1/((A2−0.9)^2+0.04)−6"의 식을 입력한 후 [enter] key를 누른다.

④ B22 cell까지 값을 생성한다.

⑤ E1 cell을 클릭한 후 "함수마법사"에서 "sum"함수를 클릭한다.

⑥ "함수인수" 창의 "Number1" 사각형에 "B2:B22"를 입력한 후 "확인" 단추를 클릭하면 합계된 숫자 "607.1411"이 E1 cell에 나타난다.

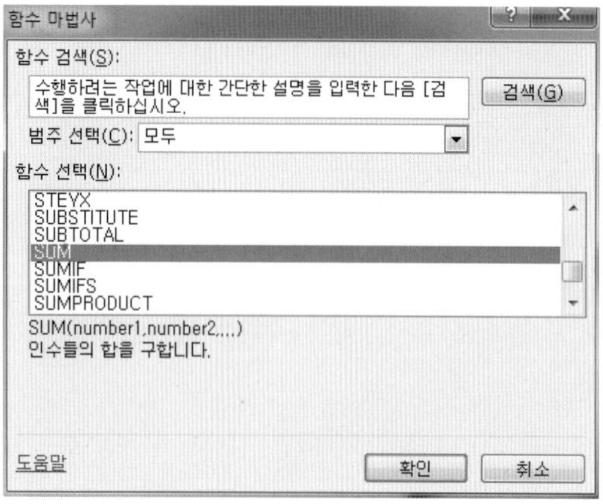

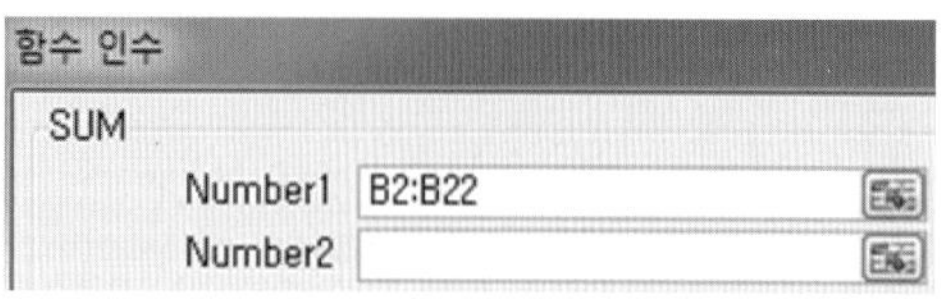

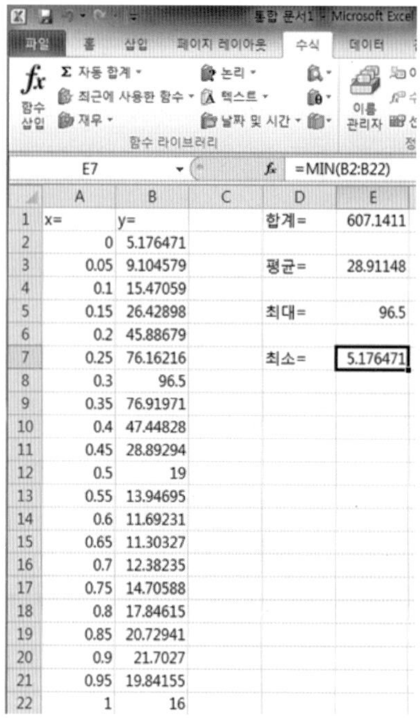

⑦ "*average*", "max", "min" 함수를 사용하여 앞의 ⑤번과 ⑥번 작업을 동일하게 수행하면 각각에 대한 값을 구할 수 있다.

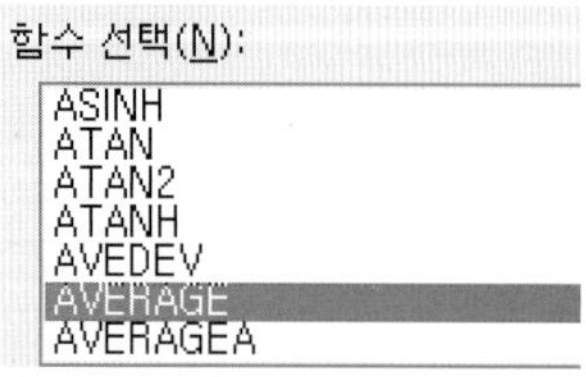

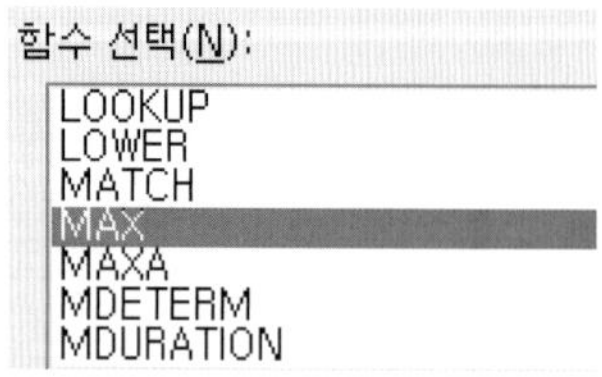

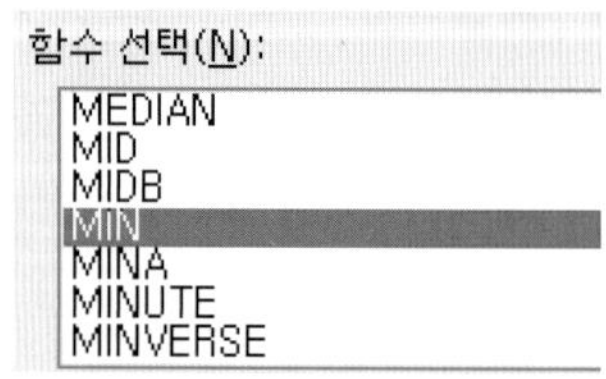

1-4 | 그래프 작성

1 간단한 그림 그리기

함수 "$\sin(x)$"를 간단하게 그리는 방법을 서술하면 다음과 같다. 여기서 "x"의 범위는 "$0 \le x \le 2\pi$"이다.

1 data 생성

1) cell에 "x[deg]", "y"를 입력한다.
2) A2~A38 cell에 10도 간격으로 "0 ~ 360"도까지 입력한다.
3) B2 cell에 "=sin(radians(A2))"의 식을 입력한 후 [enter] key를 누른다.
4) B38 cell까지 값을 생성한다.

2 graph 만들기

1) 마우스로 "A2~B38" 영역을 선택한다.
2) 엑셀 메뉴 : "삽입 > 차트 > 분산형 > 직선이 있는 분산형[ ]"을 선택하고 클릭한다. → 그래프 생성

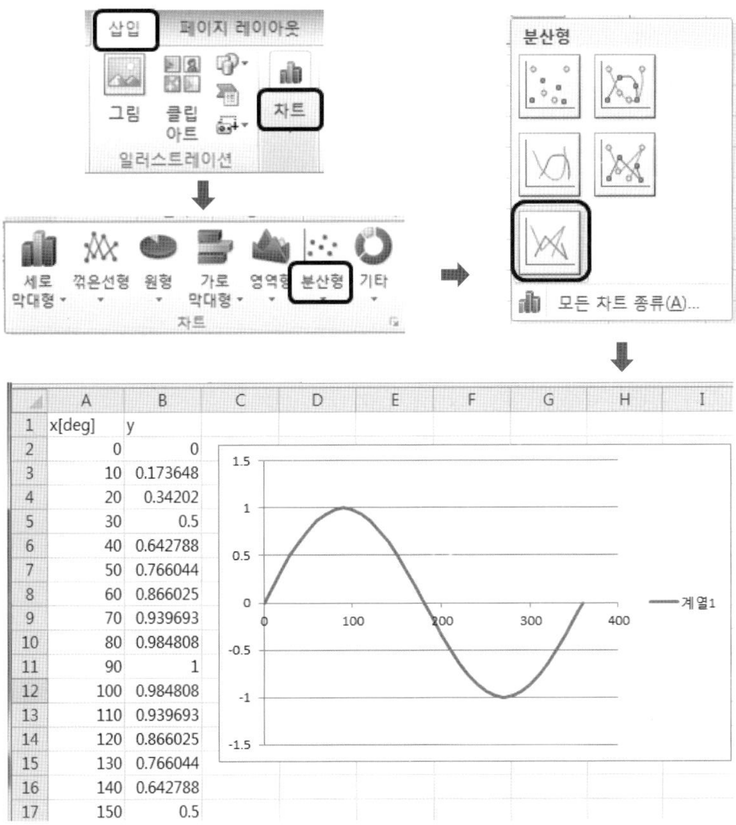

3 그래프 다듬기

1) **범례 이동** : 마우스를 이용하여 "── 계열1"을 그래프 안으로 옮긴다.
2) **x축 수정** : 마우스를 "x축" 위에 놓고 "*double click*"하면 "축서식" 창이 나온다. 그리고 그림과 같이 내용을 수정한 후 [닫기] 단추를 클릭한다.
3) **y축 수정** : 마우스를 "y축" 위에 놓고 "*double click*"하면 "축서식" 창이 나온다. 그리고 그림과 같이 내용을 수정한 후 [닫기] 단추를 클릭한다.

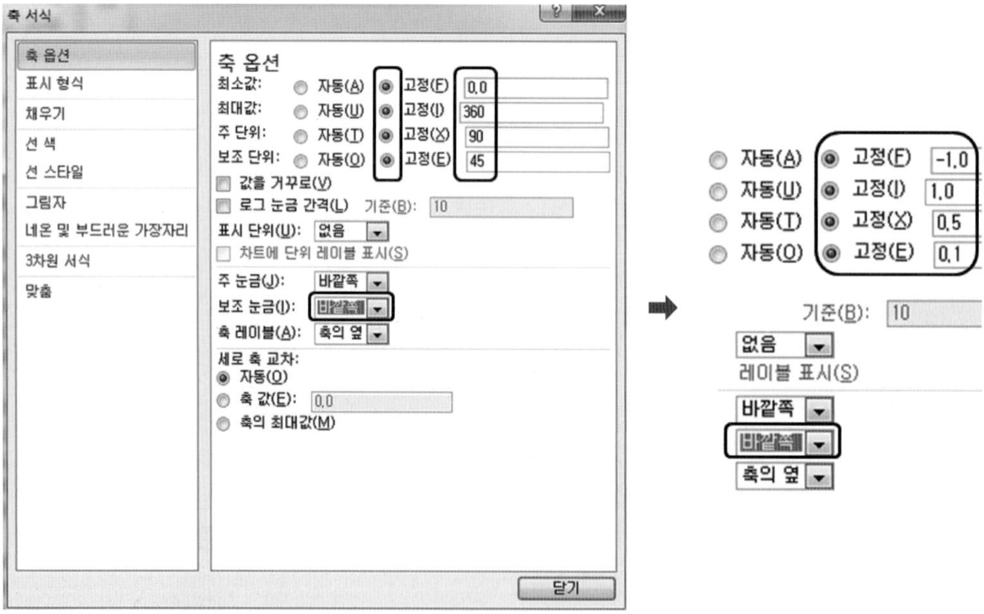

4) **곡선제목 수정** : 마우스를 곡선 위에 놓고 클릭한 후 마우스 오른쪽을 누르면 팝업 메뉴가 열린다.
5) 데이터 선택 > [편집] 단추 클릭 > [계열이름]의 사각형 안에 "Sin(x)" 입력 > 확인 클릭 → 수정된 그림 생성

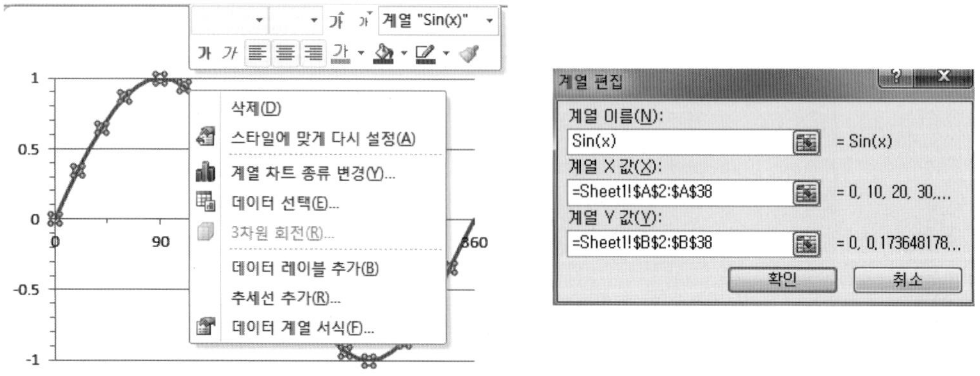

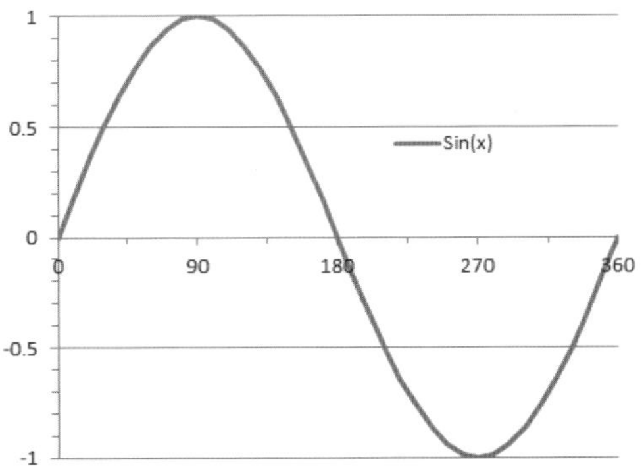

2 형식을 갖춘 그림 그리기

그림과 같은 펌프 실험을 통하여 유량(Q), 펌프수두(h_p), 동력(hp), 효율(%) 등의 자료를 얻을 수 있다. 다음 표는 실험으로부터 얻은 데이터의 내용이다. 이 자료를 중심으로 펌프에 대한 성능곡선을 그리고자 한다.

참고 데이터 생성 및 간단한 그림

① 스프레드시트의 첫 번째 행에 설명문을 입력하고 표의 자료를 이용하여 데이터를 생성한다.
② 마우스로 A1~D11 cell까지 영역을 설정한다.
③ 삽입 > 분산형 > 곡선 및 표식이 있는 분산형 ⇒ 그림 생성

No	유량 $[m^3/s]$	수두 $[m]$	동력 $[hp]$	효율 [%]
1	0	27.8	101	0
2	10	28.0	127	26
3	20	27.5	150	44
4	30	26.0	172	60
5	40	23.0	192	64
6	50	19.5	204	61
7	60	14.0	214	52
8	70	10.0	213	36
9	80	5.0	202	17
10	90	0	180	0

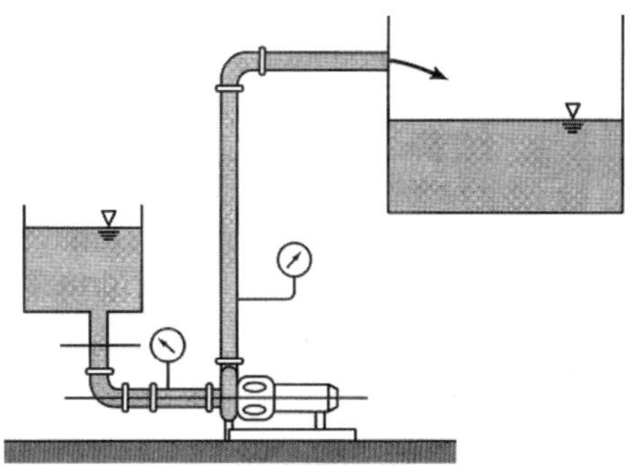

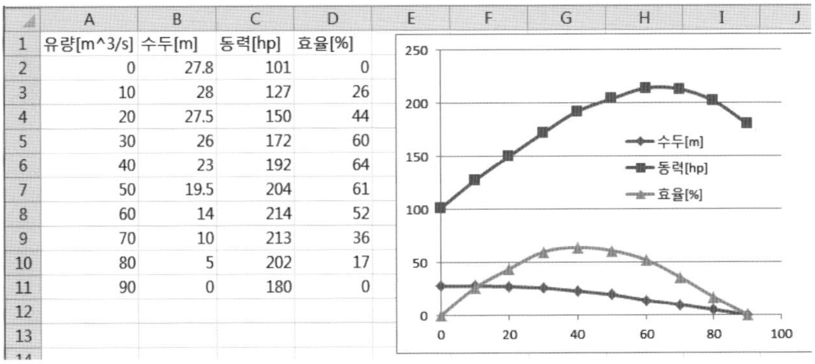

	A	B	C	D
1	유량[m^3/s]	수두[m]	동력[hp]	효율[%]
2	0	27.8	101	0
3	10	28	127	26
4	20	27.5	150	44
5	30	26	172	60
6	40	23	192	64
7	50	19.5	204	61
8	60	14	214	52
9	70	10	213	36
10	80	5	202	17
11	90	0	180	0
12				
13				

1 그림 생성

1) 마우스로 A1~D11 cell까지 영역을 설정한다.
2) 삽입 > 꺽은선형 > 표식이 있는 꺽은선형 ⇒ 그림 생성

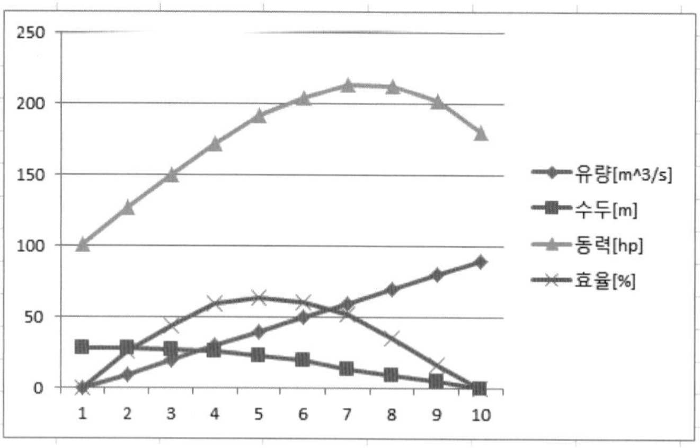

2 유량 제거

1) 마우스를 그림 위에 놓고 클릭한 후 마우스 오른쪽을 누르면 팝업창이 나오며 "데이터 선택"을 클릭한다. ⇒ "데이터 원본 선택" 창이 나옴
2) "범례항목"에서 "유량"을 클릭한다.
3) "제거" 단추를 클릭한다. ⇒ 유량이 제거된 그림 생성

3 가로축 수정

1) 그림 클릭 > 마우스 오른쪽 누름 > "데이터 선택" 클릭
2) "데이터 원본 선택"창 > 오른쪽 "편집" 단추 클릭 > "축 레이블 범위"에서 click > A2~A11 마우스 지정 > 클릭 > 확인 ⇒ 수정된 가로축의 그림 생성

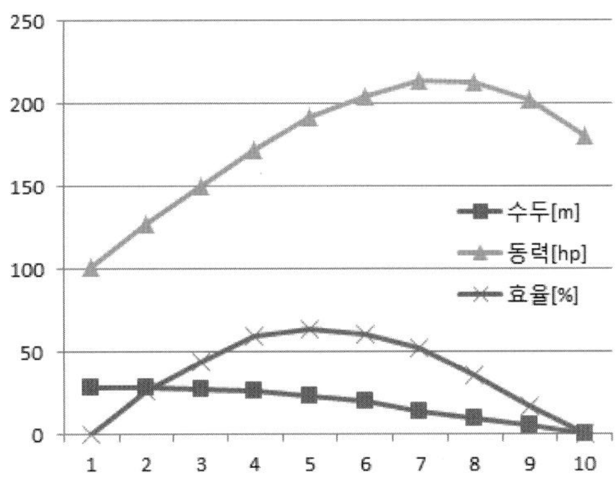

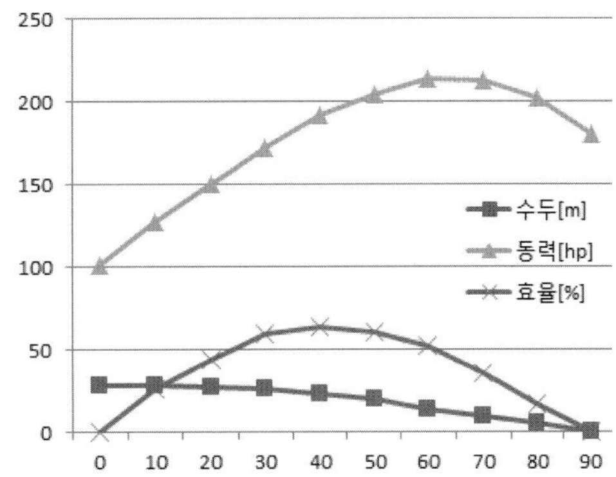

4 오른쪽 세로축 생성(동력)

1) "동력곡선" 위에서 마우스 클릭 > 마우스 오른쪽 클릭 > "데이터 계열 서식" 클릭 >

2) 계열옵션에서 "보조축" 클릭 ⇒ 그림 오른쪽에 세로축 생성(동력값)

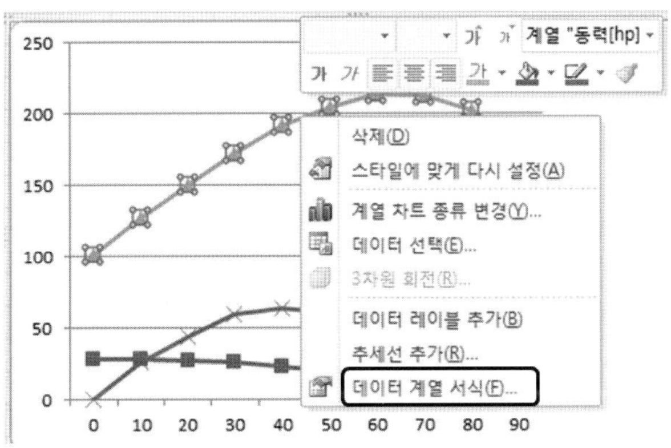

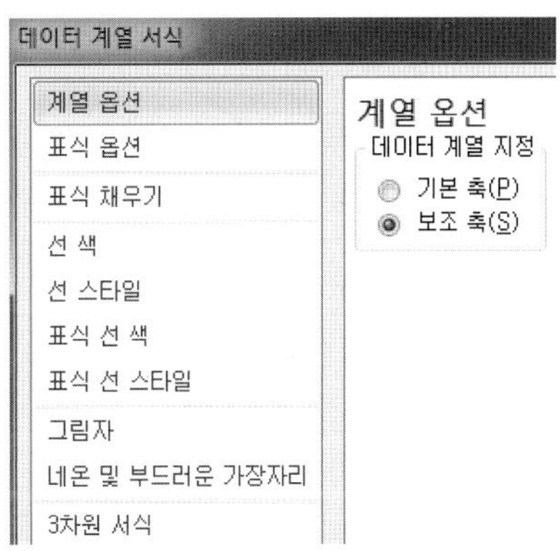

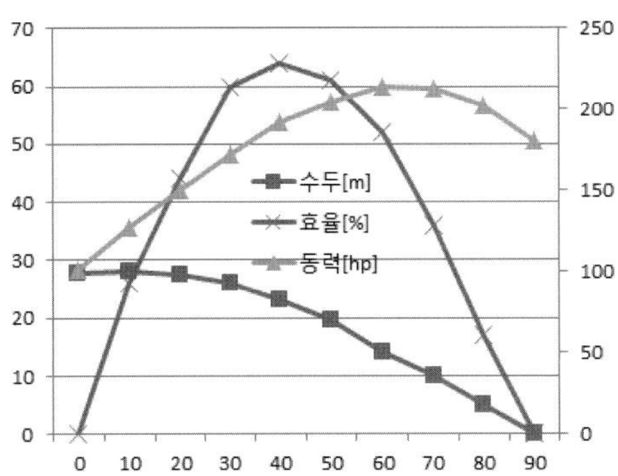

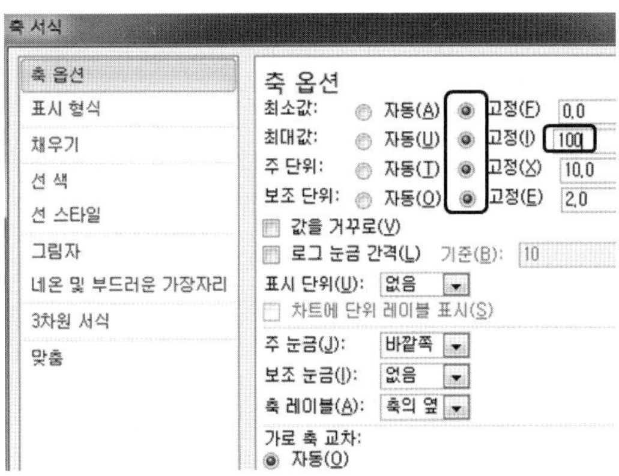

5 왼쪽 세로축 수정

1) 마우스의 화살표를 y축 위에 놓고 double click ⇒ [축 서식]창 나타남

2) 최대값 = [100]으로 수정 ⇒ 수정된 왼쪽 세로축의 그림이 나타남

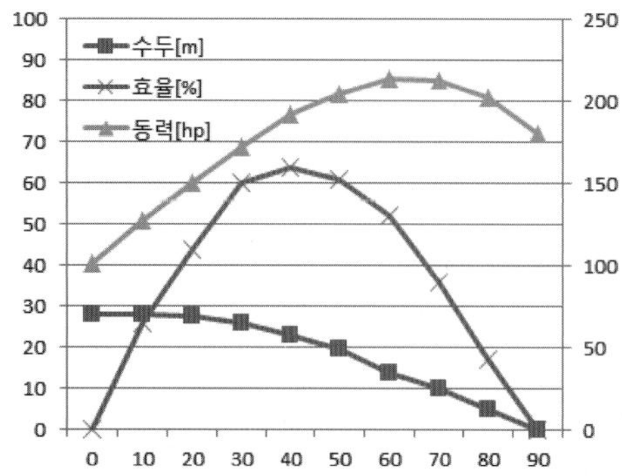

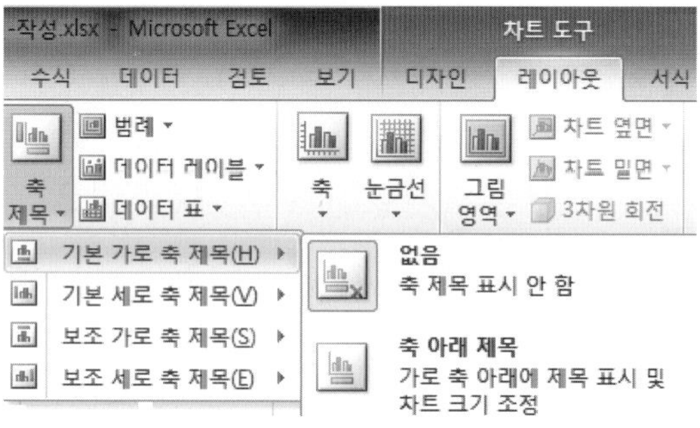

6 축 제목

1) 마우스를 그림 위에 놓고 클릭한다. ⇒ "차트도구" 창 나타남
2) 기본 가로축 제목 : 차트도구 > 레이아웃 > 축제목 > 기본 가로축제목 > 축아래 제목 > "Flow rate[m^3/s]" 입력
3) 기본 세로축 제목 : 차트도구 > 레이아웃 > 축제목 > 기본 세로축제목 > 제목 회전 > "Water head[m], Efficiency[%]" 입력
4) 보조 세로축 제목 : 차트도구 > 레이아웃 > 축제목 > 기본 세로축제목 > 제목 회전 > "Power[hp]" 입력

7 그림 제목

1) 차트도구 > 레이아웃 > 차트제목 > 차트위 > "Performance curve of pump" 입력
2) 최종적으로 다음과 같이 완성된 그림이 만들어진다.

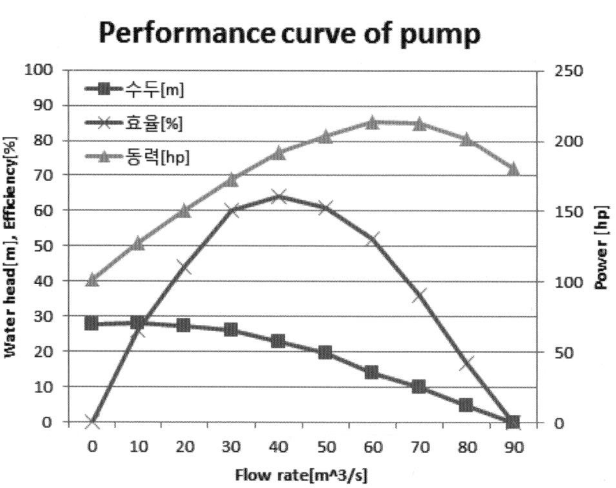

1-5 | Solver 사용법

1 개요

우리는 실험을 통하여 많은 자료(data)를 얻는다. 자료의 효율성을 높이기 위해서는 사용자가 이용하기에 편한 방향으로 자료를 가공해야 한다. 확보된 자료의 성격에 따라 수치해석 분야에서 취급하는 보간법이나 곡선접합과 같은 방법을 적용하여 방정식의 계수를 결정할 수 있다.

엑셀이 보유한 많은 기능 중에서 "해찾기(Solver)"라는 기능을 이용하면 확보된 자료를 적절한 형태의 방정식으로 표현할 수 있는 방정식의 계수를 결정할 수 있다. 이 기능을 사용하기 위해서는 먼저 엑셀의 스프레드시트에서 "Solver"를 설치해야 한다. 사용 방법을 기술하면 다음과 같다.

2 Solver 설치

1) 엑셀 옵션 > 추가 기능 > 해 찾기 추가 기능 > 이동 > "해 찾기 추가기능" 클릭 > 확인 ⇒ 설치 실행
2) 설치 확인 : 데이터 > 해 찾기 ⇒ "해 찾기 매개변수" 창이 나옴

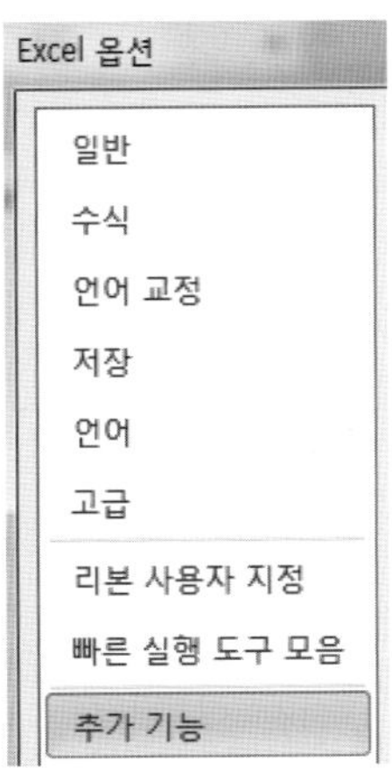

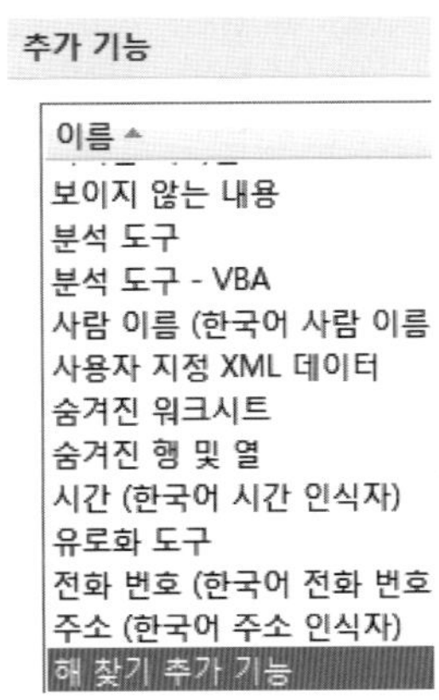

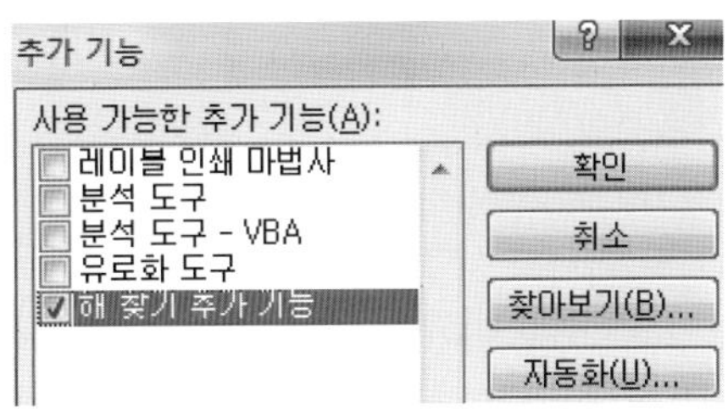

3 Solver 사용 예

1 기본 데이터

앞장의 그림 그리기에서 사용한 유량과 수두의 자료를 기본 데이터로 활용한다. 이 자료를 이용하여 "$h_p = A - BQ^2$"의 형태로 표현되는 방정식의 계수 A와 B를 "solver"를 사용하여 결정한다.

유량[m^3/s]	0	10	20	30	40	50	60	70	80	90
수두[m]	27.8	28.0	27.5	26.0	23.0	19.5	14.0	10.0	5.0	0

2 자료 생성

1) A column에 유량값을 입력한다.
2) B column에 수두(실험 data)값을 입력한다.

	A	B
1	유량[m^3/s]	수두[m]
2	0	27.8
3	10	28
4	20	27.5
5	30	26
6	40	23
7	50	19.5
8	60	14
9	70	10
10	80	5
11	90	0
12		
13		

	A	B	C	D
1	유량[m^3/s]	수두-실험	수두-수치	error^2
2	0	27.8	28.40134	0.361611
3	10	28	28.03919	0.001536
4	20	27.5	26.95273	0.299503
5	30	26	25.14197	0.736217
6	40	23	22.6069	0.154526
7	50	19.5	19.34753	0.023247
8	60	14	15.36385	1.860096
9	70	10	10.65587	0.430168
10	80	5	5.223585	0.04999
11	90	0	-0.93301	0.8705
12			sum=	4.787394

F	G
A=	28.40134
B=	0.003622

3) F1 cell에 "A=", F2 cell에 "B="를 입력한다.
4) 초기값 입력 : G1 cell에 "30", G2 cell에 "0.003" 입력한다.
5) C2 cell에 식 "$h_p = A - BQ^2$"에 따라 다음과 같이 입력한다.
   "=$G$1-$G$2*A2^2" 입력 후 [enter] key
6) C3~C11 cell까지 계산한다.
7) D2 cell에 "(실험값-수치값)^2"에 따라 다음과 같이 입력한다.
   "=(B2-C2)^2"입력 후 [enter] key
8) D3~D11 cell까지 계산한다.

9) C12 cell에 "sum=" 입력 > D12 cell 클릭 > D2~D11 cell 영역 선택 > Σ 클릭 ⇒ D12 cell에 합계값 "4.787394" 나타난다.

3 solver 사용

1) 데이터 > 해 찾기 > "해 찾기 매개변수" 창
2) 목표 설정의 사각형에 "$D$12" 입력(또는 클릭 후 D12 cell 클릭)
3) 대상 : [최소] click
4) 변수 셀 변경 : click > "G1~G2" cell 선택 > click
5) "해 찾기"를 클릭하면 [G1~G2] cell에 "28.40134" 및 "0.003622" 값이 나타난다.

따라서 주어진 데이터로 생성된 방정식은 "$h_p = 28.4 - 0.00362Q^2$"의 형태로 표현된다.

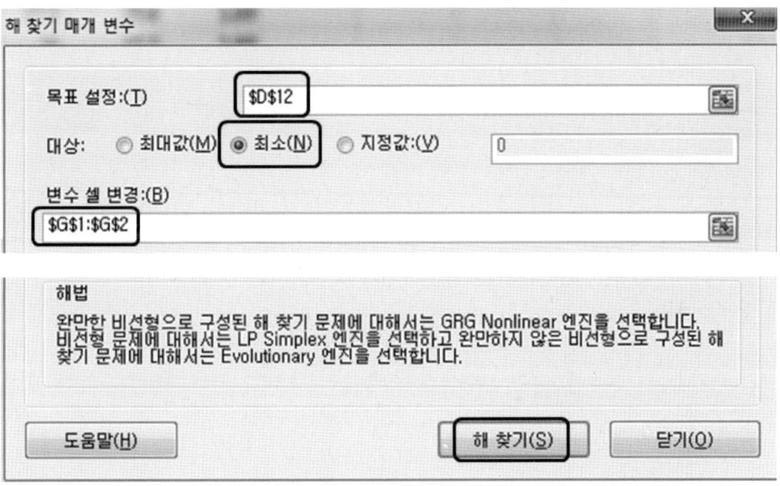

	A	B	C	D	E	F	G
1	유량[m^3/s]	수두-실험	수두-수치	error^2		A=	28.40134
2	0	27.8	28.40134	0.361611		B=	0.003622
3	10	28	28.03919	0.001536			
4	20	27.5	26.95273	0.299503			
5	30	26	25.14197	0.736217			
6	40	23	22.6069	0.154526			
7	50	19.5	19.34753	0.023247			
8	60	14	15.36385	1.860096			
9	70	10	10.65587	0.430168			
10	80	5	5.223585	0.04999			
11	90	0	-0.93301	0.8705			
12			sum=	4.787394			

4 실험값과 수치값의 비교

주어진 실험값(B column)과 계산된 수치값(C column)을 그림으로 비교하면 다음과 같다. 그림으로부터 거의 차이가 없음을 확인할 수 있다.

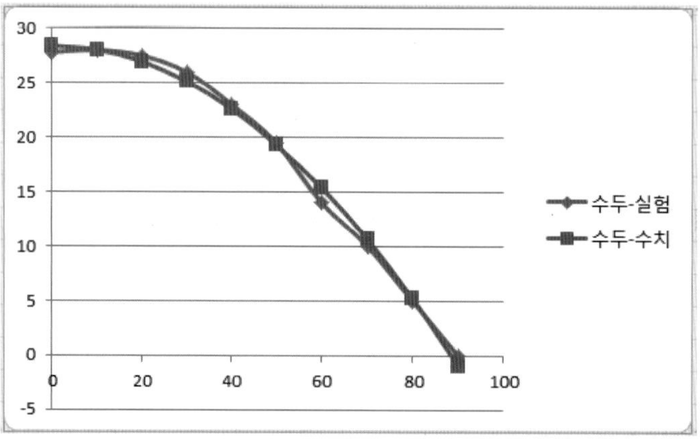

Chapter 2

엑셀의 공학적 응용

2-1 | 서론

1 엑셀의 뛰어난 점

앞장에서 서술한 바와 같이 엑셀의 응용 분야는 무궁무진하다. 엑셀은 손으로 작성되고 관리된 문서를 자동화시키기 위해 스프레드시트 중심의 프로그램으로 출발하였지만 지금은 모든 분야에서 폭넓게 사용되고 있는 세계적인 프로그램이다.

특히 수식 계산이나 그래프 작성은 엑셀의 대표적인 기능 중의 하나이다. 엑셀이 보유한 워크시트 함수나 함수마법사에 수록된 함수 등을 이용하면 다양한 형태의 공학적 문제를 해석하고 결과를 얻을 수 있다. 그리고 그래프 기능을 활용하면 도출된 결과물을 목적에 맞는 여러 가지 형상의 그림으로 표현할 수 있다.

2 엑셀의 아쉬운 점

산업현장에서 발생하는 공학적 문제를 해결하는 방법에는 여러 길이 있다. 쉽게 구입이 가능한 전자계산기를 이용하는 방법, 엑셀이나 매트랩(matlab) 등과 같은 범용의 소프트웨어를 이용하는 방법, 컴퓨터 언어(basic, fortran 등)로 프로그램을 작성하여 해결하는 방법 등이 있다.

사용자 관점에서 살펴보았을 때 공학적 문제를 보다 간편하고 용이하게 해결하는 지름길은 프로그램을 작성하여 적용하는 것이 아니라 목적이나 용도에 맞는 프로그램 전용의 "내장 함수"를 이용하는 것이다.

매트랩은 전 세계적으로 대학, 연구소, 산업체, 과학자 등이 과학기술용 계산을 위해 사용하는 매우 강력한 컴퓨터 언어이며 다양한 기능을 발휘하는 "매트랩 함수"가 풍부하다. 그렇지만, 학생들이 학교나 집에서 사용하기에는 상용코드에 대한 접근성이 떨어지기 때문에 활용 측면에서 한계가 있다.

엑셀은 학생들이 장소에 관계없이 쉽게 접근이 가능한 상용 코드이다. 그러나 엑셀의 공학적 응용이라는 관점에서 보면 약간의 아쉬움이 남는다. 엑셀도 몇 개의 "내장 함수"를 갖고 있지만 다른 상용 코드에 비하여 적다.

3 해결 방법

이를 해결하기 위해서는 공학적 응용분야에 적용이 가능하도록 basic을 이용한 프로그램 작성이 필요하다. 엑셀의 VBA(visual basic for application) 편집기를 이용하면 프로그램의 작성이 가능하며 이를 문제에 적용하면 원하는 결과를 얻을 수 있다.

엑셀을 사용하여 공학적 문제를 해결하는 방법에는 "① VBA 기반 수치해석 알고리즘, ② 워크시트(함수 포함), ③ MathExcel"의 세 가지가 있다. 학생의 입장에서 프로그램을 작성하는 것은 쉬운 일이 아니다. 따라서 본 저서에서는 첫 번째 방법은 사용하지 않고 두 번째와 세 번째 방법만 사용하여 공학적 문제를 해석한다.

그리고 여러 분야에 연관된 수치해석 방법에 대하여 유도과정이나 알고리즘(algorithm)은 생략하고 도출된 결과만을 서술한다.

4 MathExcel 함수

세 번째 방법인 "MathExcel"을 사용하기 위해서는 파일을 설치해야 한다. 설치 순서를 기술하면 다음과 같다.

1) 파일 "MathExcel.xlsm" 다운로드 ($http://mathexcel.yu.ac.kr$)
2) 엑셀 실행 > "MathExcel.xlsm" 파일 열기
3) Office 단추(또는 파일 단추) > 다른 이름으로 저장 > 파일 형식
   [파일형식] = "Microsoft Office Excel 추가기능 (*.xlam)" 지정 후 저장

이 작업이 완료되면 엑셀 워크시트의 상단 오른쪽에 "MathExcel" 메뉴가 생성된다. 따라서 MathExcel이 보유한 모든 함수의 사용이 가능하다.

2-2 | 방정식

1 선형 및 비선형 방정식

1 개요

방정식 $f(x)=0$을 만족하는 값 x를 방정식의 해 또는 근이라고 한다. 식 (2-1)과 같은 2차 방정식은 근의 공식인 식 (2-2)를 이용하여 쉽게 정확한 해(완전해)를 구할 수 있다.

$$f(x)=ax^2+bx+c=0 \tag{2-1}$$

$$x=\frac{-b\pm\sqrt{b^2-4ac}}{2a}\,(a\neq 0) \tag{2-2}$$

일반적으로 3차 이상의 방정식은 근의 공식을 이용하기가 어려우며, 5차 이상의 다항식은 근의 공식이 존재하지 않는다. 이러한 경우 방정식을 만족하는 근사해(approximate solution)를 구해야 하며, 근사해를 구하는 가장 간단한 방법은 그래프를 이용하여 $f(x)=0$이 되는 x를 찾는 것이다.

이러한 방법은 대략적인 근사해는 구할 수 있으나 정확도가 떨어진다. 따라서 수치해법은 근사해를 구할 수 있는 체계적인 방법을 제시한다.

수치해법은 초기값의 유형에 따라 구간법과 개방법으로 분류된다. 구간법은 근을 포함하고 있는 구간의 양 끝을 초기값으로 하여 근을 구하는 방식으로써 이분법(bisection method)은 이에 속한다.

개방법은 한 개 또는 그 이상의 초기값이 필요하나 근을 포함하고 있는 구간의 양 끝 값은 아니며 Newton-Raphson법, 할선법이 대표적이다.

2 엑셀 메뉴

단일의 선형 방정식과 비선형 방정식에 대하여 한 개의 근을 찾고자 할 때 "목표값 찾기" 메뉴를 사용하면 된다. 다음과 같은 선형 방정식과 비선형 방정식의 근을 구해보자.

$$x^3-5=0 \quad \text{그리고} \quad x^{1.4}-\sqrt{x}+\frac{1}{x+1}-100=0$$

3 해를 구하는 순서 : 선형 방정식

1) 변수명(x, fx) 입력 > B2 cell에 "=B1^3-5" 입력 > Enter↵
2) 데이터 > 데이터 도구 > 가상분석 > 목표값 찾기 > 수식셀 "B2", 찾는값 "0", 값을 바꿀 셀 "$B$1" 입력 > [확인] 클릭 ⇒ 결과($x = 1.710013$)

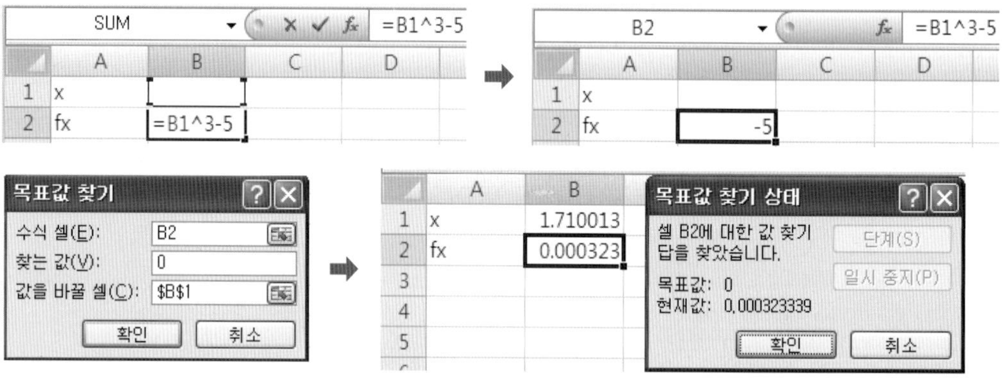

4 해를 구하는 순서 : 비선형 방정식

1) 변수명 입력 > B2 cell 선택 > "=B1^1.4-B1^0.5+1/(B1+1)-100" 입력 > Enter↵
2) 데이터 > 데이터 도구 > 가상분석 > 목표값 찾기 > 수식 셀 "B2", 찾는값 "0", 값을 바꿀 셀 "$B$1" 입력 > [확인] 클릭 ⇒ 결과($x = 27.82372$)

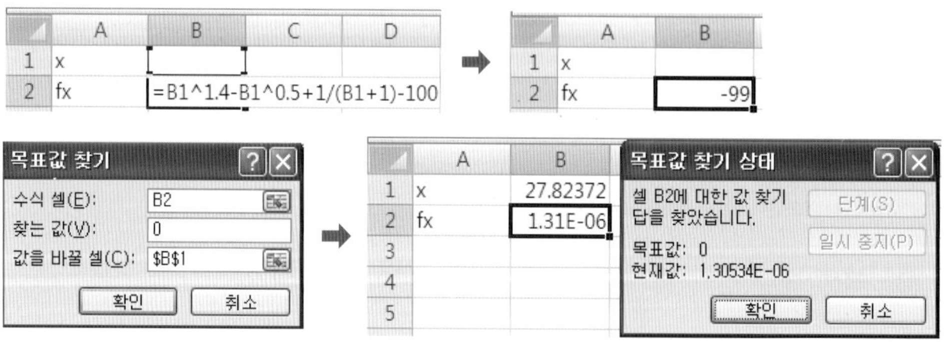

2 선형 연립방정식

1 개요

많은 공학과 과학의 실제적 응용문제들은 연립 대수방정식으로 구성된다. 한 세트의 연립 대수방정식은 다음과 같은 형태로 표현될 수 있다.

$$
\begin{aligned}
a_{11}x_1 + a_{12}x_2 + \cdots + a_{1n}x_n &= b_1 \\
a_{21}x_1 + a_{22}x_2 + \cdots + a_{2n}x_n &= b_2 \\
&\vdots \\
a_{n1}x_1 + a_{n2}x_2 + \cdots + a_{nn}x_n &= b_n
\end{aligned}
$$

또는

$$
[A]\vec{x} = \vec{b},\ [A] = \begin{bmatrix} a_{11}\, a_{12} \cdots\ a_{1n} \\ a_{21}\, a_{22} \cdots\ a_{2n} \\ \vdots \\ a_{n1}\, a_{n2} \cdots\ a_{nn} \end{bmatrix},\ \vec{b} = \begin{Bmatrix} b_1 \\ b_2 \\ \vdots \\ b_n \end{Bmatrix},\ \vec{x} = \begin{Bmatrix} x_1 \\ x_2 \\ \vdots \\ x_n \end{Bmatrix}
$$

해는

$$
\vec{x} = [A]^{-1}\vec{b}
$$

이다. 여기서 a, b는 기지수(known)이고, x는 미지수(unknown)이며, n은 방정식의 개수를 나타낸다. 선형 연립 대수방정식을 푸는 방법에는 직접(소거)해법과 간접(반복)해법이 있으며 종류는 다음과 같다.

| 표 2-1 | 선형 연립 대수방정식의 풀이 방법

직접(소거)해법	간접(반복)해법
1) Gauss 소거법 2) Gauss-Jordan법 3) LU 분해법	1) Jacobi법 2) Gauss-Seidel법 3) 이완(Southwell)법

2 엑셀함수 이용 방법

- 엑셀함수 : “minverse”와 “mmult”
- 형식 : =minverse($[A]$), =mmult($[A]^{-1}\{b\}$)

선형 연립방정식에 대한 근은 엑셀의 내장함수를 사용하면 구할 수 있다. 다음과 같은 선형 연립방정식의 근을 구해보자.

$$2x_1 - x_2 + x_3 = 4$$

$$4x_1 + 3x_2 - x_3 = 6$$

$$3x_1 + 2x_2 + 2x_3 = 15$$

3 해를 구하는 순서

1) 변수명 입력 > B1:D3 cell에 계수 입력 > G1:G3 cell에 계수 입력

	A	B	C	D	E	F	G
1		2	-1	1			4
2	[A]=	4	3	-1		[b]=	6
3		3	2	2			15

2) 역행렬 $[A]^{-1}$: B5:D7 cell 선택 > "=minverse(B1:D3)" 입력 후 [shift]+[Ctrl]+[Enter] key ⇒ $[A]^{-1}$ 계산

	A	B	C	D
1		2	-1	1
2	[A]=	4	3	-1
3		3	2	2
4				
5		=minverse(B1:D3)		
6	[A]^-1=			
7				

5		0.307692	0.153846	-0.07692
6	[A]^-1=	-0.42308	0.038462	0.230769
7		-0.03846	-0.26923	0.384615

	=mmult(B5:D7,G1:G3)
{x}=	

3) $[A]^{-1}\{b\}$: G5:G7 cell 선택 > "=mmult(B5:D7,G1:G3)" 입력 후 [shift]+[Ctrl]+[Enter] key ⇒ $\{x\}=[A]^{-1}\{b\}$ 계산

	A	B	C	D	E	F	G
1		2	-1	1			4
2	[A]=	4	3	-1		[b]=	6
3		3	2	2			15
4							
5		0.307692	0.153846	-0.07692			1
6	[A]^-1=	-0.42308	0.038462	0.230769		{x}=	2
7		-0.03846	-0.26923	0.384615			4

3 비선형 연립방정식

1 개요

공학적인 시스템에는 비선형 연립방정식의 해를 요구하는 경우가 많이 있다. Newton-Raphson법을 확대 적용하면 비선형 연립방정식의 해를 구할 수 있다. $f_n(x)=0$의 형태로 표현된 다음과 같은 비선형방정식을 고려한다.

$$
\begin{gathered}
f_1(x_1, x_2, \ldots, x_n) = 0 \\
f_2(x_1, x_2, \ldots, x_n) = 0 \\
\vdots \\
f_n(x_1, x_2, \ldots, x_n) = 0
\end{gathered}
$$

다중 변수로 구성된 비선형 연립방정식의 해 $x_j(j=1,2,\cdots,n)$는 엑셀의 고급 기능을 이용하여 구할 수 있다.

2 엑셀 메뉴 이용 방법

• 엑셀 메뉴 : "해찾기(Solver)"

비선형 연립방정식에 대한 해는 엑셀의 "solver" 기능을 사용하면 구할 수 있다. 다음과 같은 비선형 연립방정식 해를 구해보자.

$$x^2+y^2-5=0,\ \ x^2-y=1$$

또는

$$\sqrt{5-x^2}-y=0,\ \ x^2-y-1=0$$

3 해를 구하는 순서

1) A1 cell에 "x", A2 cell에 "y", A3 cell에 "fxy1", A4 cell에 "fxy2" 입력
2) C4 cell에 "sum"을 입력
3) 식 $\sqrt{5-x^2}-y=0$; B3 cell에 "=sqrt(5-B1^2)-B2" 입력 > [Enter]
4) 식 $x^2-y-1=0$; B4 cell에 "=B1^2-B2-1" 입력 > [Enter]
5) 식 $\left(\sqrt{5-x^2}-y\right)^2+\left(x^2-y-1\right)^2$; D4 cell에 "=B3^2+B4^2"입력 > [Enter]
6) D4 cell 선택 ; 데이터 > 해찾기 > 해찾기 매개 변수

7) 목표설정 “$D$4”, 지정값 클릭, “0”, 변수셀 변경 “$B$1:$B$2” 입력 > [해찾기] 단추 클릭 ⇒ 해가 구해짐

	A	B	C	D
1	x			
2	y			
3	fxy1	2.236068		
4	fxy2	-1	sum	6

⇒

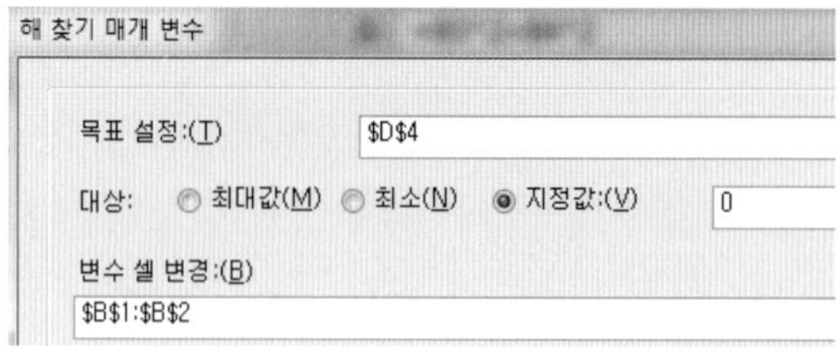

	A	B	C	D
1	x	1.600195		
2	y	1.561556		
3	fxy1	0.000294		
4	fxy2	-0.00093	sum	9.53E-07

⇐

즉, 두 개의 비선형 연립방정식에 대한 해는 $x = 1.6002$, $y = 1.5616$이다.

2-3 곡선접합

1 개요

실제 상황에서 데이터는 불연속적으로 얻어지기 때문에, 데이터를 유연하고 연속적인 함수(곡선)로 근사시키는 것이 필요하다. 이러한 작업을 곡선접합(curve fitting)이라 한다. 곡선접합에는 일반적으로 두 가지의 방법이 있다.

첫 번째는 [그림 3.1(a)]와 같이 데이터가 산재해 있거나 오차가 큰 경우에 데이터의 일반적인 경향을 나타낼 수 있는 단일 곡선을 유도하는 방법이다. 이를 최소자승법(least square method)이라 한다.

두 번째는 모든 데이터 점을 지나도록 곡선을 만드는 방법이다. 이산점들 사이의 값을 추정하는 방법을 보간법(interpolation)이라 한다. 보간법에는 그림과 같이 선형보간법과 곡선보간법이 있다.

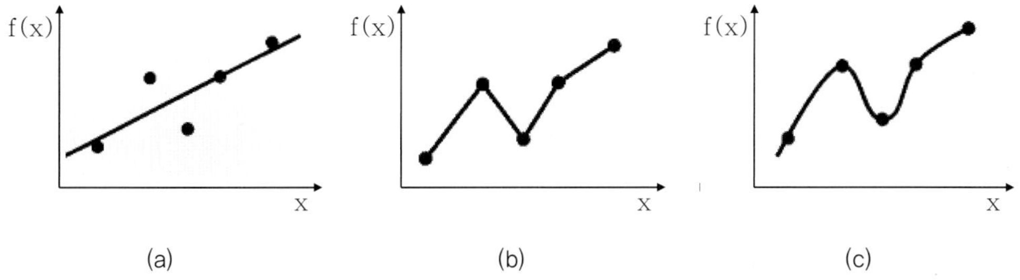

[그림 2-1] (a) 최소자승법, (b) 선형보간법, (c) 곡선보간법

2 보간법

1 다항식 보간법

가장 간단한 보간법은 선형보간법(linear interpolation)이지만, 데이터가 곡률을 가질 때에는 그림과 같이 적절한 다항식을 선정해야 한다. 가장 보편적인 보간법은 다항식보간법(polynomial interpolation)이다.

그림과 같이 세 개의 점인 경우 2차다항식으로, 네 개의 점이 주어진 경우 3차 이하의 다항식으로 표현된다. 따라서 (n+1)개의 점이 있는 경우 다항식은 다음과 같이 n차 이하의 다항식으로 표현되는 것이다.

$$f(x) = a_0 + a_1 x + a_2 x^2 + \cdots + a_n x^n$$

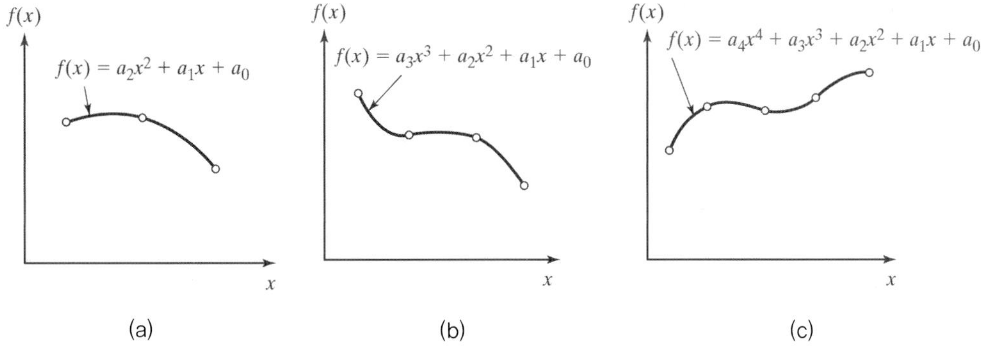

[그림 2-2] (a) 2차다항식, (b) 3차다항식, (c) 4차다항식

2 3차 스플라인 보간법

다항식 보간법 또는 Lagrange 보간법은 주어진 모든 점들을 지나가는 함수를 찾는 방법이기 때문에 차수가 높아질수록 보간 곡선이 부드럽지 않을 수 있으며 일부 구간의 데이터가 다른 곡선에 영향을 미친다. 이러한 단점을 보완하기 위하여 3차 스플라인(spline) 보간법이 개발되었다.

3차 스플라인 보간은 데이터의 갯수에 상관없이 모든 구간에 국부적인 3차식이 적용되므로 부드러운 곡선이 만들어지며 또한 일부 구간의 데이터들이 전체 곡선에 미치는 영향도 비교적 적다.

3 MathExcel 함수의 이용 방법

- MathExcel 함수 : “mxLagrange” “mxCubicSpline”
- 형식 : “mxLagrange(독립변수값, $종속변수 전체, $독립변수 전체)”
  “mxCubicSpline(독립변수값, $종속변수 전체, $독립변수 전체)”

물의 점성계수는 온도에 따라 변한다. 다음 자료는 온도범위 0≤T≤100℃에서 점성계수의 값이다.

온도[℃]	점도[Pa · s]	온도[℃]	점도[Pa · s]
0	0.00175	60	0.000471
10	0.00131	70	0.000406
20	0.00100	80	0.000350
30	0.000796	90	0.000306
40	0.000652	100	0.000281
50	0.000549		

4 해를 구하는 순서

1) A3:A6 cell에 4개의 “온도값”, B3:B6 cell에 4개의 “점도값” 입력
2) C3:C13 cell에 모든 “온도값”, F3:F13 cell에 모든 “점도값” 입력
3) D3 cell 선택 > “=mxLagrange(C3,$B$3:$B$6,$A$3:$A$6)” 입력 후 [Enter] > 나머지 값 계산
4) E3 cell 선택 > “=mxCubicSpline(C3,$B$3:$B$6,$A$3:$A$6)” 입력 후 [Enter] > 나머지 값 계산

	A	B	C	D	E	F
1						
2	temp	viscosity	x	ylag	yspl-nb	viscosity
3	0	0.00175	0	0.00175	0.00175	0.00175
4	30	0.000796	10	0.001336	0.001386	0.00131
5	60	0.000471	20	0.001023	0.001056	0.001
6	100	0.000281	30	0.000796	0.000796	0.000796
7			40	0.000639	0.000628	0.000652
8			50	0.000536	0.000531	0.000549
9			60	0.000471	0.000471	0.000471
10			70	0.000429	0.00042	0.000406
11			80	0.000394	0.000372	0.00035
12			90	0.00035	0.000326	0.000306
13			100	0.000281	0.000281	0.000281

5) C3~F13 cell 영역 선택 > 그림 생성

아래 그림은 Lagrange 보간법, 3차 spline 보간법, 실험값을 비교한 것이다. 비교적 양호한 일치를 보이고 있다.

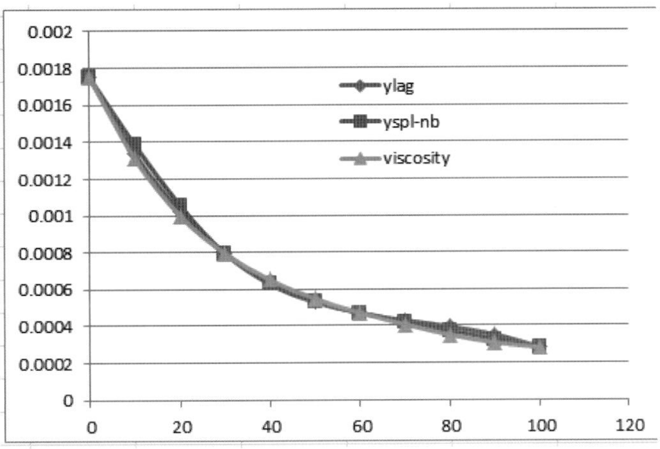

3 최소자승법

통계조사나 자연과학 및 공학 등의 실험에서 얻은 측정값에는 실제값에 비하여 상당한 오차가 포함되어 있다. 이러한 경우 데이터를 만족하는 보간식을 구하는 것은 비합리적이므로 통계적인 특성을 반영하여 일반적인 형태나 경향을 나타내는 근사함수(실험곡선식)를 유도하는 것이 필요하다. 이를 위한 하나의 방법으로 오차(각 데이터 점들과 곡선 사이의 차이)의 제곱을 합하고 최소화시키는 곡선을 유도하는 것이다. 이 방법을 최소자승법(least square method)이라고 한다.

최소자승법은 통계학 및 자연과학에서 실험에 의해 관측되는 측정치를 가장 잘 대표할 수 있는 함수를 구하는 방법 중 하나이다.

1 문제 설정

고체 막대 내의 온도분포가 위치에 따라 다음과 같이 주어졌다. 적용되는 곡선접합의 종류에 따른 차이를 고찰한다.

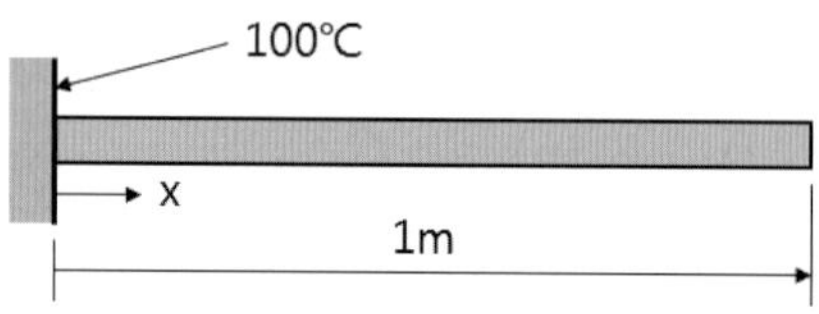

위치[m]	온도[℃]
0	100
0.1	75.7
0.2	57.5
0.3	43.8
0.4	33.7
0.5	26.2
0.6	20.9
0.7	17.2
0.8	14.9
0.9	13.7
1.0	13.7

2 엑셀 함수

엑셀 스프레드시트는 다항식의 접합은 지원하지 않으며 일부 기능, 즉 직선함수 접합이나 지수함수 접합만을 지원한다.

- 엑셀함수 : “Linest”, “Logest”
- 형식 : “Linest(종속변수 전체, 독립변수 전체)”
  “Logest(종속변수 전체, 독립변수 전체)”
- 함수 형태 : $y = ax + b$(직선접합), $y = qp^x$(지수접합)

[계수 결정]

1) 그림과 같이 변수명, 데이터 입력

	A	B	C	D
1	y=ax+b		y=q*p^x	
2	a	b	p	q
5	x[m]	Temp[C]	T-line	T-log

6	0	100
7	0.1	75.7
8	0.2	57.5
9	0.3	43.8
10	0.4	33.7
11	0.5	26.2
12	0.6	20.9
13	0.7	17.2
14	0.8	14.9
15	0.9	13.7
16	1	13.7

	A	B	C	D
1	y=ax+b		y=q*p^x	
2	a	b	p	q
3	-79.3909	77.63181818	0.121626	85.66487

2) A3:B3 cell 선택 > "=LINEST(B6:B16,A6:A16)" 입력 > [Shift]+[Ctrl] +[Enter]

3) C3:D3 cell 선택 > "=LOGEST(B6:B16,A6:A16)" 입력 > [Shift]+[Ctrl] +[Enter] ⇒ a, b, p, q 계수값 나타남

[그림 생성]

4) C6 cell 선택 > "=$A$3*A6+$B$3" 입력 > [Shift]+[Ctrl] +[Enter] > 나머지 값 계산

5) D6 cell 선택 > "=$D$3*$C$3^A6)" 입력 > [Shift]+[Ctrl] +[Enter] > 나머지 값 계산

6) A5:D16 cell 선택 > 그램 생성

	A	B	C	D
1	y=ax+b		y=q*p^x	
2	a	b	p	q
3	-79.3909	77.63181818	0.121626	85.66487
4				
5	x[m]	Temp[C]	T-line	T-log
6	0	100	77.63182	85.66487
7	0.1	75.7	69.69273	69.39135
8	0.2	57.5	61.75364	56.20926
9	0.3	43.8	53.81455	45.53134
10	0.4	33.7	45.87545	36.88188
11	0.5	26.2	37.93636	29.87553
12	0.6	20.9	29.99727	24.20015
13	0.7	17.2	22.05818	19.60292
14	0.8	14.9	14.11909	15.879
15	0.9	13.7	6.18	12.86251
16	1	13.7	-1.75909	10.41906

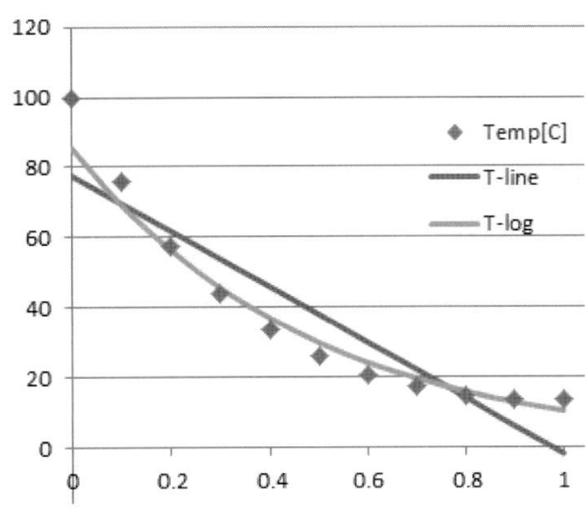

그림으로부터 직선 접합은 지수 접합에 비하여 상당한 오차를 보이고 있음을 알 수 있다.

3 MathExcel 함수

(a) 접합을 위한 계산 함수

• 함수명 : "mxFPolyEst", "mxFLinEst", "mxFLogEst"

- 형식 : "mxFPolyEst(독립변수, 차수, $종속변수 전체, $독립변수 전체)"
  "mxFLinEst(독립변수, $종속변수 전체, $독립변수 전체)"
  "mxFLogEst(독립변수, $종속변수 전체, $독립변수 전체)"
- 함수 형태 : $y = a_n x^n + a_{n-1} x_{n-1} + \cdots a_1 x + a_0$(다항식 접합)
  $y = ax + b$(직선 접합), $y = qp^x$(지수 접합)

1) 변수명 및 데이터(위치, 온도) 입력
2) D3 cell 선택 > "=mxFPolyEst(A3,3,$B$3:$B$13,$A$3:$A$13)" 입력 > [Enter] > 나머지 값 계산
3) E3 cell 선택 > "=mxFLinEst(A3,$B$3:$B$13,$A$3:$A$13)" 입력 > [Enter] > 나머지 값 계산
4) F3 cell 선택 > "=mxFLogEst(A3,$B$3:$B$13,$A$3:$A$13)" 입력 > [Enter] > 나머지 값 계산

(b) 계수 결정을 위한 함수

- 함수명 : "mxPolyEst", "mxLinEst", "mxLogEst"

1) 설명문 및 변수명 입력
2) C16:F16 cell 선택 > "=mxPolyEst(3,B3:B13,A3:A13)" 입력 > [Shift]+[Ctrl]+[Enter] ⇒ 계수(a_3, a_2, a_1, a_0) 결정
3) C17:D17 cell 선택 > "=mxLinEst(B3:B13,A3:A13)" 입력 > [Shift]+[Ctrl]+[Enter] ⇒ 계수(a, b) 결정
4) C18:D18 cell 선택 > "=mxLogEst(B3:B13,A3:A13)" 입력 > [Shift]+[Ctrl]+[Enter] ⇒ 계수(p, q) 결정

세 가지 방법을 적용한 계산 결과를 살펴보면 다항식으로 접합한 결과가 가장 우수하다는 것을 확인할 수 있다.

	A	B	C	D	E	F
1						
2	x[m]	Temp[C]		poly	lin	log
3	0	100		99.40839	77.63181818	85.66487
4	0.1	75.7		76.35245	69.69272727	69.39135
5	0.2	57.5		58.02308	61.75363636	56.20926
6	0.3	43.8		43.85058	53.81454545	45.53134
7	0.4	33.7		33.26527	45.87545455	36.88188
8	0.5	26.2		25.69744	37.93636364	29.87553
9	0.6	20.9		20.57739	29.99727273	24.20015
10	0.7	17.2		17.33543	22.05818182	19.60292
11	0.8	14.9		15.40186	14.11909091	15.879
12	0.9	13.7		14.20699	6.18	12.86251
13	1	13.7		13.18112	-1.759090909	10.41906
14						
15	<계수 결정>					
16	다항식접합(poly)		-94.9495	264.8135	-256.0912976	99.40839
17	직선접합(lin)		-79.3909	77.63182		
18	지수접합(log)		0.121626	85.66487		

최종적으로 결정된 함수식은 다음과 같다.

$$y = -94.95x^3 + 264.81x^2 - 256.09x + 99.41$$

$$y = -79.39x + 77.63, \quad y = 85.66(0.1216)^x$$

(c) 특정 위치에 대한 계산

고체 막대 내에서 어떤 위치의 온도를 알고자하는 경우 MathExcel의 계산함수를 이용하면 구할 수 있다. 예를 들어 $x = 0.25m$ 위치의 온도인 경우 다음과 같이 계산된다.

1) D20 cell 선택 > "=mxFPolyEst(0.25,3,B3:B13,A3:A13)" 입력 > [Enter]
2) E20 cell 선택 > "=mxFLinEst(0.25,B3:B13,A3:A13)" 입력 > [Enter]
3) F20 cell 선택 > "=mxFLogEst(0.25,B3:B13,A3:A13)" 입력 > [Enter] ⇒ 계산된 온도 값이 다음과 같이 나타남

	A	B	C	D	E	F
20	x=0.25m			50.45283	57.78409091	50.58936

2-4 수치적분

1 개요

구간 $[a, b]$에서 함수 $f(x)$로 이루어진 곡선과 x축 사이에 있는 영역을 잘게 나누어 면적을 구하는 방법을 수치적분이라 한다. 나누는 방법에 따라 여러 기법이 있다.

1 사다리꼴 적분법

이 방법은 다음 그림과 같이 소구간의 두 점을 잇는 직선 아래의 면적을 구하는 방법이며 구간 아래의 면적은 사다리꼴 면적과 같다. 그러므로 사다리꼴 적분법(trapezoidal method)이라는 이름이 사용된다. 그림과 같이 사다리꼴의 면적을 I_1, $I_2, \dots,$ I_n으로 표기하면, 다음과 같은 식을 얻을 수 있다.

$$I = \int_a^b f(x)dx \approx \sum_{i=1}^{n} I_i = \frac{h}{2}(f_0 + 2f_1 + 2f_2 + \cdots + 2f_{n-1} + f_n)$$

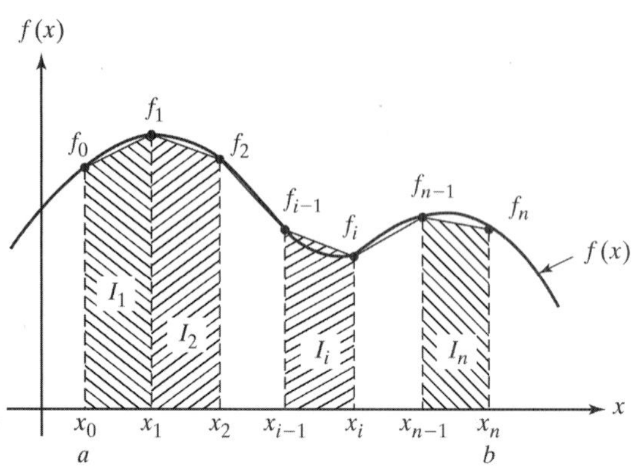

2 Simpson 공식

사다리꼴 규칙의 정확도는 구간 크기 h를 줄임으로써 개선될 수 있다. 그러나 구간 크기 h를 줄이면 반올림오차(round-off error)가 커진다. 개선을 위한 접근법으로서 고차의 다항식을 사용하여 함수 $f(x)$를 근사하는 방법이 있다.

$f(x)$를 근사하기 위해 부분구간 2차 함수를 사용하는 것을 Simpson 1/3 규칙이라 하며, 부분구간 3차 함수를 사용하는 것을 Simpson 3/8 규칙이라 한다. 식은 다음과 같다.

$$I \approx \frac{h}{3}\left[f_0 + 4\left(\sum_{i=1,3,5,\dots}^{n-1} f_i\right) + 2\left(\sum_{i=2,4,6,\dots}^{n-2} f_i\right) + f_n\right] \qquad \text{(1/3 규칙)}$$

$$I \approx \frac{3h}{8}\left[f_0 + 3\left(\sum_{i=1,4,7,\ldots}^{n-2}[f_i + f_{i+1}]\right) + 2\left(\sum_{i=3,6,9,\ldots}^{n-3} f_i\right) + f_n\right] \qquad \text{(3/8 규칙)}$$

3 Gauss 구적법

앞의 방법들은 적분값을 구하는 과정에 균등한 세분구간을 사용하였다. 그러나 Gauss 구적법(quadrature)은 불균등한 세분구간을 사용하여 피적분함수를 적분하므로 정확도가 뛰어나다. 이러한 이유로 Gauss 구적법은 함수값들이 균등한 간격으로 주어지는 경우에는 유익하지 않다.

그러나 Gauss 구적법은 곡선상의 임의의 두 점을 선택하여 적분을 수행하기 때문에 개선된 적분값을 얻을 수 있다. Gauss 적분에서 적분은 다음 공식을 이용하여 평가된다.

$$I = \int_{-1}^{1} f(x)dx = \sum_{i=0}^{n-1} w_i f(x_i)$$

여기서 n은 Gauss 점들의 수를 나타내고, w_i는 가중치라 하며 미지의 계수이다. x_i는 Gauss 점이며, 적분이 실행되는 x의 지정된 값들이다.

2 MathExcel 함수의 이용 방법

- MathExcel 함수 : “mxIntegrate”, “mxGaussQuad”
- 형식 : =mxIntegrate(“함수식”, “독립변수”, 구간a, 구간b)

  =mxGaussQuad(node수, “함수식”, “독립변수”, 구간a, 구간b)

1 다항식 : $y = x^3 - 4x^2 + 6x + 2 \ (0 \leq x \leq 8)$

1) =mxIntegrate("x^3-4*x^2+6*x+2","x",0,8) 입력 > [Enter]

2) 답 $val = 549.3333$

또는

1) =mxGaussQuad(4,"x^3-4*x^2+6*x+2","x",0,8) 입력 > [Enter]

2) 답 $val = 549.3333$

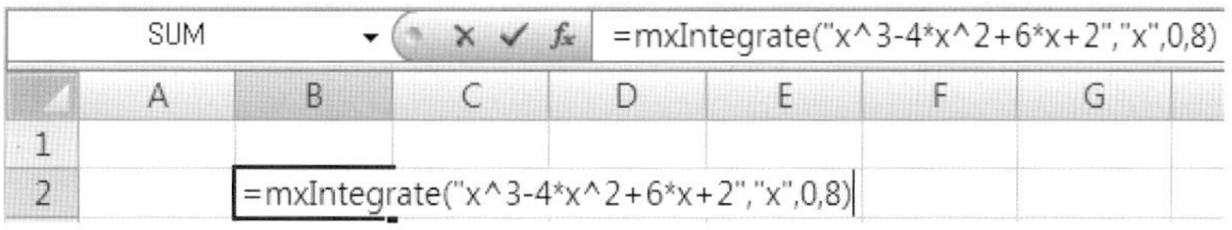

2 초월함수 : $y = x^2 + \sin(2x) + 7\ (0 \le x \le 5)$

1) =mxIntegrate("x^2+sin(2*x)+7","x",0,5) 입력 > [Enter]
2) 답 $val = 77.5862$

또는

1) =mxGaussQuad(4,"x^2+sin(2*x)+7","x",0,5) 입력 > [Enter]
2) 답 $val = 77.7290$

2-5 | 예제 풀이

1 선형 및 비선형방정식

1 비선형방정식

유체역학의 일부인 내부유동(제12장)에서 유체가 관 내을 유동할 때 마찰손실에 의한 압력강하가 발생한다. 이를 계산하기 위해서는 마찰계수(f)를 구해야 한다. 마찰계수식은 경험식이 사용되는데 가장 일반적인 식은 다음과 같은 Colebrook 식 (12-12)이다.

• 조건 : $Re = 317{,}673$, $e = 0.000045m$(표면거칠기), $D = 0.2m$

$$\frac{1}{\sqrt{f}} + 2\log\left(\frac{e}{3.7D} + \frac{2.51}{Re\sqrt{f}}\right) = 0$$

이 식은 비선형이기 때문에 반복계산이 필요하다. 엑셀의 "목표값 찾기" 기능을 이용하면 다음과 같이 마찰계수를 구할 수 있다. 수식 입력 때 분모에 0이 없도록 식을 약간 변경하는 것이 필요하다. 풀이순서는 다음과 같다.

1) 스프레드시트에 변수명 및 데이터 입력
2) B4 cell에 초기값 "0.01" 입력
3) B5 cell 선택 > "=1/(B4^0.5+10^–5)+2*LOG10(B2/3.7/B3+2.51/B1/(B4^0.5+10^–5))" 입력 > [Enter]
4) 데이터 > 가상분석 > 목표값 찾기 > 수식셀에 "B5", 찾는값에 "0", 값을 바꿀 셀에 "$B$4" 입력 > [확인] 클릭

즉, 결과는 $f = 0.016336$이다.

	A	B
1	Re=	317673
2	e=	0.000045
3	D=	0.2
4	x	0.016336
5	fx	0.000412

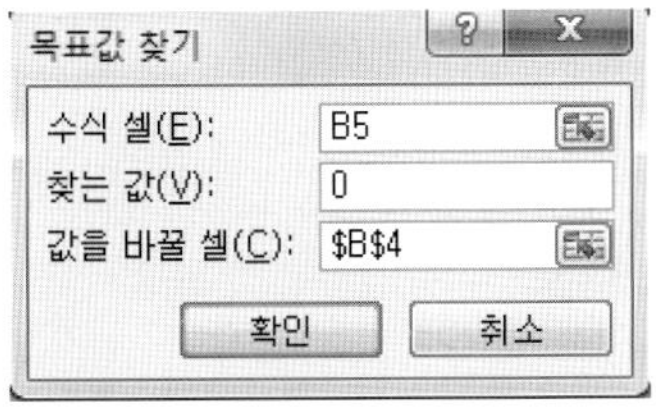

2 선형 연립방정식

그림과 같이 2차원 평판 내의 온도를 구하기 위한 대수방정식의 형태는 선형 연립방정식이며 다음과 같다.

$$300+500+T_2+T_3-4T_1=0$$

$$T_1+500+200+T_4-4T_2=0$$

$$300+T_1+T_4+100-4T_3=0$$

$$T_3+T_2+200+100-4T_4=0$$

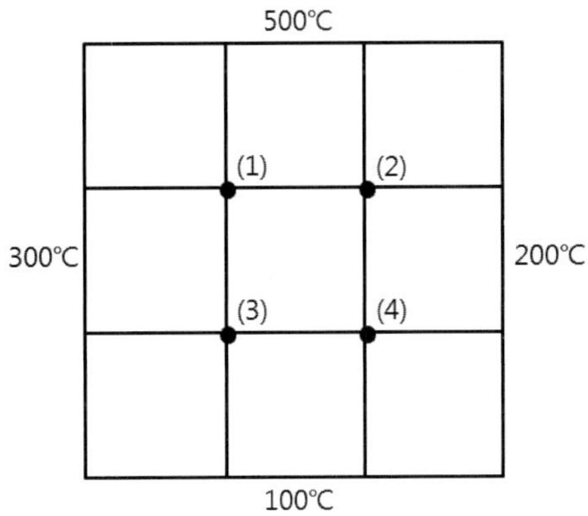

정리하면

$$4T_1-T_2-T_3=800$$

$$T_1-4T_2+T_4=-700$$

$$T_1-4T_3+T_4=-400$$

$$T_2+T_3-4T_4=-300$$

이고, 엑셀의 내장함수를 이용하여 해를 구하면 다음과 같다.

1) 그림과 같이 변수명 입력
2) [A] 계수(B2:E5) 및 [b] 계수(G2:G5) 입력
3) B7:E10 cell 선택 > "=minverse(B2:E5)" 입력 > [Shift]+[Ctrl]+[Enter]
4) G7:G10 cell 선택 > "=mmult(B7:E10,G2:G5)" 입력 > [Shift]+[Ctrl]+[Enter]

즉, 네 점의 온도는 $T_1=337.5℃$, $T_2=312.5℃$, $T_3=237.5℃$, $T_4=212.5℃$ 이다.

	A	B	C	D	E	F	G
1							
2		4	-1	-1	0		800
3	[A]=	1	-4	0	1	[b]=	-700
4		1	0	-4	1		-400
5		0	1	1	-4		-300
6							
7		0.291667	-0.08333	-0.08333	-0.04167		337.5
8	[A]^-1=	0.083333	-0.29167	-0.04167	-0.08333	[x]=	312.5
9		0.083333	-0.04167	-0.29167	-0.08333		237.5
10		0.041667	-0.08333	-0.08333	-0.29167		212.5

3 비선형 연립방정식

다음 그림과 같은 4절 링크를 고려한다. 구동축이 회전할 때, 원점의 위치가 A인 경우 점 C의 위치(좌표)를 찾는 식은 다음과 같다.

$$(x - r\cos\theta)^2 + (y - r\sin\theta)^2 - l_1^2 = 0 \quad (1)$$

$$(x - x_d)^2 + (y - y_d)^2 - l_2^2 = 0 \quad (2)$$

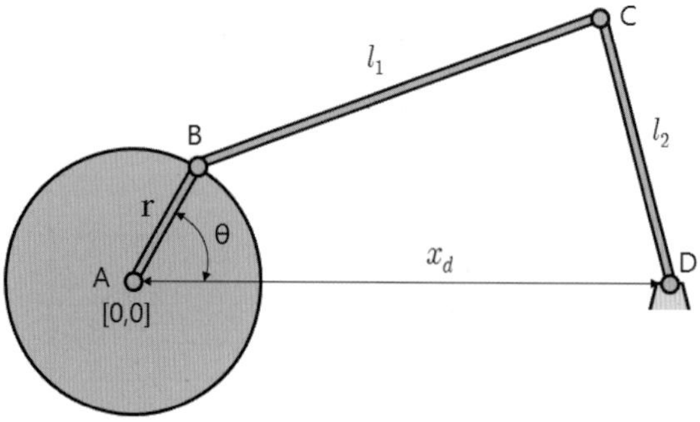

엑셀의 "해찾기(solver)" 기능을 이용하여 해를 구하면 다음과 같다. 각도 θ는 임의의 값을 부여할 수 있다. 조건은 다음과 같다.

- $x_d = 0.5,\ y_d = 0,\ r = 0.1m,\ l_1 = 0.4m,\ l_2 = 0.2m,\ \theta = 30^\circ$

1) 5개의 데이터 입력(x_d, y_d, r, l_1, l_2)
2) 변수명 입력(x, y, $fxy1$, $fxy2$)
3) 식(1) : B6 cell에 "=(B4-E2*COS(RADIANS(30)))^2+(B5-E2*SIN(RADIANS(30)))^2-E3^2" 입력 > [Enter]
4) 식(2) : B7 cell에 "=(B4-B2)^2+(B5-B3)^2-E4^2" 입력 > [Enter]
5) $\{식(1)\}^2 + \{식(2)\}^2$ 식 : D7 cell에 "B6^2+B7^2" 입력 > [Enter]
6) D7 cell 선택 > 데이터 > 해찾기 > 해찾기 매개변수
7) 목표설정 "$D$7", 지정값 클릭, "0", 변수셀 변경 "$B$4:$B$5" 입력 > [실행] 또는 [해찾기] 클릭 ⇒ 해가 구해짐

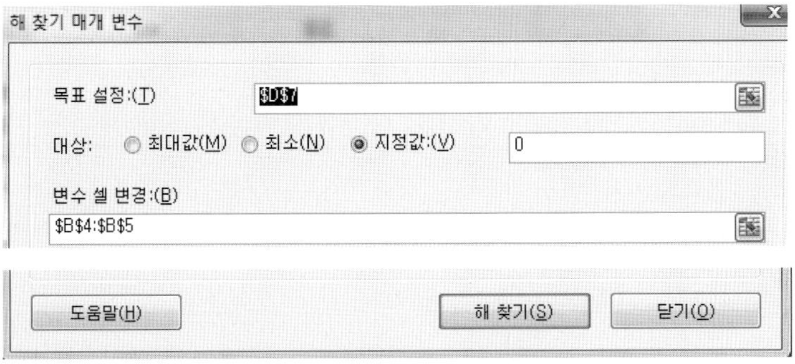

	A	B	C	D	E
1					
2	xd=	0.5		r=	0.1
3	yd=	0		l1=	0.4
4	x	0.459094		l2=	0.2
5	y	0.195774			
6	fxy1=	-2.8E-07			
7	fxy2=	8.37E-07	sum=	7.77E-13	

즉, $\theta = 30^{\circ}$일 때, C점의 좌표값은 $x_c = 0.459m$, $y_c = 0.196m$이다. θ값을 변화시키면 C점의 운동궤적을 파악할 수 있다.

2 곡선접합

물의 포화온도와 포화압력의 관계를 도시한 곡선을 "증기압곡선"이라 한다(제4장 참고). 온도와 압력의 데이터는 다음과 같다.

포화온도[˚C]	10	20	40	60	80	100	120	140
포화압력[kPa]	1.228	2.339	7.384	19.94	47.39	101.3	198.5	361.3

MathExcel 함수 "mxPolyEst"를 이용하여 해를 구하는 순서는 다음과 같다.

1) 변수명 입력
2) 온도 및 압력 데이터 입력
3) D3:G3 cell 선택 > "=mxPolyEst(3,B2:B9,A2:A9)" 입력 > [Shift]+[Ctrl]+[Enter] key
4) 생성된 식 이용 수치계산

   C2 cell 선택 > "=0.000278*A2^3-0.02859*A2^2+1.193512*A2-10.2124" 입력 후 [Enter] > C3:C9 cell 계산

즉, 3차다항식은 "$P = 0.000278\,T^3 - 0.02859\,T^2 + 1.193512\,T - 10.2124$"이다. 그림으로부터 다항식에 의한 곡선접합이 잘 일치되고 있음을 알 수 있다.

	A	B	C	D	E	F	G
1	T[C]	P[kPa]-자료	P-수치계산	myPolyEst 함수			
2	10	1.228	-0.85828				
3	20	2.339	4.44584	0.000278	-0.02859	1.193512	-10.2124
4	40	7.384	9.57608				
5	60	19.94	18.52232				
6	80	47.39	44.62856				
7	100	101.3	101.2388				
8	120	198.5	201.69704				
9	140	361.3	359.34728				

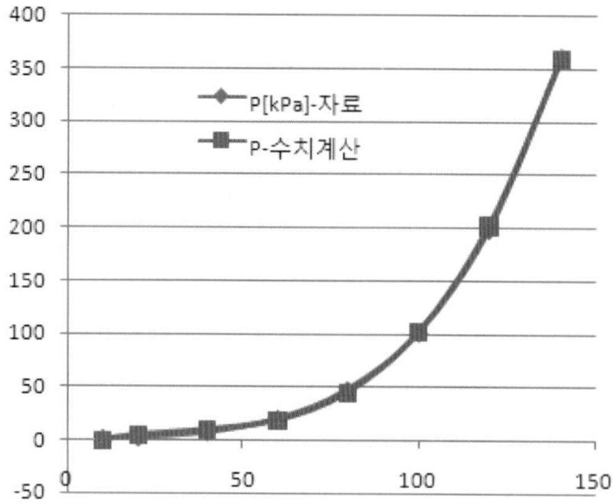

3 수치적분

실린더-피스톤 장치 내의 암모니아를 가열하는 실험을 통하여 다음과 같은 데이터를 얻었다. P-V 과정 곡선 아래 면적은 피스톤이 행한 일이다. 3차다항식을 구하고 적분하면 일의 양을 계산할 수 있다.

체적[ℓ]	0.50	0.60	0.72	0.84	0.96	1.08	1.25
압력[kPa]	1400	1248	1100	945	802	653	500

1 3차다항식

P-V 곡선에 MathExcel함수 “mxPolyEst”를 적용하여 3차다항식을 생성한다.

1) 변수명 및 설명문 입력

2) A2:B8 cell에 데이터 입력

3) A11:D11 cell 선택 > “=mxPolyEst(3,B2:B8,A2:A8)” 입력 > [Shift]+[Ctrl]+[Enter]

즉, 3차다항식은 $P = 271.095\,V^3 - 370.945\,V^2 - 1208.43\,V + 2058.21$이다.

2 수치적분

이 식에 MathExcel 함수 “mxIntegrate”를 적용하여 수치적분을 수행하면 일의 양을 계산할 수 있다.

1) A14 cell 선택
2) “=mxIntegrate("271.095*x^3-370.947*x^2-1208.43*x+2058.21","x",0.5,1.25)” 입력 후 [Enter]

즉, 계산된 일의 양은 “685.81J”이다.

3 사다리꼴 계산

나눈 구간의 수가 9개이므로 각각의 구간 면적을 구한 후 합하면 일의 양이 구해진다.

1) E2 cell 선택 > “=(B2+B3)*(A3-A2)/2” 입력 후 [Enter]
2) E3:E7 cell 계산
3) E2:E7 cell 선택 > 수식 > 자동합계(Σ) 클릭

즉, 계산된 일의 양은 “686.11J”이며, 앞의 적분계산값과 일치한다.

	A	B	C	D	E
1	V[liter]	P[kPa]	수치계산		사다리꼴 계산
2	0.5	1400	1395.145		132.4
3	0.6	1248	1258.168		140.88
4	0.72	1100	1097.027		122.7
5	0.84	945	942.0677		104.82
6	0.96	802	796.1		87.3
7	1.08	653	661.9346		98.005
8	1.25	500	497.5502		
9				sum=	686.105
10	mxPolyEst 함수				
11	271.0948	-370.947	-1208.43	2058.209367	
12					
13	mxIntegrate 함수				
14	685.8069				

4 수치계산 및 그림 생성

생성된 3차다항식을 이용하여 각각의 체적에 대한 압력을 구하고 데이터값과 수치계산값을 그림으로 생성한다.

1) C2 cell 선택 > “=271.095*A2^3-370.947*A2^2-1208.43*A2+2058.21” 입력 후 [Enter]

2) C3:C8 cell 선택 > 계산

3) A1:C8 cell 선택 > 삽입 > 분산형 > 곡선 및 표식이 있는 분산형 > 그림 생성

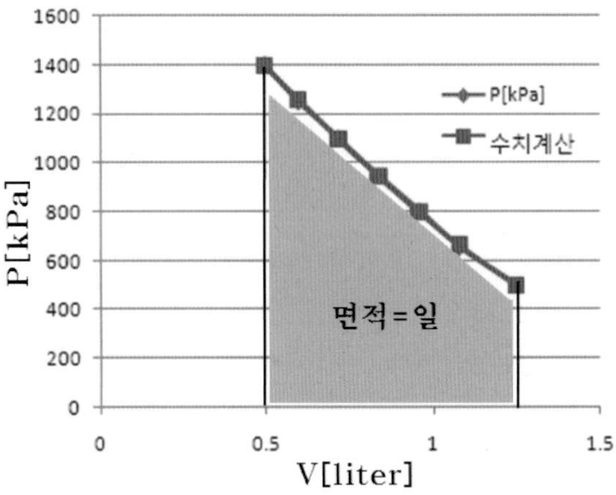

그림으로부터 실험 자료와 수치계산으로 구한 3차다항식의 결과가 잘 일치하고 있음을 확인할 수 있다.

열역학

PART 2

Chapter 3

열역학의 기본 개념

3-1 | 열역학의 개요

1 열역학의 어원 및 법칙들

본론에서는 열역학의 각 분야에서 Excel 프로그램을 이용하여 해석할 수 있는 부분을 검토하고 계산하는 과정을 소개한다. 가급적 유도과정은 생략하고 이론 및 방정식에 대한 기본 개념과 결과식 만을 취급한다.

열역학(熱力學 : thermodynamics)은 물질의 상태(고체, 액체 또는 기체) 변화에 수반되는 에너지를 포함한 일과 열 등의 에너지와 이와 관련된 물질의 상태량 및 이들 사이의 상호작용을 연구하는 학문이라고 할 수 있다. 열역학은 열(熱 : heat)을 의미하는 그리스어의 'therme'와 힘을 의미하는 'dynamis'의 합성어이며, 이를 직역하면 "열을 이용하여 동력을 얻는 학문"이라는 뜻이다. 고전 물리학은 인과법칙(因果法則)에 근거를 둔 학문이지만, 열역학은 경험법칙(經驗法則)에 기초를 둔 학문이다. 즉, 실험적 관찰을 통하여 발견한 사실들을 법칙으로 만들었으며, 이것을 열역학 제1법칙, 제2법칙 및 제3법칙이라고 한다. 그리고 열역학의 논리적인 전개 측면에서 제1법칙에 앞서 제0법칙이 설정되었다.

2 열역학의 응용 분야

산업혁명 이후 공학자와 과학자들은 [그림 3-1]과 같이 실생활에 도움이 되는 여러 형태의 응용 장치를 연구하고 개발하였다. 예를 들면, 가정용으로는 냉장고, 냉난방 시스템, 온수기, 샤워기, 전열기, 가습기, 압력 밥솥 및 컴퓨터 등이 있다. 산업용에는 열교환기, 터빈, 공기압축기, 펌프, 노즐 및 디퓨저 등이 있다. 그리고 수송용으로는 항공기의 제트엔진, 자동차 엔진, 로케트 등이 있고, 발전용으로는 화력 발전소, 원자력 발전소, 태양열 집열기 등이 있다.

앞에서 언급한 많은 응용 장치에 열역학에서 다루는 제1법칙과 제2법칙 및 제반 법칙을 적용하면 장치의 관심 대상이 되는 부분에 대한 결과를 얻을 수 있다. 예를 들어, 터빈인 경우 터빈의 출력을, 자동차 엔진인 경우, 엔진의 출력(또는 마력)을, 냉장고인 경우 냉동 능력(냉장고의 크기)을 계산할 수 있다.

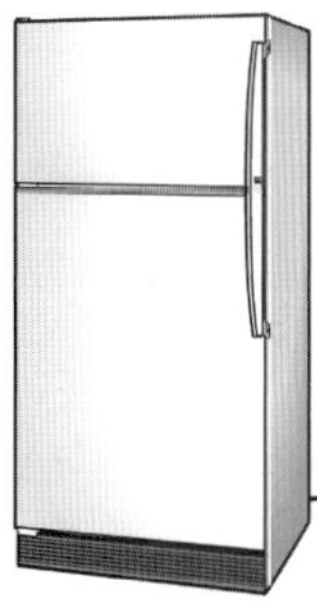

[냉장고]

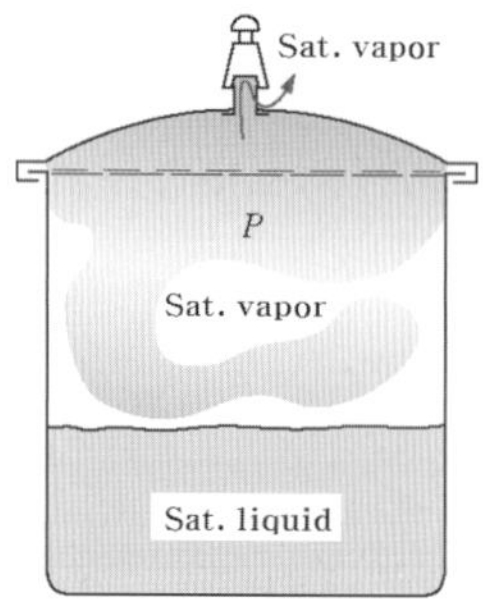

[압력 밥솥]

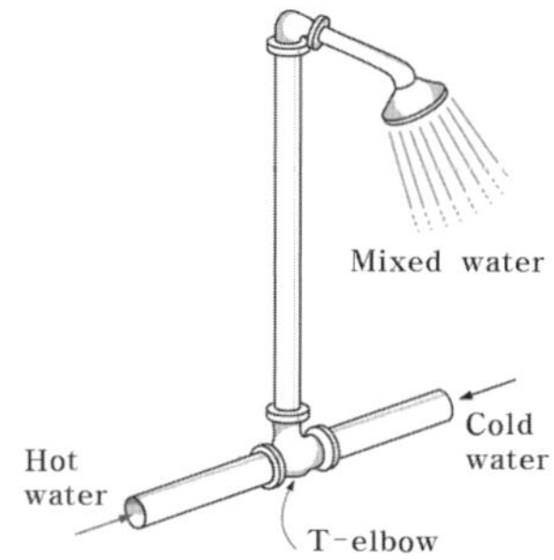

[샤워기]

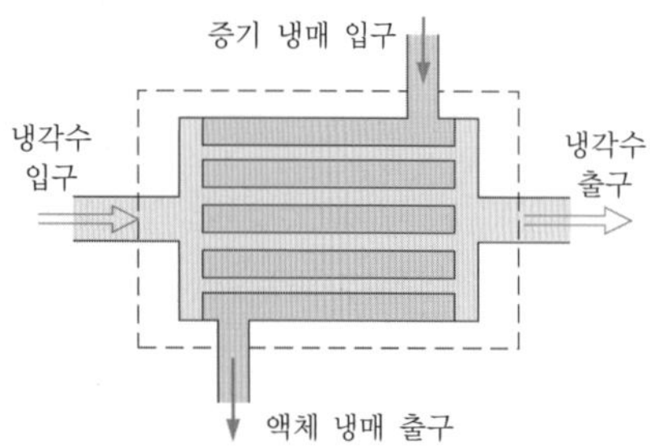

[열교환기(응축기)]

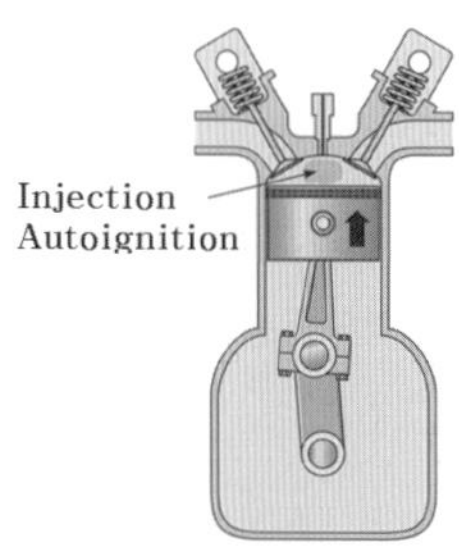

[디젤 엔진]

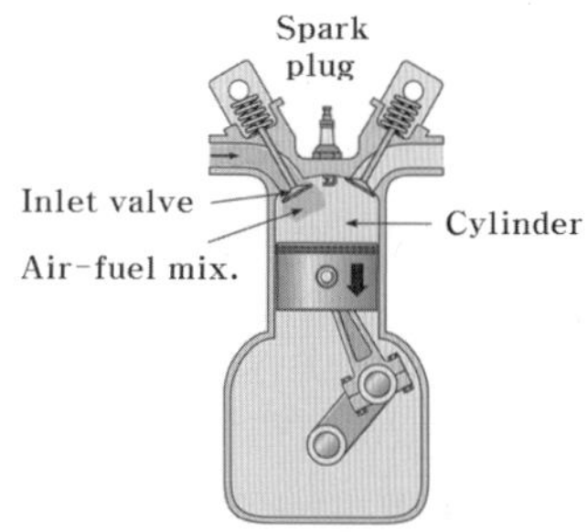

[가솔린 엔진]

[공기압축기]

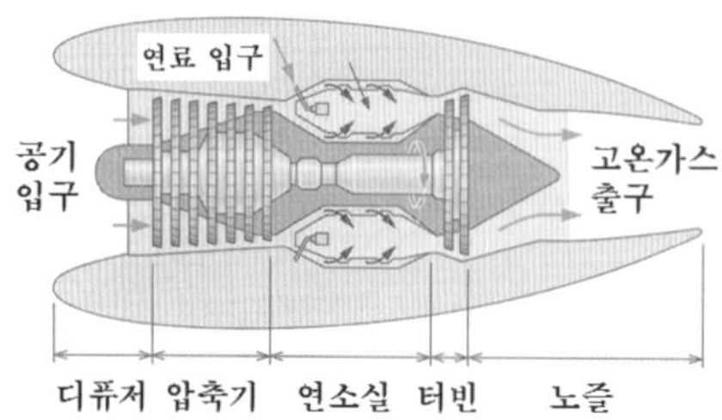

[제트 엔진]

[발전소 터빈]

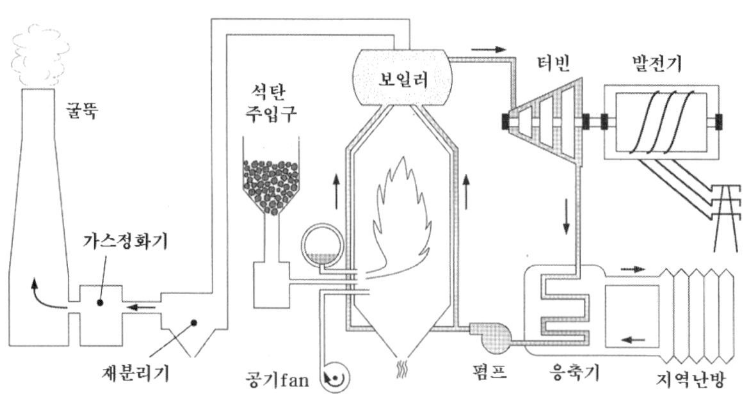

[증기동력 발전소의 개략도]

[그림 3-1] 열역학의 응용 분야

3-2 | 밀폐계와 개방계

1 개요

열이 수반된 물리적 현상을 해석하기 위해서는 해석 영역(또는 관심 영역)의 설정이 필요하다. 이를 위하여 계(system)의 용어가 도입되었다. 계는 해석하기 위해 선택된 물질의 양이나 공간 내의 영역이라고 정의할 수 있다.

계는 [그림 3-2]와 같이 경계(boundary)와 주위(surrounding)로 구성된다. 경계는 계를 둘러싸고 있는 상상적인 표면이며, 주위는 계의 외부 모든 것을 나타낸다. 계는 고정(fixed)될 수도 있으며 또는 이동(moving)할 수도 있다.

2 계의 종류

계는 물질의 유입 및 유출이 있는가 또는 없는가에 따라 밀폐계(closed system)와 개방계(open system)로 분류된다. [그림 3-3]과 같이 밀폐계(또는 검사질량[control mass]이라고도 함)는 계의 경계를 통과하는 질량이 없는 경우이며, 개방계(또는 검사체적[control volume]이라고도 함)는 계의 경계를 통과하는 질량이 있는 경우이다. 그러나 에너지(일과 열 등)는 계의 종류에 관계 없이 계의 경계를 통과할 수 있다. 그리고 계의 경계를 통과하는 질량 및 에너지가 없는 경우를 고립계(isolated system)라고 한다.

개방계(또는 검사체적)의 경계면을 검사면(control surface)이라고 하는데, 이는 실제적인 표면일 수도 있고, 가상적인 표면일 수도 있으며, 또는 두 표면이 혼합될 수도 있다.

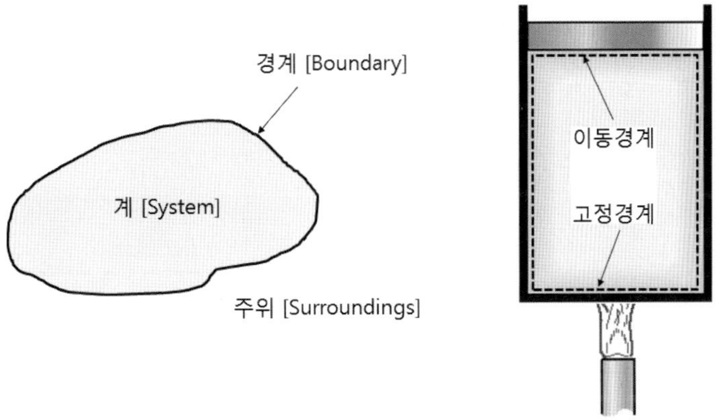

[그림 3-2] 계의 구성 및 경계의 이동

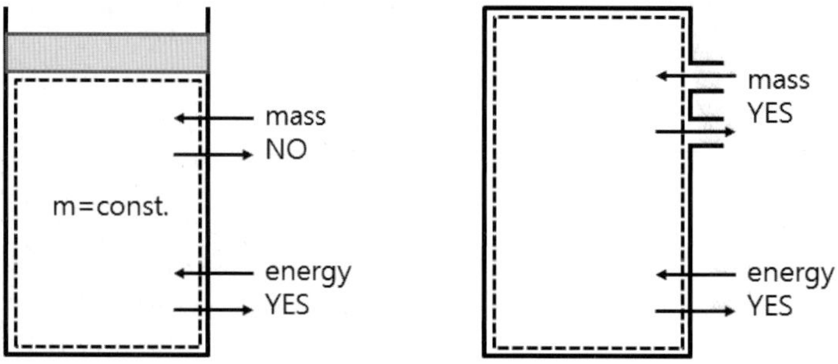

[그림 3-3] 밀폐계 및 개방계

3 계의 경계(영역) 설정

설정할 영역의 범위는 구하고자하는 대상에 따라 결정된다. [그림 3-4]와 같은 공기압축기에 대하여 왼쪽 그림과 같이 경계를 설정하는 경우, 계의 경계를 따라 공기의 유・출입과 일에너지(모터의 회전에 따른 축에너지)의 유입이 있지만, 오른쪽 그림과 같이 경계를 설정하는 경우, 일에너지의 유입은 없고 공기의 유・출입만 있게 된다. 따라서 구하려는 대상이 일에너지인 경우, [그림 3-4(a)]와 같이 경계를 설정하면 된다.

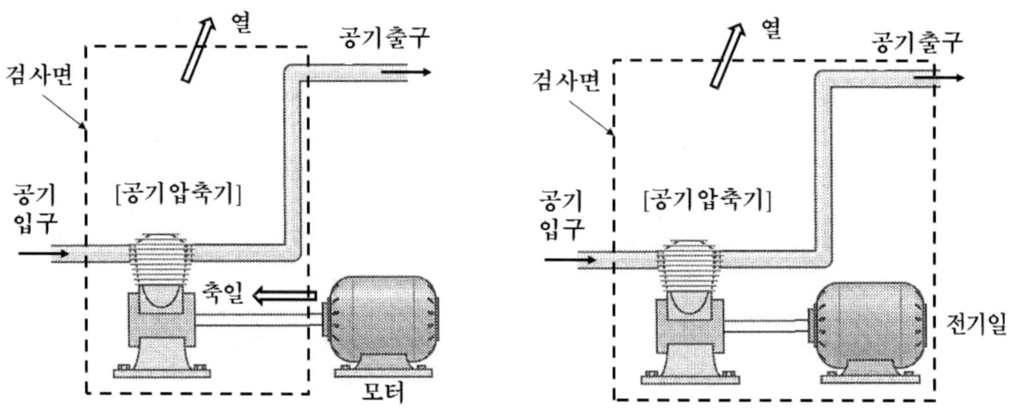

(a) 일에너지 유입 있음 (b) 일에너지 유입 없음

[그림 3-4] 개방계의 경계(검사면) 설정

3-3 | 상태량과 평형

1 상태량

우리는 경험적으로 물이 여러 가지 형태로 존재할 수 있음을 알고 있다. 처음에 액체(liquid)인 물을 가열하면 증기(vapor)가 되고, 냉각하면 고체(solid)가 되므로 물은 조건에 따라 다른 상(phase)을 갖게 된다. 상황에 따라서 두 개 이상의 상태(state)로도 존재할 수 있다.

상태는 상태량(property)이라는 용어로 기술하거나 지정할 수 있다. 상태량은 계의 특성을 나타내는 것으로써 우리에게 익숙한 압력, 온도, 체적, 질량, 밀도 등이 있다. 열역학 상태량은 강성적 상태량(intensive property)과 종량적 상태량(extensive property)으로 분류된다.

강성적 상태량은 온도, 압력 및 밀도와 같이 계의 크기와 무관한 상태량들이다. 종량적 상태량은 질량 및 체적과 같이 계의 크기에 따라 변하는 상태량들이다. [그림 3-5]와 같이 분리판을 사용하여 계를 동일한 크기로 나누면, 어떤 상태량이 강성적인지 또는 종량적인지를 쉽게 결정할 수 있다.

2 평형

열역학에서는 평형 상태(equilibrium state) 만을 다룬다. 평형이라는 용어는 균형이 이루어진 상태를 나타낸다. 평형에는 열적 평형(thermal equilibrium)과 역학적 평형(mechanical equilibrium)이 있다.

[그림 3-6]과 같이 계 내의 모든 지점에서 온도가 동일하면 열적 평형 상태에 있다고 할 수 있다. 역학적 평형은 압력과 관련이 있는데, 계 내부의 모든 위치에서 시간에 대한 압력 변화가 없다면 계는 역학적 평형에 있게 된다. 한편 중력의 영향으로 압력은 높이에 따라 변화할 수 있지만 대부분의 경우에 높이에 따른 압력의 변화는 작아서 무시할 수 있다. 따라서 온도와 압력이 동일하게 되면 열역학적으로 평형 상태에 있다고 말할 수 있다.

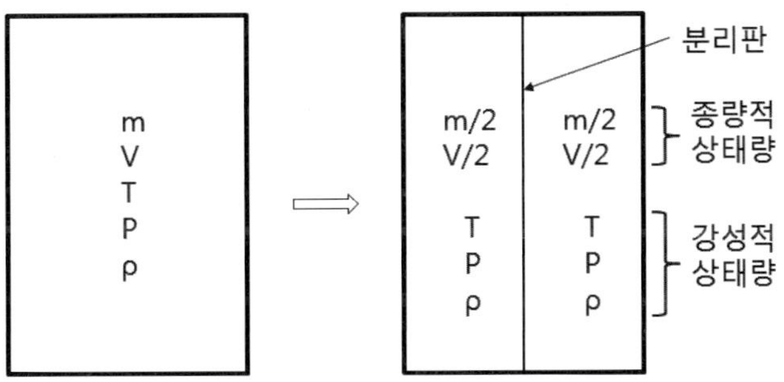

[그림 3-5] 상태량의 종류

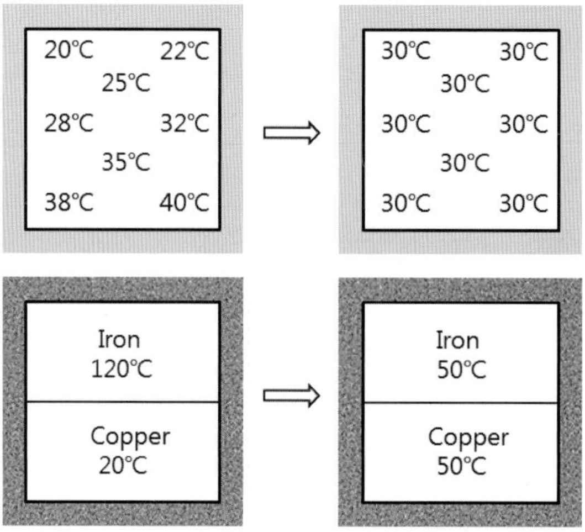

(a) 평형 전 (b) 평형 후

[그림 3-6] 열적 평형

3-4 | 과정과 사이클

1 과정과 경로

계가 한 평형 상태로부터 다른 평형 상태로 변화하는 동안 계가 거쳐가는 연속적인 경로(path)를 과정(process)이라 한다. 과정을 완전하게 기술하기 위해서는 경로뿐만 아니라 과정의 초기 상태, 최종 상태 및 주위와의 상호작용을 파악해야 한다.

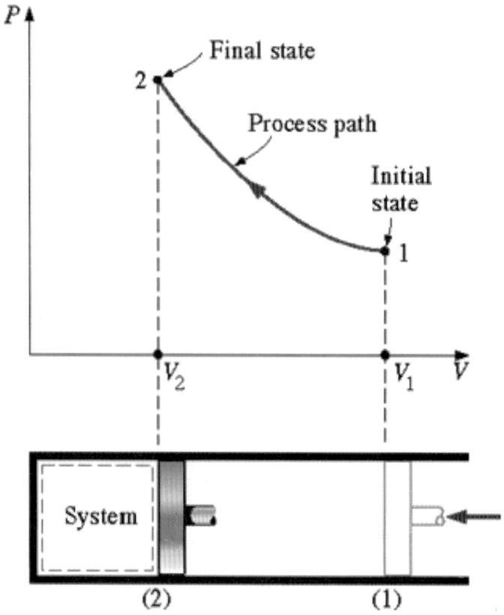

[그림 3-7] 과정과 경로

[그림 3-7]은 실린더와 피스톤으로 구성된 장치에서 물질이 압축되는 동안 체적과 압력의 변화를 도시한 것이며, 곡선은 과정의 경로를 나타낸다.

접두어 '등(等)' 또는 '정(定)'은 특정한 상태량이 일정하게 유지되는 과정을 나타내는데 사용된다. 예를 들어, 등온 과정은 온도가 일정하게 유지되는 과정이고, 정압 과정은 압력이 일정하게 유지되는 과정이며, 정적 과정은 체적이 일정하게 유지되는 과정이다.

2 준평형 과정과 비평형 과정

[그림 3-8(a)]와 같은 실린더-피스톤 장치 내에 들어 있는 기체가 서서히 압축되면 분자들은 균일하게 분포될 수 있는 시간이 충분하므로 실린더 내의 압력은 일정하고 모든 위치에서 같은 비율로 상승할 것이며 전 과정에서 평형을 유지할 것이다. 이러한 과정을 준평형 과정(quasi-equilibrium process)이라 한다.

그러나 [그림 3-8(b)]와 같이 장치 내에 들어 있는 기체가 갑자기 압축되면, 피스톤 면 근처에 있는 분자들은 고루 퍼질 수 있는 시간이 부족하여 피스톤 전면의 좁은 지역으로 모이게 되므로 압력의 불균형을 이루게 된다. 이러한 압력 차이 때문에 계는 더 이상 평형 상태를 유지할 수 없으므로 전 과정은 비평형 상태로 진행된다. 이를 비평형 과정(non-equilibrium process)이라 한다.

준평형 과정은 실제 과정이 아닌 이상적인 과정이지만, 많은 경우에 실제 과정은 준평형 과정에 가깝기 때문에 오차는 무시될 수 있다.

3 사이클

계가 여러 가지 상태변화 또는 과정을 거쳐서 최초상태로 돌아오는 것을 사이클(cycle)이라 한다. 즉, 한 사이클에서 최초상태와 최종상태는 동일하다. [그림 3-9]와 같이 과정이 완료되면 한 사이클을 이루는 과정은 폐곡선을 나타낸다. 과정의 상태(등온, 정압, 정적 등)를 파악하기 위하여 과정의 처음과 끝에 번호를 붙인다.

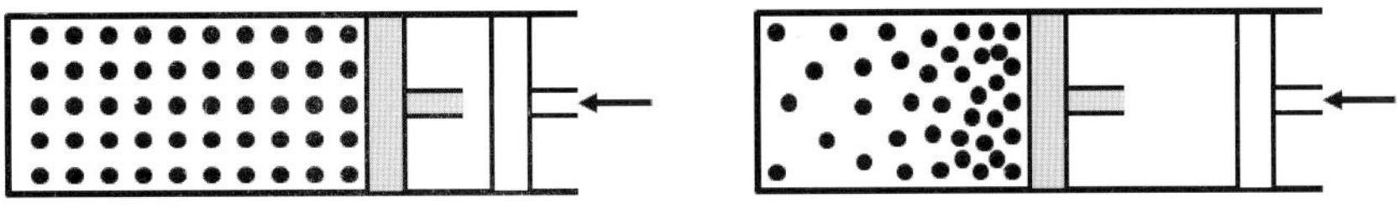

(a) 느린 압축(준평형)　　(b) 빠른 압축(비평형)

[그림 3-8] 준평형과정과 비평형과정

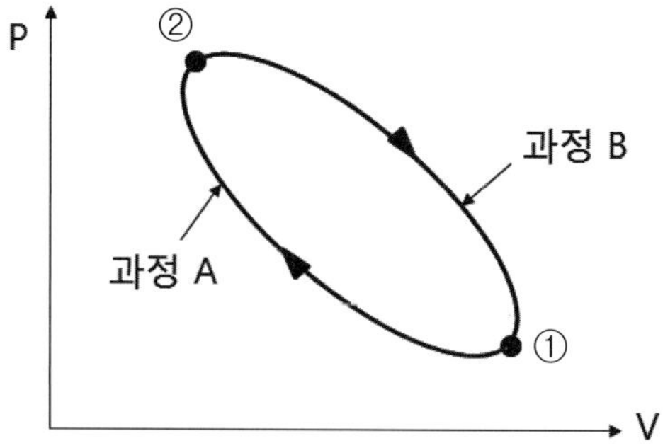

[그림 3-9] 과정과 사이클

3-5 | 열역학 제0법칙

[그림 3-10]과 같이 온도가 다른 세 개의 물체로 구성된 상황을 고려한다. 온도 T_A인 물체와 T_B인 물체가 오랜 시간 접촉하면 열적평형에 이르러서 두 물체의 온도는 같게 된다. 그리고 온도 T_A인 물체와 T_C인 물체가 오랜 시간 접촉하면 열적평형에 이르러서 두 물체의 온도도 같게 된다. 이때 물체 B와 물체 C는 서로 접촉하지 않아도 같은 온도가 된다.

정리하면 $T_A = T_B$이고 $T_A = T_C$ 이면 $T_B = T_C$ 이다. 즉, 두 물체가 제3의 물체와 온도가 같을 때 두 물체도 역시 서로 온도가 같다는 법칙이다. 이러한 관계를 열역학 제0법칙(the zeroth law of thermodynamics)이라 한다.

이는 경험적으로 매우 익숙한 사실이지만 이 법칙은 다른 법칙으로부터 유도할 수 없으며 열역학의 논리적인 전개로 볼 때 열역학 제1법칙과 제2법칙보다 우선하므로 이를 열역학 제0법칙이라고 한다. 제0법칙은 1931년 R. H. Fowler에 의해 최초로 공식화되고 이름이 붙여졌다.

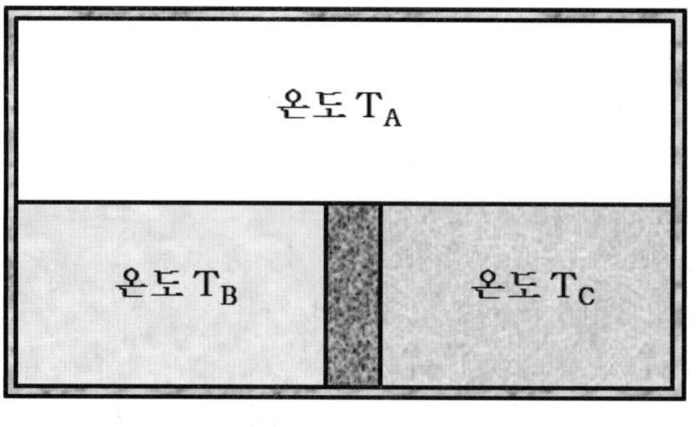

[그림 3-10] 열역학 제0법칙

3-6 | 단위

단위계에는 국제적으로 널리 사용되는 국제 미터계(Metric International System), 간단한 용어로 SI 단위계와 미국 등에서 사용하는 영국 공학 단위계(English Engineering System of Units)가 있다. 영국 공학 단위계는 산업혁명 기간 중에 자연적으로 발생한 것이며, SI 단위계는 20세기에 국제도량형국(International Bureau of Weights and Measures)에서 제정한 것이다.

1 기본 단위 및 주요 단위

지구에서 사용하는 모든 단위는 질량(mass), 길이(length), 시간(time), 온도(Temperature) 등과 같은 기본 단위로 구성되어 있다.

1) 질량 : "1kg"은 국제 도량형국에서 특정 조건으로 보관하고 있는 백금-이리듐 원통의 질량이다.
2) 길이 : "1m"는 1983년 CGPM에서 1/229792458초 동안에 빛이 진공 중에서 진행한 거리로 정의하였다.
3) 시간 : "1초"는 1967년 국제 도량형 총회(CGPM)에서 세슘(cesium)-133 원자광이 세슘 공명기(resonator) 안에서 9,192,631,770번 공명하는 데 걸리는 시간으로 정의하였다.
4) 온도 : 온도 측정에는 섭씨 눈금(Celsius scale)과 화씨 눈금(Fahrenheit scale)의 두 가지가 있다.

섭씨 눈금은 스웨덴의 천문학자 Anders Celsius(1701~1744)의 성을 딴 것으로써 SI 단위계에서, 화씨 눈금은 Gabriel Fahrenheit(1686~1736)의 성을 딴 것이며 영국 공학 단위계에서 사용한다.

1954년 이전에는 두 개의 고정점, 즉 얼음점(ice point)과 수증기점(steam point)을 기준으로 온도 눈금을 정의하였다. 얼음점은 1atm에서 포화공기와 평형 상태에 있는 물-얼음 혼합물의 온도로, 수증기점은 1atm에서 물과 수증기가 평형 상태에 있을 때의 온도로 정의하였다. 섭씨 눈금에서는 얼음점과 수증기점의 온도 값으로 "0"과 "100"을 각각 부여하였고, 화씨 눈금에서는 "32"와 "212"를 각각 부여하였다.

기본 단위를 SI 단위계와 영국 공학 단위계로 분리하여 기술하면 |표 3-1|과 같다. 기본 단위를 중심으로 힘(force), 압력(pressure), 에너지(energy) 및 동력(power) 등의 주요 단위를 표현하면 |표 3-2|와 같다.

| 표 3-1 | 기본 단위

단위계	길이	질량	시간	온도
SI 계	m	kg	s	℃, K
영국계	in, ft	$slug$, lbm	s, hr	°F, R

| 표 3-2 | 주요 단위

종류	정의	SI 계	영국계
힘	질량×가속도	$N = kg \times m/s^2$	$lbf = 32.174\,lbm \times ft/s^2$
압력	힘/면적	$Pa = N/m^2$	$psi = lbf/in^2$ or $psf = lbf/ft^2$
에너지	힘×길이	$J = N \times m$	$lbf \times ft$ or $lbf \times in$
동력	에너지/시간	$W = J/s$	$lbf \times ft/s$

특별한 경우로써 영국 중력단위계가 있다. Newton의 제2법칙 $F = ma$에서 중력단위계인 경우 가속도 "a" 대신에 중력가속도 "g"를 사용한다. 따라서 힘과 표준대기압은 다음과 같이 표현된다.

$$1\,kg_f = 1kg \times 9.807m/s^2 = 9.807N$$

$$1atm = 101325N/m^2 = \frac{101325}{9.807 \times 10^4}\frac{kg_f}{cm^2} = 1.0332kg_f/cm^2$$

2 기타 단위

압력에는 Pa 외에 atm, bar 등과 같은 단위가, 동력에는 마력(hp)과 같은 단위가 있으며, 열에너지에는 Btu, cal 등과 같은 단위가 있다.

기타 단위로써 비체적(specific volume)은 단위 질량당 체적($v = 1/\rho$: 밀도의 역수 $[m^3/kg]$)으로 정의되며, 비중량(specific weight)은 단위 체적당 무게$[N/m^3]$로 정의된다. 이상의 단위를 정리하면 | 표 3-3 |과 같다.

| 표 3-3 | 기타 단위

종류	단위
압력	$1bar = 100{,}000\,Pa = 100kPa = 0.1MPa$
대기압	$1atm = 101.325kPa = 14.696\,psi = 760mmHg$
동력	$1\,hp = 746\,W = 550lbf \times ft/s$, $1PS = 735.5\,W = 75kg_f \times m/s$
열에너지	$1Btu = 1055.056J = 778.28\,lbf \times ft$, $1cal = 4.184J$

3 온도 눈금 및 단위의 환산

섭씨 눈금과 관련된 절대 온도 눈금은 Kelvin 눈금(Kelvin 경, 즉 William Thomson[1824-1907]의 이름에서 유래)이며, 두 눈금의 관계는 다음과 같다.

화씨 눈금과 관련된 절대 온도 눈금은 Rankine 눈금(William Rankine [1820-1872]의 이름에서 유래)이며, 두 눈금의 관계는 다음과 같다.

$$K = C + 273.15 \quad \text{그리고} \quad R = F + 459.67$$

"℃"에서 ""F"로의 환산은 간단한 것이 아니므로 주의해야 한다. 보통의 생각은 $T(℃) = [T(°F) - 32]/1.8$의 공식을 이용하여 ℃를 (°F − 32)/1.8로 대치하는 것이지만 이는 잘못된 생각이다. 예를 들어, 열전도도 단위 $W/m℃$ 에서의 ℃는 단위온도 ℃당 변화를 나타내기 때문에 온도 "1℃" 변화는 "1.8°F" 변화와 동일해야 한다. 따라서 온도의 적절한 환산은 다음과 같다. 그리고 대류열전달계수인 경우, 다음과 같이 환산된다.

$$1℃ = 1.8°F \quad \text{또는} \quad 1°F = ℃/1.8$$

$$1Btu/(hr{\cdot}ft^2{\cdot}°F) = 1055.056\,J/[(3600s)(0.3048m)^2(℃/1.8)] = 5.678\,W/m^2℃$$

4 동력 단위의 기원

동력 단위에 대한 기원은 영국의 기술자인 James Watt로부터 시작되었다. 19세기 후반에 James Watt는 튼튼한 한 마리의 말이 끌 수 있는 능력을 측정하기 위하여 [그림 3-11]과 같은 장치를 제작하고 여러 번 실험을 실시하였다.

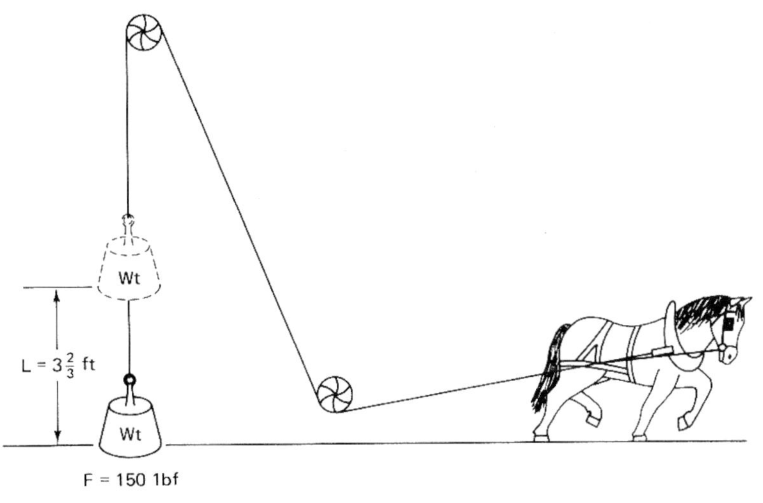

[그림 3-11] 한 마리의 말이 끄는 능력

실험 결과, 한 마리의 말이 "150lbf"의 무게가 나가는 추를 "1초(s)" 동안 "3⅔ ft"만큼 들어 올리는 것을 관찰했다. 따라서 한 마리의 말이 발휘하는 능력, 즉 "1hp"은 "$1hp = 150[lbf]3⅔[ft]/1[s] = 550[lbf \times ft/s]$"로 계산됨을 알 수 있다.

5 단위 환산의 3단계 법칙

관심 대상인 SI 단위를 영국 단위로 또는 영국 단위를 SI 단위로 환산할 때 단위 환산표를 사용하지 않고 쉽게 환산할 수 있는 3단계 방법을 제시하면 다음과 같다.

1) 기본 단위로 분해 : 관심의 대상인 단위를 기본단위(질량, 길이, 시간, 온도)로 분해한 후 정리한다.
2) 기본 단위의 환산 : 분해된 기본 단위를 SI 단위 또는 영국 단위로 환산한 후 정리한다. 기본 단위의 환산인자를 모르는 경우 부록의 기본 단위 환산표를 참고한다.
3) 기본 단위의 조합 : 환산된 기본 단위를 목적에 맞도록 SI 단위 또는 영국 단위로 조합한다.

예를 들어, 대기압인 경우 $1atm = 14.696psi = 101.325kPa$의 관계가 성립한다. 3단계 법칙을 적용하여 영국 단위를 SI 단위로 환산하면 다음과 같다.

1) $14.696psi = 14.696\,lbf/in^2 = 14.696(32.174lbm \times ft/s^2)/in^2$
2) $14.696 \times 32.174(0.4536kg \times 0.3048m/s^2)/(0.0254m)^2$
$= \dfrac{14.696 \times 32.174 \times 0.4536 \times 0.3048}{0.0254^2}\left(\dfrac{kg \times m}{s^2 \times m^2}\right)$
3) $101{,}325(kg \times m/s^2)/m^2 = 101{,}325(N/m^2) = 101{,}325Pa = 101.325kPa$

3-7 | 예제 풀이A(계산기 : 기본 개념)

1 단위 계산

예제 3-1A 비체적 및 밀도 계산

체적이 1.25m^3인 견고한 용기 안에 5kg의 기체가 들어 있다. 이 기체의 비체적과 밀도를 구하라.

풀이

$$v = \frac{V}{m} = \frac{1.25}{5} = 0.25m^3/kg$$

$$\rho = \frac{1}{v} = \frac{1}{0.25} = 4.0kg/m^3$$

예제 3-2A 일의 양

어떤 물체에 100N의 힘을 가하여 힘이 작용한 방향으로 물체가 5m 이동하였다. 물체에 전달된 일의 양을 계산하라.

풀이 일=힘×이동거리=$100N \times 5m = 500J$

2 단위 환산

예제 3-3A 동력 단위의 환산

동력 단위는 "$1\,hp = 746\,W = 550\,lbf \times ft/s$"의 관계가 성립한다. 3단계 법칙을 적용하여 영국 단위를 SI 단위로 환산하라.

풀이 3단계 법칙을 적용할 때 기본 단위의 환산량은 부록의 값을 이용한다. 환산과정은 다음과 같다.

① 기본단위로 분해

$550lbf \cdot ft/s = 550(32.174lbm \times ft/s^2)ft/s$

② 기본단위의 환산

$= (550 \times 32.174)(0.45359kg)(0.3048^2m^2)/s^3$

③ 기본단위의 조합

$= (550 \times 32.174 \times 0.45359 \times 0.3048^2)(kg \cdot m^2/s^3)$

$= 745.7\left(\dfrac{kg \cdot m}{s^2}\dfrac{m}{s}\right) = 745.7\left(\dfrac{N \cdot m}{s}\right) = 745.7\left(\dfrac{J}{s}\right) = 745.7\,W$

부록의 환산표에서 $1hp = 745.7\,W$이므로 환산된 값은 정확히 일치한다.

예제 3-4A 비열 단위의 환산

순수 알루미늄의 비열값은 상온에서 약 $0.215Btu/(lbm \cdot {}^\circ\mathrm{F})$이다. 이 단위를 SI 단위로 환산하라.

풀이 "$1Btu = 1055.056J$"의 관계를 사용하여 비열값을 환산하면 다음과 같다.

$$0.215Btu/(lbm \cdot {}^\circ\mathrm{F}) = \frac{0.215(1055.056J)}{(0.45359kg)(℃/1.8)} = 900.17J/(kg℃)$$

연습문제 A(계산기)

3-1A 체적이 $5m^3$인 견고한 용기 안에 10kg의 기체가 들어 있다. 이 기체의 비체적과 밀도를 구하라.

3-2A 무거운 물체에 1500N의 힘을 가하여 힘이 작용한 방으로 물체가 10m 이동하였다. 물체에 전달된 일의 양을 계산하라.

3-3A 어떤 물체를 가열하여 온도가 20℃ 상승하였다. 이 온도 상승을 K, °F로 나타내라.

3-4A 마력 10hp를 단위환산 3단계 법칙을 적용하여 SI 단위로 환산하라.

3-5A 압력 15psi를 단위환산 3단계 법칙을 적용하여 SI 단위로 환산하라.

3-6A 어떤 물체의 비열값을 측정하였더니 $5Btu/(lbm \cdot °F)$로 나타났다. 이 단위를 SI 단위로 환산하라.

Chapter 4

순수물질의 상태량

3장에서 우리는 익숙한 상태량인 온도, 압력 및 비체적에 대하여 언급하였다. 이 장에서는 순수물질의 상태를 결정할 수 있는 독립 상태량의 개수 및 열역학 상태량에 대하여 살펴본다.

4-1 | 순수물질

순수물질(pure substance)은 화학조성이 균일하고 일정한 물질이다. 물, 질소, 이산화탄소 등은 모두 순수물질이다.

순수물질은 여러 가지 원소가 혼합된 경우에도 혼합물의 상태가 균질(homogeneous)하면 순수물질이 될 수 있다. 예를 들어, 공기는 몇 가지 기체의 혼합물이지만 화학적 조성이 균일하기 때문에 순수물질로 취급된다.

순수물질의 상(phase)이 두 개 이상 공존하는 혼합물인 경우에도 모든 상의 화학적 조성이 같으면 순수물질이다. 예를 들어, 액체 상태의 물과 수증기의 혼합물, 얼음과 물의 혼합물 등은 각 상의 화학 조성이 같기 때문에 순수물질이다. 그러나 액체 공기와 기체 공기의 혼합물은 액체의 조성과 기체의 조성이 다르기 때문에 순수물질이 아니다. 이상의 경우를 정리하면 [그림 4-1]과 같다.

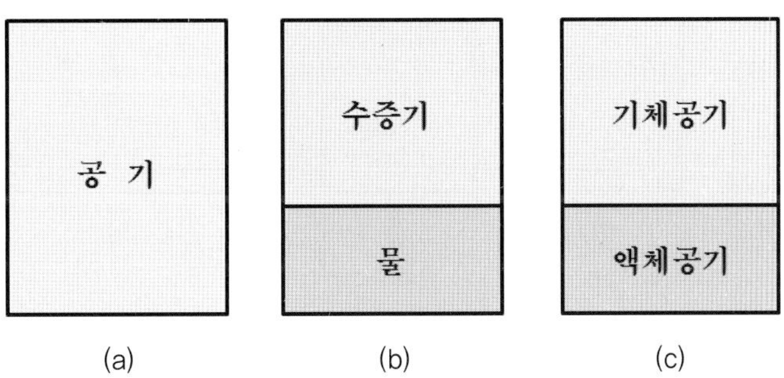

[그림 4-1] (a), (b)는 순수물질, (c)는 순수물질이 아님

4-2 | 상태량

1 개요

주어진 상태(증기, 액체, 고체, 액체+기체 등)에 따라 상태량(property)의 차이가 크기 때문에 식을 적용하여 상태량을 계산하기 위해서는 주어진 조건에서 상태가 결정되어야 한다. 이러한 관계를 표로 나타내면 다음과 같다.

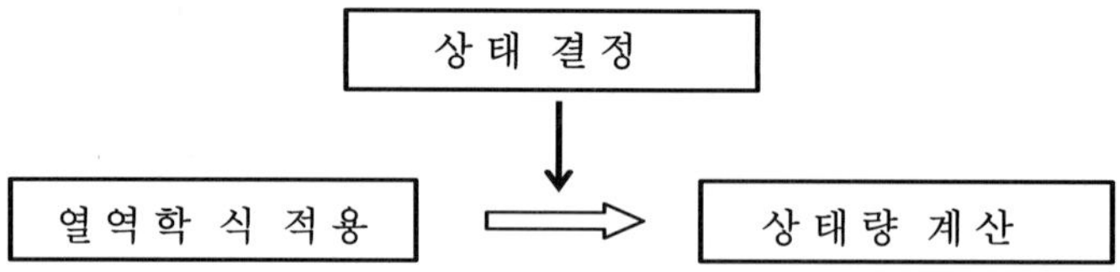

예를 들어, 같은 물이라 하더라도 100℃(대기압)에서 비체적값은 상태에 따라 다음과 같이 약 1600배의 차이가 발생한다.

$$\frac{v_{vapor}}{v_{water}} = \frac{1.6729\,[m^3/kg]}{0.001044\,[m^3/kg]} = 1602$$

2 순수물질의 상태

순수물질인 물은 동일한 압력에서도 열의 유입에 따라 [그림 4-2]와 같이 여러 상태로 변한다. ①은 20℃의 압축액체 상태, ②는 100℃의 포화액체 상태, ③은 100℃의 액체와 증기가 혼합된 포화상태, ④는 100℃의 포화증기 상태, ⑤는 100℃ 이상의 과열증기(super heated vapor) 상태를 나타낸다.

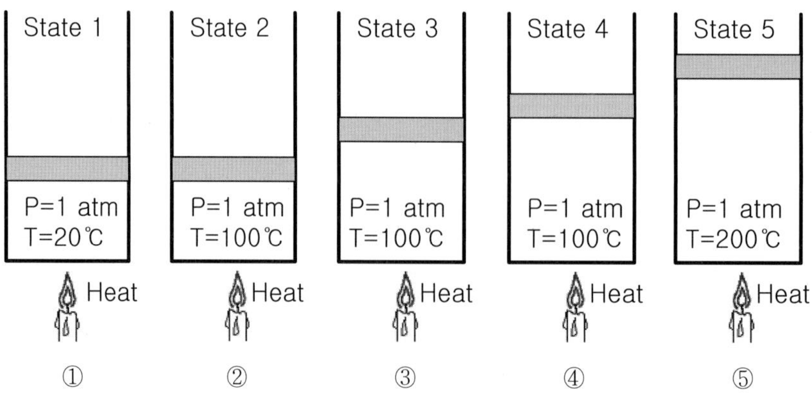

[그림 4-2] 물의 상태변화 과정

[그림 4-2]에서 ②~④과정을 포화상태(saturation state)라 하며 주어진 온도 또는 주어진 압력에서 액체와 기체가 공존하는 상태를 말한다. 이상의 과정을 $T-V$ 선도로 나타내면 [그림 4-3]과 같다.

따라서 포화선(포화증기선+임계점+포화액체선)을 중심으로 왼쪽 영역은 압축액체(또는 과냉액체) 상태이고, 오른쪽 영역은 과열증기 상태이며, 포화선 아래 영역은 포화상태를 나타낸다.

3 증기압 곡선

순수물질인 경우 포화압력과 포화온도는 비례한다. 둘 사이의 관계를 나타낸 곡선을 증기압 곡선(vapor pressure curve)이라 하며 [그림 4-4]와 같이 표현된다.

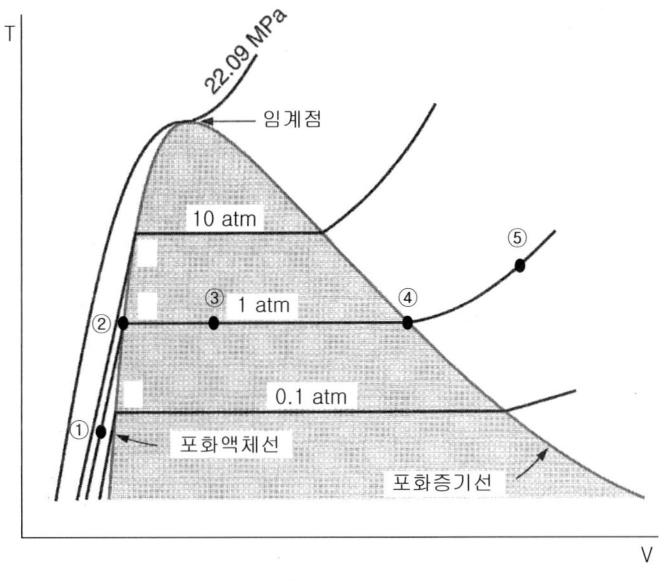

[그림 4-3] 물의 $T-V$ 선도

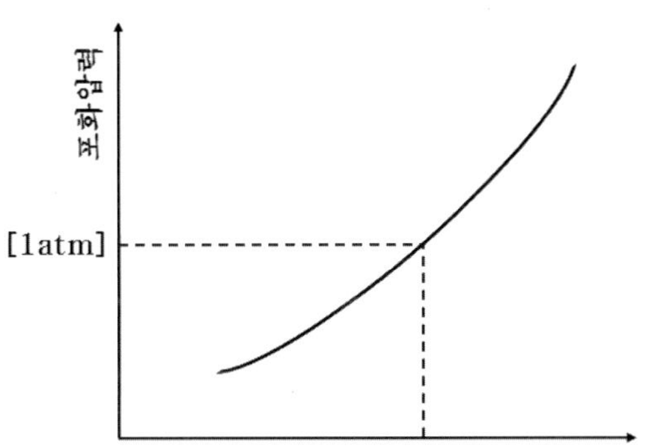

[그림 4-4] 증기압곡선

이러한 원리에 따라, 요리를 하는 경우에 끓는 온도가 높을수록 요리시간이 짧고 에너지가 절약된다. 대기압 이상으로 압력을 인위적으로 높일 수 있는 압력솥을 사용하면 요리 시간을 단축시킬 수 있다.

반대로 고도가 증가하면 물의 끓는 온도는 내려간다. 그러므로 해수면보다는 고도가 높은 곳에서 요리 시간이 더 걸린다. 예를 들어 고도 2000m에서 압력은 79.5kPa이며, 포화온도는 93.2℃이다. 이곳에서 밥을 하면 93.2℃에서 물이 끓기 때문에 밥이 덜 익게 된다.

4 건도(quality)

건도는 포화상태일 때 전체질량(액체와 증기질량의 합)에 대한 증기질량의 비를 말하며 식은 다음과 같다.

$$x = \frac{\text{증기질량}}{\text{액체질량} + \text{증기질량}} = \frac{m_g}{m_f + m_g} = \frac{m_g}{m} \tag{4-1}$$

건도는 포화 혼합물에 대해서만 의미가 있다. 건도는 0과 1 사이의 값이며, 포화액체인 경우 건도는 0이며, 포화증기인 경우 건도는 1이다. 포화상태에서 비체적은 다음과 같이 계산되며 이의 관계를 그림으로 표현하면 [그림 4-5]와 같다.

$$V = V_f + V_g = m_f v_f + m_g v_g = mv$$

$$v = \frac{m_f}{m} v_f + \frac{m_g}{m} v_g = \frac{m - m_g}{m} v_f + \frac{m_g}{m} v_g = (1-x) v_f + x v_g$$

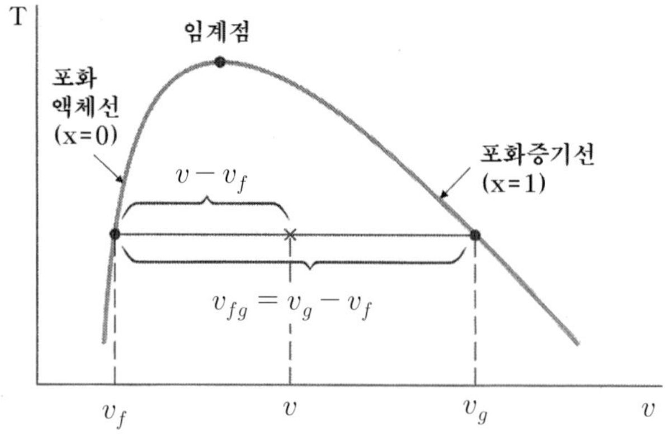

[그림 4-5] 건도-비체적 관계의 $T-v$ 선도

또는

$$v = v_f + x(v_g - v_f) = v_f + x v_{fg} \tag{4-2}$$

5 압축액체의 비체적

압축액체(compressed liquid)에 대한 자료는 많지 않다. 자료가 부족한 이유 중의 하나는 압축액체의 상태량들이 압력에는 비교적 무관하다는 점이다. 압력에 따른 압축액체의 변화는 매우 완만하다.

따라서 "압축액체의 비체적은 같은 온도의 포화액체의 비체적과 같다"고 가정할 수 있다. 이것은 압축액체의 상태량들이 압력보다는 온도에 많이 좌우되기 때문이다. 이로 인한 오차는 매우 작으며 압축액체에 관한 데이터가 없을 때 특히 유용하다. 압축액체의 비체적은 다음과 같이 표현할 수 있다.

$$(v)_{compressed-liquid,\,T} \approx (v)_{f,\,T} \tag{4-3}$$

6 상태를 결정하는 방법

주어진 조건에 대한 상태가 결정되어야 필요로 하는 상태량을 구할 수 있다. 상태를 결정하는 일반적인 순서는 다음과 같다.

1) $T-v$ 선도에 포화선을 그린다.
2) 선도에 일정 압력선을 그린다.
3) 주어진 조건에 따라 값을 선도에 표시한다.

경우 1 [P, T]가 주어진 경우 : 물(80℃, 100kPa)

① 선도에 100kPa의 압력선을 그린다.
② 80℃ 온도선과 100kPa의 압력선이 만나는 교차점을 선도에 표시한다.
③ 교차점의 위치가 포화액체선의 왼쪽이므로 물의 상태는 압축액체(또는 과냉액체)이다.

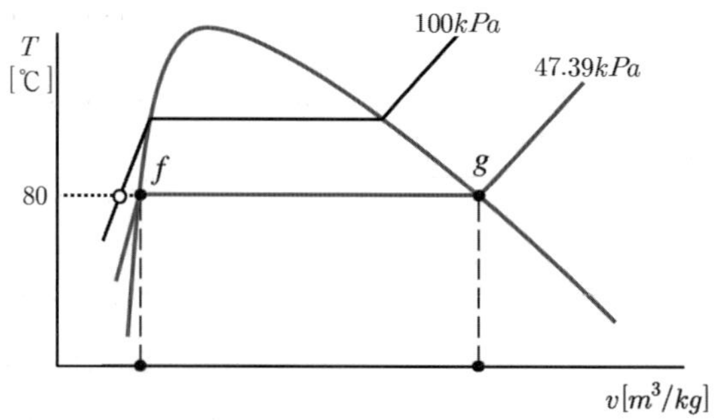

경우 2 $[P, v]$가 주어진 경우 : 물(1200kPa, $0.2m^3/kg$)

① 주어진 압력에 대한 $[v_f,\ v_g]$값을 찾는다.

② 선도의 가로축에 $[v_f,\ v_g]$값을 표시한다.

③ 주어진 비체적값을 선도에 표시한다.

④ 교차점의 위치가 포화증기선의 오른쪽이므로 물의 상태는 과열증기이다.

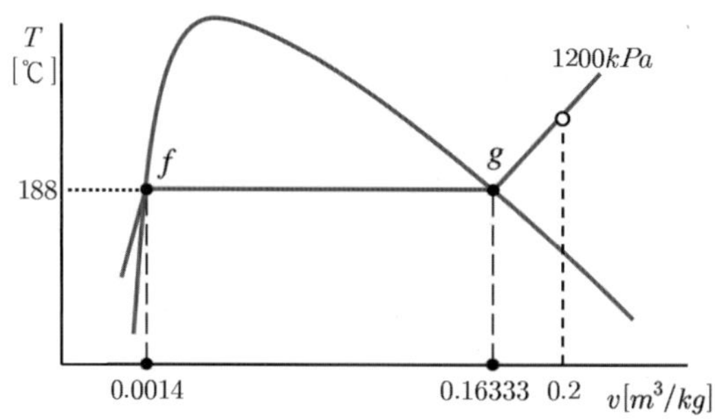

경우 3 $[T, v]$가 주어진 경우 : 물(150℃, $0.2m^3/kg$)

① 주어진 온도에 대한 $[v_f,\ v_g]$값을 찾는다.

② 선도의 가로축에 $[v_f,\ v_g]$값을 표시한다.

③ 주어진 비체적값을 선도에 표시한다.

④ 교차점의 위치가 포화선의 안쪽이므로 물은 포화상태이다.

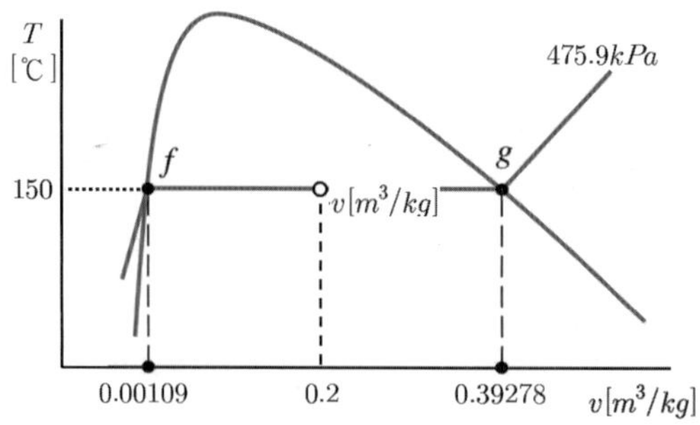

4-3 | 상태방정식

1 이상기체의 상태방정식

압력, 온도 및 비체적 사이의 관계를 표현한 식을 상태방정식(equation of state)이라고 한다. 낮은 압력과 높은 온도에서 기체는 이상기체의 거동을 나타내므로 다음과 같은 이상기체 상태방정식을 이용하여 상태량을 매우 정확하게 계산할 수 있다.

$$Pv = RT\,,\ \ PV = n\overline{R}\,T,\ \ P\overline{v} = \overline{R}\,T \tag{4-4}$$

여기서 비례상수 R은 기체상수이며, $\overline{R}$는 일반 기체상수이고, $\overline{v}$는 몰당 부피[m^3/kmol]이다. 기체상수 R은 기체마다 다르며, 다음 식으로부터 구해진다.

$$R = \frac{\overline{R}}{M}\,[kJ/kg \cdot K] \tag{4-5}$$

여기서 일반 기체상수의 값은 $\overline{R} = 8.3145kJ/(kmol{\cdot}K)$이며, M은 분자량을 나타낸다. 예를 들어, 공기인 경우 공기의 분자량은 $M = 28.97kmol/kg$이기 때문에 공기의 기체상수는 $R_{air} = 8.3145/28.97 = 0.287kJ/(kg{\cdot}K)$가 된다.

2 압축성인자

이상기체 상태방정식은 간단하여 사용하기에 매우 편리하다. 그러나 압력이 높거나 온도가 낮아지면 기체는 이상기체의 거동으로부터 벗어난다. 주어진 압력과 온도에서 이상기체로부터 벗어난 정도는 압축성인자(compressibility factor)라는 수정계수를 사용하면 해결할 수 있다. 압축성인자 Z는 다음과 같이 정의된다.

$$Z = \frac{Pv}{RT} = f(P_r, T_r) \tag{4-6}$$

그리고

$$P_r = \frac{P}{P_c},\ \ T_r = \frac{T}{T_c} \tag{4-7}$$

즉, 압축성인자는 P_r과 T_r의 함수이다. 여기서 P_r은 환산압력(reduced pressure), T_r은 환산온도(reduced temperature)이며, P_c는 임계압력(critical pressure), T_c는 임계온도(critical temperature)를 나타낸다. 이상기체인 경우 $Z = 1$의 값을 갖는다.

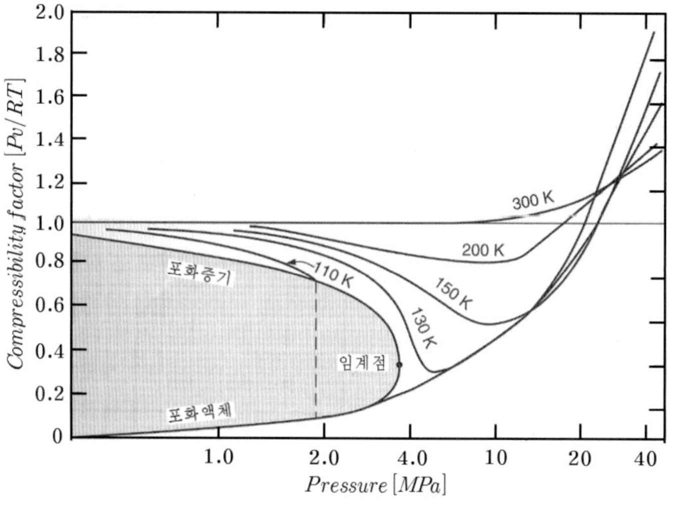

[그림 4-6] 질소의 압축성인자 선도

동일한 환산압력과 환산온도에서 모든 기체의 압축성인자는 근사적으로 같다. 다양한 종류의 기체에 대한 실험 자료를 곡선화하면 모든 기체에 대하여 사용할 수 있는 "일반화된 압축성인자 선도"를 만들 수 있다. 예를 들어 질소에 대한 압축성인자 선도를 나타내면 [그림 4-6]과 같다.

그림을 살펴보면 임계점에 가까울수록 이상기체의 거동으로부터 멀어지는 것을 알 수 있다. 포화상태일 경우 압축성인자는 $[Z=(1-x)Z_f+xZ_g]$로 계산되며 Z_f, Z_g값은 부록의 |표 B-4|를 이용하면 얻을 수 있다. 그리고 일반 압축성인자 선도 [그림 D-1 / p.394]로부터 다음 사항을 관찰할 수 있다.

1) 매우 낮은 압력($P_r \ll 1$)에서 기체는 온도에 관계없이 이상기체로 거동한다[그림 4-7].
2) 높은 온도($T_r \gg 2$)에서 기체는 $P_r \gg 1$을 제외하고 압력에 관계없이 이상기체로 거동한다.
3) 이상기체로부터 벗어난 정도는 임계점 부근에서 가장 크다.

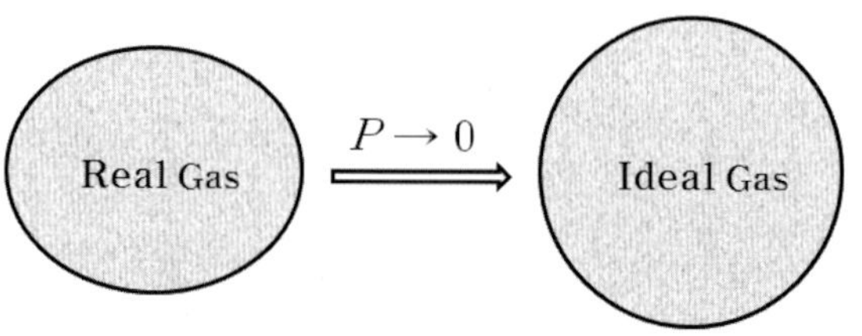

[그림 4-7] 매우 낮은 압력에서 이상기체의 거동

3 기타의 상태방정식

이상기체의 상태방정식은 적용 범위가 제한되어 있으므로, 넓은 영역에 걸쳐 물질의 $P-v-T$ 거동을 정밀하게 나타낼 수 있는 상태방정식이 필요하다. 이러한 상태방정식은 필연적으로 더 복잡하며 사용하기도 더 어렵다. 지금까지 많은 상태방정식들이 제안되었으며, 여기서는 세 가지만 검토한다.

(a) Van der Waals 상태방정식

이 방정식은 1873년에 제안되었고, 두 개의 상수(a, b)를 가지고 있으며 식은 다음과 같이 주어진다.

$$P = \frac{RT}{v-b} - \frac{a}{v^2} \quad \text{and} \quad a = \frac{27R^2T_c^2}{64P_c}, \; b = \frac{RT_c}{8P_c} \tag{4-8}$$

방정식의 정확도는 종종 부적합하지만 실제기체의 거동을 나타내기 위한 최초의 시도라는 점에서 역사적 가치가 있다.

(b) Beattie-Bridgeman 상태방정식

이 방정식은 1928년에 제안되었으며, 실험으로 결정된 다섯 개의 상수를 가지고 있다. 식은 다음과 같은 형태로 주어진다.

$$P = \frac{\overline{R}T}{\overline{v}^2}\left(1 - \frac{c}{\overline{v}T^3}\right)(\overline{v} + B) - \frac{A}{\overline{v}^2} \tag{4-9}$$

$$A = A_0\left(1 - \frac{a}{\overline{v}}\right) \text{ and } B = B_0\left(1 - \frac{b}{\overline{v}}\right)$$

여기서 $\overline{v} = Mv$이다. 방정식에 있는 다섯 개의 상수값들을 여러 가지 물질에 대해 정리하면 |표 4-2|와 같다. 위 방정식은 약 $0.8\rho_c$(임계 밀도)의 밀도 범위까지 정확하게 나타낼 수 있다.

(c) Benedict-Webb-Rubin 상태방정식

Beattie-Bridgeman 상태방정식을 확장한 식으로써 1940년에 제안되었으며 여덟 개의 상수를 가지고 있다. 식은 다음과 같이 표현된다.

$$P=\frac{\overline{R}T}{\overline{v}}+\left(B_0\overline{R}T-A_0-\frac{c}{T^2}\right)\frac{1}{\overline{v}^2}+\frac{b\overline{R}T-a}{\overline{v}^3}+\frac{a\alpha}{\overline{v}^6}+\frac{c}{\overline{v}^3T^2}\left(1+\frac{\gamma}{\overline{v}^2}\right)\exp\left(-\frac{\gamma}{\overline{v}^2}\right) \tag{4-10}$$

상태방정식에 있는 여덟 개의 상수값들을 여러 가지 물질에 대해 정리하면 |표 4-3|과 같다. 위 방정식은 약 $2.5\rho_c$의 밀도 범위까지 정확하게 나타낼 수 있다.

| 표 4-2 | Beattie-Bridgeman 상태방정식의 상수값

기 체	A_0	a	B_0	b	c
공기	131.844	0.01931	0.04611	−0.00110	43,400
이산화탄소(CO_2)	507.284	0.07132	0.10476	0.07235	660,000
수소(H_2)	20.012	−0.00506	0.02096	−0.04359	504
질소(N_2)	136.232	0.02617	0.05046	−0.00691	42,000
산소(O_2)	151.086	0.02562	0.04624	0.00421	48,000

| 표 4-3 | Benedict-Webb-Rubin 상태방정식의 상수값

Gas	A_0	a	B_0	b
이산화탄소(CO_2)	277.30	13.86	0.04991	0.00721
일산화탄소(CO)	135.87	3.71	0.05454	0.00263
메탄(CH_4)	187.91	5.00	0.04260	0.00338
질소(N_2)	106.73	2.54	0.04074	0.00233

Gas	C_0	c	α	γ
이산화탄소(CO_2)	1.404×10^7	1.511×10^6	8.470×10^{-5}	0.00539
일산화탄소(CO)	8.673×10^5	1.054×10^5	1.350×10^{-4}	0.00600
메탄(CH_4)	2.286×10^6	2.578×10^5	1.244×10^{-4}	0.00600
질소(N_2)	8.164×10^5	7.379×10^4	1.272×10^{-4}	0.00530

앞의 상태방정식에서 상태량의 단위는 $P[kPa]$, $\overline{v}[m^3/kmol]$, $T[K]$ 그리고 $\overline{R}=8.3145kJ/(kmol\cdot K)$이다.

4-4 | 열역학 상태량표

1 개요

지금까지 살펴본 상태량에는 압력, 온도, 체적(또는 비체적), 질량, 밀도 등이 있다. 이러한 상태량들은 측정이 가능한 상태량이다. 다음 장에서 기술하겠지만 내부에너지, 엔탈피, 엔트로피 등과 같은 측정이 불가능한 상태량도 있다. 측정이 불가능한 상태량은 측정이 가능한 상태량의 값들을 이용하여 계산된다.

한편 물질의 종류에는 보통의 조건에서 수증기, 냉매 등과 같이 상변화(고체, 액체, 기체)를 일으키는 물질이 있으며, 공기와 같이 항상 기체로 존재하는 물질이 있다. 주어진 조건에서 상변화를 겪는 물질인 경우, 상태는 압축상태, 포화상태, 과열상태로 분류될 수 있다.

2 상태량표

대부분의 물질에서 열역학적 상태량 사이의 관계를 방정식으로 표현하는 것은 너무 복잡하기 때문에 상태량들을 사용하기에 편하도록 표의 형태로 나타낸다. 이 절에서는 수증기표를 중심으로 살펴본다. 다른 물질도 동일한 방법으로 사용하면 된다.

1 포화상태

포화는 포화액체, 포화증기 또는 포화액체와 포화증기가 혼합된 혼합물 등으로 존재한다. 부록의 수증기표에는 포화액체(ϕ_f), 포화증기(ϕ_g) 값이 온도 기준 그리고 압력 기준에 따라 수록되어 있다. ϕ_{fg}가 필요한 경우 $\phi_{fg} = \phi_g - \phi_f$의 관계식을 이용한다. 여기서 ϕ는 임의의 상태량을 나타낸다.

[그림 4-8]과 같이 온도 기준인 경우, 첫째 열에는 포화온도가, 둘째 열에는 그 온도에 대응하는 포화압력이 있으며, 다음 열에는 순서대로 비체적, 내부에너지, 엔탈피, 엔트로피값이 수록되어 있다.

[그림 4-9]와 같이 압력 기준인 경우, 첫째 열에는 포화압력이, 둘째 열에는 그 압력에 대응하는 포화온도가 있으며, 다음 열은 온도 기준과 동일하다.

그리고 부록에 수록되지 않은 특정한 온도나 압력인 경우 보간법을 적용하여 값을 구한다.

◆ B-1-1 포화상태량 : 온도 기준

온도	압력	비체적, m^3/kg		내부 에너지, kJ/kg		엔탈피, kJ/kg		엔트로피, $kJ/kg-K$	
		포화액체	포화증기	포화액체	포화증기	포화액체	포화증기	포화액체	포화증기
(℃)	(kPa)	v_f	v_g	u_f	u_g	h_f	h_g	s_f	s_g
0.01	0.6113	0.001000	206.153	0	2375.33	0.00	2501.35	0	9.1562
5	0.8721	0.001000	147.118	20.97	2382.24	20.98	2510.54	0.0761	9.0257
10	1.2276	0.001000	106.377	41.99	2389.15	41.99	2519.74	0.1501	8.9007
15	1.705	0.001001	77.925	62.98	2396.04	62.98	2528.91	0.2245	8.7813
20	2.339	0.001002	57.7897	83.94	2402.91	83.94	2538.06	0.2966	8.6671

[그림 4-8] 포화온도 기준 상태량표

◆ B-1-2 포화상태량 : 압력 기준

압력	온도	비체적, m^3/kg		내부 에너지, kJ/kg		엔탈피, kJ/kg		엔트로피, $kJ/kg-K$	
		포화액체	포화증기	포화액체	포화증기	포화액체	포화증기	포화액체	포화증기
(kPa)	(℃)	v_f	v_g	u_f	u_g	h_f	h_g	s_f	s_g
0.611	0.01	0.001000	206.132	0	2375.3	0.00	2501.3	0	9.1562
1	6.98	0.001000	129.20802	29.29	2384.98	29.29	2514.18	0.1059	8.9756
1.5	13.03	0.001001	87.98013	54.70	2393.32	54.70	2525.30	0.1956	8.8278
2	17.50	0.001001	67.00385	73.47	2399.48	73.47	2533.49	0.2607	8.7236

[그림 4-9] 포화압력 기준 상태량표

2 과열증기

수증기의 과열상태를 결정하기 위해서는 독립상태량 두 개가 필요하다. [그림 4-10]과 같이 수증기표에는 압력과 온도라는 두 개의 독립상태량을 기준으로 비체적, 내부에너지, 엔탈피, 엔트로피 순으로 값이 수록되어 있다.

부록에 수록되지 않은 특정한 온도나 압력인 경우 보간법을 적용하여 값을 구하는데, 상황에 따라서는 두 번의 보간법이 필요한 경우도 있다.

◆ B-1-3(계속) 물의 과열 증기 상태량

온도	v	u	h	s	v	u	h	s
(℃)	(m^3/kg)	(kJ/kg)	(kJ/kg)	($kJ/kg-K$)	(m^3/kg)	kJ/kg)	(kJ/kg)	(kJ/kgK)
	2000 kPa (212.42)				2500 kPa (223.99)			
포화	0.09963	2600.26	2799.51	6.3408	0.07998	2603.13	2803.07	6.2574
250	0.11144	2679.58	2902.46	6.5452	0.08700	2662.55	2880.06	6.4084
300	0.12547	2772.56	3023.50	6.7663	0.09890	2761.56	3008.81	6.6437
350	0.13857	2859.81	3136.96	6.9562	0.10976	2851.84	3126.24	6.8402
400	0.15120	2045.21	3247.60	7.1270	0.12010	2939.03	3126.28	7.0147

[그림 4-10] 과열 증기 상태량표

3 압축액체

물의 압축액체는 압력의 영향을 거의 받지 않고 온도에 의해서만 변하므로 부록의 표에는 수록되어있지 않다. 물의 압축액체 값은 앞에서 기술한 것과 같이 "주어진 온도와 동일한 온도에서 포화액체의 값"을 사용하면 된다. 식으로 표현하면 다음과 같다.

$$(\phi)_{compressed-liquid,\,T} \approx (\phi)_{f,\,T} \tag{4-11}$$

4-5 | 예제 풀이A(계산기 : 상태량)

1 상태량

예제 4-1A 포화액체 상태량

온도가 80℃인 포화액체의 물 5kg이 견고한 용기 안에 들어 있다. 용기 내의 압력과 체적을 구하라.

풀이 $P_{sat,80℃} = 47.39kPa$, $v_{f,80℃} = 0.001029m^3/kg$. [부록, 표 B-1-1 / p.370]

$V = mv = 5 \times 0.001029 = 0.0051m^3$

예제 4-2A 포화물의 상태량

견고한 용기 내에 120℃의 물과 증기의 혼합물이 10kg 들어 있다. 물의 질량이 7kg일 때, 용기 내의 압력, 건도 및 체적을 계산하라.

풀이 $P_{sat,120℃} = 198.5kPa$ [부록, 표 B-1-1]

$$x = \frac{m_g}{m} = \frac{m - m_f}{m} = \frac{10-7}{10} = 0.3$$

$$v = v_f + x(v_g - v_f) = 0.00106 + 0.3(0.89186 - 0.00106) = 0.2683m^3/kg$$

$$V = mv = 10(0.2683) = 2.683m^3$$

예제 4-3A 압축액체의 상태량

압력이 대기압(101.3kPa)인 교실에서 교탁 위의 컵 속에 20℃의 물이 담겨 있다. 물의 상태를 결정하고 비체적을 구하라. (그림 참조)

풀이 상태를 결정하는 방법에 따라 $T-v$ 선도 안에 일정 압력선을 그리고 온도와의 교점을 찾으면 교점의 위치가 압축영역 내에 있으므로 물의 상태가 압축액체임을 알 수 있다.
그리고 압축액체인 경우 비체적은 주어진 온도에 대한 포화액체의 비체적, 즉 식 (4-3)이므로 다음과 같다.

$$v_{\text{압축액체},20℃} = v_{f,20℃} = 0.001002m^3/kg$$

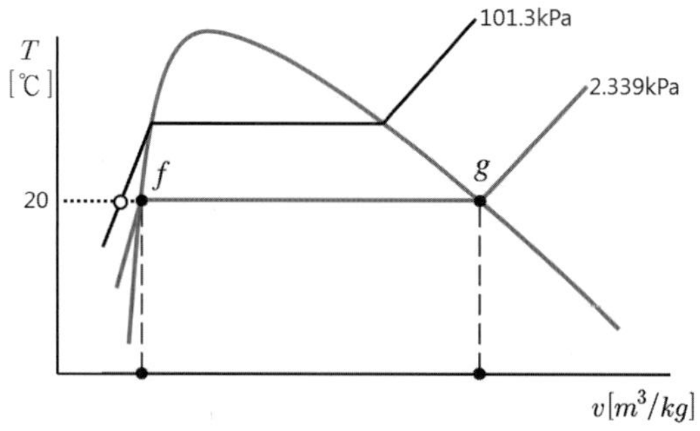

2 상태방정식

예제 4-4A 이상기체의 상태량

교실의 크기는 $10m \times 10m \times 4m$ 이며, 압력은 표준대기압(101.3kPa)이고, 온도는 25℃이다. 교실 내에 있는 공기의 질량을 구하라.

풀이

$$PV = mRT \quad \rightarrow \quad m = \frac{PV}{RT}$$

$$m = \frac{PV}{RT} = \frac{(101.3kPa)(400m^3)}{(0.287kJ/kgK)(25+273.15)K}$$

$$= \frac{(101.3kN/m^2)(400m^3)}{(0.287kNm/kgK)(25+273.15)K}$$

$$= 473.5kg$$

예제 4-5A 실제기체의 상태량

냉매인 R-134a의 상태가 1MPa, 60℃이다. (a) 이상기체 상태방정식, (b) 열역학 상태량표를 사용한 각각의 경우에 대하여 비체적을 구하고 결과를 비교하라. R-134a의 기체상수는 $R = 0.0815kJ/kgK$ (표 A-3)이다.

풀이

(a) 이상기체 상태방정식

$$v = \frac{RT}{P} = \frac{0.0815(60+273.15)}{1000} = 0.02715m^3/kg$$

(b) 열역학 상태량표 (부록 B-3-3)

$$v = 0.02311m^3/kg$$

따라서 두 결과의 오차는 $(0.02715 - 0.02311)/0.02311 = 0.175$, 또는 17.5%이다.

4-6 | 예제 풀이B(엑셀 : 상태량)

1 상태량

예제 4-1B 포화온도 및 압력

실험을 하는 과정에서 특정온도 52.3℃에 대한 물의 포화압력 값을 구할 필요가 발생하였다. 온도범위 $45℃ \leq T \leq 60℃$ 에서 보간법(3차다항식)을 사용하여 값을 찾아라.

풀이 1) 엑셀 워크시트 상단 오른쪽의 "MathExcel" 확인
2) 부록 B-1-1 > 변수명 및 함수명 입력 > 데이터 입력
3) D2 cell 선택 > "=mxFPolyEst(52.3,3,B2:B5,A2:A5)" 입력 후 [Enter] ⇒ "13.82933"
즉, $P_{sat,52.3℃} = 13.829kPa$

	A	B	C	D	E
1	T[C]	P[kPa]		mxFPolyEst 함수	
2	45	9.593		13.82933	
3	50	12.35			
4	55	15.758			
5	60	19.941			

예제 4-2B 물의 과열증기표 작성

압력이 1200kPa인 과열상태의 수증기에 대한 다음 표를 완성하는 과제가 주어졌다. MathExcel 함수 "mxCubicSpline"을 사용하여 과제를 완성하라.

No.	$T[℃]$	$v[m^3/kg]$	$T[℃]$	$v[m^3/kg]$	계산결과	
1	200	0.16930	200	0.1639	200	0.1693
2			210	?	210	0.173981
3			235	?	235	0.185567
4	250	0.19235	250	0.19235	250	0.19235
5			265	?	265	0.19895
6			280	?	280	0.205395
7			290	?	290	0.209626
8	300	0.21382	300	0.21382	300	0.21382
9			320	?	320	0.222138
10	350	0.23452	350	0.23452	350	0.23452

풀이 1) 엑셀 워크시트 상단 오른쪽의 "MathExcel" 확인
2) 부록 B-1-1 > 변수명 및 함수명 입력 > 4개의 온도, 비체적 자료 입력
3) C2:C11 cell에 온도 입력
4) D2 cell 선택 > "=mxCubicSpline(C2,$B$2:$B$5,$A$2:$A$5)" 입력 후 [Enter] > D3:D11 cell 계산

	A	B	C	D	E
1	T[C]	v[m^3/kg]	x	mxCubicSpline 함수	
2	200	0.1693	200	0.1693	
3	250	0.19235	210	0.173981	
4	300	0.21382	235	0.185567	
5	350	0.23452	250	0.19235	
6			265	0.19895	
7			280	0.205395	
8			290	0.209626	
9			300	0.21382	
10			320	0.222138	
11			350	0.23452	

즉, 3차 스플라인 보간법을 적용하여 구한 결과는 주어진 자료와 잘 일치하고 있음을 알 수 있다.

2 상태방정식

예제 4-3B 실제기체의 상태량

앞의 예제 4-5A와 동일한 조건에서 Van der Waals 상태방정식 (4-8)을 사용하여 비체적을 구하고 앞의 결과와 비교하라. 상태량은 다음과 같다.

- $R = 0.0815kJ/kgK,\ P_c = 4.06MPa,\ T_c = 374.2K$ |부록, 표 A-3 / p.368|

풀이

$$P = \frac{RT}{v-b} - \frac{a}{v^2} \quad \text{and} \quad a = \frac{27R^2T_c^2}{64P_c},\ b = \frac{RT_c}{8P_c} \tag{4-8}$$

식 (4-8)은 비체적에 대해서는 비선형 방정식이므로 엑셀 메뉴 "목표값 찾기" 기능을 사용하면 해를 구할 수 있다. 먼저 식을 정리하면 다음과 같다.

$$a = \frac{27R^2T_c^2}{64P_c} = \frac{27(0.0815)^2(374.2)^2}{64(4060)} = 0.096645$$

$$b = \frac{RT_c}{8P_c} = \frac{0.0815(374.2)}{8(4060)} = 0.000939$$

$$P - \frac{RT}{v-b} + \frac{a}{v^2} = 0$$

풀이과정을 기술하면 다음과 같다.

1) 상수 a, b 계산 > 변수명(x, fx) 입력 > E2 cell에 초기값 "0.02" 입력
2) E3 cell에 "=1000-0.0815*333.15/(E2-B3)+B2/(E2^2+10^-7)" 입력 후 [Enter] > E3 cell 선택(클릭)
3) 데이터 > 가상분석 > 목표값 찾기 > 수식셀에 "E3", 찾는값에 "0", 값을 바꿀 셀에 "$E$2" 입력 > 확인 ⇒ "0.024262"

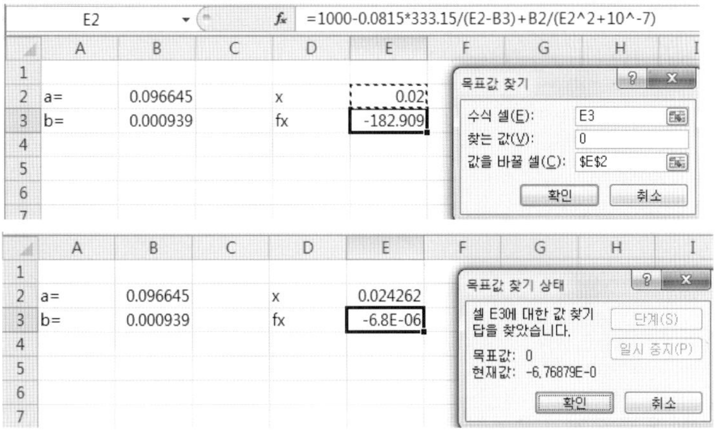

즉, 비체적 값은 $v = 0.02426m^3/kg$이며, 앞의 상태량표의 결과와 비교하면 오차는(0.02426-0.02311)/0.02311=0.050 또는 5%이다. 최근에 개발된 상태방정식을 사용하면 오차를 더욱 줄일 수 있다.

연습문제 A(계산기)

1 상태량

4-1A 온도가 120℃인 포화액체의 물 6kg이 견고한 용기 안에 들어 있다. 용기 내의 압력과 체적을 구하라.

4-2A 견고한 용기에 물과 증기의 혼합물이 15kg 들어 있으며, 온도는 150℃이다. 물의 질량이 12kg일 때, 용기 내의 압력, 건도 및 체적을 계산하라.

4-3A 고도 2500m에 위치한 산장의 테이블 위에 85℃의 뜨거운 물이 담긴 컵이 있다. 물의 상태를 $T-v$ 선도를 이용하여 결정하고 비체적을 구하라. 산장의 압력은 75kPa이다.

4-4A 피스톤이 설치된 장치에서 포화액체의 물 0.5kg을 일정한 압력(150kPa)으로 포화증기가 될 때까지 가열하였다. 체적의 변화량을 구하라.

4-5A 냉매 R-134a가 압축기에서 압력 1200kPa, 온도 65℃의 과열상태로 유출된다. 냉매의 비체적을 계산하라.

4-6A 다음의 상태에서 물이 압축액체인지, 과열증기인지, 또는 포화상태인지를 $T-v$ 선도를 이용하여 결정하라.

(a) 5MPa, $0.01 m^3/kg$

(b) 1MPa, 150℃

(c) 200℃, $0.15 m^3/kg$

2 상태방정식

4-7A 체적이 $10 m^3$인 용기 안에 30℃의 공기가 들어 있다. 압력이 200kPa일 때, 공기의 질량을 구하라.

4-8A 냉매인 R-22의 상태가 1000kPa, 50℃이다. (a) 이상기체 상태방정식, (b) 열역학 상태량 표를 사용한 각각의 경우에 대하여 비체적을 구하고 결과를 비교하라.

연습문제 B(엑셀)

1 상태량

4-1B 냉매 R-134a의 28.7℃에 대한 포화압력값을 구하고자 한다. 온도범위 20℃ ≤ T ≤ 35℃의 구간에 3차다항식의 보간법을 적용하여 값을 찾아라.

4-2B 앞의 문제에서 3차다항식의 계수를 MathExcel 함수 "mxPolyEst"를 이용하여 결정하라.

4-3B 압력이 800kPa인 과열상태의 냉매(R-22)에 대하여 다음 표의 비체적값을 MathExcel 함수 "mxCubicSpline"을 사용하여 결정하라.

No.	T[℃]	$v[m^3/kg]$	T[℃]	$v[m^3/kg]$
1	40	0.02085	40	0.02085
2			47	
3			54	
4	60	0.02319	65	
5			72	
6			78	
7	80	0.02534	85	
8			90	
9			96	
10	100	0.02736	100	0.02736

2 상태방정식

4-4B 압력 3000kPa, 온도 300℃인 과열증기의 비체적을 Van der Waals 상태방정식 (4-8)을 사용하여 구하고 열역학 상태량표의 값과 비교하라.

Chapter 5

에너지 전달

에너지는 열, 일 및 질량에 의해 전달된다. 밀폐계(고정 질량)에서는 열과 일에 의해 에너지가 전달되며, 개방계에서는 열과 일 그리고 질량에 의해 에너지가 전달된다.

에너지 전달이 계와 주위의 온도차에 의해 일어나는 경우는 열이며, 이를 제외한 나머지의 경우는 일이다. 개방계인 경우 유체를 흐르게 하는 원동력으로 유동일(flow work)이 있다.

에너지(energy)라는 용어는 그리스어에서 일을 뜻하는 "erg"로부터 유래되었으며, 19세기 후반에 R. Clausius와 W. Rankine의 연구에서 최초로 사용되었다.

한편 온도와는 달리 열은 직접 측정할 수 없는 물리량이며, 18세기 이전에는 온도와 열을 혼동하여 사용하였다. 영국의 J. Black(1728~1799)은 실험을 통하여 온도와 열의 개념을 명확히 구별하였다.

5-1 | 열과 일의 개요

1 열과 일의 정의 및 부호

열(heat)은 두 개의 계(또는 계와 주위) 사이에서 온도차에 의해 전달되는 에너지의 형태로 정의된다. 따라서 온도차가 없다면 열에 의한 에너지 전달은 없는 것이다.

두 개의 상태(최초 및 최종 상태) 사이의 과정 동안에 전달된 열의 양은 Q_{12} 또는 Q로 표현한다. 계의 단위질량당 열전달량은 다음 식으로 나타낸다.

$$q = \frac{Q}{m}\ [kJ/kg]$$

상황에 따라서 열전달량 대신에 단위 시간당 전달된 열전달률($\dot{Q}$)이 필요한 경우도 있다.

Δt 시간 동안 $\dot{Q}$가 일정하면, 전달된 열전달량은 다음 식과 같이 표현된다.

$$Q = \dot{Q} \Delta t$$

계의 경계를 통과하는 에너지가 열이 아니면, 일이 되어야 한다. 열은 온도차에 의한 에너지 전달이므로, 온도차 이외의 다른 방법으로 발생하는 에너지 교환을 일이라고 말할 수 있다. 힘 F가 작용하여 힘의 방향으로 변위 x가 일어나는 것을 일(work)이라 하며 다음과 같이 정의한다.

$$W = \int_1^2 F dx \tag{5-1}$$

실린더 내에서 상승이나 하강하는 피스톤, 모터의 회전에 의한 축일, 계의 경계를 통과하는 전기선 등은 모두 일의 상호작용과 연관된다.

두 개의 상태 사이의 과정 동안에 전달된 일의 양은 W_{12} 또는 W로 표현한다. 계의 단위 질량당 행해진 일은 다음과 같다.

$$w = \frac{W}{m} \ [kJ/kg]$$

열과 일은 방향성을 가진 양이므로 부호 규약을 채택하는 것이 필요하다. 일반적으로 인정하는 부호 규약에 따르면 계로 들어온 열과 계가 행한 일은 양수이고, 계에서 나간 열과 계에 행해진 일은 음수이다. 이를 정리하면 [그림 5-1]과 같다.

2 열과 일의 단위

열과 일은 에너지의 한 종류이므로 단위는 에너지의 단위와 동일하다. 그리고 단위시간당의 에너지 변화율은 열인 경우 열전달률, 일인 경우 동력이므로 두 개의 단위계에 대하여 정리하면 |표 5-1|과 같다.

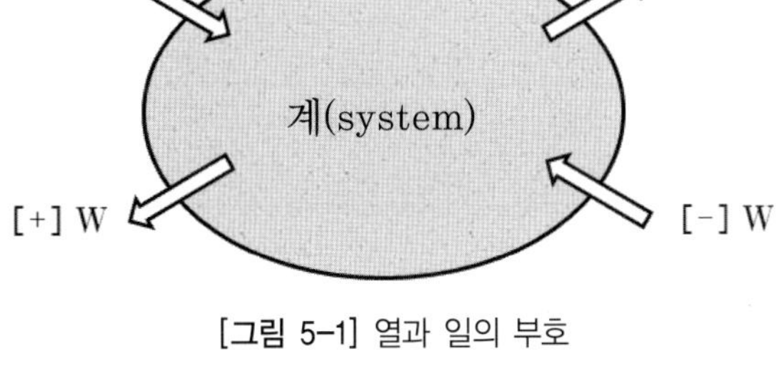

[그림 5-1] 열과 일의 부호

| 표 5-1 | 열과 일의 단위

	SI 단위계	영국 단위계
열, 열전달률 일, 동력	J, W J, W(또는 hp)	Btu, Btu/hr 등 $lbf \cdot ft$, $lbf \cdot ft/s$(또는 hp) 등
$1hp = 746\,W = 550\ lbf \cdot ft/s$, $1Btu = 1055.056J = 778.169 lbf \cdot ft$		

3 점함수 및 경로함수

실린더와 피스톤으로 구성된 장치에서 피스톤이 여러 경로로 팽창하는 과정을 $P-V$ 선도로 나타내면 [그림 5-2]와 같다. 선도에서 곡선 아래의 면적은 일을 나타내므로 일의 양은 어떤 경로로 팽창하느냐에 따라 달라진다. 즉, 일은 양단의 상태(1 및 2)뿐만 아니라 경로에 따라서도 다르기 때문에 일을 경로함수라고 하며, 수학 용어로 불완전 미분(inexact differential)이 된다. 열도 일과 마찬가지로 양단의 상태(최초 및 최종 상태) 뿐만 아니라 과정에 따라서도 양이 다르므로 경로함수이다. 이러한 개념에 바탕하여 점함수(point function)와 경로함수(path function)를 비교 고찰하기로 한다.

점함수는 경로에 관계없이 양단의 점(상태)에 의해서만 정의되는 함수이고, 수학적으로 완전 미분이며, "d"로 표현된다. 열역학 상태량은 모두 점함수이다. 따라서 적분이 가능하다.

경로함수는 양단의 점뿐만 아니라 경로에 따라서도 값이 달라지는 함수이고, 수학적으로 불완전 미분이며, "δ"로 표현된다. 열과 일은 경로함수이다. 따라서 적분이 불가능하기 때문에 관례적으로 열인 경우 Q_{12}로, 일인 경우 W_{12}로 표현한다. 이상의 결과를 요약하면 | 표 5-2 | 와 같다.

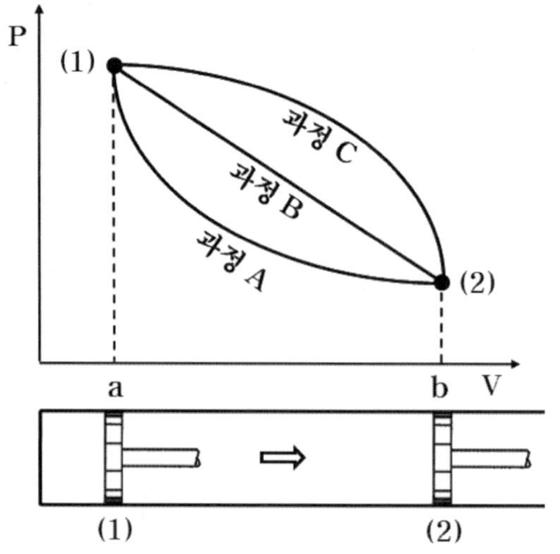

[그림 5-2] 일이 경로 함수임을 보여주는 과정

| 표 5-2 | 점함수와 경로함수의 비교

	종 류	수학적 표현	기 호	적 분
점함수	상태량	완전 미분	d	$\int_1^2 dV = V_2 - V_1$
경로함수	열, 일	불완전 미분	δ	$\int_1^2 \delta Q = Q_{12} \neq Q_2 - Q_1$ $\int_1^2 \delta W = W_{12} \neq W_2 - W_1$

5-2 | 역학적 일과 비역학적 일

일은 일반적으로 역학적 일과 비역학적 일로 구분할 수 있다. 역학적 일에는 이동경계에 의한 일, 중력일, 가속에 의한 일, 축일, 스프링에 의한 일, 표면장력에 의한 일 등이 있다. 비역학적 일에는 전기일, 자기일 등이 있다.

1 이동 경계일(체적의 팽창과 압축에 의한 일)

주변에서 자주 접하는 일 중의 한 형태는 실린더-피스톤 장치 내에서 기체의 팽창이나 압축과 관련된 일이다. 이 과정 동안 피스톤의 이동, 즉 피스톤에 면한 경계면이 이동하므로 이에 따른 팽창이나 압축일을 이동 경계일(moving boundary work)이라고 한다.

실제 기관에서 피스톤은 기체의 평형 상태가 유지되기 어려울 정도로 빠르게 움직이기 때문에 열역학적 해석만으로는 경계일을 정확하게 결정할 수 없다. 따라서 실제 기관에서의 경계일은 직접적인 측정에 의해 결정된다. 그러나 접근의 용이함을 위하여 우리는 피스톤의 이동 과정을 준평형 과정으로 근사화하여 해석한다. 실제로 두 과정 사이에서 발생하는 오차는 크지 않다.

[그림 5-3]에서 추의 일부를 제거하면 피스톤이 거리 dL 만큼 이동한다. 이 과정은 준평형 과정으로 간주할 수 있으며, 계가 한 일을 구할 수 있다. 기체의 초기 압력은 P 이며, 피스톤의 단면적은 A 이므로 계가 행한 미소 일은 다음과 같이 표현된다.

$$\delta W = F dL = PA dL = P dV \tag{5-2}$$

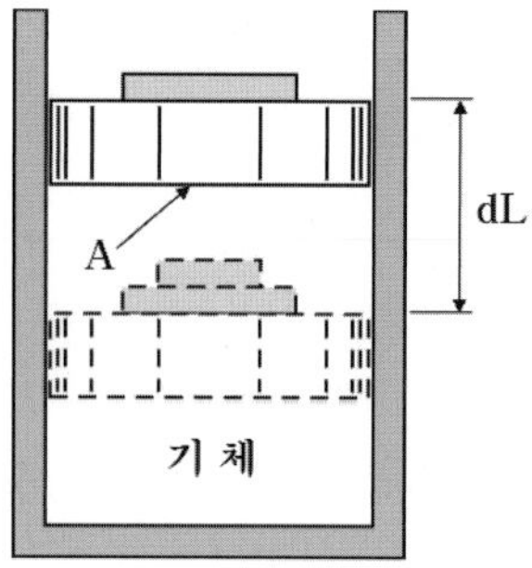

[그림 5-3] 이동 경계일

즉, 미분 형태의 이동 경계일은 계의 절대압력 P와 미소체적 변화 dV의 곱이다. 따라서 이동 경계일을 종종 "PdV 일"이라고 부르는 이유가 여기에 있다. 팽창 과정 동안 계가 한 일은 식 (5-2)를 적분하면 구할 수 있다.

$$W_{12} = \int_1^2 \delta W = \int_1^2 P\,dV \tag{5-3}$$

이 식을 적분하려면 팽창 과정 동안의 P와 V의 관계를 알아야 한다. 이러한 관계는 그래프나 수학적인 관계식 등으로 나타낼 수 있다.

1 그래프 표현

팽창 과정에서 체적과 압력의 변화를 그래프로 표현하면 [그림 5-4]와 같다. 이 선도에서 미소 면적 dA는 PdV와 같은데, 이는 미소 일을 의미한다. 따라서 상태 ①에서 ②까지 팽창하는 동안 피스톤이 행한 일은 미소 면적 dA를 합한 전체 면적 A이다. 식으로 표현하면 다음과 같다.

$$Area = A = \int_1^2 dA = \int_1^2 P\,dV \tag{5-4}$$

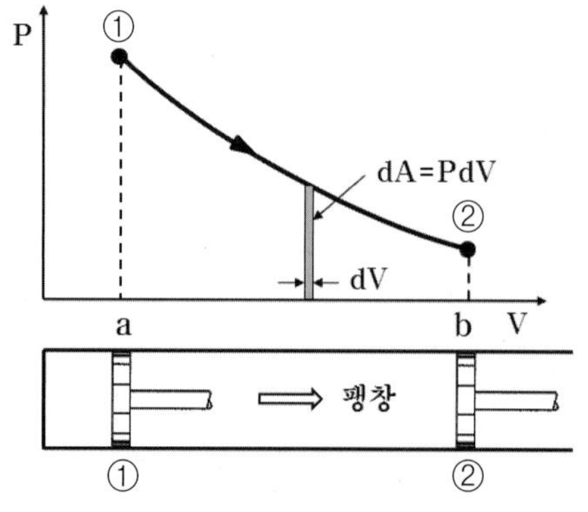

[그림 5-4] 곡선 밑의 면적은 이동 경계일

식 (5-3)과 (5-4)를 비교하면 $P-V$ 선도에서 곡선 밑의 면적 (1-2-b-a-1)은 팽창 과정 동안 피스톤이 행한 경계일과 같다는 것을 알 수 있다.

2 관계식 표현 : 폴리트로픽 과정

실제적인 기체의 팽창 또는 압축 과정에서 압력과 체적은 일반적으로 $PV^n = C$의 관계식에 따른다. 이러한 종류의 과정을 폴리트로픽 과정(polytropic process)이라 한다. 여기서 n과 C는 상수이다. 따라서 폴리트로픽 과정의 압력은 다음과 같이 표현된다.

$$P = CV^{-n} \tag{5-5}$$

폴리트로픽 과정에 의한 일을 구하기 위하여 식 (5-5)를 식 (5-3)에 대입하고 정리하면 다음과 같은 결과를 얻을 수 있다.

$$\begin{aligned} W_{12} &= \int_1^2 P dV = C\int_1^2 \frac{dV}{V^n} = C\left(\frac{V^{-n+1}}{-n+1}\right)_1^2 = \frac{C}{1-n}(V_2^{1-n} - V_1^{1-n}) \\ &= \frac{P_2 V_2^n V_2^{1-n} - P_1 V_1^n V_1^{1-n}}{1-n} = \frac{P_2 V_2 - P_1 V_1}{1-n} \quad (n \neq 1) \end{aligned} \tag{5-6}$$

여기서 $PV^n = C = P_1 V_1^n = P_2 V_2^n$이다. 이상기체인 경우 $PV = mRT$이므로 식은 다음과 같이 쓸 수 있다.

$$W_{12} = \frac{mR(T_2 - T_1)}{1-n} \quad (n \neq 1) \tag{5-7}$$

$n = 1$(등온 과정)인 경우, $PV = C$이므로 식은 다음과 같이 정리된다.

$$W_{12} = \int_1^2 P dV = \int_1^2 \frac{C}{V} dV = PV \ln\left(\frac{V_2}{V_1}\right) \tag{5-8}$$

2 가속에 의한 일(acceleralional work : 운동에너지)

[그림 5-5(a)]와 같이 일정한 크기의 힘 F에 의하여 물체가 미소시간 dt동안 속도 V로부터 속도 $V+dV$의 상태로 가속되는 경우를 고려한다. 물체가 이동한 미소 거리는 $ds = Vdt$이고, 물체의 가속도는

$$a = \frac{(V+dV) - V}{dt} = \frac{dV}{dt}$$

이므로 $F = ma$를 이용하면 미소 일은 다음과 같이 정리된다.

$$\delta W = Fds = ma(Vdt) = (Vdt)m\frac{dV}{dt} = mVdV = d\left(\frac{mV^2}{2}\right)$$

따라서 물체에 가해진 전체 가속도 일은 다음과 같이 표현된다.

$$W_{12} = \int_1^2 d\left(\frac{mV^2}{2}\right) = \frac{m(V_2^2 - V_1^2)}{2} \tag{5-9}$$

3 중력일(gravitational work : 위치에너지)

[그림 5-5(b)]와 같이 질량 m인 물체를 위치 z로부터 $z+dz$까지 끌어올리는 경우, 외력은 중력 $F = mg$이므로 물체에 가해진 미소일은

$$\delta W = Fdz = mgdz = d(mgz)$$

가 된다. 따라서 물체에 작용한 전체 중력일은 위 식을 적분하면 얻을 수 있으며 결과는 다음과 같다.

$$W = \int_1^2 d(mgz) = mg\int_1^2 dz = mg(z_2 - z_1) \tag{5-10}$$

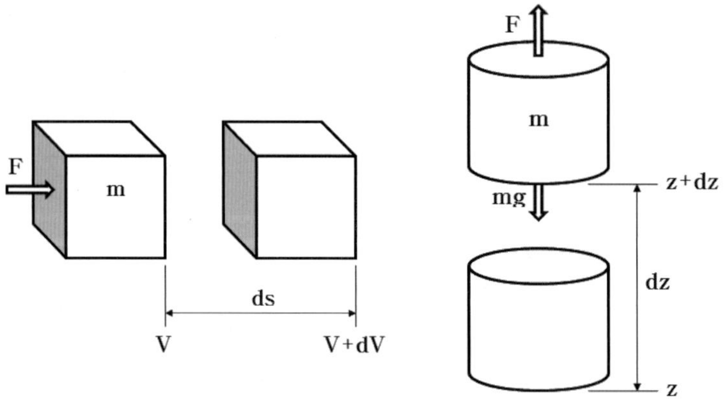

(a) 운동에너지 (b) 위치에너지

[그림 5-5] 운동에너지 및 위치에너지

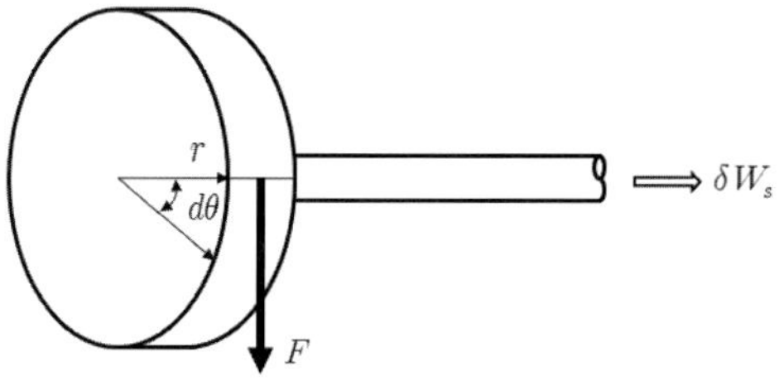

[그림 5-6] 토크에 의한 축일

4 축일(shaft work)

[그림 5-6]과 같이 원판의 한 점에 외력 F를 가하여 원판을 각도 $d\theta$만큼 회전시키는 경우, 미소 이동거리는 $ds = rd\theta$ 이므로 미소 일(축일)은

$$\delta W_s = Fds = Frd\theta = Td\theta \tag{5-11}$$

가 된다. 한편 단위 시간당의 축일은 각속도를 ω라고 하면 다음과 같이 표현된다.

$$\dot{W}_s = \frac{\delta W_s}{dt} = T\frac{d\theta}{dt} = T\omega \tag{5-12}$$

5 스프링에 의한 일(spring work)

스프링에 힘이 작용하면 스프링의 길이가 늘어난다. [그림 5-7]과 같이 힘 F가 가해지면 스프링은 미소 길이 dx만큼 변하므로 스프링에 의한 미소 일은 $\delta W = Fdx$가 된다. 여기서 전체 스프링 일을 구하기 위해서는 F와 x의 관계를 알아야 한다. 스프링의 재질 특성이 탄성이고 선형적으로 변하는 경우 변위 x는 작용한 힘에 비례하므로 $F = kx$의 관계로 주어진다. 따라서 스프링 일은 다음과 같이 표현된다. 여기서 k는 스프링 상수이며, 단위는 N/m이다.

$$W_{spring} = \int_1^2 Fdx = \int_1^2 kxdx = \frac{k(x_2^2 - x_1^2)}{2} \tag{5-13}$$

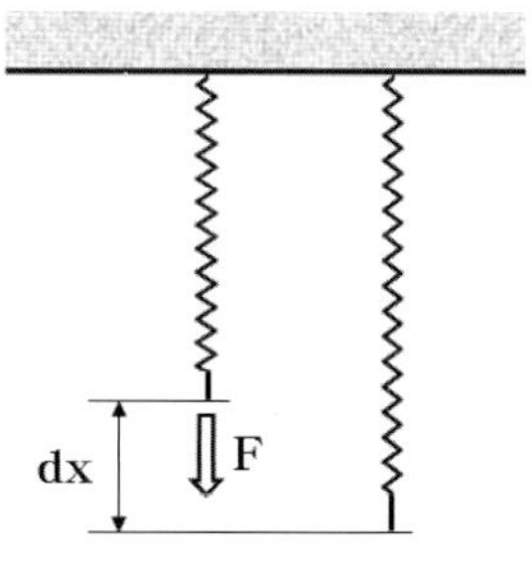

[그림 5-7] 스프링 일

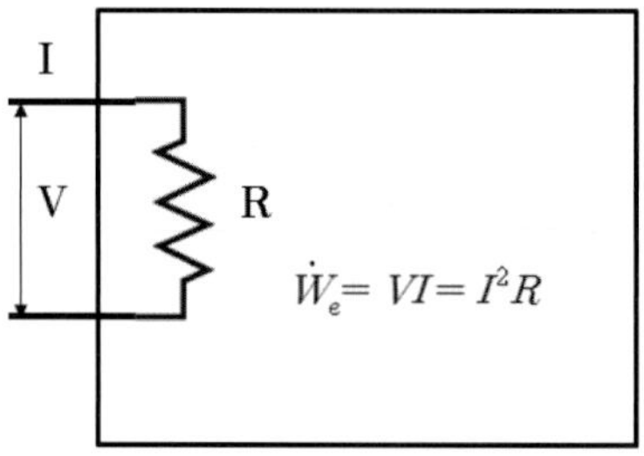

[그림 5-8] 전기일

6 전기일(electrical work)

[그림 5-8]과 같은 전기 회로망에서 양단의 전위차 V, 회로를 흐르는 전류 I, 그리고 저항이 R인 경우, 전기에 의한 미소 일은 $\delta W = VIdt$로 표현된다. 따라서 시간 간격 Δt 동안에 전압과 전류가 일정하게 유지되면 전기에 의한 전체 일은 다음과 같이 나타난다.

$$W_e = \int_1^2 VIdt = VI\Delta t \ [J] \tag{5-14}$$

5-3 | 질량에 의한 에너지 전달

질량을 가지고 있는 물체의 유입 및 유출은 개방계에서만 가능하므로 질량에 의한 에너지 전달은 곧 개방계에서의 에너지 전달을 의미한다.

1 질량유량 및 체적유량

파이프나 덕트의 단면적을 통하여 유동하는 단위 시간당 유체의 양을 질량유량(mass flow rate)이라고 하며, 보통 $\dot{m}$로 표시한다. 유체의 유량은 [그림 5-9]와 같이 파이프의 단면적 A, 유체의 밀도 ρ 및 속도 V로 결정된다.

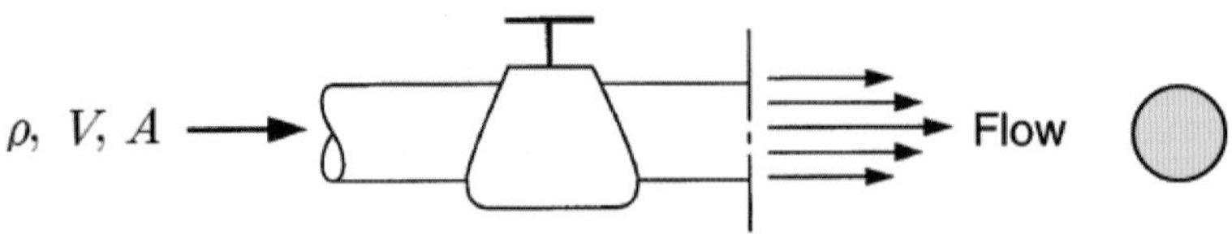

[그림 5-9] 질량유량 및 체적유량

일반적으로 파이프 내에서 유동하는 유체의 압력, 온도, 밀도 등의 상태량들은 단면에 걸쳐 일정하게 유지되므로 일차원 유동으로 근사화시킬 수 있다. 그러나 속도는 단면적에 따라 변하기 때문에 일차원 유동으로 근사화시키기 위해서는 평균의 개념을 도입해야 한다. [그림 5-10]과 같이 평균속도의 개념을 사용하면 일차원 유동에 대한 질량유량은 다음 식으로 표현된다.

$$\dot{m} = \rho VA = \rho Q = \frac{Q}{v} \tag{5-15}$$

여기서 체적유량(volume flow rate)은 $Q = VA$이다. 그리고 v는 비체적$[m^3/kg]$을 의미한다.

2 질량 보존식

개방계는 질량의 유량이 시간에 따라 변하지 않는 정상유동(steady flow)과 유량이 시간에 따라 변하는 비정상유동(unsteady flow)으로 분류된다. 정상유동인 경우 유입되는 양과 유출되는 양이 같기 때문에 질량보존식은 다음과 같이 표현된다.

$$\Sigma \dot{m}_i = \Sigma \dot{m}_e \tag{5-16}$$

비정상유동인 경우 유입되는 양과 유출되는 양이 다르기 때문에 질량 보존식은 다음과 같이 나타낼 수 있다.

(유입질량) − (유출질량) = (계 내부 질량의 정미변화)

또는

$$\Sigma m_i - \Sigma m_e = (m_2 - m_1)_{system} \tag{5-17}$$

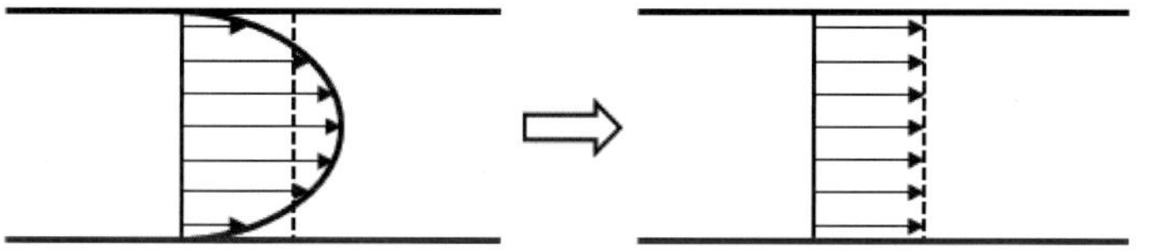

(a) 실제 속도 (b) 평균 속도

[그림 5-10] 평균속도의 개념

예를 들어 [그림 5-11]과 같은 세면대에서 유입되는 물의 질량은 10kg이고, 유출되는 물의 질량이 6kg인 경우, 유입과 유출의 차이인 4kg은 세면대에 쌓이게 된다.

한편, 유체역학에서는 질량보존식을 연속방정식(continuity equation)이라고도 한다.

3 유동일

개방계인 경우 계의 경계를 통한 질량의 유동이 수반되므로, 질량을 검사체적 안으로 밀어 넣거나 또는 검사체적 밖으로 밀어내기 위한 일이 필요하다. 이러한 일을 유동일(flow work) 또는 유동에너지(flow energy)라고 한다.

유동일의 관계식을 구하기 위하여 [그림 5-12]에서 체적이 V 인 유체 요소를 고려한다. 검사체적 입구에 가상의 피스톤이 설치되었다고 가정하는 경우, 피스톤에 힘 F 를 가하면 체적이 V 인 유체 요소가 검사체적 내로 들어오게 된다. 유체 압력이 P 이고, 단면적이 A 라면 가상 피스톤에 의해 유체 요소에 작용된 힘은 $F = PA$ 이고 이 힘이 작용하여 거리 L 을 이동시킨다.

따라서 경계를 통하여 유체 요소를 검사체적으로 밀어 넣는데 행해진 일 즉, 유동일은 다음 식과 같이 정리된다.

$$W_{flow} = FL = PAL = PV \tag{5-18a}$$

또는

$$w_{flow} = Pv \tag{5-18b}$$

앞에서 언급한 일과는 달리 유동일은 상태량의 항으로 표시된다는 점에 주목해야한다. 즉, 유동일은 압력과 체적이라는 상태량의 곱으로 표현된다.

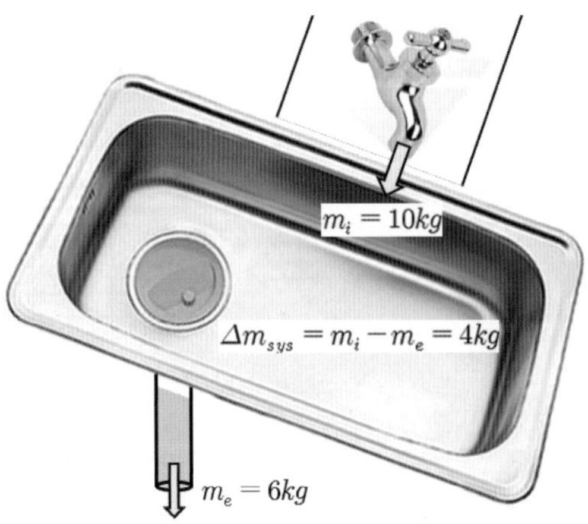

[그림 5-11] 비정상유동의 질량 보존

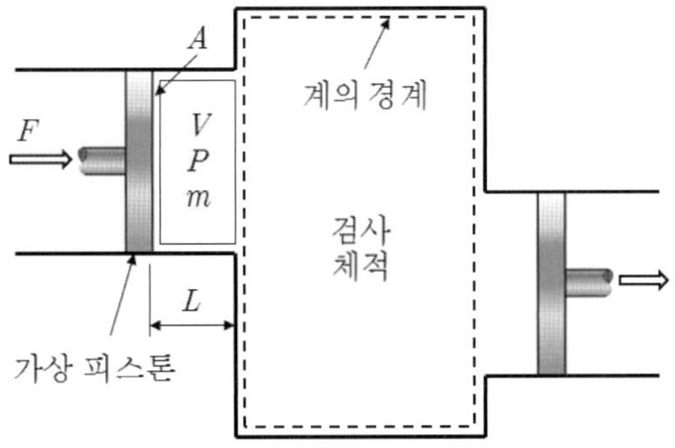

[그림 5-12] 유동일의 개념

4 내부에너지 및 엔탈피

계를 구성하는 총 에너지에는 열 에너지, 일의 종류인 역학적 에너지, 운동 에너지, 위치 에너지, 전기 에너지, 자기 에너지, 화학 에너지 및 핵 에너지 등이 있다.

열역학 해석에서는 계를 구성하는 총 에너지를 거시적 에너지와 미시적 에너지로 구분한다. 거시적 에너지는 어떤 좌표계에 대하여 계가 전체적으로 가지고 있는 에너지로써 운동 에너지와 위치에너지가 여기에 속한다.

미시적 에너지는 계의 분자 구조 및 분자의 운동 정도와 관련된 에너지를 의미하며, 외부의 좌표계와는 관계가 없다. 미시적 에너지의 총합을 계의 내부에너지(internal energy)라고 하며, 기호 U로 나타낸다.

1 내부에너지

내부에너지는 압력, 온도, 밀도 등과 같이 상태량이다. 밀폐계인 경우 내부에너지 변화는 $\Delta U = U_2 - U_1$으로 표현이 가능하다. 열역학 해석에서는 주로 단위 질량당의 내부에너지를 사용하며, 기호는 $u = U/m$이다.

주어진 조건에서 계의 상태가 포화인 경우, 계의 총 내부에너지는 다음 식으로 표현된다.

$$u = u_f + x(u_g - u_f) = u_f + xu_{fg} \tag{5-19}$$

2 엔탈피

개방계인 경우 내부에너지, 운동에너지 및 위치에너지 이외에 유동일(또는 유동에너지)이 추가되므로 검사체적 해석에서 $u + Pv$ 형태의 조합 상태량이 자주 나온다[그림 5-13]. 이 조합을 편리하게 사용하기 위하여 새로운 상태량인 엔탈피(enthalpy)로 정의하고, 기호 H(또는 h)를 부여한다.

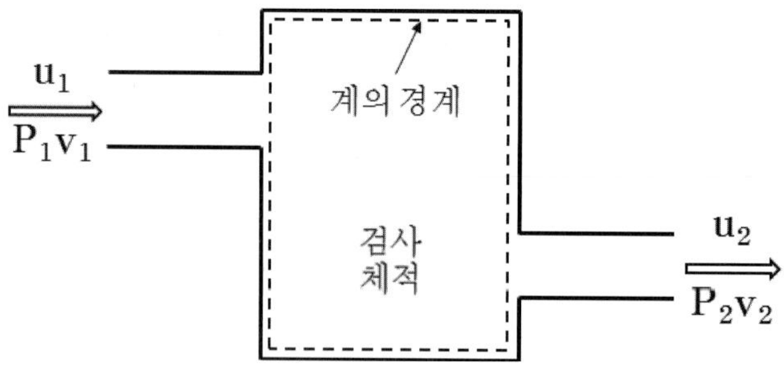

[그림 5-13] 조합 상태량인 $u+Pv$

$$H = U + PV \quad \text{또는} \quad h = u + Pv \tag{5-20}$$

주어진 조건에서 계의 상태가 포화인 경우, 계의 총 엔탈피는 다음 식으로 표현된다.

$$h = h_f + x(h_g - h_f) = h_f + xh_{fg} \tag{5-21}$$

엔탈피는 네덜란드 물리학자 Kamerlingh-Onnes(1853-1926)에 의하여 이름이 붙여졌으며, 그리스어의 "따뜻하다"라는 의미의 "enthalpien"으로부터 유래되었다.

5 유동 유체의 총 에너지

앞에서 검토한 바와 같이 계가 보유한 총 에너지는 내부에너지, 운동에너지 및 위치에너지의 세 개 부분으로 구성된다. 단위 질량 기준으로 총 에너지를 표현하면 다음 식과 같다.

$$e = u + ke + pe = u + \frac{V^2}{2} + gz \tag{5-22}$$

개방계인 경우 유체의 유동이 있으므로 유체는 위에서 언급한 총 에너지 외에 추가적으로 유동일 즉, 유동에너지 Pv를 가지고 있다. 따라서 단위 질량 기준으로 유동 유체의 총 에너지를 나타내면 다음 식과 같다.

$$\theta = e + Pv = \left(u + \frac{V^2}{2} + gz\right) + Pv$$

또는

$$\theta = h + \frac{V^2}{2} + gz \tag{5-23}$$

여기서 엔탈피는 $h = u + Pv$이다. 결론적으로 검사체적을 통과하는 유체와 관련된 에너지에는 새로운 상태량인 엔탈피가 포함된다는 사실이다. 지금부터 검사체적을 유출입하는 유동 유체의 에너지는 식 (5-23)으로 나타낸다. 위에서 언급한 내용을 그림으로 정리하면 [그림 5-14]와 같다.

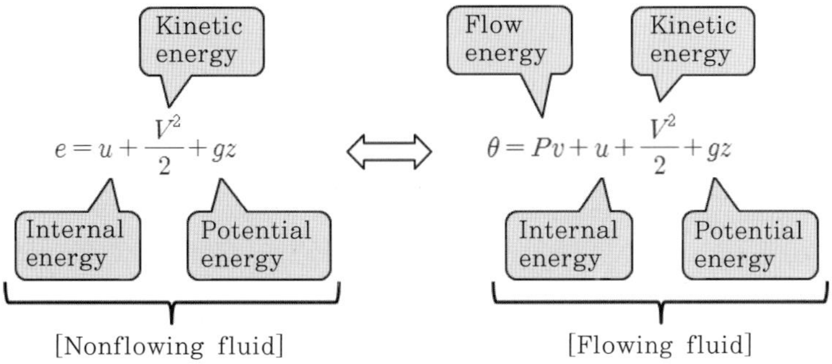

[그림 5-14] 비유동 유체와 유동 유체의 총 에너지

5-4 | 예제 풀이A(계산기 : 에너지 전달)

1 이동 경계일

예제 5-1A 정적과정의 이동 경계일

견고한 용기 내에 30℃, 100kPa 상태의 공기가 들어 있다. 공기의 상태가 150℃, 500kPa 될 때가지 용기를 가열하였다. 이 과정 동안의 이동 경계일을 구하라.

풀이 이동 경계일은 식 (5-3)과 같다. 견고한 용기이기 때문에 체적의 변화는 없다($dV = 0$). 따라서 일은 영(0)이다.

$$W_{12} = \int_1^2 P\,dV = 0 \qquad (5\text{-}3)$$

예제 5-2A 정압과정의 이동경계일

실린더-피스톤 장치 내에 30℃, 200kPa 상태의 공기가 5kg 들어 있다. 공기의 온도가 150℃ 될 때까지 일정한 압력으로 용기를 가열하였다. 이 과정 동안의 이동 경계일을 구하라.

풀이 압력이 일정(P=일정)하고 공기는 이상기체이므로 이동 경계일은 다음과 같이 계산된다.

$$W_{12} = \int_1^2 P\,dV = P(V_2 - V_1) = P\left(\frac{mRT_2}{P} - \frac{mRT_1}{P}\right) = mR(T_2 - T_1)$$

$$= 5(0.287)(150 - 30) = 172.2kJ$$

예제 5-3A 등온과정의 이동경계일

초기의 체적이 $0.3m^3$인 실린더-피스톤 장치 내에 30℃, 100kPa 상태의 공기가 들어 있다. 온도를 일정하게 유지하면서 공기를 $0.1m^3$까지 압축하였다. 이 과정 동안에 행해진 일을 구하라.

풀이 온도가 일정하므로 식 (5-8)을 사용하여 이동 경계일을 계산할 수 있다.

$$W_{12} = \int_1^2 PdV = P_1 V_1 \ln\left(\frac{V_2}{V_1}\right) = 100(0.3)\ln\left(\frac{0.1}{0.3}\right) = -32.96kJ$$

예제 5-4A 폴리트로픽 과정의 이동경계일

실린더-피스톤 장치에 온도가 400K, 압력이 100kPa인 공기가 0.2kg 들어 있다. $PV^{1.4} = C$의 폴리트로픽 과정으로 400kPa까지 압축하였다. 최초와 최종상태의 체적 그리고 이 과정 동안 공기가 한 일을 구하라.

풀이 폴리트로픽 과정이므로 식 (5-6)을 사용하면 일을 구할 수 있다. 먼저 체적을 구하면 다음과 같다.

$$V_1 = \frac{mRT_1}{P_1} = \frac{0.2(0.287)400}{100} = 0.2296m^3$$

$$P_1 V_1^{1.4} = P_2 V_2^{1.4} \quad \rightarrow \quad \frac{P_1}{P_2} = \left(\frac{V_2}{V_1}\right)^{1.4} \quad \rightarrow \quad \frac{V_2}{V_1} = \left(\frac{P_1}{P_2}\right)^{1/1.4}$$

$$\rightarrow \quad V_2 = V_1\left(\frac{P_1}{P_2}\right)^{1/1.4} = 0.2296\left(\frac{100}{400}\right)^{1/1.4} = 0.0853m^3$$

따라서

$$W_{12} = \int_1^2 PdV = \frac{P_2 V_2 - P_1 V_1}{1-n} \quad (n \neq 1)$$

$$= \frac{400(0.0853) - 100(0.2296)}{1-1.4} = -27.9kJ$$

2 기타 일

예제 5-5A 가속에 의한 일(운동에너지)

질량 1200kg의 자동차가 평탄한 도로에서 시속 10km/h로부터 8초 동안에 시속 100km/h로 가속하는데 필요한 동력을 구하라.

풀이 식 (5-9)를 이용하면 가속에 의한 일을 다음과 같이 구할 수 있다.

$$W_{12} = \frac{m(V_2^2 - V_1^2)}{2} = \frac{1200}{2}\left\{\left(\frac{100{,}000}{3600}\right)^2 - \left(\frac{10{,}000}{3600}\right)^2\right\} = 458{,}333J$$

따라서

$$\text{평균동력} = \frac{W_{12}}{\Delta t} = \frac{458{,}333}{8} = 57292W = 57.29kW = 76.8hp$$

예제 5-6A 중력에 의한 일(위치에너지)

질량이 1000kg인 자동차가 평탄한 도로를 90km/h로 주행하다가 30° 경사진 도로를 올라가고 있다. 시속 90km/h를 유지하기 위해 추가되어야 할 동력을 구하라.

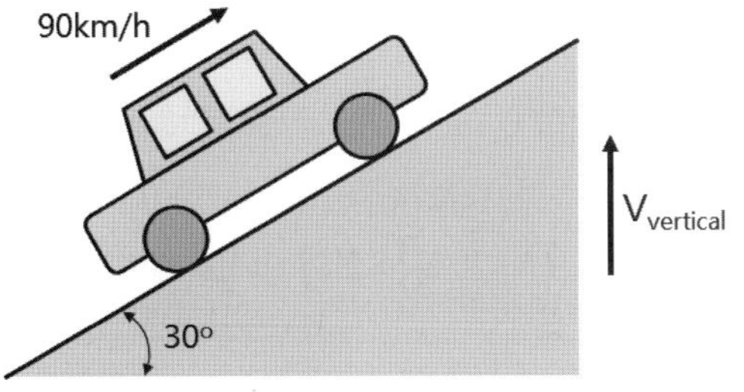

풀이 추가동력은 자동차의 위치를 끌어올리기 위한 중력일(위치에너지)이므로 다음과 같이 계산된다.

$$추가동력 = mg\frac{\Delta z}{\Delta t} = mgV_{vertical}$$

$$= 1000(9.81)\left(\frac{90,000}{3600}\right)\sin 30° = 122.6kW = 164.4hp$$

3 질량유동

예제 5-7A 체적유량 및 평균속도

소방호스를 이용하여 물탱크에 물을 저장한다. 호스의 직경은 5cm이고 노즐의 직경은 2cm이며 물탱크의 체적은 10m^3이다. 물탱크에 물을 가득 채우는데 15분이 소요되었다. 물의 밀도가 1000kg/m^3일 때, (a) 호스를 흐르는 체적유량 및 질량유량, (b) 호스 내의 평균속도, (c) 노즐 출구속도를 구하라.

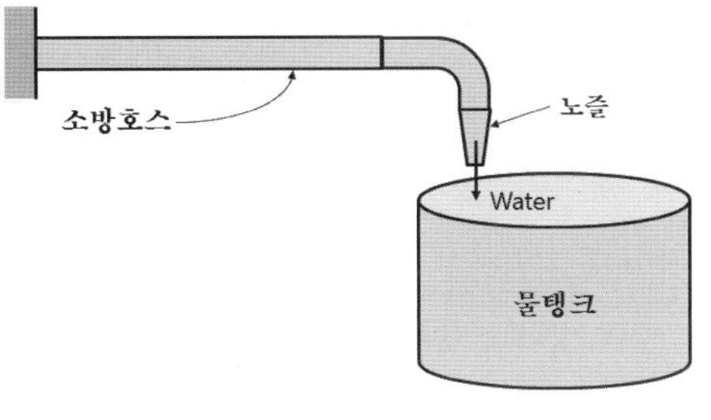

풀이

(a) $Q = \frac{V}{\Delta t} = \frac{10}{15 \times 60} = 0.0111 m^3/s = 11.1 l/s$

$\dot{m} = \rho Q = 1000(0.0111) = 11.1 kg/s$

(b) $u_{hose} = \frac{Q}{A_{hose}} = \frac{0.0111}{\pi(0.05)^2/4} = 5.653 m/s$

(c) $u_{nozzle} = \frac{Q}{A_{nozzle}} = \frac{0.0111}{\pi(0.02)^2/4} = 35.33 m/s$

5-5 | 예제 풀이B(엑셀 : 에너지 전달)

1 이동 경계일

예제 5-1B $P-aV+b$의 관계에 따른 이동경계일

처음 체적이 $0.4m^3$인 공기가 체적이 $0.1m^3$이 될 때까지 압축된다. 압력과 체적은 $P=aV+b$의 관계식에 따라 변한다. 여기서 $a=-1100kPa/m^3$, $b=500kPa$이며, P-V 곡선 밑의 면적은 일이다. (a) 이 과정을 P-V 선도로 나타내고 곡선 밑의 면적을 구하라. 그리고 (b) 관계식을 적분하여 일을 구하고 앞의 값과 비교하라.

풀이 (a) 사다리꼴 면적$=(390+60)(0.4-0.1)/2=67.5kJ$

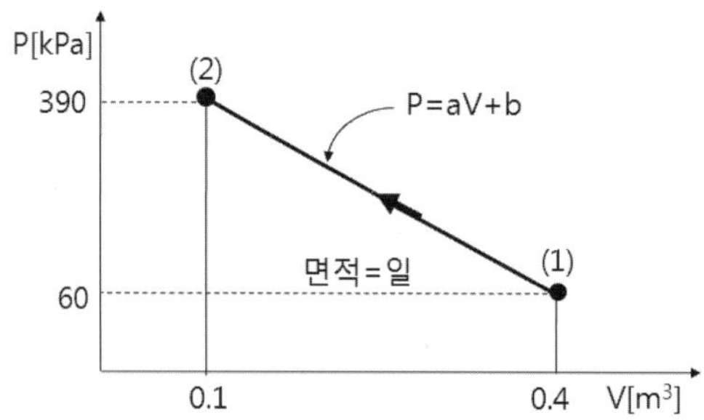

(b) 관계식 : $P=-1100V+500$

1) B1 cell에 “=mxIntegrate("-1100*x+500","x",0.1,0.4)” 입력 > [Enter]

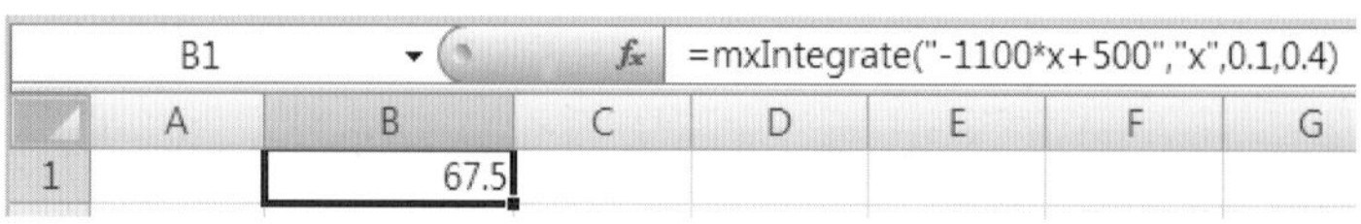

즉, 이동 경계일은 $W=67.5kJ$이며, 앞의 결과와 일치한다.

예제 5-2B 압력과 체적이 변하는 이동경계일

실린더-피스톤 장치 내의 기체를 가열하는 실험을 통하여 다음과 같은 데이터를 얻었다. P-V 과정 곡선 아래 면적은 피스톤이 행한 일이다. (a) 3차다항식을 구하고, (b) 이 다항식을 적분하여 일의 양을 계산하라. 그리고 (c) 사다리꼴 적분법을 이용하여 일을 구하고 결과를 비교하라.

체적[ℓ]	1.0	1.1	1.2	1.4	1.7	2.0
압력[kPa]	300	290	270	250	220	200

풀이 (a) 3차다항식

1) 변수명 및 설명문 입력
2) A2:B7 cell에 데이터 입력
3) A10:D10 cell 선택 > “=mxPolyEst(3,B2:B7,A2:A7)” 입력 > [Shift]+[Ctrl]+[Enter]

즉, 3차다항식은 $P=0.46818\,V^3+46.2021\,V^2-242.953\,V+497.341$ 이다.

(b) 수치적분

이 식에 MathExcel 함수 "mxIntegrate"를 적용하여 수치적분을 수행하면 일의 양을 계산할 수 있다.

1) A13 cell 선택

2) "=mxIntegrate("0.46818*x^3+46.2021*x^2-242.953*x+497.341","x",1,2)" 입력 > [Enter]

즉, 계산된 일의 양은 "242.47J"이다.

(c) 사다리꼴 적분법

나눈 구간의 수가 5개이므로 각각의 구간 면적을 구한 후 합하면 일의 양이 구해진다.

1) D2 cell 선택 > "=(B2+B3)*(A3−A2)/2" 입력 후 [Enter]

2) D3:D6 cell 계산

3) D2:D6 cell 선택 > 수식 > 자동합계(Σ) 클릭

즉, 계산된 일의 양은 "243J"이며, 앞의 적분계산값과 일치한다.

	A	B	C	D
1	V[liter]	P[kPa]		사다리꼴 계산
2	1	300		29.5
3	1.1	290		28
4	1.2	270		52
5	1.4	250		70.5
6	1.7	220		63
7	2	200	sum=	243
8				
9	mxPolyEst 함수			
10	0.468175	46.2021	-242.953	497.3412176
11				
12	mxIntegrate 함수			
13	242.4721			

연습문제 A(계산기)

1 이동 경계일

5-1A 압력이 200kPa인 포화증기 2kg을 온도가 250℃될 때까지 일정한 압력으로 가열하였다. 증기가 한 일을 구하라.

5-2A 실린더-피스톤 장치에서 압력이 800kPa이고 체적이 250liter인 포화액체의 냉매 R-134a를 온도가 50℃될 때까지 일정한 압력으로 가열하였다. 이 과정 동안의 일을 구하라.

5-3A 실린더-피스톤 장치에 200kPa, 300℃의 공기가 들어있다. 압력을 일정하게 유지하면서 공기의 온도가 25℃될 때까지 냉각하였다. 이 과정 동안 공기에 의해 행해진 일을 구하라.

5-4A 최초의 체적이 $0.1m^3$인 실린더-피스톤 장치에 1000kPa, 450℃의 공기가 들어있다. 공기는 $PV = C$ 관계에 따라 최종 압력이 200kPa이 될 때까지 팽창한다. 이 과정 동안의 일을 구하라.

5-5A 온도 300K, 압력 100kPa, 체적 $0.2m^3$인 공기가 등온과정으로 700kPa까지 서서히 압축된다. 이 과정 동안 공기에 투입된 일을 계산하라.

5-6A 최초의 체적이 $0.1m^3$인 실린더-피스톤 장치에 1000kPa, 450℃의 공기가 들어있다. 공기는 $PV^{1.4} = C$ 관계에 따라 최종 압력이 200kPa이 될 때까지 팽창한다. 이 과정 동안의 일을 구하라.

5-7A 최초의 상태가 150kPa, $0.05m^3$인 기체를 $PV^{1.3} = C$ 의 관계에 따라 최종 체적이 0.2 m^3이 될 때까지 가열한다. 기체가 한 일을 구하라.

5-8A 공기가 폴리트로픽 과정으로 120kPa, 350K에서 300kPa, 500K까지 변한다. 공기의 질량이 5kg일 때, 폴리트로픽 지수 n과 이 과정 동안 공기가 행한 일을 계산하라.

2 기타 일

5-9A 평탄한 도로에서 질량이 1000kg인 자동차를 10km/h로부터 90km/h로 가속시키는데 필요한 에너지를 구하라.

5-10A 질량이 1500kg인 자동차가 평탄한 도로를 80km/h로 주행하다가 25° 경사진 도로를 올라가고 있다. 시속 80km/h를 유지하기 위해 추가되어야 할 동력을 구하라.

5-11A 스프링 상수가 80kN/m인 선형 스프링을 5cm에서 20cm까지 변형시키는데 소요되는 일을 구하라.

5-12A 전기가열기가 설치된 오븐에서 음식을 데우기 위하여 가열기에 공급된 전압은 220V이고, 전류는 5A로 일정하게 유지되며, 공급된 시간은 100초이다. 가열기에 공급된 전기일을 계산하라.

5-13A 공업용 축전지를 전압 12V, 전류 6A로 5시간 동안 충전한다. 축전지에 공급된 동력과 행한 일을 구하라.

3 질량유동

5-14A 공업용 호스를 이용하여 저장탱크에 물을 공급한다. 호스의 직경은 6cm이고 노즐의 직경은 2.5cm이며 물탱크의 체적은 10,000liter이다. 물탱크에 물을 가득 채우는데 20분이 소요되었다. 물의 밀도가 1000kg/m^3일 때, (a) 호스를 흐르는 체적유량 및 질량유량, (b) 호스 내의 평균속도, (c) 노즐 출구속도를 구하라.

5-15A 노즐이 부착된 정원용 호스를 이용하여 물통에 물($\rho = 998kg/m^3$)을 채운다. 호스의 내경은 2.5cm이고, 노즐의 직경은 1cm이며, 물통의 용량은 80liter이다. 호스를 흐르는 물의 평균속도가 3m/s일 때 (a) 체적유량 및 질량유량, (b) 물통에 물을 채우는 시간, (c) 노즐 출구속도를 계산하라.

연습문제 B(엑셀)

1 이동 경계일

5-1B 실린더-피스톤 장치 내의 기체를 $P = aV^{-2}$의 관계에 따라 $0.4m^3$에서 $0.1m^3$으로 압축한다. 여기서 $a = 7kPa \cdot m^6$이다. 이 과정 동안 기체에 행해진 일을 계산하라.

5-2B 초기 체적 $0.03m^3$인 실린더-피스톤 장치 내에 200℃의 포화증기가 들어있다. 그림과 같이 등온과정으로 수증기를 200kPa까지 팽창시킨다. 이 과정 동안 체적과 압력은 변하며 자료는 아래의 표와 같다. (a) 3차다항식을 구하고, (b) 이 다항식을 적분하여 일의 양을 계산하라. 그리고 (c) 사다리꼴 적분법을 이용하여 일을 구하고 결과를 비교하라.

$v[m^3/kg]$	0.12736	0.1693	0.20596	0.2608	0.35202	0.53422	0.71629	1.08034
P[kPa]	1553.8	1200	1000	800	600	400	300	200

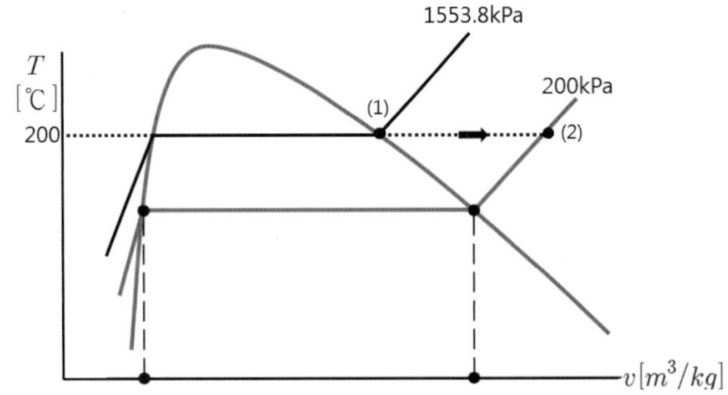

5-3B -20℃의 포화증기 상태인 냉매 R-134a를 1200kPa까지 압축시킨다. 이 과정 동안 비체적과 압력의 자료는 아래의 표와 같다. (a) 3차다항식을 구하고, (b) 이 다항식을 적분하여 단위질량당의 일을 계산하라. 그리고 (c) 사다리꼴 적분법을 이용하여 일을 구하고 결과를 비교하라.

비체적$[m^3/kg]$	0.1465	0.1008	0.05263	0.03562	0.02684	0.02145	0.0178
압력[kPa]	133.7	200	400	600	800	1000	1200

Chapter 6

열역학 제1법칙

열역학 제1법칙은 종종 에너지 보존법칙(law of conservation of energy)이라 불리며, 총 에너지가 열역학적 상태량으로 구성되고 있음을 시사하고 있다.

전술한 바와 같이 계는 밀폐계와 개방계로 분류되며 개방계는 다시 정상유동과 비정상유동으로 나뉜다. 따라서 열역학 제1법칙에는 세 종류의 식이 있다.

6-1 | 열역학 제1법칙의 개요

1 열역학 제1법칙의 탄생

우리는 이제까지 열, 일 및 총 에너지 등을 개별적으로 기술하였으며, 하나의 과정에서 모든 에너지를 함께 고려하지 않았다. 하나의 과정에서 존재하는 여러 형태의 에너지를 연관시키기 위한 노력의 결과로 탄생한 것이 열역학 제1법칙이다.

지금까지 수많은 실험을 통하여 에너지는 창조될 수도 없고 파괴될 수도 없으며, 단지 과정 동안 형태만 바뀌게 되므로 고려되는 에너지의 합은 항상 일정, 즉 에너지는 보존된다는 사실을 알게 되었다. 이러한 실험적 사실에 바탕하여 열역학 제1법칙이 유도되었다.

예를 들어, 절벽 위에서 돌을 낙하시킬 때, 처음에는 위치에너지만 보유하였으나 떨어지는 동안 위치에너지는 감소하고 운동에너지는 점점 증가할 것이다. 그러나 돌이 낙하하는 동안 공기저항을 무시하면 위치에너지와 운동에너지의 합은 항상 일정하게 유지되는 것을 알 수 있는데, 이는 에너지 보존법칙을 확인해주는 것이다.

2 Joule 실험

선사시대부터 부싯돌을 이용하여 불을 만든다는 사실은 잘 알려져 있었다. 이러한 현상을 열역학적으로 표현하면 일(부싯돌 마찰)이 열로 변환된다는 것을 의미하며, 이를 “일과 열의 등가성"이라고 한다. 등가성이 이론적으로 확립된 것은 영국의 물리학자인 Joule (1818-1889)의 실험에 의해서이다.

Joule은 [그림 6-1]과 같이 단열이 잘된 장치를 이용하여 1843년에 수행한 실험에서 일과 열량 사이의 환산인자인 주울 상수($1\,cal = 4.2J$)를 측정하였고 이로부터 일과 열의 등가성을 이론적으로 정립하였다.

실험을 하기 전에 초기온도 T_1을 측정하고, 추를 낙하시켜 회전하는 날개가 계에 일을 하도록 한다. 이 과정에서 일의 양은 $W = mgh$이고 역학적 단위인 $J = N \cdot m$로 측정된다. 다음에 유체가 열적 평형(균일온도 분포)을 이룬 후에 최종온도 T_2를 측정한다. 용기가 단열되었기 때문에 유체의 온도가 상승($T_2 > T_1$)한 것은 투입된 일이 열로 변환된 것을 의미하므로, 일과 열량 사이에 어떤 관계가 있다는 것을 밝힐 수 있다. 즉 다음과 같은 관계가 성립하므로

$$W[J] \propto Q[cal] \quad \Rightarrow \quad W = JQ \tag{6-1}$$

로부터 열의 일당량 "J"를 결정할 수 있다. Joule은 많은 실험을 통하여 J과 cal 사이의 관계가 "$1cal = 4.2J$"이라는 결과를 얻었다. 현재 $1\,kcal$는 "물 1kg의 온도를 14.5℃에서 15.5℃로 올리는 데 필요한 열량"으로 정의된다. 식 (6-1)에서 열량을 cal이 아닌 J로 표현하면 환산인자가 필요없다.

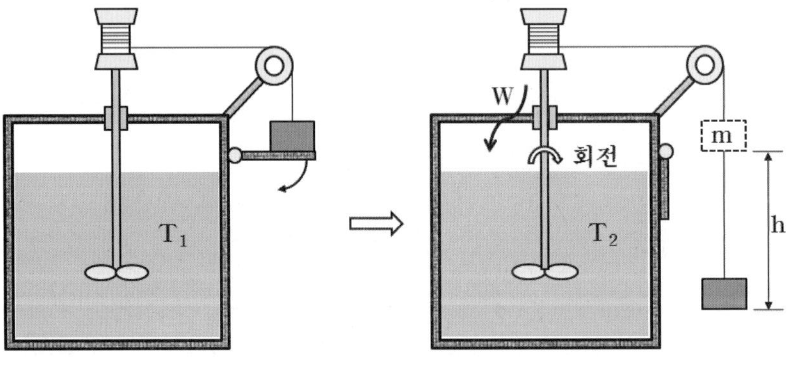

[그림 6-1] Joule 실험

6-2 | 밀폐계에 대한 열역학 제1법칙

1 열역학 제1법칙의 표현

Joule 실험을 두 개의 과정으로 이루어진 사이클로 해석하면 열역학 제1법칙을 유도할 수 있다. 첫 번째 과정 [그림 6-2(a)]은 추가 내려가는 동안 회전하는 날개에 의하여 계에 일이 가해진다. 두 번째 과정 [그림 6-2(b)]에서는 처음 상태로 돌아가기 위하여 열을 방출하면서 사이클을 완성한다. 식으로 표현하면 다음과 같다.

$$W = Q \Rightarrow \oint \delta W = \oint \delta Q \qquad (6-2)$$

이 식을 열역학 제1법칙의 기본적 서술이라고 할 수 있다. 식 (6-2)에서 열량을 cal이 아닌 J로 표현하면 환산인자가 필요 없다.

식 (6-2)는 사이클에 대한 결과이지만, 하나의 과정에 대한 열역학적 해석이 필요한 경우가 많다. [그림 6-3]과 같이 상태 1과 상태 2 사이에서 과정이 다른 두 개의 사이클(밀폐계)을 고려한다. 한 개의 사이클은 과정 A와 B로 이루어지고, 다른 사이클은 과정 C와 B로 이루어진다.

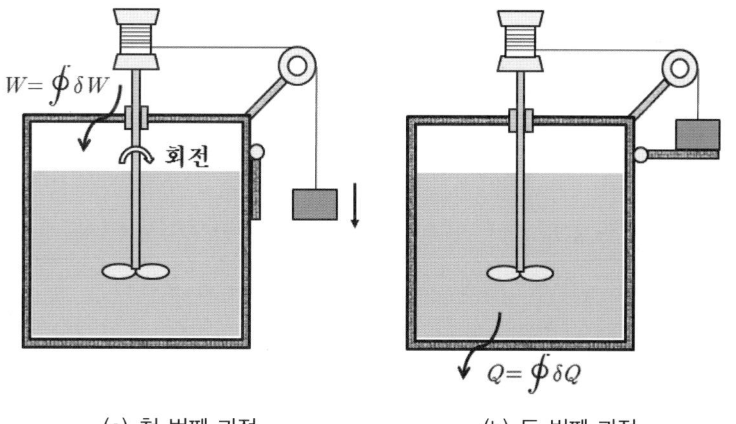

(a) 첫 번째 과정　　(b) 두 번째 과정

[그림 6-2] 일과 열의 사이클 변화

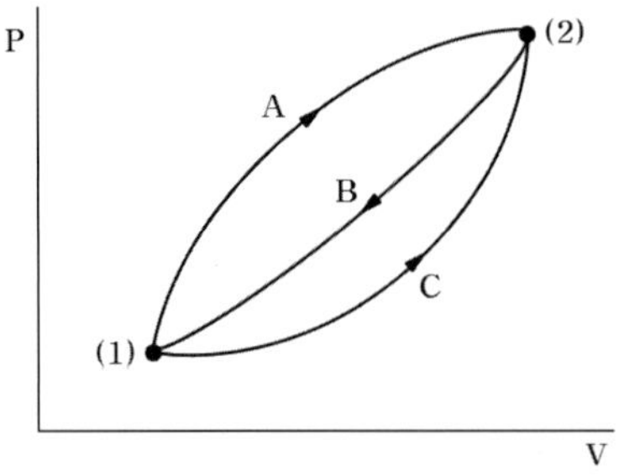

[그림 6-3] 다른 과정으로 이루어진 두 개의 사이클

먼저 과정 A와 B로 이루어지는 첫 번째의 사이클에 대하여 식 (6-2)를 적용하면 식은 다음과 같이 표현된다.

$$\int_1^2 \delta Q_A + \int_2^1 \delta Q_B = \int_1^2 \delta W_A + \int_2^1 \delta W_B$$

과정 C와 B로 이루어지는 두 번째의 사이클에 대하여 식 (6-2)를 적용하면 식은 다음과 같이 표현된다.

$$\int_1^2 \delta Q_C + \int_2^1 \delta Q_B = \int_1^2 \delta W_C + \int_2^1 \delta W_B$$

첫 번째 식에서 두 번째 식을 빼고 정리하면 다음과 같다.

$$\int_1^2 (\delta Q - \delta W)_A = \int_1^2 (\delta Q - \delta W)_C$$

위의 식을 고찰하면 다음과 같다. 첫 번째로 피적분인자 $(\delta Q - \delta W)$에 대한 좌변과 우변의 적분값은 동일하지만 경로(A 또는 C)는 상이하다는 점이다. 두 번째로 피적분인자 $(\delta Q - \delta W)$는 경로와 무관하게 최초(1점)와 최종(2점)의 상태만에 의하여 좌우된다는 점이다.

따라서 피적분인자 $(\delta Q - \delta W)$는 점함수, 즉 상태량이어야 위의 두 조건을 만족시키므로 $(\delta Q - \delta W) = d(\text{상태량})$이라는 결론을 내릴 수 있다. 앞장에서 밀폐계인 경우 계에 존재하는 총 에너지는 기호 e(또는 E)이었으므로 다음과 같이 나타낼 수 있다.

$$\delta Q - \delta W = dE \tag{6-3a}$$

또는

$$Q_{12} - W_{12} = E_2 - E_1 \tag{6-3b}$$

여기서 총에너지 E는

$$E = me = m(u + ke + pe) = m\left(u + \frac{V^2}{2} + gz\right) \tag{6-4}$$

로 표현되므로 밀폐계에 대한 열역학 제1법칙은 다음과 같이 정리된다.

$$Q_{12} = m(u_2 - u_1) + \frac{m(V_2^2 - V_1^2)}{2} + mg(Z_2 - Z_1) + W_{12} \tag{6-5a}$$

여기서

$$W_{12} = \text{이동경계일}\left(\int_1^2 PdV\right) + \text{축일} + \text{스프링일} + \text{전기일} + \cdots \tag{6-5b}$$

식 (6-5)를 서술하면, 열이나 일이라는 에너지의 형태로 밀폐계의 경계를 통과하는 에너지의 합은 계 내부에서의 총에너지 변화량(ΔE)과 같다는 것을 의미한다. 즉, 에너지의 총합은 일정하며 단지 에너지의 형태만 바뀐다는 것이다. 이러한 이유로 열역학 제1법칙을 에너지 보존법칙이라고도 한다.

제1법칙은 실험적 관찰에 근거하였기 때문에 수학적으로 증명할 수는 없으나, 이 법칙을 위배한 과정은 없는 것으로 알려져 있으므로 식 (6-5)를 "밀폐계에 대한 열역학 제1법칙"이라고 결론지을 수 있다.

2 비열

우리는 동일한 질량에 대하여 서로 다른 물질의 온도를 1℃ 올리는데 소요되는 에너지량이 다르다는 것을 경험적으로 알고 있다. 예를 들어, [그림 6-4]와 같이 20℃의 알루미늄을 10℃ 상승시키는데 필요한 에너지는 $9kJ$ 이지만, 동일한 조건($1kg$)에서 물인 경우 $41.8kJ$로써 약 4.6배의 에너지가 소요된다. 따라서 다양한 물질의 에너지 저장 능력을 비교할 수 있는 상태량이 요구되는데, 이 상태량이 비열(specific heat)이다.

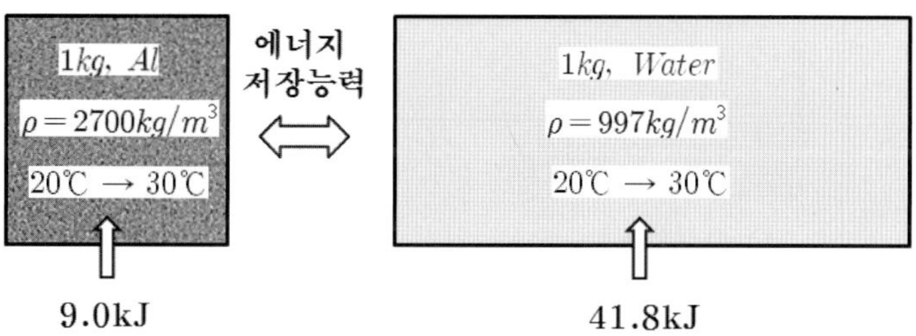

[그림 6-4] 상이한 물질의 에너지 저장 능력(비열)

비열은 단위 질량의 물질을 단위 온도로 올리는 데 소요되는 열량으로 정의된다. 그리고 비열은 온도 상승에 필요한 에너지를 공급하는 과정에 따라 정적 비열과 정압 비열로 분류된다.

정적 비열(C_v)은 체적이 일정하게 유지되면서 온도 상승에 필요한 에너지이며, 정압 비열(C_p)은 압력이 일정하게 유지되면서 온도 상승에 필요한 에너지이다. 정적 비열과 정압 비열의 차이를 그림으로 표현하면 [그림 6-5]와 같다. 정압 비열은 계의 팽창에 필요한 에너지가 공급되어야 하므로 항상 정적 비열보다 크다. 예를 들어 공기(25℃)인 경우, [그림 6-5]에서 정적 비열 값은 $C_v = 0.717kJ/(kg \cdot K)$이며, 정압 비열 값은 $C_p = 1.004kJ/(kg \cdot K)$이다.

열역학 제1법칙의 미분형태인 식 (6-3)을 단순시스템(운동 및 위치에너지는 무시하고 이동경계일만 고려)에 적용하고 정리하면 다음과 같다.

$$\delta Q = \delta W + dE = PdV + dU$$

정적 과정($V = const$)인 경우, 식은 $\delta Q = dU$가 된다. 즉, 단순시스템에서 정적 과정동안 전달된 열은 시스템의 내부에너지 차이이다. 그러므로 정적 과정에서 단위온도가 상승하는데 필요한 단위질량당의 열량 C_v는 정적비열의 정의에 의하여 다음 식으로 정리된다.

$$C_v = \frac{1}{m}\left(\frac{\delta Q}{\delta T}\right)_v = \frac{1}{m}\left(\frac{\partial U}{\partial T}\right)_v = \left(\frac{\partial u}{\partial T}\right)_v \tag{6-6}$$

정압 과정($P = const$)인 경우, 식은 $\delta Q = dU + PdV = d(U + PV) = dH$가 된다. 즉, 정압 과정동안 전달된 열은 시스템의 엔탈피 차이이다. 따라서 정압 과정 동안 단위온도의 상승에 필요한 단위질량당의 열량 C_p는 정압비열의 정의에 의하여 다음과 같이 정리된다.

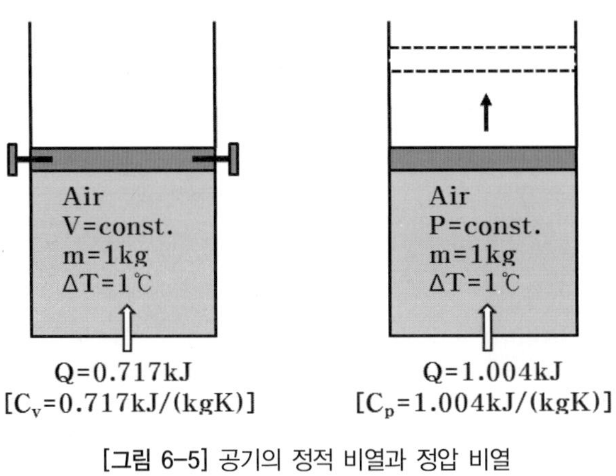

[그림 6-5] 공기의 정적 비열과 정압 비열

$$C_p = \frac{1}{m}\left(\frac{\delta Q}{\delta T}\right)_p = \frac{1}{m}\left(\frac{\partial H}{\partial T}\right)_p = \left(\frac{\partial h}{\partial T}\right)_p \tag{6-7}$$

정적 비열과 정압 비열은 일정한 상수가 아니라 온도와 압력에 따라 변하는 상태량이다. 그러나 그 차이는 보통 크지 않다. 한편 식 (6-6)과 (6-7)로부터 몇 가지의 사실을 관찰할 수 있으며 내용은 다음과 같다.

- 비열식들은 상태량(m, T, u, h)으로만 구성되었으므로 비열 또한 상태량이다. 따라서 과정의 형태나 물질의 종류에 관계없이 유효하다.
- 정적 비열은 내부에너지의 변화와 관계되며, 정압 비열은 엔탈피의 변화와 관계된다.

3 고체 및 액체의 상태량 변화

어떤 과정 동안에 비체적 또는 밀도가 변하지 않는 물질을 비압축성 물질(incompressible substance)이라고 한다. 물질의 상이 고체나 액체인 경우, 비체적은 일정하게 유지되므로 특별한 경우를 제외하고 고체와 액체는 비압축성 물질로 취급된다.

1 정적 및 정압 비열

비압축성 물질인 경우, 정적 비열 및 정압 비열은 동일하다는 것을 수학적으로 증명할 수 있다(여기서는 증명을 언급하지 않는다). 그러므로 고체와 액체에 대해서는 하첨자를 떼고 양쪽 비열 모두를 다음과 같이 기호 C로 표현한다.

$$C_v = C_p = C \tag{6-8}$$

2 내부에너지 변화

비압축성 물질의 비열은 압력의 영향은 거의 없고 온도에 의해서만 변하므로 식 (6-6)의 편미분을 다음과 같이 상미분으로 나타낼 수 있다.

$$du = C_v dT = C(T)dT \tag{6-9a}$$

또는

$$\Delta u = u_2 - u_1 = \int_1^2 C(T)dT \tag{6-9b}$$

온도 구간이 작은 경우 평균온도에서의 C값을 상수로 취급할 수 있으므로 식은 다음과 같이 된다.

$$\Delta u = u_2 - u_1 \approx C_{avg}(T_2 - T_1) \quad (6\text{-}10)$$

3 엔탈피 변화

비압축성 물질은 체적이 일정($dv = 0$)하므로 엔탈피의 정의를 이용하면 다음과 같이 미분식으로 정리할 수 있다.

$$dh = du + d(Pv) = du + vdP + Pdv = du + vdP \quad (6\text{-}11a)$$

또는

$$\Delta h = \Delta u + v\Delta P \approx C_{avg}\Delta T + v\Delta P \quad (6\text{-}11b)$$

고체나 액체의 비체적 값은 매우 작으므로($v \approx 0$) 대부분의 경우에 다음과 같이 쓸 수 있다.

$$\Delta h \fallingdotseq \Delta u \approx C_{avg}\Delta T \quad (6\text{-}12)$$

4 이상기체의 상태량 변화

1 Joule 실험

이상기체는 압력, 온도 및 비체적이 관계식 $Pv = RT$에 따라 변하는 기체라고 정의하였다. 역사적으로 이상기체의 내부에너지가 온도만의 함수라는 사실은 1845년 Joule의 실험을 통하여 증명되었다.

[그림 6-6]은 Joule 실험장치의 개략도이다. 잘 단열된 물탱크의 한쪽 용기에는 높은 압력의 공기가 있고 다른 용기는 진공상태이며, 두 용기는 관으로 연결되어 있다. 물의 온도를 측정한 후 밸브를 열어 양쪽 용기의 압력이 같도록 한다. 이 과정동안 물의 온도는 변하지 않는다는 것을 알게 되었다. 이는 공기의 내부에너지가 압력이나 부피와는 무관하다는 것을 의미한다. 따라서 내부에너지는 온도만의 함수 즉, $u = u(T)$라고 판단하였다.

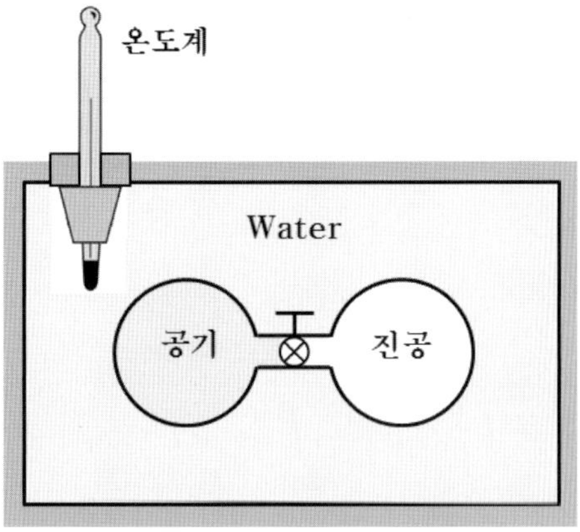

[그림 6-6] Joule 실험장치(내부에너지)

엔탈피의 정의와 이상기체 상태방정식을 이용하면 엔탈피도 온도만의 함수라는 것을 다음과 같이 증명할 수 있다.

$$h = u + Pv \quad \text{그리고} \quad Pv = RT \ \rightarrow \ h = u + RT$$

위 식에서 R이 상수이고 $u = u(T)$이기 때문에, 이상기체의 엔탈피도 온도만의 함수 즉, $h = h(T)$가 된다.

이상기체인 경우, u와 h는 온도만의 함수이기 때문에 비열 C_v와 C_p도 온도만의 함수가 된다. 그러므로 u, h, C_v 및 C_p는 압력이나 비체적에 관계없이 오직 온도에 의해서만 좌우된다. 결과를 정리하면 다음 식과 같다.

$$u = u(T),\ \ h = h(T),\ \ C_v = C_v(T),\ \ C_p = C_p(T) \tag{6-13}$$

2 내부에너지 변화

내부에너지는 온도만의 함수이므로 식 (6-6)의 편미분을 다음과 같이 상미분으로 나타낼 수 있다.

$$du = C_v(T)dT \tag{6-14a}$$

또는

$$\Delta u = u_2 - u_1 = \int_1^2 C_v(T)dT \tag{6-14b}$$

이 적분을 처리하는 방법은 다음과 같다.

- 첫 번째 방법은 일정 비열 |부록, 표 A-3 / p.368| 값을 사용하는 것이다.
- 두 번째 방법은 통계학적 이론을 적용하여 절대온도 $0[K]$ 부터 $T[K]$까지 적분을 먼저 계산한 후 그 결과를 표로 요약한 자료(부록, 공기 : 표 A-5 / p.369)를 이용하는 것이다. 즉,

$$\Delta u = C_v \Delta T \tag{6-15a}$$

$$\Delta u = \int_{T_0}^{T_2} C_v dT - \int_{T_0}^{T_1} C_v dT = u_{T_2} - u_{T_1} \tag{6-15b}$$

3 엔탈피 변화

엔탈피도 온도만의 함수이므로 식 (6-7)의 편미분을 다음과 같이 상미분으로 나타낼 수 있다.

$$dh = C_p(T) dT \tag{6-16a}$$

또는

$$\Delta h = h_2 - h_1 = \int_1^2 C_p(T) dT \tag{6-16b}$$

내부에너지와 마찬가지로 이 적분을 처리하는 방법에는 세 가지가 있다. 내용은 다음과 같다.

- 첫 번째 방법은 일정 비열(|부록, 표 A-3|) 또는 주어진 온도 구간에 대한 평균 비열 $C_{p,avg}$값 [그림 6-7]을 사용하는 것이다.
- 두 번째 방법은 온도로 표현된 C_p식 |부록, 표 A-4|을 대입하여 적분을 수행하는 것이다.
- 세 번째 방법은 통계학적 이론을 적용하여 절대온도 $0[K]$ 부터 $T[K]$까지 적분을 먼저 계산한 후 그 결과를 표로 요약한 자료(부록, 공기 : |표 A-5|)를 이용하는 것이다. 즉,

$$\Delta h = C_p \Delta T \quad \text{또는} \quad \Delta h = C_{p,avg} \Delta T \tag{6-17a}$$

$$\Delta h = \int_1^2 \left(C_0 + C_1 T + C_2 T^2 + C_3 T^3\right) dT \tag{6-17b}$$

$$\Delta h = \int_{T_0}^{T_2} C_p dT - \int_{T_0}^{T_1} C_p dT = h_{T_2} - h_{T_1} \tag{6-17c}$$

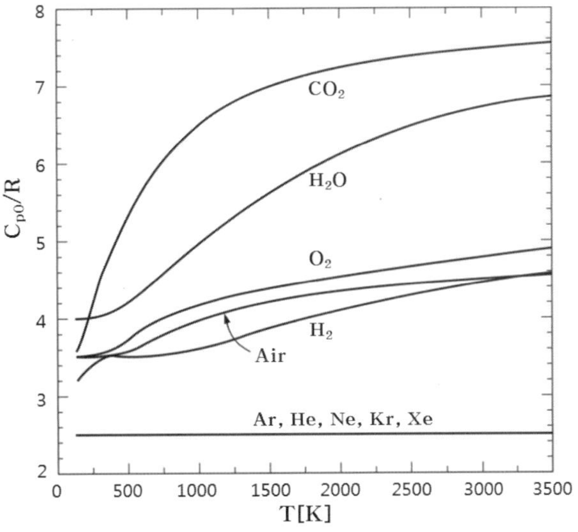

[그림 6-7] 여러 종류의 이상기체에 대한 정압 비열

[그림 6-7]은 여러 종류의 이상기체에 대하여 온도 변화에 따른 정압 비열을 나타낸 것이다.

다음 표는 이상기체인 공기의 내부에너지 및 엔탈피에 대한 적분 계산의 결과를 보여주는 |부록, 표 A-5|의 일부이다. 예를 들어, 온도 300K까지 공기의 내부에너지 및 엔탈피의 적분 결과는 다음과 같다.

$$u_{0\to 300K} = \int_0^{300K} C_v\, dT = 214.36\, kJ/kg$$

$$h_{0\to 300K} = \int_0^{300K} C_p\, dT = 300.47\, kJ/kg$$

|표 A-5|의 일부 : 공기

T (K)	u (kJ/kg)	h (kJ/kg)
200	142.77	200.17
220	157.07	220.22
240	171.38	240.27
260	185.70	260.32
280	200.02	280.39
290	207.19	290.43
298.15	213.04	298.62
300	214.36	300.47

4 이상기체의 비열 관계식

관계식 $h = u + Pv = u + RT$를 미분하면 이상기체의 C_p와 C_v 사이의 관계식을 다음과 같이 얻을 수 있다.

$$dh = du + RdT \quad \text{또는} \quad C_p dT = C_v dT + RdT$$

즉,

$$C_p - C_v = R \tag{6-18}$$

한편 정적 비열에 대한 정압 비열의 비를 비열비(specific heat ratio), k라고 하며 식은 다음과 같다.

$$k = \frac{C_p}{C_v} \tag{6-19}$$

이상기체인 경우에 대하여 앞에서 기술한 식들을 정리하면 |표 6-1|과 같다.

|표 6-1| 이상기체와 관련된 식

비 열	$C_v = du/dT$ and $C_p = dh/dT$
내부에너지	$du = C_v dT \ \rightarrow$ ① $\Delta u = C_v(T_2 - T_1)$ ② $\Delta u = u_{T_2} - u_{T_1}$
엔 탈 피	$dh = C_p dT \ \rightarrow$ ① $\Delta h = C_p(T_2 - T_1)$ ② $\Delta h = h_{T_2} - h_{T_1}$
온도만의 함수 : $u = u(T)$, $h = h(T)$, $C_v = C_v(T)$, $C_p = C_p(T)$	

5 열역학 제1법칙의 응용

밀폐계인 경우 계에 연관된 에너지는 열과 일 그리고 내부에너지, 운동에너지 및 위치에너지이다. 열과 일은 계의 경계를 통과하는 에너지이며, 나머지 세 에너지는 계 자체가 보유한 에너지이다. 주변의 상황에서 발생할 수 있는 에너지의 형태에 대하여 고찰한다.

1 자유 낙하하는 돌

[그림 6-8]과 같이 물이 저장된 용기 속으로 자유 낙하하는 돌을 고려한다. 처음에 돌은 물로부터 H 높이에 있으며 물과 돌의 온도는 같다(상태 1). 다음의 각 상태에 대하여 ΔU, ΔKE, ΔPE, Q 및 W를 구하는 식을 정리하여 보자. 열역학 제1법칙은 다음과 같다.

$$Q_{12} = \Delta U + \Delta KE + \Delta PE - W_{12}$$

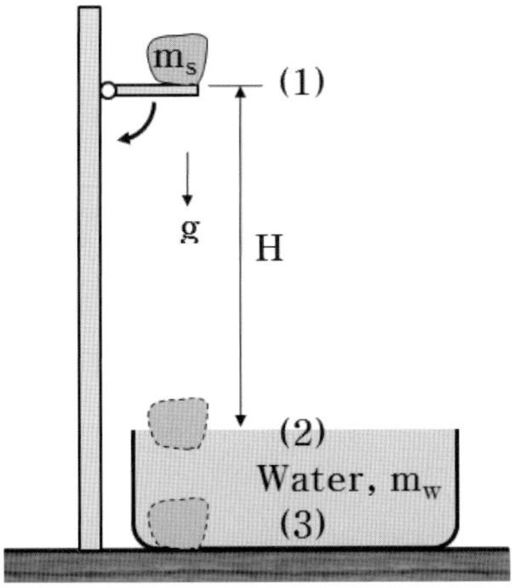

[그림 6-8] 자유 낙하하는 돌

(a) 돌이 물 속으로 들어가는 순간(상태 2)

돌은 Z_1에서 Z_2로 떨어졌으며, 이 순간 물의 상태 변화는 없으므로 $Q_{12}=0$, $W_{12}=0$, $\Delta U=0$이다. 따라서 식은 다음과 같이 정리된다.

$$\Delta KE+\Delta PE=0$$

또는

$$\Delta KE=-\Delta PE=-m_s g(Z_2-Z_1)=-m_s g(0-H)=m_s gH$$

즉,

$$Q=0,\ W=0,\ \Delta U=0,\ \Delta KE=m_s gH,\ \Delta PE=-m_s gH$$

(b) 돌이 물 속에서 정지하려는 순간(상태 3)

이 경우에는 $\Delta PE=0$, $Q_{23}=0$, $W_{23}=0$이므로 $\Delta U+\Delta KE=0$이다.

따라서

$$\Delta U=-\Delta KE=m_s gH$$

즉,

$$Q=0,\ W=0,\ \Delta PE=0,\ \Delta U=m_s gH,\ \Delta KE=-m_s gH$$

2 회전 날개에 의한 용기 내의 유체 냉각

[그림 6-9]와 같은 상황을 고려한다. 견고한 용기 안에는 뜨거운 유체가 있으며, 이 유체는 회전 날개에 의하여 냉각된다. 관심의 대상은 내부에너지 변화량이다. 운동 및 위치에너지는 무시되므로 식은 다음과 같이 정리된다.

$$U_2 - U_1 = Q_{12} - W_{12} = - Q + W_{shaft}$$

여기서 열은 방출되므로 [−] 값으로 대입해야 하고, 일도 계에 투입되므로 [−] 값으로 대입되어야 한다.

3 실린더 내의 물의 가열(압력 일정)

[그림 6-10]과 같이 압력이 일정하게 유지되면서 초기에 포화상태인 수증기를 온도 T_2가 될 때까지 가열한다. 이 과정 동안 계에 전달된 열량을 구하고자 한다. 운동 및 위치에너지는 없으므로 열역학 제1법칙은 다음과 같다.

$$Q_{12} = m(u_2 - u_1) + W_{12}$$

그리고

$$W_{12} = \int_1^2 P dV = mP(v_2 - v_1) \quad [\because \text{ 일정 압력}]$$

따라서

$$Q_{12} = m(u_2 - u_1) + mP(v_2 - v_1) = m(h_2 - h_1) \quad [\because h = u + Pv]$$

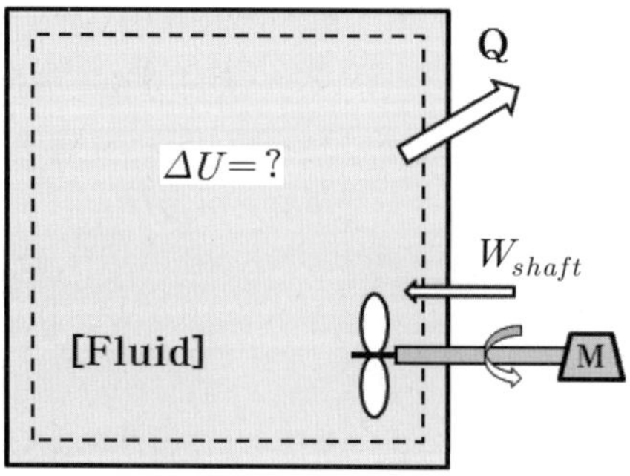

[그림 6-9] 회전 날개에 의한 유체의 냉각

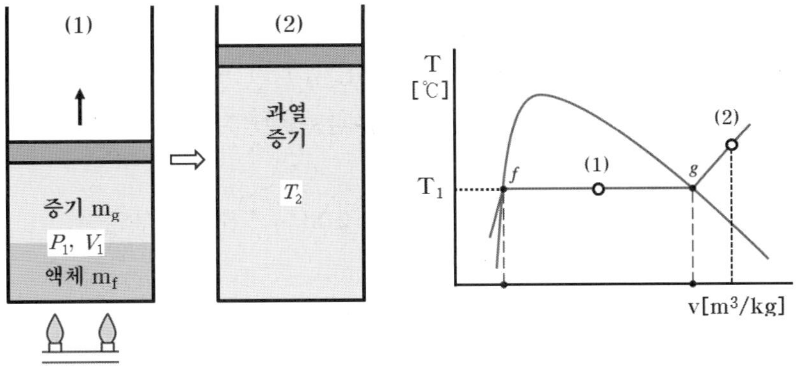

[그림 6-10] 정압 상태에서 수증기의 가열

여기서

$$m = m_f + m_g,\ x_1 = \frac{m_g}{m}$$

$$h_1 = h_{f,P_1} + x_1(h_g - h_f)_{P_1},\ h_2 = h(P_1 = P_2,\ T_2)$$

4 정압 상태에서 기체의 가열

[그림 6-11]과 같이 실린더 내에 초기상태가 P_1, T_1, V_1인 공기가 들어 있다. 피스톤이 무거워 내부 압력이 P_2에 도달할 때까지 피스톤은 멈춰있다. 이후 체적이 두 배가 될 때까지 공기를 가열한다. 공기가 한 일과 공기에 전달된 열량을 구하는 것이 관심사이다.

운동 및 위치에너지는 없고 두 개의 과정으로 나뉘어 있으므로 열역학 제1법칙은 다음과 같이 정리된다.

$$Q_{13} = m(u_3 - u_1) + (W_{12} + W_{23})$$

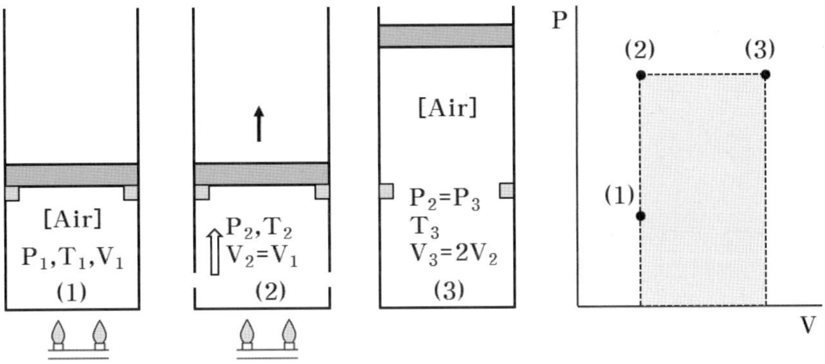

[그림 6-11] 두 개의 과정으로 이루어진 공기 가열

여기서

$$W_{12} = 0,\ \ W_{23} = \int_2^3 PdV = P_2(V_3 - V_2)\ \ [\because \text{ 일정 압력}]$$

따라서

$$Q_{13} = m(u_3 - u_1) + W_{23} = m(u_{T3} - u_{T1}) + W_{23}$$

알고있는 상태량은 P_1, T_1, $V_1 = V_2$, $P_2 = P_3$, $V_3 = 2V_1$이므로 순서에 따라 상태량을 구하면 다음과 같다.

$$m = \frac{P_1 V_1}{RT_1}$$

$$\frac{P_1 V_1}{RT_1} = \frac{P_3 V_3}{RT_3} = \frac{P_3(2V_1)}{RT_3} \quad \rightarrow \quad T_3 = \frac{2P_3 T_1}{P_1}$$

u_{T1}, u_{T3} |부록, 표 A-5|

즉, 질량 m과 온도 T_3을 알면 일과 열량을 구할 수 있다.

5 전기저항 가열기에 의한 기체의 가열

[그림 6-12]와 같은 피스톤 실린더 장치 내에 이상기체가 들어 있다. 전기 가열기가 가동되면 일정한 압력에서 기체는 팽창하고 외부로 열방출이 일어난다. 이상기체의 최종온도를 구하는 식을 얻고자 한다.

운동 및 위치에너지는 없고 이동일 및 전기일은 있다. 이동일은 압력이 일정하므로 $W_b = P(V_2 - V_1)$이며, 전기일은 $W_e = V \cdot I \cdot \Delta t$이다. 제1법칙으로부터 식은 다음과 같이 표현된다.

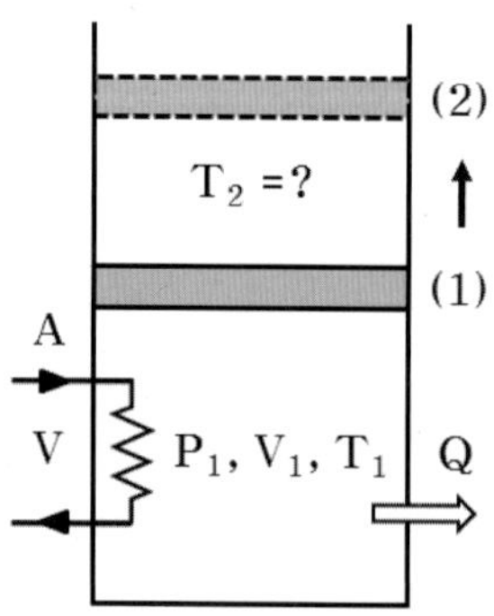

[그림 6-12] 전기일에 의한 기체의 팽창

$$-Q = m(u_2 - u_1) + W_b + W_e = m(u_2 - u_1) + mP(v_2 - v_1) - V \cdot I \cdot \Delta t$$
$$= m(h_2 - h_1) - V \cdot I \cdot \Delta t = mC_p(T_2 - T_1) - V \cdot I \cdot \Delta t$$

여기서 엔탈피 변화는 이상기체이므로 $\Delta h = C_p(T_2 - T_1)$이다.

즉,

$$T_2 = T_1 + \frac{-Q + V \cdot I \cdot \Delta t}{mC_p}$$

6-3 | 개방계(정상유동)에 대한 열역학 제1법칙

개방계(또는 검사체적)는 계의 경계면을 통하여 질량의 유입과 유출이 있는 계를 말한다. 유입과 유출의 양이 다르면 차이만큼 계 내부에 축적되거나 또는 감소된다. 유입과 유출의 양이 같으면 정상유동(steady flow)이 되며, 양에 차이가 있으면 비정상유동(unsteady flow)이 된다. 따라서 유동의 종류에 따라 열역학 제1법칙이 다르게 기술되어야 한다. 그러나 본 저서에서는 정상유동만 다루기로 한다.

1 변화율로 표시한 제1법칙(밀폐계)

시간 δt 동안 열량(δQ)과 일(δW)이 검사면(밀폐계)에 가해지며, 내부에너지, 운동에너지 및 위치에너지가 각각 ΔU, ΔKE, ΔPE 만큼 변할 때, 제1법칙은 다음과 같이 표현된다.

$$\delta Q - \delta W = \Delta E = \Delta U + \Delta KE + \Delta PE$$

또는

$$\frac{\delta Q}{\delta t} - \frac{\delta W}{\delta t} = \frac{\Delta E}{\delta t} = \frac{\Delta U}{\delta t} + \frac{\Delta KE}{\delta t} + \frac{\Delta PE}{\delta t}$$

$$\delta t \to 0$$

$$\dot{Q} - \dot{W} = \frac{dE}{dt} = \frac{dU}{dt} + \frac{d(KE)}{dt} + \frac{d(PE)}{dt} \qquad (6\text{–}20)$$

2 열역학 제1법칙의 공식화

유동이 있는 개방계인 경우 질량유동의 출입에 따른 총에너지(θ)가 추가되어야 하므로 식 (6-20)은 다음과 같이 수정된다.

$$\dot{Q} - \dot{W} + \dot{m}_i\theta_i - \dot{m}_e\theta_e = \left(\frac{dE}{dt}\right)_{cv} \tag{6-21}$$

여기서 θ 는 앞장에서 기술한 바와 같이 검사면을 통과하는 유동 유체의 단위 질량당 총에너지이다.

$$\theta = u + \frac{V^2}{2} + gz + (Pv) = h + \frac{V^2}{2} + gz \tag{5-24}$$

이 식을 식 (6-21)에 대입하고 정리하면 다음과 같다.

$$\dot{Q}_{cv} - \dot{W}_{cv} + \dot{m}_i\left(h + \frac{V^2}{2} + gz\right)_i - \dot{m}_e\left(h + \frac{V^2}{2} + gz\right)_e = \left(\frac{dE}{dt}\right)_{cv}$$

질량 유동은 여러 경로를 통하여 이루어지므로 위 식을 일반적으로 표현하면 다음과 같다.

$$\dot{Q}_{cv} - \dot{W}_{cv} + \Sigma\dot{m}_i\left(h + \frac{V^2}{2} + gz\right)_i - \Sigma\dot{m}_e\left(h + \frac{V^2}{2} + gz\right)_e = \frac{dE_{cv}}{dt} \tag{6-22}$$

여기서

$\dot{W}_{cv}$ = 유동일을 제외한 기타 일 = 이동경계일 + 축일 + 전기일 등

식 (6-22)를 개방계에 대한 열역학 제1법칙의 일반식이라고 한다. 이 식은 열전달률, 총일률, 그리고 질량유동에 의한 에너지를 합한 것은 검사체적 내의 에너지 변화율과 같다는 것을 의미한다. 이러한 에너지의 유입과 유출 그리고 에너지 변화율을 그림으로 표현하면 [그림 6-13]과 같다.

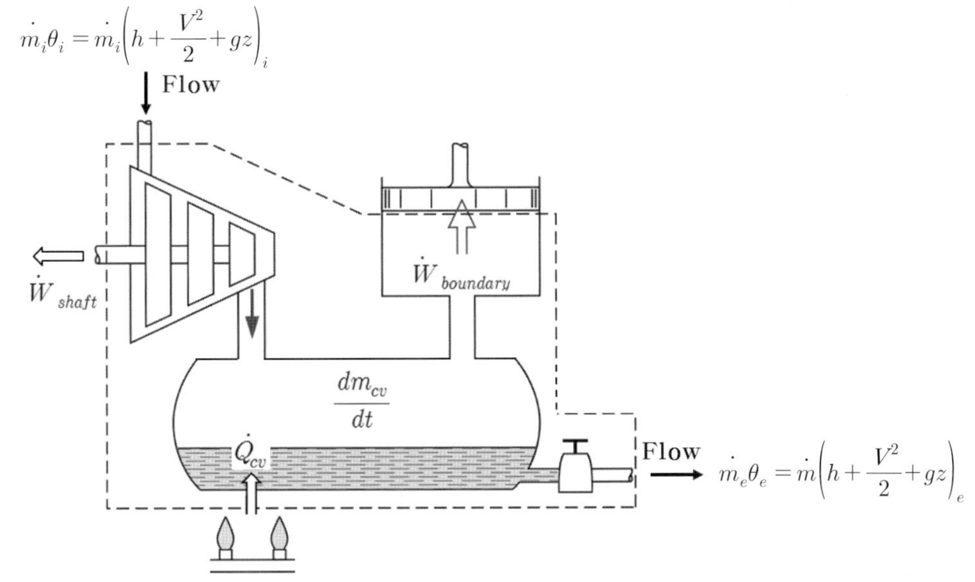

[그림 6-13] 열역학 제1법칙 식의 각 항을 표현한 개념도

정상유동인 경우 $dE/dt = 0$이므로 식 (6-22)로부터 다음과 같은 열역학 제1법칙 식을 얻을 수 있다.

$$\dot{Q}_{cv} + \Sigma \dot{m}_i\left(h + \frac{V^2}{2} + gz\right)_i = \Sigma \dot{m}_e\left(h + \frac{V^2}{2} + gz\right)_e + \dot{W}_{cv} \qquad (6-23)$$

식 (6-23)을 개방계 중에서도 "정상유동에 대한 열역학 제1법칙"이라고 한다. 특별한 경우로써 입·출구가 한 개인 경우 다음과 같이 표현할 수 있다.

$$\dot{Q}_{cv} + \dot{m}_i\left(h + \frac{V^2}{2} + gz\right)_i = \dot{m}_e\left(h + \frac{V^2}{2} + gz\right)_e + \dot{W}_{cv} \qquad (6-24a)$$

또는

$$q + \left(h + \frac{V^2}{2} + gz\right)_i = \left(h + \frac{V^2}{2} + gz\right)_e + w \qquad (6-24b)$$

여기서

$$q = \frac{\dot{Q}}{\dot{m}}, \quad w = \frac{\dot{W}}{\dot{m}} \quad [kJ/kg] \qquad (6-24c)$$

6-4 | 정상유동 장치

정상유동 장치의 예로써, 요소에는 터빈, 압축기, 펌프, 열교환기, 혼합실, 노즐, 디퓨저, 교축 밸브 등이 있다. 그리고 시스템에는 동력발전소, 냉동기 등이 있다.

1 터빈(turbine)

터빈은 증기 발전소, 가스 발전소, 원자력 발전소, 수력 발전소 등에서 사용되며 전기를 발생시키는 발전기(generator)를 구동시킨다.

터빈은 작동유체의 압력이 떨어지는 동안 외부로 축일을 발생시키는 기계이다. 일반적으로 두 종류의 터빈이 있는데, 하나는 수증기가 터빈에서 팽창하는 동안 축일을 생산하고 응축기에서 액체로 응축되는 증기터빈이며, 다른 하나는 가스가 터빈에서 팽창하는 동안 축일을 생산하고 대기 중으로 방출되는 가스터빈이다.

터빈은 잘 단열되어 있으므로 터빈으로부터의 열전달률은 보통 무시할 수 있다. 그리고 터빈 내에서 입구 및 출구의 유체 속도는 상당히 빠르므로, 유체의 운동에너지 변화도 크지만 엔탈피 변화에 비하여 작으므로 무시할 수 있다. 그러나 상황에 따라서는 열전달률, 운동에너지 및 위치에너지를 고려하여 엔탈피의 변화량과 비교하는 것도 의미가 있다.

[그림 6-14]와 같은 터빈에 정상유동의 열역학 제1법칙을 적용하고 식을 정리하면 다음과 같다.

$$\dot{W}_t = \dot{Q}_{cv} + \dot{m}\left(h_i + \frac{V_i^2}{2} + gZ_i\right)_i - \dot{m}\left(h_e + \frac{V_e^2}{2} + gZ_e\right)_e \tag{6-25}$$

일반적으로 터빈에서는 열이 방출되므로 식 (6-25)의 $\dot{Q}_{cv} = -\dot{Q}$이다.

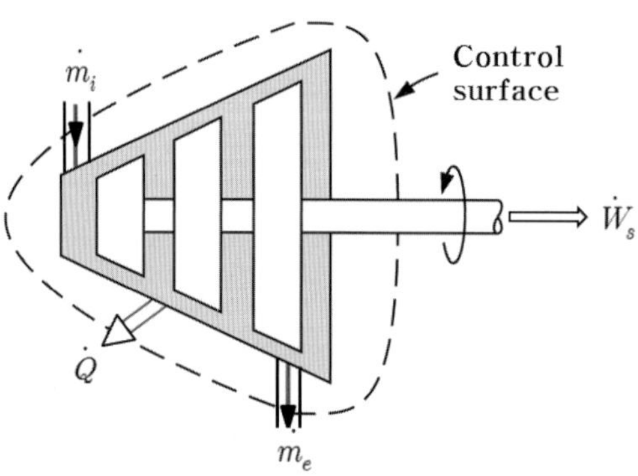

[그림 6-14] 터빈

2 압축기(compressor) 또는 펌프(pump)

압축기나 펌프는 외부에서 일을 공급받아 축을 회전시켜 유체의 압력을 높이는 장치이다. 압축기는 작동유체로 기체를 사용하며 기체를 아주 높은 압력까지 압축시킨다. 펌프는 기체 대신에 액체를 취급하며 원리는 압축기와 비슷하다.

가장 일반적인 압축기는 회전식(축류 또는 원심류)이다. 작동 유체는 압축기에 저압으로 들어가 투입된 축일에 의하여 회전하는 날개를 거치면서 고속 유동이 되며, 그 후 디퓨저를 거쳐 유체의 속도가 감속되어 결과적으로 압력이 증가한다. 압축기는 체적 유량이 큰 기계이며 열전달이 일어날 수 있는 충분한 시간이 없기 때문에 압축 과정은 단열이라고 가정할 수 있다.

입구의 속도는 매우 낮으므로 무시할 수 있다. [그림 6-15]와 같은 회전형 압축기에 열역학 제1법칙을 적용하고 식을 정리하면 다음과 같다.

$$W_{comp} = \dot{m}\left(h_e - h_i + \frac{V_e^2}{2}\right) \tag{6-26}$$

대표적인 펌프는 원심형이며, 작동유체는 액체이다. 압축 과정에서 발생하는 열전달률은 매우 낮아 무시할 수 있으며, 펌프의 입구와 출구 속도는 같다고 가정할 수 있다. [그림 6-16]과 같이 펌프와 저수조의 높이차가 H 인 펌프 시스템에 열역학 제1법칙을 적용하고 식을 정리하면 다음과 같다.

$$\dot{W}_{pump} = \dot{m}[(h_e - h_i) + g(z_e - z_i)] = \dot{m}[(P_e - P_i)v + gH] \tag{6-27}$$

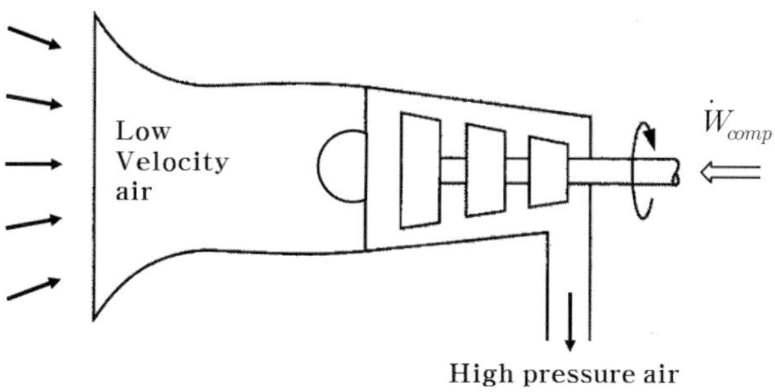

[그림 6-15] 압축기

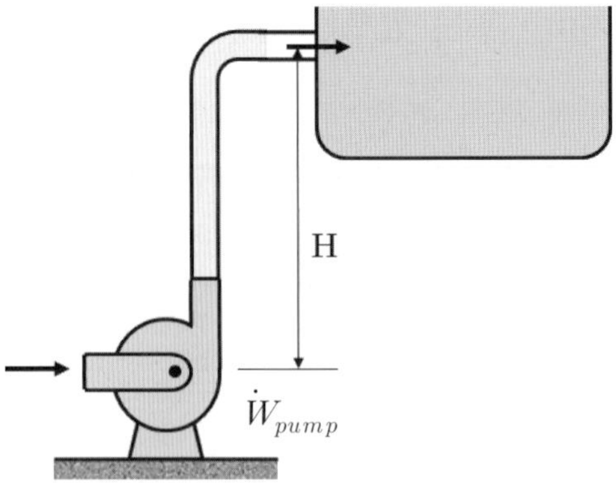

[그림 6-16] 펌프

앞의 식은 액체이고 온도 변화가 없는 경우 Δh는 식 (6-11b)로부터 $\Delta h = v\Delta P$의 관계를 적용하여 얻은 식이다.

3 열교환기(heat exchanger)

열교환기는 유체의 유동 중에 하나의 유체에서 다른 유체로 열이 전달되는 장치이다. 열교환기는 여러 산업 현장에서 광범위하게 사용되고 있다.

작동유체는 가열 또는 냉각되며, 액체에서 기체로 증발되거나 또는 기체에서 액체로 응축될 수 있다. [그림 6-17]은 냉동시스템의 구성 요소인 응축기의 모습을 나타낸 것이다. 두 유체 사이에서 열전달이 일어나므로 외부로의 열방출은 없는 것으로 가정한다. 장치에 열역학 제1법칙을 적용하고 식을 정리하면 다음과 같다.

$$(\dot{m}_i h_i)_r + (\dot{m}_i h_i)_w = (\dot{m}_e h_e)_r + (\dot{m}_e h_e)_w \tag{6-28}$$

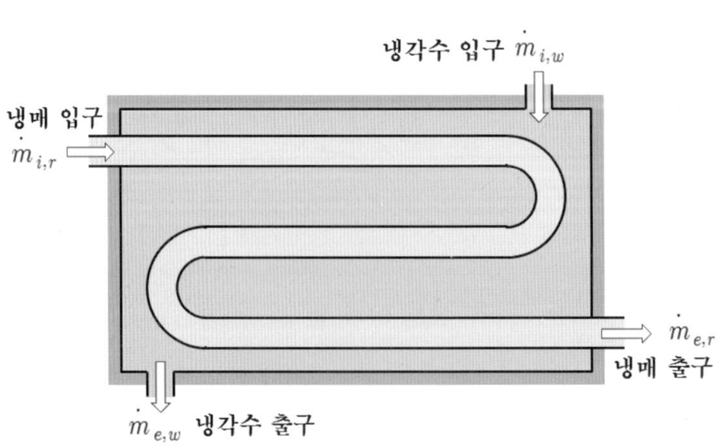

[그림 6-17] 열교환기(응축기)

4 혼합실(mixing chamber)

유동하는 두 개의 유체가 혼합하는 경우를 주변에서 많이 찾아볼 수 있다. 두 유체가 혼합되는 곳을 혼합실(mixing chamber)이라고 한다. 혼합실도 열교환기의 한 종류라고 말할 수 있다. [그림 6-18]과 같은 샤워기인 경우 밸브를 이용하여 저온수와 고온수의 양을 조절한 후 원하는 온도의 혼합수를 만들 수 있다.

혼합실은 비교적 단열이 잘 되어 있으며, 일도 관련되지 않는다. 그리고 운동에너지와 위치에너지도 무시할 수 있다. 샤워기에 열역학 제1법칙을 적용하고 정리하면 식은 다음과 같다.

$$(\dot{m}_i h_i)_c + (\dot{m}_i h_i)_h = (\dot{m}_e h_e)_{mix} \tag{6-29}$$

5 노즐과 디퓨저

노즐(nozzle)과 디퓨저(diffuser)는 가정용 정원 호스, 로켓, 제트엔진, 우주선 등에서 이용된다.

노즐은 압력을 이용하여 매우 빠른 속도의 유체 흐름을 발생시키는 기구이다. 노즐의 형상은 유동 유체가 서서히 낮은 압력으로 팽창하는 동안 속도가 증가하도록, 적절한 곡선으로 이루어져 있다. 디퓨저는 고속의 유체를 감속시키는 기구이며, 그 결과 압력이 증가한다. 원리적으로 디퓨저는 노즐의 정반대이다.

유체가 노즐이나 디퓨저를 통과하는 동안 유체와 주위 사이의 열전달률은 매우 적고 일도 없으며, 위치에너지도 없다. [그림 6-19]와 같은 노즐에 열역학 제1법칙을 적용하고 정리하면 다음과 같다.

$$h_i + \frac{V_i^2}{2} = h_e + \frac{V_e^2}{2} \tag{6-30}$$

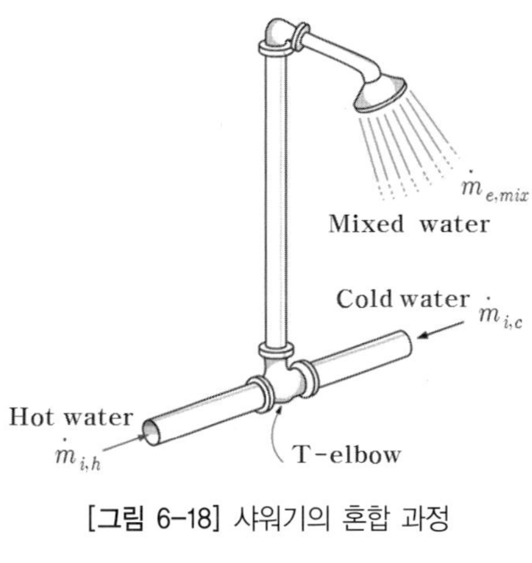

[그림 6-18] 샤워기의 혼합 과정

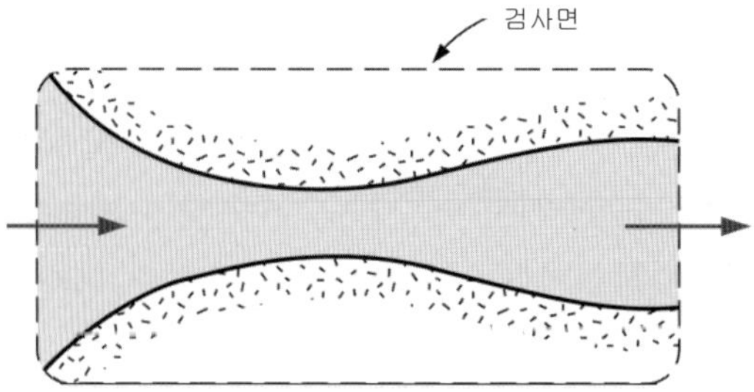

[그림 6-19] 노즐

6 교축 밸브(throttling valve)

[그림 6-20]과 같은 교축 밸브는 유체의 압력을 크게 감소시키는 유동 제한 기구이다. 관 내부에서 유체의 유동 면적이 갑자기 축소되면 교축 과정이 일어난다. 이 과정 동안 유체는 매우 작아진 통로를 통과해야 하므로 압력이 급격히 떨어지며 때로는 온도도 크게 감소한다. 이러한 이유 때문에 교축 기구는 냉동 장치나 공기조화 장치에 많이 사용된다.

교축 밸브는 장치가 작고, 유체가 흐르는 동안 열전달이 발생할 만큼 시간이 충분하지 않으며 면적도 작기 때문에 단열이라고 가정할 수 있다. 또한 운동에너지 및 위치에너지도 무시할 수 있으므로 정상상태 교축 과정은 근사적으로 등엔탈피 과정이 된다. [그림 6-21]과 같은 요소에 열역학 제1법칙을 적용하고 정리하면 다음과 같다.

$$h_i = h_e \tag{6-31}$$

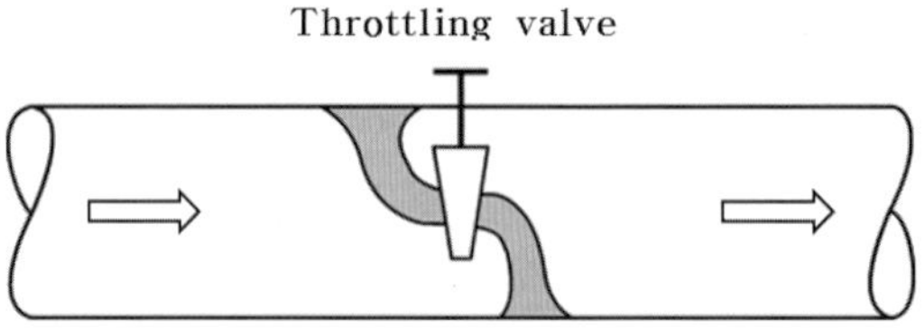

[그림 6-20] 교축 밸브

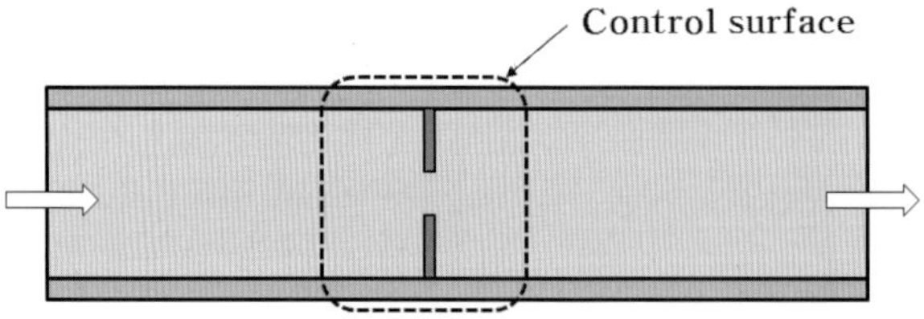

[그림 6-21] 교축 과정

7 증기동력 발전소(power plant)

전기를 발생시키는 증기동력 발전소는 [그림 6-22]와 같이 보일러(boiler), 터빈(turbine), 응축기(condenser), 펌프(pump)와 같은 요소로 구성된다. 각각의 요소에 대한 해석은 앞에서 기술한 요소의 결과를 이용하면 다음과 같다.

$$\dot{W}_{turbine} = \dot{W}_{pump} + \dot{Q}_b - \dot{Q}_{cond} \tag{6-32}$$

8 냉동기(refrigerator)

음식을 보관하거나 공간을 냉각시키는 냉동기는 압축기(compressor), 응축기(condenser), 팽창밸브(expansion valve), 증발기(evaporator)로 구성되며 구성도는 [그림 6-23]과 같다. 각각의 요소에 대한 해석은 앞에서 기술한 요소의 결과를 이용하면 다음과 같다.

$$\dot{Q}_{evap} = \dot{Q}_{cond} + \dot{W}_{comp} \tag{6-33}$$

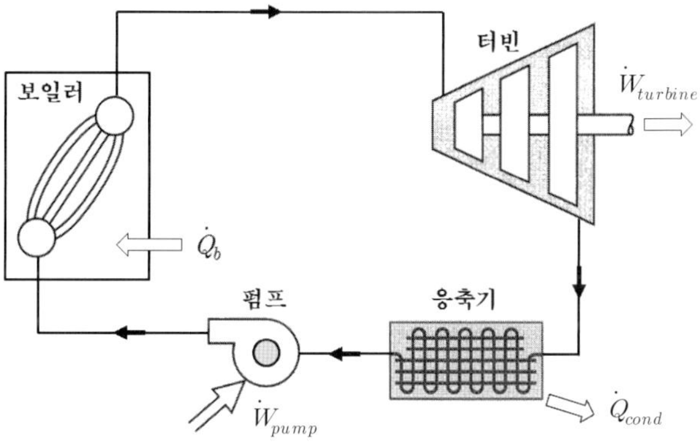

[그림 6-22] 증기동력 발전소의 구성도

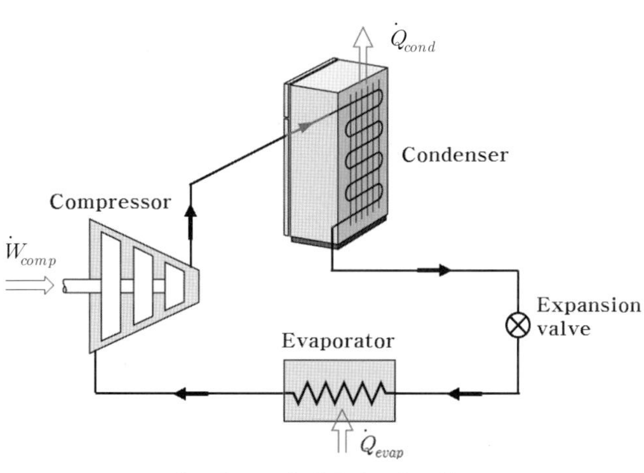

[그림 6-23] 냉동시스템 구성도

6-5 | 예제 풀이A(계산기 : 제1법칙)

1 밀폐계

예제 6-1A 체적 일정

견고한 용기 내에 뜨거운 유체가 들어있다. 회전날개의 회전에 의해 유체가 냉각되는 동안 외부로 300kJ의 열이 방출된다. 유체에 공급된 회전날개의 일은 100kJ이다. 유체의 내부에너지 변화량을 구하라.

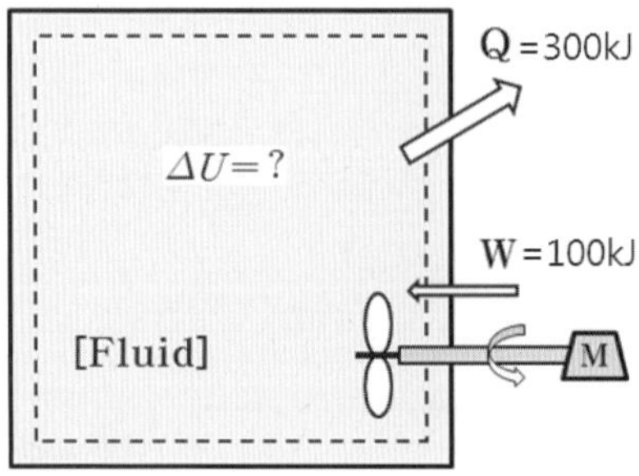

풀이

$$Q_{12}=m(u_2-u_1)+\frac{m(V_2^2-V_1^2)}{2}+mg(Z_2-Z_1)+W_{12} \quad (6\text{-}5a)$$

계가 고정되어 있으므로 운동 및 위치에너지는 무시한다. 여기서 열은 방출되므로 $Q_{12}=-Q$, 일로 투입되므로 $W_{12}=-W$를 대입하여야 한다.

$\Delta U=m(u_2-u_1)=Q_{12}-W_{12}=-300-(-100)=-200kJ$

즉, 냉각으로 인하여 내부에너지는 감소하였다.

예제 6-2A 물의 가열(체적 일정)

커피용 물을 만들기 위하여 용기에 20℃의 물 2kg을 넣고 100℃의 포화액체가 될 때까지 가열하였다. 물에 공급된 열량을 구하라.

풀이 운동 및 위치에너지는 없고, 체적은 일정하므로 식을 정리하면 다음과 같다.

$Q_{12}=m(u_2-u_1)+W_{12}=m(u_2-u_1)+0$

여기서

$u_1=u(\text{압축액체})=u_{f,20℃}=83.94kJ/kg$

$u_2=u_{f,100℃}=418.91kJ/kg$

즉,

$Q_{12}=2(418.91-83.94)=669.94kJ$

예제 6-3A 물의 가열(압력 일정)

그림과 같이 초기에 압력 400kPa, 체적 $0.1m^3$, 질량 0.5kg의 포화상태인 물과 수증기의 혼합물을 일정한 압력으로 250℃의 온도가 될 때까지 가열하였다. 이 과정 동안 계가 행한 일과 계에 전달된 열량을 구하라.

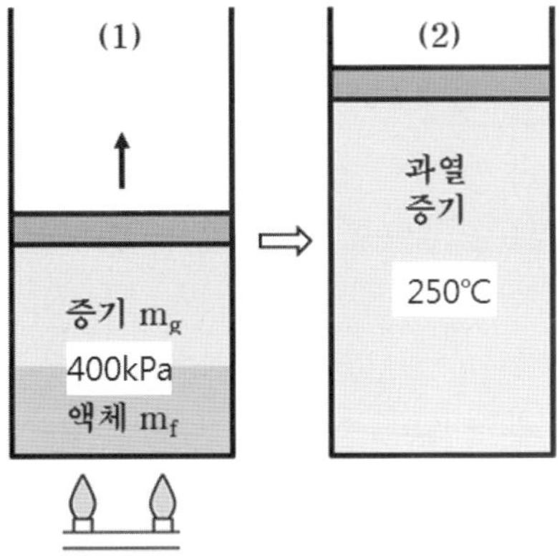

풀이 운동 및 위치에너지는 없고, 압력은 일정하므로 식을 정리하면 다음과 같다.

$$Q_{12} = m(u_2 - u_1) + W_{12}$$

$$W_{12} = \int_1^2 PdV = mP(v_2 - v_1) \quad [\because \text{일정 압력}]$$

여기서

$$v_1 = \frac{V_1}{m} = \frac{0.1}{0.5} = 0.2 = v_{f1} + x_1(v_{g1} - v_{f1})$$

$$x_1 = \frac{0.2 - 0.001084}{0.46246 - 0.001084} = 0.431$$

$$h_1 = h_{f1} + x_1(h_{g1} - h_{f1}) = 604.73 + 0.431(2738.53 - 604.73) = 1524.40kJ/kg$$

$$v_2 = v(400kPa, 250℃) = 0.59512m^3/kg$$

$$h_2 = h(400kPa, 250℃) = 2964.16kJ/kg$$

즉,

$$W_{12} = 0.5(400)(0.59512 - 0.2) = 79.02kJ$$

$$Q_{12} = 0.5(2964.16 - 1524.4) = 719.88kJ$$

예제 6-4A 정압 상태에서 기체의 가열(두 개의 과정)

그림과 같이 실린더 내에 초기상태가 $P_1 = 150kPa,\ T_1 = 30℃,\ V_1 = 0.5m^3$인 공기가 들어 있다. 피스톤이 무거워 내부 압력이 $P_2 = 400kPa$에 도달할 때까지 피스톤은 멈춰있다. 이후 체적이 두 배가 될 때까지 공기를 가열한다. 공기가 한 일과 공기에 전달된 열량을 구하라. 비열은 일정한 것으로 가정한다.

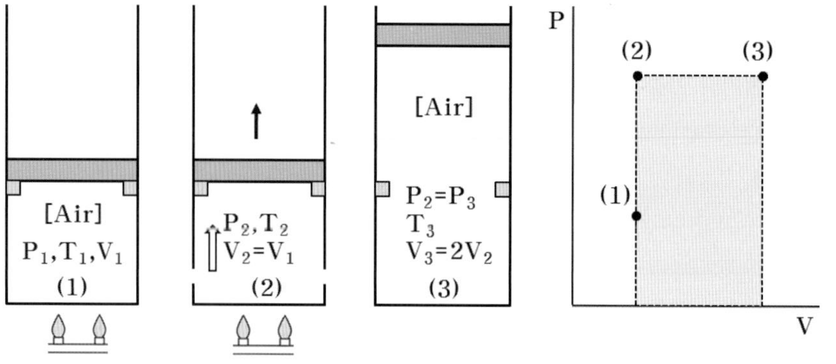

풀이 운동 및 위치에너지는 없고 두 개의 과정으로 나뉘어 있으므로 열역학 제1법칙은 다음과 같이 정리된다.

$$Q_{13} = m(u_3 - u_1) + (W_{12} + W_{23})$$

$$W_{12} = 0, \quad W_{23} = \int_2^3 PdV = P_2(V_3 - V_2) \quad [\because \text{ 일정 압력}]$$

따라서

$$Q_{13} = m(u_3 - u_1) + W_{23} = mC_v(T_3 - T_1) + W_{23}$$

여기서

$$m = \frac{P_1 V_1}{RT_1} = \frac{150(0.5)}{0.287(303.15)} = 0.862kg$$

$$m = \frac{P_1 V_1}{RT_1} = \frac{P_3 V_3}{RT_3} = \frac{P_3(2V_1)}{RT_3} \rightarrow T_3 = \frac{2P_3 T_1}{P_1} = \frac{2(400)303.15}{150} = 1616.8K$$

즉,

$$W_{23} = 400(1.0 - 0.5) = 200kJ$$

$$Q_{12} = 0.862(0.717)(1616.8 - 303.15) + 200 = 1011.91kJ$$

예제 6-5A 전기저항 가열기에 의한 기체의 가열

그림과 같이 실린더-피스톤 장치 내의 공기를 전기가열기를 이용하여 가열한다. 공기의 처음 상태는 500kPa, 20℃, 0.4m^3이며, 60℃의 온도에 이를 때까지 공기를 가열한다. 가열기에 공급된 전압은 220V, 전류는 3A이며, 작동시간은 5분이다. 전기일 및 외부로 방출된 열량을 구하라.

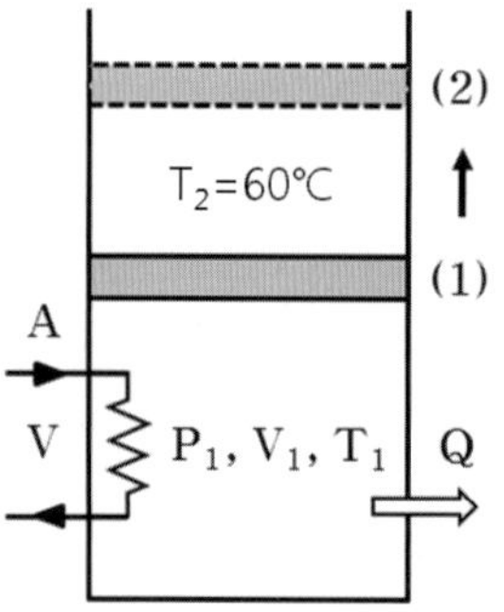

풀이 운동 및 위치에너지는 없고 이동일 및 전기일은 있다. 이동일은 압력이 일정하므로 $W_b = P(V_2 - V_1)$이며, 전기일 $W_e = -V \cdot I \cdot \Delta t$(∵전기일 투입)이다. 열이 방출되므로 $Q_{12} = -Q$이다. 제1법칙으로부터 식은 다음과 같이 정리된다.

$$Q_{12} = m(u_2 - u_1) + W_b + W_e = m(u_2 - u_1) + mP(v_2 - v_1) - V \cdot I \cdot t$$
$$= m(h_2 - h_1) - V \cdot I \cdot t = mC_p(T_2 - T_1) - V \cdot I \cdot t \quad [\because \Delta h = C_p(T_2 - T_1)]$$

여기서

$$m = \left(\frac{PV}{RT}\right)_1 = \frac{500(0.4)}{0.287(293.15)} = 2.377kg$$

따라서

$$W_e = V \cdot I \cdot \Delta t = 220 \cdot 3 \cdot 300 = -198{,}000J = -198kJ$$

$$Q_{12} = 2.377(1.004)(60 - 20) - 198 = -102.54kJ$$

그림을 보면 $Q_{12} = -Q$이므로 $102.54kJ$의 열이 외부로 방출되었다는 것을 알 수 있다. 즉, 투입된 전기에너지 $198kJ$ 중에서 일부는 내부에너지 증가($95.46kJ$)에 쓰이고, 나머지는 열($102.54kJ$)의 형태로 외부로 방출되었다는 것을 의미한다.

2 정상유동 장치

예제 6-6A 증기터빈

증기터빈의 입구 및 출구상태는 다음과 같다. 수증기의 질량유량은 5kg/s이며, 외부로의 열손실률은 무시한다. (a) Δh, Δke, Δpe의 크기를 비교하고, (b) 터빈의 축동력을 구하라.

- 입구 : 2MPa, 350℃, 50m/s, 6m
- 출구 : 75kPa, 건도=100%, 90m/s, 3m

풀이

$$\dot{W}_t = \dot{Q}_{cv} + \dot{m}\left(h_i + \frac{V_i^2}{2} + gZ_i\right)_i - \dot{m}\left(h_e + \frac{V_e^2}{2} + gZ_e\right)_e \qquad (6\text{-}25)$$
$$= \dot{m}\left\{(h_i - h_e) + \frac{V_i^2 - V_e^2}{2} + g(Z_i - Z_e)\right\}$$

여기서

$h_i = 3136.96kJ/kg$, $h_e = h_{g,75kPa} = 2662.96kJ/kg$

따라서

$$\dot{W}_t = 5\left\{(3136.96 - 2662.96) + \frac{50^2 - 90^2}{2 \times 1000} + \frac{9.81(6-3)}{1000}\right\} = 5(474 - 2.8 + 0.0297)$$
$$= 2356.1kW$$

즉, 운동에너지 및 위치에너지는 엔탈피차에 비하여 매우 작으므로 대부분의 공학문제에서 무시할 수 있다.

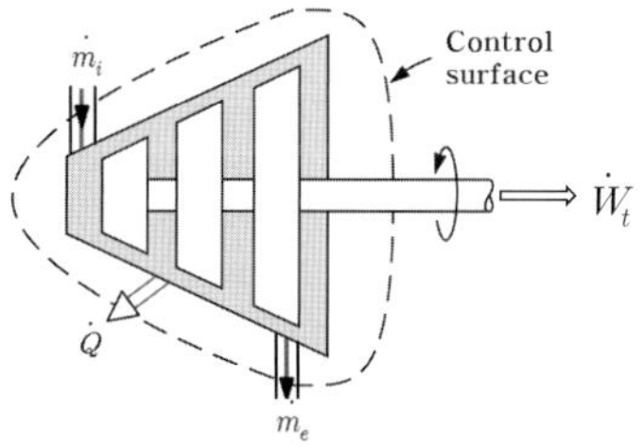

[증기 터빈]

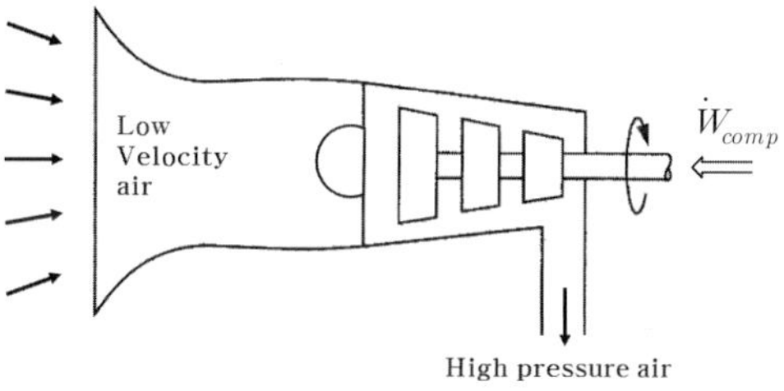

[공기 압축기]

예제 6-7A 공기 압축기

공기 압축기는 대기 중의 공기(300K, 100kPa)를 흡입하여 압력 450kPa, 온도 500K, 속도 90m/s로 송출한다. 공기의 질량유량이 12kg/s일 때 압축기 구동에 필요한 동력을 구하라. 비열은 일정한 것으로 가정한다.

풀이 열손실률, 위치에너지 및 입구속도(매우 낮음)를 무시하고 식을 정리하면 다음과 같다.

$$W_{comp} = \dot{m}\left(h_e - h_i + \frac{V_e^2}{2}\right) \quad (6-26)$$

$$= \dot{m}\left\{C_p(T_e - T_i) + \frac{V_e^2}{2}\right\} \quad [\because \text{ 공기=이상기체}]$$

$$= 12\left\{1.004(500-300) + \frac{90^2}{2\times 1000}\right\} = 2464.2kW$$

그림을 보면 $\dot{W}_{12} = -\dot{W}_{comp}$이므로 $\dot{W}_{12} = -2464.2kJ$이다. 즉 $2464.2kJ$의 동력이 투입되어야 압축기 구동이 가능함을 의미한다.

예제 6-8A 펌프

펌프를 구동하여 물을 10m 높이의 저장 탱크로 전송한다. 펌프의 입구압력은 100kPa이며, 출구압력은 2MPa이다. 펌프의 질량유량은 3kg/s이며, 물의 온도는 20℃이다. 펌프의 구동에 필요한 동력을 구하라.

풀이 열손실률, 운동에너지(펌프의 입구 및 출구속도는 거의 같음)를 무시하고 식을 정리하면 다음과 같다.

$$\dot{W}_{pump} = \dot{m}[(h_e - h_i) + g(z_e - z_i)] = \dot{m}[(P_e - P_i)v + gH] \quad (6-27)$$

[∵ 비압축성유체 : $\Delta h = v\Delta P$ 식 (6-11b)]

여기서

$$v = v_{f,20℃} = 0.001002m^3/kg$$

즉,

$$\dot{W}_{pump} = 3[0.001002(2000-100) + \frac{9.81\times 10}{1000}] = 3(1.904 + 0.098) = 6.0kW = 8.0hp$$

그림을 보면 $\dot{W}_{12} = -\dot{W}_{pump}$이므로 $\dot{W}_{12} = -8hp$이다. 즉 펌프 구동을 위해서 $8.0hp$의 동력이 투입되어야 함을 의미한다.

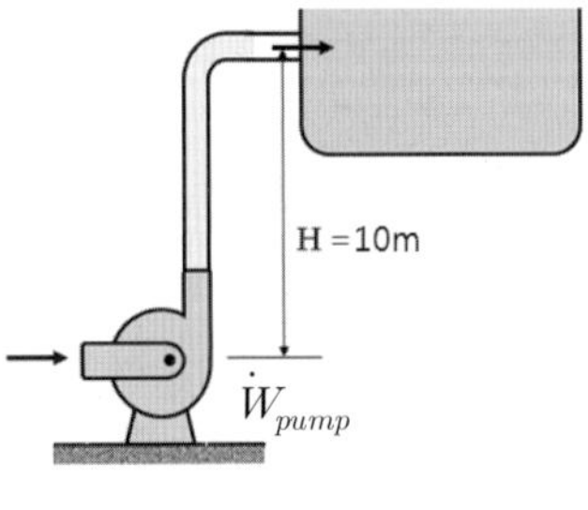

[펌프]

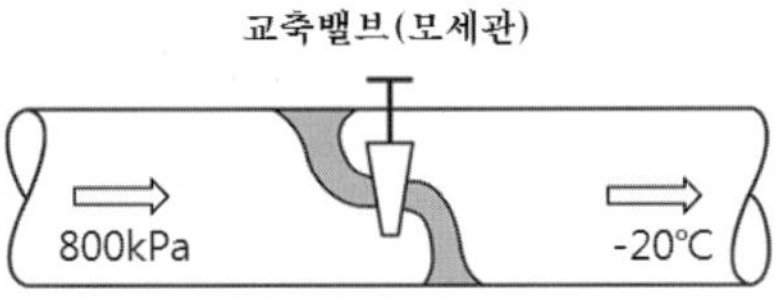

[교축밸브]

예제 6-9A 교축밸브

냉장고에 사용되는 부품 중의 하나는 교축밸브(모세관)이다. 응축기에서 응축된 포화액체의 냉매 R-134a가 800kPa의 압력으로 모세관으로 들어가서 −20℃의 상태로 교축된다. 출구에서의 건도와 이 과정 동안의 온도강하를 구하라.

풀이 교축과정이므로 등엔탈피 과정, 즉 "$h_i = h_e$"이다. 풀이 순서는 다음과 같다.

$$h_i = h_{f,800kPa} = 243.6kJ/kg,\ T_i = T_{sat,800kPa} = 31.3℃$$

$$h_i = h_e = h_{f,-20℃} + x_e(h_g - h_f)_{-20℃}$$

$$x_e = \frac{h_e - h_{f,-20℃}}{(h_g - h_f)_{-20℃}} = \frac{243.6 - 173.74}{386.08 - 173.74} = 0.329$$

$$\Delta T = 31.3 - (-20) = 51.3℃$$

예제 6-10A 혼합실(샤워기)

70℃의 온수와 15℃의 냉수가 혼합되는 샤워기를 고려한다. 45℃의 혼합수를 정상적으로 공급하기 위한 온수와 냉수의 질량유량비를 구하라. 압력은 대기압으로 일정하게 유지된다.

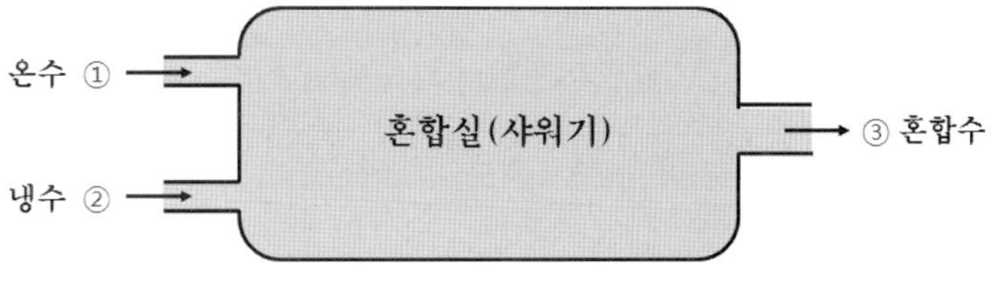

풀이 외부로의 열손실률, 일, 운동에너지 및 위치에너지는 무시할 수 있으므로 식을 정리하면 다음과 같다.

$$\dot{m}_1 h_1 + \dot{m}_2 h_2 = (\dot{m}_1 + \dot{m}_2) h_3 \quad \rightarrow \quad \frac{\dot{m}_1}{\dot{m}_2} h_1 + h_2 = \frac{\dot{m}_1 + \dot{m}_2}{\dot{m}_2} h_3$$

즉,

$$y h_1 + h_2 = (y+1) h_3 \quad \text{또는} \quad y = \frac{h_3 - h_2}{h_1 - h_3} \quad \left(y = \frac{\dot{m}_1}{\dot{m}_2} = \frac{\text{온수}}{\text{냉수}} \right)$$

여기서

$$h_1 = h_{f,70℃} = 292.96kJ/kg,\ h_2 = h_{f,15℃} = 62.98kJ/kg$$

$$h_3 = h_{f,45℃} = 188.42kJ/kg$$

따라서

$$y = \frac{188.42 - 62.98}{292.96 - 188.42} = 1.20$$

즉, 45℃의 혼합수를 만들기 위해서 온수의 질량유량은 냉수 유량의 1.2배가 되어야 한다.

6-6 | 예제 풀이B(엑셀 : 제1법칙)

1 밀폐계

예제 6-1B 공기의 가열(체적 일정)

체적이 $2m^3$인 견고한 용기 내에 공기가 들어있다. 최초 온도는 20℃, 압력은 200kPa이며, 최종 온도 900℃에 이를 때까지 공기를 가열하였다. 공기에 전달된 열량을 (a) 비열 일정, (b) 비열 변화를 고려하여 계산하라.

풀이 운동에너지, 위치에너지 및 일을 무시(체적이 일정)할 수 있으므로 식을 정리하면 다음과 같다.

$Q_{12} = m(u_2 - u_1) = mC_v(T_2 - T_1)$ [비열 일정]

또는

$Q_{12} = m(u_2 - u_1) = m(u_{T2} - u_{T1})$ [비열 변화 : 부록 A-5]

(a) $m = \left(\frac{PV}{RT}\right)_1 = \frac{200(2)}{0.287(293.15)} = 4.754kg$

$Q_{12} = 4.754(0.717)(900-20) = 2999.6kJ$

(b) 부록 A-5의 데이터를 이용하는 경우 보간법이 필요하므로 MathExcel 함수 "mxCubicSpline"을 사용하여 다음과 같이 값을 구한다.

1) 변수명 및 설명문 입력
2) 데이터 입력(T, u값) [부록 A-5 참조]
3) F cell에 두 개의 온도(T_1, T_2) 입력
4) G2 cell에 "=mxCubicSpline(F2,$B$2:$B$5,$A$2:$A$5)"입력 후 [Enter]
5) G4 cell에 "=mxCubicSpline(F4,$D$2:$D$5,$C$2:$C$5)"입력 후 [Enter]

	A	B	C	D	E	F	G	H
1	T1[K]	u1[kJ/kg]	T2[K]	u2[kJ/kg]		T[K]	mxCubicSpline 함수	
2	280	200.02	1100	845.45		293.15	209.448	
3	290	207.19	1150	889.21				
4	300	214.36	1200	933.37		1173.15	909.5993	
5	320	228.73	1250	977.89				

따라서

$u_{293.15K} = 209.45kJ/kg$, $u_{1173.15K} = 909.60kJ/kg$

$Q_{12} = 4.754(909.60 - 209.45) = 3328.5kJ$

즉, 비열이 일정한 경우와 비열 변화를 고려한 경우 상당한 차이가 발생하므로 온도차가 심한 경우 반드시 보간법을 사용해야 한다.

예제 6-2B 공기의 가열(압력 일정)

실린더-피스톤 장치 내에 공기 1kg이 들어있다. 최초의 온도가 300K인 공기를 1200K에 이를 때까지 가열한다. 공기에 전달된 열량을 (a) 비열 일정, (b) 비열 변화(표 A-5), (c) 공기의 정압비열식(표 A-4)을 사용하여 구하라.

풀이 운동에너지 및 위치에너지는 무시할 수 있고, 압력은 일정하므로 식은 다음과 같이 정리된다.

$$Q_{12}=m(u_2-u_1)+W_{12}=m(u_2-u_1)+mP(v_2-v_1)=m(h_2-h_1)$$

(a) $Q_{12}=m(h_2-h_1)=mC_p(T_2-T_1)$

$=1(1.004)(1200-300)=903.6kJ$

(b) $Q_{12}=m(h_2-h_1)=m(h_{T2}-h_{T1})$

$=1(1277.81-300.47)=977.34kJ$

(c) $Q_{12}=m(h_2-h_1)=m\int_{T1}^{T2}C_p dT$

$$=m\int_{T1}^{T2}\left\{1.05-0.365\frac{T}{1000}+0.85\left(\frac{T}{1000}\right)^2-0.39\left(\frac{T}{1000}\right)^3\right\}dT$$

MathExcel 함수 "mxIntegrate"를 사용하여 값을 구하면 다음과 같으며, 적분값은 "979.19"이다.

1) B1 cell에 "=mxIntegrate("1.05-0.365*x/1000+0.85*(x/1000)^2 -0.39*(x/1000)^3","x",300,1200)" 입력 후 [Enter]

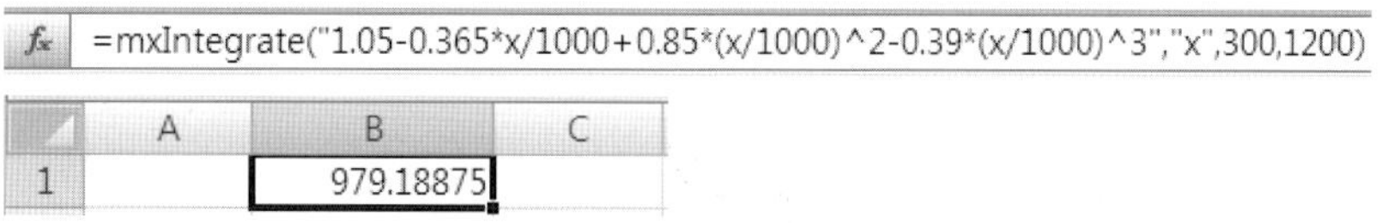

즉, 공기에 전달된 열량은 $Q_{12}=979.19kJ$이며, 경우 (b)의 값과 일치된 결과를 보이고 있다.

2 정상유동 장치

예제 6-3B 노즐 내의 공기 유동

공기가 노즐 내를 유동하고 있으며 입구 및 출구 상태는 그림과 같다. 노즐의 목적은 운동에너지(즉, 출구속도)를 얻는 것이다. 이를 위하여 입구면적 변화에 따른 출구속도의 영향을 고찰해보자. 입구의 면적 범위 50~150cm^2에 대한 출구속도를 구하고 결과를 그려라. 온도차가 작으므로 공기의 비열은 일정한 것으로 가정한다.

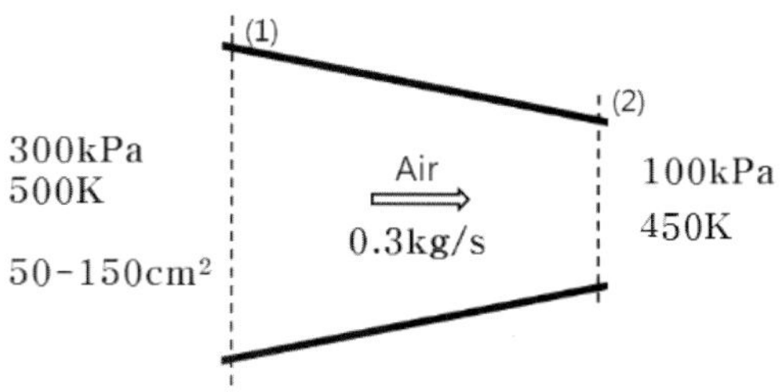

풀이 열, 일 및 위치에너지는 무시할 수 있으므로 식은 다음과 같이 정리된다.

$$h_i+\frac{V_i^2}{2}=h_e+\frac{V_e^2}{2},\quad \dot{m}=\rho VA=const$$

$$\rightarrow V_e=\{2(h_i-h_e)+V_i^2\}^{0.5}=\{2C_p(T_i-T_e)+V_i^2\}^{0.5}$$

$$=\left\{2C_p(T_i-T_e)+\left(\frac{\dot{m}}{\rho A_i}\right)^2\right\}^{0.5} \quad [\because \text{ 공기=이상기체}]$$

데이터를 엑셀의 워크시트에 입력하고 계산된 결과를 그리면 다음과 같다.

fx =(2*1004*50+(0.3/1.2/A3)^2)^0.5

	A	B
1		
2	Ai[m^2]	Ve[m/s]
3	0.005	320.7802986
4	0.006	319.5874076
5	0.007	318.8659753
6	0.008	318.3968632
7	0.009	318.0748417
8	0.01	317.8443015
9	0.011	317.6736201
10	0.012	317.5437415
11	0.013	317.4426287
12	0.014	317.3623758
13	0.015	317.297617

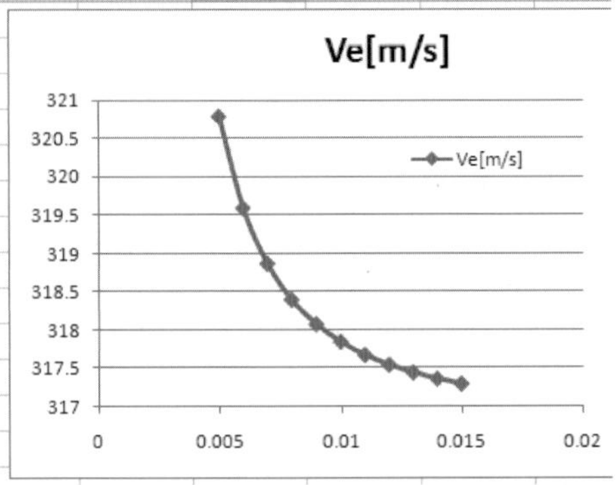

즉, 입구면적이 증가하면 출구속도가 약간 감소하는 경향을 보였으나 감소 정도는 크지 않았다.

예제 6-4B 혼합실

앞의 예제 6-10A에서 공급되는 온수의 온도변화에 따른 질량유량비가 관심사이다. 65~75℃ 범위의 온수와 15℃의 냉수가 혼합되는 샤워기를 고려한다. 45℃의 혼합수를 정상적으로 공급하기 위한 온수와 냉수의 질량유량비를 구하고 결과를 그래프로 표현하라. 압력은 대기압으로 일정하게 유지된다.

풀이

$$y=\frac{h_3-h_2}{h_1-h_3}=\frac{188.42-62.98}{h_1-188.42} \quad \left(y=\frac{\dot{m}_1}{\dot{m}_2}=\frac{\text{온수}}{\text{냉수}}\right)$$

여기서

$h_2=h_{f,15℃}=62.98kJ/kg$, $h_3=h_{f,45℃}=188.42kJ/kg$

온수의 엔탈피는 온도에 따라 다르므로 MathExcel 함수 "mxCubicSpline"을 사용하여 값을 결정한다. 해를 구하는 과정은 다음과 같다.

1) 변수명 및 3개의 데이터 입력(표 B-1-1 : T, h)
2) C2~C12 cell에 온도 입력
3) D2 cell에 "=mxCubicSpline(C3,$B$2:$B$4,$A$2:$A$4)"입력 후 [Enter] > D3~D12 cell 계산
4) F2 cell에 "=(188.42-62.98)/(D2-188.42)" 입력 후 [Enter] > F3~F12 cell 계산
5) 그림 생성 : 삽입 > 분산형 > 곡선 및 표식이 있는 분산형(그림 생성에 필요한 cell은 C와 F cell이므로 [Ctrl] key를 이용하여 영역을 설정 그리고 x축 및 y축 범위 조절 필요)

	A	B	C	D	E	F
1	T_h[C]	h[kJ/kg]	T_h[C]	mxCubicSpline 함수		y=
2	65	272.03	65	272.03		1.5
3	70	292.96	66	276.215		1.429
4	75	313.91	67	280.4003		1.364
5			68	284.5861		1.304
6			69	288.7726		1.25
7			70	292.96		1.2
8			71	297.1486		1.154
9			72	301.3381		1.111
10			73	305.5283		1.071
11			74	309.719		1.034
12			75	313.91		1
13						

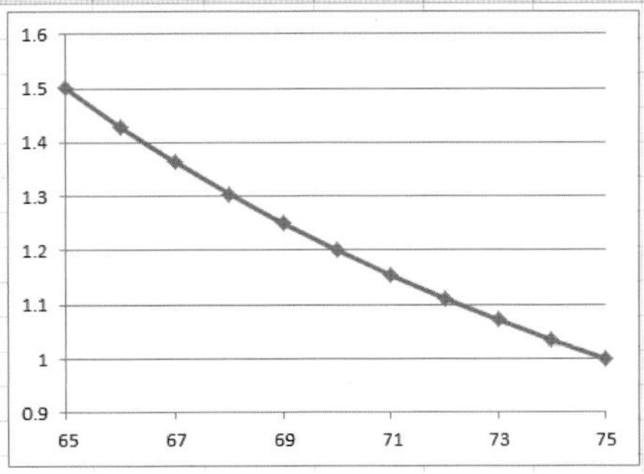

즉, 45℃의 혼합수를 만들기 위해서 온수의 질량유량은 냉수 유량의 1.0~1.5배 범위가 되어야 한다.

연습문제 A(계산기)

1 밀폐계

6-1A 견고한 용기 내에 뜨거운 유체가 들어있다. 유체를 냉각시키기 위하여 날개를 회전시켰다. 그 결과 외부로 400kJ의 열이 방출되었다. 유체에 공급된 회전날개의 일은 150kJ이다. 유체의 내부에너지 변화량을 구하라.

6-2A 물을 데우기 위하여 뚜껑이 있는 용기에 15℃의 물 3kg을 넣고 95℃가 될 때까지 가열하였다. 물에 공급된 열량을 구하라. 용기에 작용하는 압력은 대기압이다.

6-3A 피스톤이 장착된 장치 내의 기체상태는 400kPa, 0.8m^3이다. 일정한 압력으로 이 기체에 열을 가하여 체적이 두 배가 되었으며 그 결과 내부에너지는 500kJ 증가하였다. 기체가 한 일과 기체에 공급된 열량을 구하라.

6-4A 초기에 압력 450kPa, 체적 0.1m^3의 포화상태인 수증기를 일정한 압력으로 300℃의 온도가 될 때까지 가열하였다. 수증기의 질량이 0.5kg일 때, 이 과정 동안 수증기가 행한 일과 수증기에 전달된 열량을 구하라.

6-5A 그림과 같이 실린더 내에 초기상태가 $P_1 = 150kPa,\ T_1 = 25℃,\ V_1 = 0.5m^3$인 공기가 들어 있다. 피스톤은 내부 압력이 $P_2 = 350kPa$에 도달할 때까지 멈춰있다. 이후 체적이 두 배가 될 때까지 공기를 가열한다. 공기가 한 일과 공기에 전달된 열량을 구하라. 비열은 일정한 것으로 가정한다.

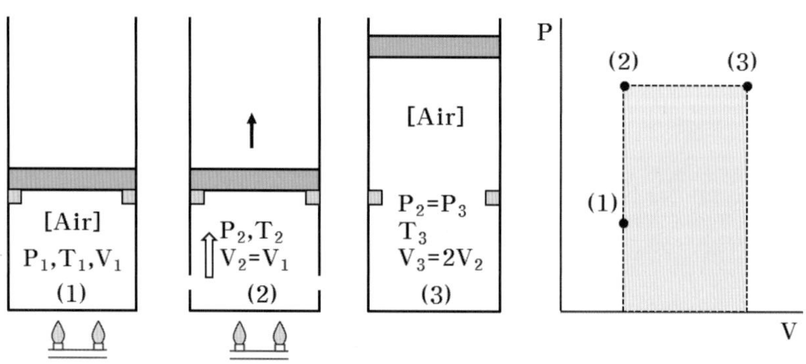

6-6A 전기가열기를 이용하여 실린더-피스톤 장치 내의 공기를 가열한다. 공기의 처음 상태는 400kPa, 20℃, 0.5m^3이며, 공기의 온도가 70℃에 이를 때까지 가열한다. 가열기에 공급된 전압은 220V, 전류는 3A이며, 작동시간은 4분이다. 전기에 의한 일 및 외부로 방출된 열량을 구하라.

2 정상유동 장치

6-7A 증기터빈의 입구 및 출구상태는 다음과 같다. 수증기의 질량유량은 5kg/s이며, 외부로의 열손실률은 $\dot{Q}=6kW$이다. (a) Δh, Δke, Δpe의 크기를 비교하고, (b) 터빈의 축동력을 구하라.

- 입구 : 2.5MPa, 450℃, 50m/s, 6m
- 출구 : 100kPa, 건도=100%, 100m/s, 3m

6-8A 공기 압축기는 300K, 100kPa인 대기 중의 공기를 흡입하여 압력 500 kPa, 온도 550K, 속도 60m/s로 송출한다. 공기의 질량유량이 10kg/s일 때 압축기 구동에 필요한 동력을 구하라. 비열은 일정한 것으로 가정한다.

6-9A 물을 8m 높이의 탱크에 저장하기 위하여 펌프를 구동시킨다. 펌프의 입구압력은 100kPa이며, 출구압력은 1.5MPa이다. 펌프의 질량유량은 3kg/s이며, 물의 온도는 15℃이다. 펌프의 구동에 필요한 동력을 구하라.

6-10A 상태 300K, 100kPa의 공기가 250m/s의 속도로 디퓨저(diffuser)에 유입된 후 20m/s의 속도로 유출된다. 출구온도를 구하라. 비열은 일정하며, 열손실은 없다고 가정한다.

6-11A 응축기에서 응축된 포화액체의 냉매 R-22가 900kPa의 압력으로 모세관으로 들어가서 -25℃의 상태로 교축된다. 출구에서의 건도와 이 과정 동안의 온도강하를 구하라.

6-12A 75℃의 온수와 20℃의 냉수가 혼합되는 샤워기를 고려한다. 45℃의 혼합수를 정상적으로 공급하기 위한 온수와 냉수의 질량유량비(=온수유량/냉수유량)를 구하라. 압력은 대기압으로 일정하다.

6-13A 대형 냉동시스템에서 응축기 내의 냉매를 응축하기 위해 물을 사용한다. 냉매(R-134a)는 55℃로 응축기에 들어가 30℃인 포화액체의 상태로 응축기를 나온다. 응축기의 압력은 1000kPa로 일정하며, 냉매유량은 0.25kg/s이다. 냉각수는 10℃로 들어가 20℃로 나온다. 응축에 필요한 냉각수의 유량을 구하라. 외부로의 열손실률은 없다고 가정한다.

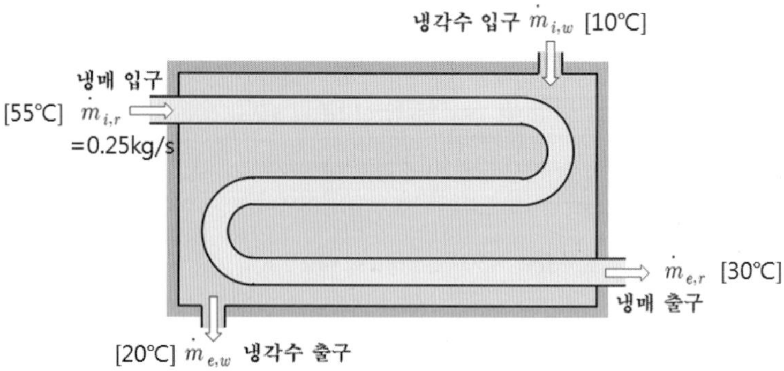

연습문제 B(엑셀)

1 밀폐계

6-1B 체적이 3m^3인 견고한 용기 내에 공기가 들어있다. 최초 온도는 20℃, 압력은 200kPa이며, 최종 온도 800℃에 이를 때까지 공기를 가열하였다. 공기에 전달된 열량을 (a) 비열 일정, (b) 비열 변화(부록, 표 A-5 : MathExcel 함수 "mxCubicSpline" 사용)를 고려하여 계산하라.

6-2B 실린더-피스톤 장치 내에 공기 2kg이 들어있다. 최초의 온도가 300K인 공기를 1100K에 이를 때까지 가열한다. 이 과정 동안 압력은 일정하다. 공기에 전달된 열량을 (a) 비열 일정, (b) 비열 변화(부록, 표 A-5), (c) 공기의 정압비열식(부록, 표 A-4 : MathExcel 함수 "mxIntegrate" 사용)을 사용하여 구하라.

2 정상유동 장치

6-3B 제트엔진을 구성하는 노즐 내로 1000K, 200kPa의 공기가 40m/s의 속도로 들어간 후 80kPa의 압력으로 배출된다. 출구온도 변화에 따른 출구속도의 변화를 고찰하고자 한다. 출구온도 범위 800K~900K($\Delta T = 10K$)에 대한 출구속도를 구하고 결과를 그래프로 표현하라. 계산할 때, |부록, 표 A-5| 및 MathExcel 함수 "mxCubicSpline"을 사용하여 비열 변화를 고려하라.

6-4B 온수와 냉수가 혼합되는 샤워기에서 15℃의 냉수와 60~80℃ 범위의 온수가 혼합된다. 45℃의 혼합수를 정상적으로 공급하기 위한 온수와 냉수의 질량유량비(=온수유량/냉수유량)를 MathExcel 함수 "mxCubicSpline"을 사용하여 결정하고 결과를 그래프로 표현하라. 압력은 대기압으로 일정하다.

6-5B 그림과 같은 응축기에서 냉매(R-22)는 60℃로 응축기에 들어가 35℃인 포화액체의 상태로 응축기를 나온다. 응축기의 압력은 1000kPa로 일정하다. 냉각수는 10℃로 들어가 20℃로 나온다. 냉매유량의 범위 0.2~0.3kg/s에 대하여 응축에 필요한 냉각수의 유량을 구하고 결과를 그래프로 나타내라. 외부로의 열손실률은 없다고 가정한다.

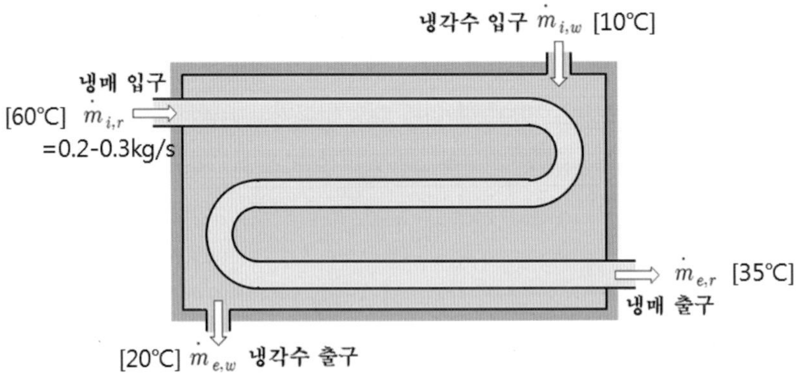

Chapter 7

열역학 제2법칙

열역학 제1법칙은 하나의 사이클에 대하여 열을 적분한 양과 일을 적분한 양은 같다고 기술하고 있으며, 열과 일의 변환 방향에 대한 언급은 없다. 그러나 실제 상황에서는 에너지 변환의 방향에 대한 제약이 있으며, 이러한 경험적 근거로부터 열역학 제2법칙이 마련되었다.

전술한 바와 같이 계는 밀폐계와 개방계로 분류되며 개방계는 다시 정상유동과 비정상유동으로 나뉘기 때문에 열역학 제2법칙에는 세 종류의 식이 있다.

7-1 | 열역학 제2법칙의 개요

1 제2법칙의 탄생 배경

열역학 제1법칙에서는 에너지의 변환 방향에 대하여 아무런 제한이 없다. 그러나 경험적으로 알고 있듯이, 에너지는 특정한 방향으로만 진행되며, 그 반대 방향으로는 진행되지 않는다. 예를 들면 자동차가 언덕을 올라가는 동안 가솔린이 소모되지만, 반대로 자동차가 언덕 아래로 내려온다고 탱크에 가솔린이 원래의 양만큼 회복되지 않는다.

이러한 경험적 근거로부터 열역학 제2법칙이 탄생되었다. 따라서 열역학 제1법칙(에너지 변환 과정)과 제2법칙(에너지 변환 방향성의 제한)이 모두 만족되는 사이클만이 실제로 일어날 수 있다.

2 에너지 변환 방향성의 예

우리는 에너지 변환의 방향성에 제한이 있는 경우를 주변에서 쉽게 관찰할 수 있다. 방향성에 제한이 있는 다양한 예를 열거하면 다음과 같다.

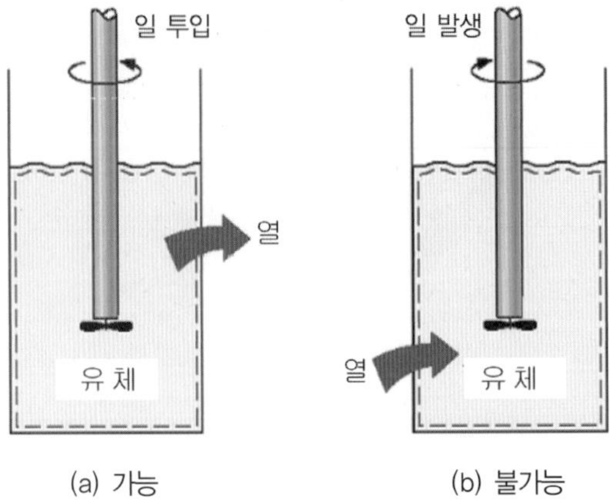

[그림 7-1] 에너지 변환 방향의 가능성(일과 열)

첫 번째 예로써 [그림 7-1]과 같은 상황을 고려한다. 왼쪽의 경우는 날개의 회전에 의하여 용기로부터 열이 외부로 방출되는 경우($W \Rightarrow Q$)이며 이는 가능한 진행이다. 그러나 오른쪽의 경우는 반대 과정으로 열을 투입하여 날개를 회전시키는 경우($Q \Rightarrow W$)인데 이는 경험적으로 불가능하다는 것을 알고 있다.

두 번째 예는 뜨거운 커피의 냉각이다. 잔에 담긴 커피는 시간의 흐름에 따라 주변의 공기로 열을 방출하면서 식게 되어 결국은 공기의 온도와 같게 된다. 이 과정에서 커피가 잃은 에너지는 주위 공기가 얻은 에너지와 같기 때문에 열역학 제1법칙을 만족한다. 반대로 공기로부터 열을 받아 커피가 뜨거워지는 과정은 실제로 발생할 수 없다.

세 번째 예로 [그림 7-2]와 같은 전기가열기를 고려한다. 전기 저항체에 전기를 공급하면 전기에너지가 열에너지로 변환되어 주위 공기로 열이 전달된다. 이 과정에서도 전기에너지와 열에너지의 양은 동일하므로 제1법칙을 만족한다. 그러나 저항선을 가열하여도 같은 양만큼의 전기에너지가 저항선에서 발생하지 않는다는 것은 당연하다.

아래의 예와 같은 경우 에너지 변환은 특정한 방향으로만 일어나고, 반대 방향으로는 일어나지 않는다. 앞에서 열거한 예는 열역학 제1법칙을 만족하지만 방향성 즉, 실제 과정으로 발생할 수 있는지는 확인할 수 없다. 이를 만족시키기 위해 열역학 제2법칙이라는 일반 법칙의 도입이 필요하게 되었다.

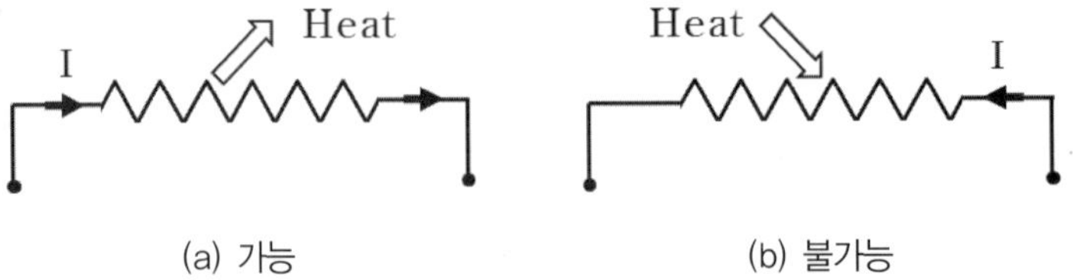

[그림 7-2] 에너지 변환 방향의 가능성(전기에너지와 열에너지)

7-2 열기관과 냉동기

1 열기관

앞의 [그림 7-1]에서 일은 열로 변환이 가능하나 열은 일로의 변환이 불가능하다는 것을 확인하였다. 그렇다면 현실적으로 "열을 일로 변환시키는 것은 불가능한 것인가?"라는 의문을 나타낼 수 있다.

결론적으로 열을 일로 변환시키기 위해서는 사이클로 구성되는 특별한 장치가 필요하다. 이러한 장치를 열기관(heat engine)이라고 부른다. 따라서 열기관을 사용하면 열을 일로 변환시킬 수 있다.

1 열기관의 구성

열기관은 고온 물체로부터 저온 물체로 열이 전달되는 동안 일을 하는 장치이며, 증기동력 발전소가 이에 해당한다. 열기관은 다음과 같이 네 개의 과정으로 구성된다.

1) 고온의 열저장조(보일러의 연소열, 원자로의 핵반응열, 태양열 등)로부터 작동 유체로 열을 공급한다.
2) 받은 열의 일부를 일로 변환한다.
3) 작동 유체로부터 저온의 열저장조(대기, 바다, 강 등)로 나머지 열을 방출한다.
4) 하나의 닫힌 사이클을 구성하여 작동한다.

열기관에서 열을 받고 또는 방출하기 위해서는 유체가 필요한데 이러한 물질을 작동 유체(working fluid)라고 부른다. 작동 유체로는 물과 공기가 많이 사용된다.

열을 공급하거나 방출하기 위해서는 온도가 변하지 않는 가상적인 물체를 고려하는 것이 편리하며, 이를 열에너지 저장조(thermal energy reservoir) 또는 열저장조라 한다. 대기, 바다, 대양, 강, 호수 등은 온도의 변화 없이 열에너지를 무한정으로 흡수하고 방출할 수 있는 훌륭한 열저장조이다. 특별히 열에너지를 공급하는 열저장조를 열원(heat source)이라 부르며, 열에너지를 흡수하는 열저장조를 열침(heat sink)이라 부른다.

열기관의 정의에 잘 일치하는 예는 [그림 7-3]과 같이 전기를 생산하는 단순 증기동력 발전소이며, 보일러, 터빈, 응축기 및 펌프로 구성된다. 그림에 표시된 기호를 열기관을 구성하는 네 개의 과정과 비교하여 설명하면 다음과 같다.

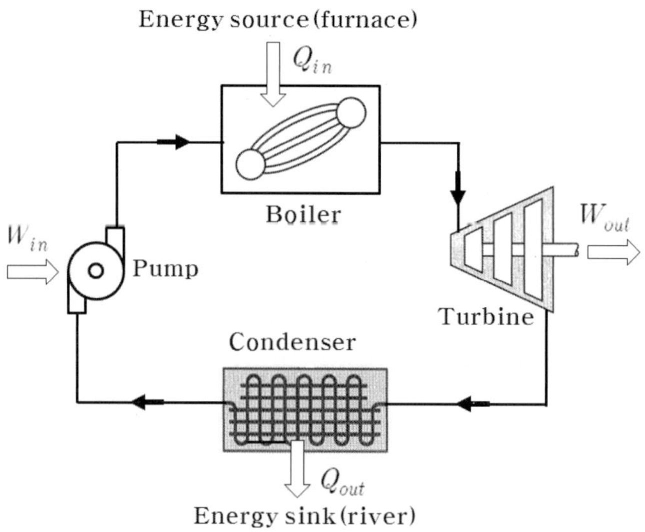

[그림 7-3] 단순 증기동력 발전소의 개략도

- Q_{in} = 높은 온도의 열저장조로부터 보일러 내의 증기에 공급된 열
- W_{out} = 공급받은 열의 일부로 증기가 팽창할 때 터빈 축에 전달한 일
- Q_{out} = 낮은 온도의 열저장조로 방출된 응축기 내의 증기 열
- W_{in} = 물을 보일러 압력까지 압축하는데 소요된 펌프 일

2 열효율

열기관에서 공급된 열의 일부가 사용되어 일(W_{out})로 변환되었으며, 나머지 열은 저온의 열저장조로 방출되었다. 그리고 펌프에서는 일(W_{in})이 소요되었다. 따라서 열기관의 순수 출력일($W_{net,out}$)은 다음과 같이 표현할 수 있다.

$$W_{net,out} = Q_{in} - Q_{out} \quad \text{또는} \quad W_{net,out} = W_{out} - W_{in} \tag{7-1}$$

이 식에서 방출된 열량(Q_{out})은 영이 될 수 없으므로 순수 출력일은 공급된 열량(Q_{in})보다 언제나 작다. 이러한 배경에 따라 변환된 일의 양과 입력열의 비율은 열기관의 성능을 나타내는 척도가 되며, 이 비율을 열효율이라 부른다. 식으로 표현하면 다음과 같다.

$$\eta_{th} = \frac{Gain}{Cost} = \frac{W_{net,out}}{Q_{in}} = \frac{Q_{in} - Q_{out}}{Q_{in}} = 1 - \frac{Q_{out}}{Q_{in}} \tag{7-2}$$

열기관의 크기와 형태는 다양하다. 대형 기관으로 가스 터빈, 제트 엔진 등이, 중형 기관으로 자동차용 가솔린 엔진 또는 디젤 엔진 등이 있으며, 소형기관으로 잔디 깎는 기계, 사슬톱 등이 있다. 실제 열기관의 효율은 대형 동력 발전소는 35~50%, 가솔린 기관은 30~35%, 디젤 기관은 35~40% 등이다. 소형 기관인 경우 열손실이 많아 효율이 20% 이하로 낮아질 수 있다.

3 Kelvin–Planck 서술

열기관이 하나의 사이클로 작동되기 위해서는 어느 정도의 열(Q_{out})을 저온 저장조로 방출해야 한다. 다시 말하면 어떠한 열기관도 공급받은 열을 모두 일로 변환시킬 수 없다. 즉, 100% 효율의 열기관은 없다는 것이다.

이러한 관점으로부터 Kelvin과 Plank는 열역학 제2법칙을 다음과 같이 서술하였다.

> "외부에 어떠한 영향을 남기지 않고 한 사이클 동안에 단일 열저장조로부터 받은 열을 모두 일로 바꾸는 것은 불가능하다"

그 의미는 열기관이 계속 작동하려면, 고온의 열저장조 뿐만 아니라 저온의 열저장조와도 열교환을 해야 한다는 것이다.

2 냉동기와 열펌프

누구나 경험적으로 알고 있듯이 열은 고온에서 저온으로 흐르며, 이 열전달 과정은 장치 없이도 자연적으로 일어난다. 반대로 열이 저온에서 고온으로 흐르는 역과정은 저절로는 발생할 수 없다. 그렇다면 "저온에서 고온으로의 열전달은 불가능한 것인가?"라고 반문할 수 있다. 이러한 의문에 답을 줄 수 있는 특별한 장치가 냉동기(refrigerator)이다.

1 냉동기의 구성

냉동기도 열기관과 마찬가지로 사이클로 구동되는 장치이다. 냉동기에 사용되는 작동 유체를 냉매(refrigerant)라고 부른다. 주로 사용되는 냉동 사이클은 증기 압축식이며, [그림 7-4]와 같이 압축기, 응축기, 팽창 밸브 및 증발기의 네 개의 요소로 구성된다. 냉동기는 다음과 같이 네 개의 과정으로 구성된다.

1) 저온의 열저장조(냉동 공간)로부터 증발기 내의 냉매로 열(Q_L)을 공급한다.
2) 외부로부터 압축기에 일(W_{comp})을 공급한다.
3) 냉매로부터 고온의 열저장조(예를 들어 부엌 공간)로 열(Q_H)을 방출한다.
4) 하나의 닫힌 사이클을 구성하여 작동한다.

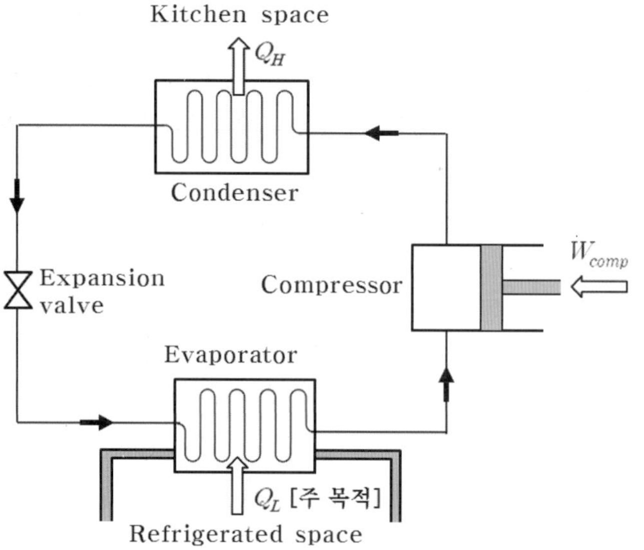

[그림 7-4] 냉동 시스템의 개략도

2 성능계수

냉동기의 효율은 성능계수(coefficient of performance : COP)라는 용어로 나타내며 기호 β_R 또는 COP_R로 표현한다. 성능계수는 다음과 같이 정의되며, 성적계수라고도 불려진다.

$$\beta_R = COP_R = \frac{Gain}{Cost} = \frac{Q_L}{W_{comp}} = \frac{Q_L}{Q_H - Q_L} \tag{7-3}$$

위 식의 Q_H와 Q_L은 식(6-33)의 Q_{cond}와 Q_{eva}이므로, $W_{comp} = Q_H - Q_L$이라는 것을 알 수 있다.

일반적으로 가정용 냉장고의 성능계수는 약 2.5이고, 냉동고의 성능계수는 1에 가깝다.

3 열펌프

낮은 온도의 물체에서 높은 온도의 물체로 열을 전달하는 다른 장치에는 열펌프(heat pump)가 있다. 냉동기와 열펌프는 동일한 사이클로 작동되지만 사용 목적이 다르다. 냉동기의 목적은 냉동(또는 냉각)이 필요한 공간으로부터 열(Q_L)을 제거하여 공간의 온도를 낮추는 것(증발기의 역할)이며, 열펌프의 목적은 난방이 필요한 공간으로 열(Q_H)을 방출하는 것(응축기의 역할)이다. 즉, 냉동기는 증발기의 열흡수 능력이 목적인 반면에, 열펌프는 응축기의 열방출 능력이 목적이다.

[그림 7-5]는 열펌프의 개략도를 나타낸 것이다. 증발기 냉매의 기화에 필요한 에너지는 겨울철에 온도가 낮은 대기나 연못의 물 등으로부터 얻는다.

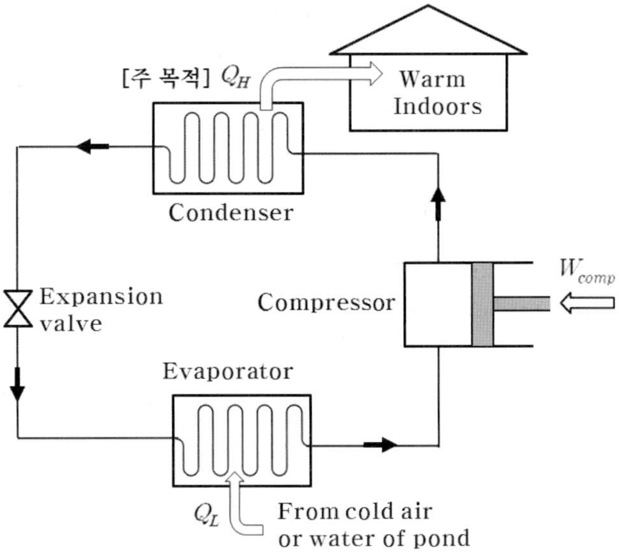

[그림 7-5] 열펌프의 개략도

열펌프의 성능도 냉동기와 동일하게 성능계수로 나타내며 기호 β_{HP} 또는 COP_{HP}로 표현한다. 성능계수는 다음과 같이 정의된다.

$$\beta_{HP} = COP_{HP} = \frac{Gain}{Cost} = \frac{Q_H}{W_{comp}} = \frac{Q_H}{Q_H - Q_L} \tag{7-4}$$

4 Clausius 서술

앞에서 언급한 Kelvin-Plank 서술은 열기관에 대한 열역학 제2법칙을 기술한 것이며, Clausius 서술은 냉동기나 열펌프와 관련된 것으로서, 내용은 다음과 같다.

> "사이클로 작동하는 어떠한 장치도 주위에 아무런 영향을 남기지 않으면서 저온 물체로부터 고온 물체로 열을 전달하는 것은 불가능하다."

즉, 외부에서 입력일이 투입되어야만 열이 고온 물체로 전달될 수 있다. 앞의 두 서술을 그림으로 표현하면 [그림 7-6]과 같다.

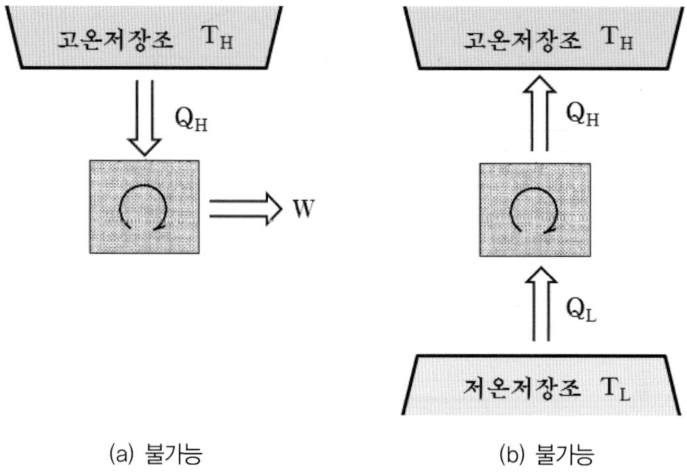

[그림 7-6] 열역학 제2법칙에 대한 Kelvin-Plank 서술 및 Clausius 서술

7-3 | 가역 과정과 비가역 과정

1 개요

열역학 제2법칙은 어떠한 열기관도 100%의 효율일 수 없다는 것을 의미한다. 열기관의 효율이 100%가 될 수 없다면 가능한 최대효율은 얼마인가? 이 질문에 답하기 위해서는 가역과정(reversible process)이라는 이상적인 과정을 정의해야 한다.

가역 과정은 "주위에 어떠한 흔적도 남기지 않고 다시 역으로 돌아갈 수 있는 과정"이라고 정의할 수 있다. 최초로 돌아가는 과정에서 주위에 변화를 남기는 경우 비가역 과정(irreversible process)이라 부른다.

앞에서 논의하였던 뜨거운 커피의 냉각, 전기가열기 문제는 처음의 상태로 돌아올 수 없기 때문에 비가역 과정이라고 부른다. 이 외에도 비가역 과정 요인에는 마찰, 불구속 팽창, 유한 온도차에 의한 열전달, 서로 다른 물질의 혼합 등이 있다.

가역 과정은 실제 과정을 단순하게 이상화시킨 과정으로 자연 현상에서는 존재하지 않는다. 그렇다면 왜 가상적인 가역 과정을 언급하는가? 이는 실제 과정과의 차이를 비교할 수 있는 이상적인 모델이 되기 때문이다. 실제 과정을 가역 과정으로 생각하면 열기관인 경우 최대의 일이 생산되고, 냉동기인 경우 최소의 일이 소비되므로 공학자들은 가역 과정에 관심을 두고 있다.

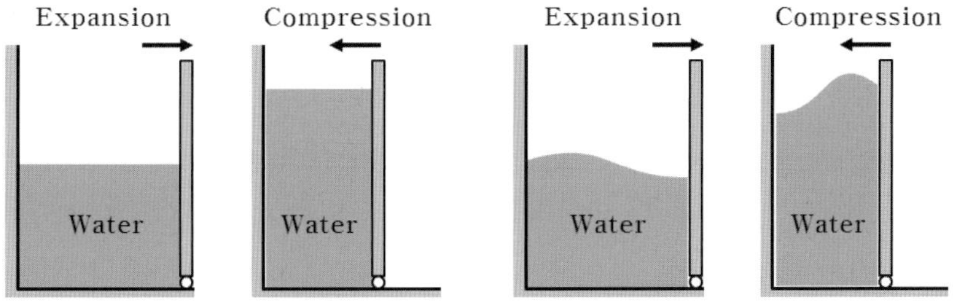

(a) 느린 이동(가역 과정)　　(b) 빠른 이동(비가역 과정)

[그림 7-7] 가역 과정과 비가역 과정의 비교

2 가역과정과 비가역과정의 비교

동일한 작업에 대하여 진행되는 과정에 따라 가역 또는 비가역 과정으로 구분할 수 있다. 용기에 물이 저장된 [그림 7-7]과 같은 상황에서 왼쪽은 이동벽(moving wall)을 느리게 움직인 경우이며, 오른쪽은 이동벽을 빠르게 움직인 경우이다. 벽의 이동 속도를 느리게 하면 물의 수면이 균일하므로 가역 과정이라고 할 수 있지만, 이동 속도를 빠르게 하면 물의 수면이 불규칙해지는 현상이 발생하여 비가역 과정이 된다.

비가역 과정의 다른 예로 실린더 내의 피스톤 운동을 생각할 수 있다. 피스톤을 서서히 이동시키면 실린더 내의 압력이 균일하게 분포되어 가역 과정이 되지만, 피스톤을 빨리 이동시키면 압력의 분포가 균일하지 않아 비가역 과정을 겪게 된다.

3 비가역 과정의 요인

앞에서 언급한 바와 같이 비가역 과정의 예를 주변에서 자주 접할 수 있다. 각각의 요인에 대하여 비가역 과정을 기술하면 다음과 같다.

1 마찰

마찰(friction)은 고체와 고체사이의 마찰 또는 유체의 유동에서 관찰되는 현상이다. [그림 7-8]과 같이 물체가 경사면을 따라 하강할 때 두 물체사이의 마찰로 인하여 열이 발생한다. 처음 상태로 돌아가기 위해 경사면에 열을 공급하지만 물체는 원래의 위치로 돌아갈 수 없으므로 마찰은 비가역 과정의 요인이다.

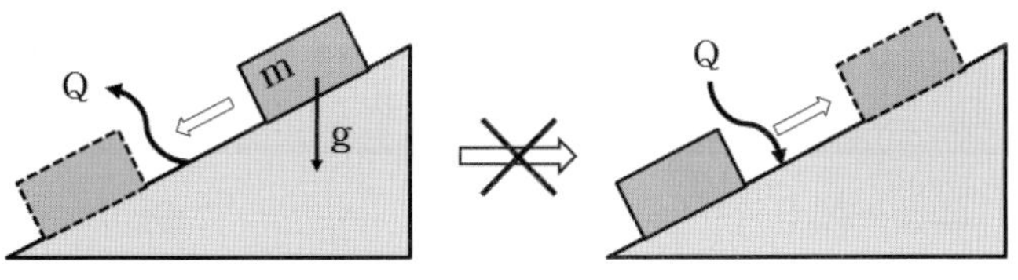

[그림 7-8] 비가역 과정(마찰)

2 온도차에 의한 열전달

우리에게 익숙한 비가역 과정의 다른 예는 온도차에 의한 열전달이다. 당연한 사실이지만 열은 고온 물체에서 저온 물체로 전달되며, 그 반대 과정은 성립하지 않는다. 저온에서 고온으로 열을 전달하기 위해서는 냉동기의 원리에서 알 수 있듯이 외부에서 일이 공급되어야 하며 일만큼의 열이 주위로 전달되어야 한다. 일과 열전달에 의하여 주위는 원래의 상태로 회복되지 않으므로 이는 비가역 과정이다.

그렇다면 가역 열전달 과정은 어떻게 일어날 수 있는가? 또는 가능한 일인가? 두 물체사이의 온도차가 0에 근접할 때 열전달 과정은 가역 과정에 근접하게 된다. 따라서 가역 열전달은 수학에서의 미분 개념처럼 무한히 작은 온도차(dT)에 의한 열전달 과정이라고 말할 수 있다. 실제 현상에서 열전달은 유한한 온도차(ΔT)에 의하여 이루어지므로 모두 비가역 과정이며, 온도차가 증가할수록 비가역성(irreversibility)도 증가한다. 실제로는 존재하지 않지만 가역 열전달의 개념은 이상적인 과정을 설명할 때 많은 도움이 될 것이다.

3 불구속 팽창

불구속 팽창(unrestrained expansion)의 예는 [그림 7-9]와 같이 박막에 의하여 분리된 기체의 팽창이다. 박막이 파열되면 기체는 팽창되어 용기 전체에 채워진다. 처음 상태로 돌아가기 위해서는 외부에서 일을 공급하여 기체를 압축해야 하며 그동안 기체에서 외부로 열전달이 발생한다. 일과 열전달에 의하여 주위에 변화가 생겼으므로 이는 비가역 과정이다.

4 내부 비가역과 외부 비가역

비가역 현상은 크게 두 종류로 나누어 생각하는 것이 편리하다. 계의 내부에서 발생하는 비가역 현상을 "내부 비가역"이라고 하며, 계의 주위에서 발생하는 비가역 현상을 "외부 비가역"이라고 한다.

예를 들어 [그림 7-10]과 같은 수증기의 가열 과정을 고려한다. 왼쪽은 수증기와 주위의 온도차가 무한히 작은 경우(dT)이며, 오른쪽은 온도차가 큰 경우(ΔT)이다.

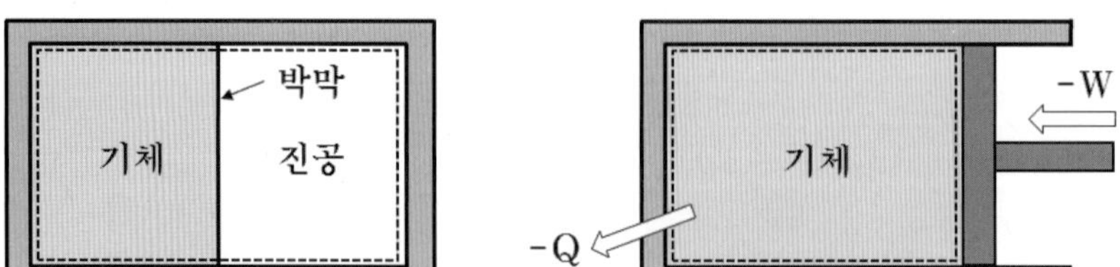

(a) 초기 상태 (b) 역과정

[그림 7-9] 비가역 과정(불구속 팽창)

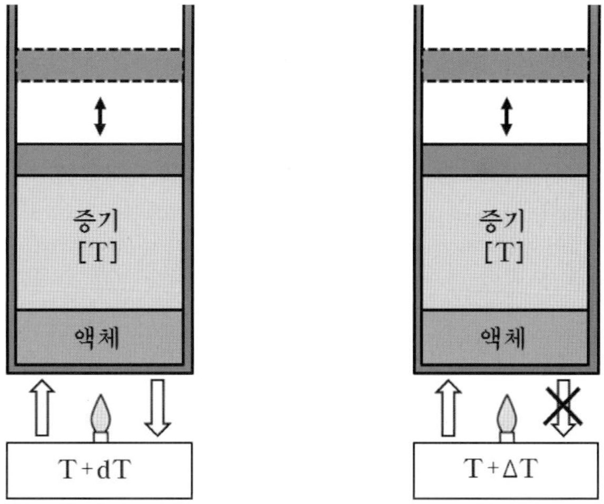

(a) 내부 및 외부 모두 가역 (b) 내부 가역 외부 비가역

[그림 7-10] 내부 가역 과정 및 외부 가역 과정

계만(내부만)을 고려할 때 두 과정은 공급된 열만큼 방출시키면 처음 상태로 돌아올 수 있기 때문에 내부 가역 과정이라고 가정할 수 있다. 주위의 입장(외부만)에서 보면 왼쪽은 무한히 작은 온도차에 의한 열전달이므로 가역 과정이라고 말할 수 있다. 그러나 오른쪽은 유한한 온도차에 의한 열전달이므로 반대 과정은 불가능하며, 따라서 비가역 과정이 된다. 정리하면 왼쪽은 내부 및 외부 모두 가역 과정이지만, 오른쪽은 내부는 가역 과정이며, 외부는 비가역 과정이다.

평형(또는 준평형), 속도 및 비가역성에 대한 일반적인 의미를 고찰할 필요가 있다. 이상적인 가역 과정은 평형에서 벗어나는 정도가 무한히 작으므로 매우 낮은 속도로 진행된다. 그러나 실제 과정은 유한한 속도로 진행되어 평형에서 벗어나는 정도가 유한하기 때문에 어느 정도 비가역 과정이다. 그러므로 평형에서 벗어나는 정도가 증가할수록 비가역성은 커지며 또한 과정의 속도가 빨라지게 된다.

7-4 | Carnot 사이클

1 사이클 구성

영국의 James Watts는 열기관을 실제로 제작하고 개선하는데 노력하였지만, Carnot(N. L. Sadi Carnot[1796-1832])는 열기관을 이론적으로 분석하여 1824년에 Carnot 사이클을 제안하였다.

열기관의 효율은 100%가 될 수 없으며, 사이클로 작동되는 열기관을 구성하기 위해서는 반드시 두 개의 열저장조가 필요하다는 사실을 앞에서 기술하였다. 이러한 사실로부터 Carnot 사이클이 나오게 되었으며, 이는 두 개의 열저장조 사이에서 작동하는 사이클 중에서 가장 효율이 좋은 사이클을 의미한다. Carnot 사이클은 [그림 7-11]과 같이 4개의 과정, 즉 "2개의 가역등온과정과 2개의 가역 단열과정"으로 구성된다.

- 가역등온팽창(과정 1→2) : 고온 열저장조(T_H)로부터 열량(Q_H)을 받아서 등온 팽창한다.
- 가역단열팽창(과정 2→3) : 단열상태에서 고온(T_H)으로부터 저온(T_L)으로 온도가 떨어지면서 외부에 일을 한다.
- 가역등온압축(과정 3→4) : 저온 열저장조(T_L)로 열량(Q_L)을 방출하면서 등온 압축한다.
- 가역단열압축(과정 4→1) : 단열상태에서 외부로부터 일을 받아 저온(T_L)으로부터 고온(T_H)으로 온도가 올라갈 때까지 압축한다.

Carnot 사이클을 $P-V$ 선도로 표현하면 [그림 7-12]와 같다. 선도에서 경로를 나타내는 곡선의 아래 면적은 이동 경계일(moving boundary work)을 의미한다. 곡선 1-2-3-d-a-1의 아래 면적은 사이클의 팽창 과정 동안에 가스가 외부로 행한 일이고, 곡선 1-4-3-d-a-1의 아래 면적은 외부에서 가스에 행한 일이다. 따라서 곡선의 내부 면적(면적 1-2-3-4-1)은 두 일의 차이이므로 사이클의 정미 일(W_{net})을 나타낸다.

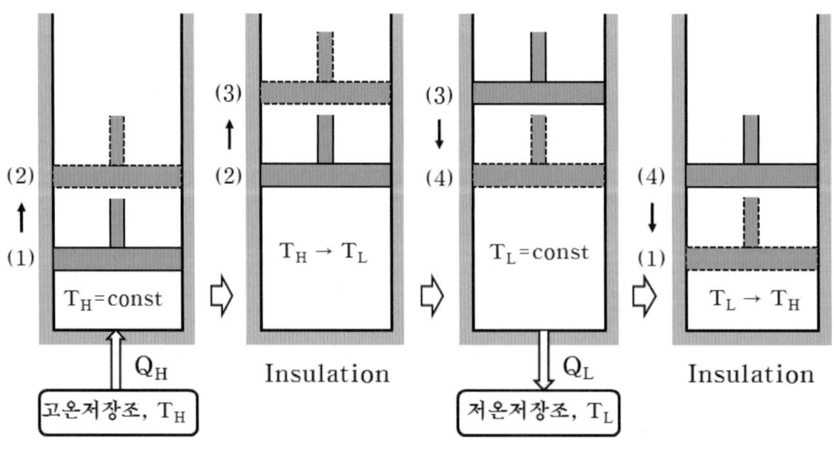

[그림 7-11] Carnot 사이클

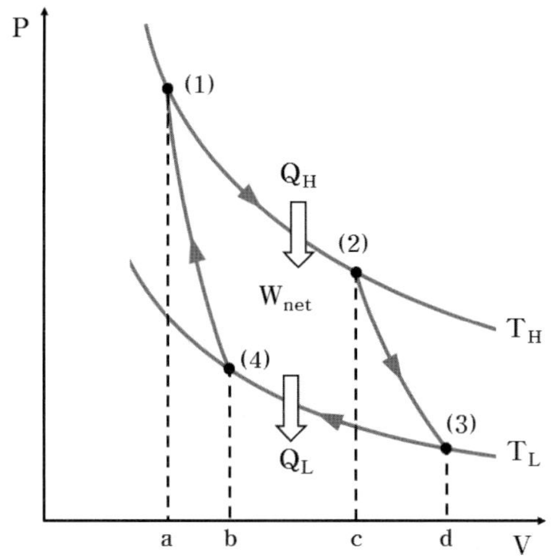

[그림 7-12] Carnot 사이클의 P-V 선도

2 사이클의 효율

Carnot 사이클에서 정미 일은 [그림 7-12]에 도시된 것처럼 내부 면적이며, 이는 고열량(Q_H)과 저열량(Q_L)의 차이이므로 사이클의 효율은 다음 식과 같이 표현된다.

$$\eta_{Carnot} = \frac{W}{Q_H} = \frac{Q_H - Q_L}{Q_H} = 1 - \frac{Q_L}{Q_H} \tag{7-5}$$

두 개의 열저장조(T_H 및 T_L) 사이에서 이상적인 가역 과정으로 작동하는 Carnot 사이클의 효율은 작동 유체의 종류나 열기관의 종류에 관계없이 모두 동일하므로, 열량비 Q_L/Q_H는 두 열저장조의 온도 T_L과 T_H 만의 함수가 된다.

3 열역학적 절대온도

물질의 종류에 따라 온도에 의한 열팽창률이 다르기 때문에 측정되는 온도 눈금이 약간씩 달라진다. 따라서 온도계에 사용되는 물질의 종류와 관계없이 항상 일정한 온도 눈금을 정의할 필요가 있다.

Carnot 사이클은 두 열저장조의 온도만 같으면 열효율이 같으므로 이 원리를 이용하면 온도계에 사용되는 물질의 종류와 상관없이 일정한 온도 눈금을 얻을 수 있다. 이렇게 정해진 온도를 열역학적 절대온도 눈금(thermodynamic absolute temperature scale)이라고 한다.

절대온도 눈금의 개념은 3개의 열저장조와 Carnot 사이클로 작동하는 3개의 열기관을 이용하여 유도할 수 있다. 본론에서는 유도과정을 생략하고 결과만을 취급한다. Carnot 사이클의 효율은 온도만의 함수이므로 이러한 사실에 바탕하여 몇 개의 수학적 단계를 거치면 다음과 같은 결과를 얻을 수 있다.

$$\frac{Q_H}{Q_L} = \frac{f(T_H)}{f(T_L)}$$

이 식을 만족하는 함수에는 여러 가지가 있으며, 함수의 선택은 임의적이다. Kelvin은 함수 $f(T) = T$를 제안하여 열역학적 온도 눈금을 다음과 같이 정의하였다.

$$\frac{Q_H}{Q_L} = \frac{T_H}{T_L} \tag{7-6}$$

이 온도 눈금을 Kelvin 눈금이라 부르며, 이 눈금에 의한 온도를 절대온도라고 한다. 이렇게 정의된 절대온도를 사용하면 Carnot 사이클의 효율을 다음과 같이 절대온도로 표현할 수 있다.

$$\eta_{Carnot} = 1 - \frac{Q_L}{Q_H} = 1 - \frac{T_L}{T_H} \tag{7-7}$$

이 식은 주어진 두 개의 열저장조 사이에서 작동하는 Carnot 사이클의 열효율을 알면 절대온도의 비를 알 수 있다는 것을 의미한다.

식 (7-6)으로부터 절대온도의 비는 구할 수 있으나 도(degree)의 크기는 알 수 없다. 물의 삼중점(273.16K)과 임의의 온도(T)를 갖는 두 개의 열저장조 사이에서 작동하는 열기관을 고려하면 식 (7-6)은 다음과 같이 정리된다.

$$T = T_{tp}\left(\frac{Q_T}{Q_{tp}}\right) = 273.16\left(\frac{Q_T}{Q_{tp}}\right) \tag{7-8}$$

위의 식으로부터 Q_T는 음수가 아니므로 T의 최소값인 0은 상상할 수 있는 가장 낮은 온도이며, 이 온도를 절대온도 0도라 하고, Kelvin 눈금을 절대온도 눈금이라고 한다.

Kelvin 눈금과 섭씨 눈금의 온도단위의 크기는 같으며($1K \equiv 1℃$), 두 눈금의 온도는 273.15의 차이, 즉 $T(℃) = T(K) - 273.15$의 관계가 된다.

7-5 | 밀폐계에 대한 열역학 제2법칙

1 엔트로피

열역학 제2법칙 식을 정량화하는 과정에서 엔트로피(entropy)라는 상태량을 유도할 수 있다. 에너지와 엔트로피는 모두 추상적인 개념이며, 이를 바탕으로 열역학은 에너지와 엔트로피의 과학이라고 말할 수 있다. 열역학 제2법칙 식을 유도하는 첫 번째 단계는 다음 식과 같은 Clausius 부등식을 고려하는 것이다. 이 부등식은 열역학의 기초 확립에 이바지한 독일의 물리학자 R. J. E. Clausius(1822~1888)에 의하여 처음으로 제시되었다.

$$\oint \frac{\delta Q}{T} \leq 0 \tag{7-9}$$

여기서 등호(=)는 가역 과정을, 부등호(<)는 비가역 과정을 나타낸다. 식의 의미는 가역 과정인 경우 피적분인자 $\delta Q/T$ 에 대한 사이클 적분은 영이 된다는 사실이다. 우리는 앞장에서 상태량이 아닌 열과 일의 사이클 적분은 다음 식과 같이 영이 아니라는 사실을 알고 있다.

$$\oint \delta Q \neq 0 \quad \text{그리고} \quad \oint \delta W \neq 0$$

그러나 상태량에 대한 사이클 적분은 영이 된다. 예를 들어 [그림 7-13]과 같은 실린더-피스톤 장치에서 피스톤이 한 사이클을 수행한 후 초기 상태로 돌아오면 체적도 초기값으로 돌아오므로 한 사이클 동안의 정미체적 변화는 영이다.

$$\oint dV = \Delta V_{cycle} = 0$$

따라서 $\delta Q/T$ 에 대한 사이클 적분은 영이 된다는 사실로부터 "$\delta Q/T$"가 상태량이어야 한다고 결론지을 수 있다. Clausius는 이와 같은 특성을 파악하고 이 성질을 "엔트로피(entropy)"라고 명명하였다. 엔트로피는 다음 식과 같이 정의된다.

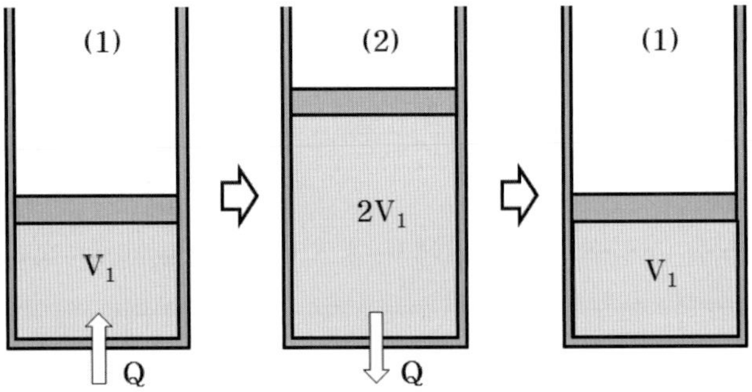

[그림 7-13] 한 사이클 동안의 정미 체적 변화

$$dS = \left(\frac{\delta Q}{T}\right)_{rev} \tag{7-10a}$$

또는

$$\Delta S = S_2 - S_1 = \int_1^2 \left(\frac{\delta Q}{T}\right)_{rev} \tag{7-10b}$$

이 식의 의미를 생각하기 위하여 [그림 7-14]와 같이 액체-증기 혼합물의 가열 과정(밀폐계)을 고려한다. 가열되는 동안 온도는 일정하고 내부가역 과정이므로 엔트로피 변화량은 다음과 같이 단순화된다. 즉, 이 경우에 계 내의 엔트로피 변화량은 계에 전달된 열량을 일정 온도로 나눈 것이다.

$$\Delta S = \int_1^2 \left(\frac{\delta Q}{T}\right)_{rev} = \frac{1}{T}\int_1^2 (\delta Q)_{rev} = \frac{Q_{12}}{T}$$

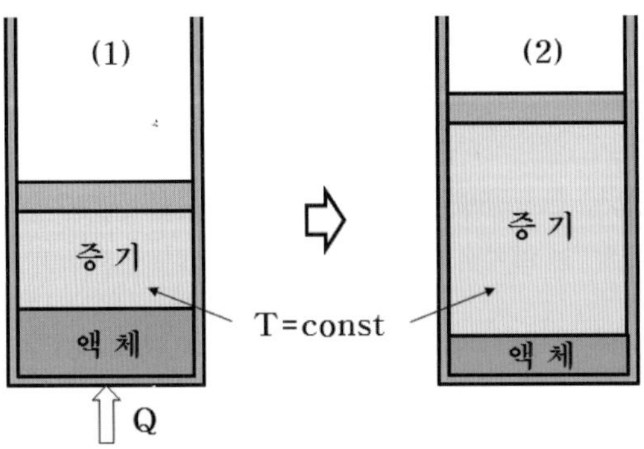

[그림 7-14] 등온과정에서 엔트로피 변화

2 열역학 제2법칙의 공식화

밀폐계에 대한 열역학 제2법칙을 공식화하기 위하여 다음 [그림 7-15]와 같이 두 개의 과정으로 구성된 사이클을 고려한다. 과정 1→2는 임의의 과정(가역 또는 비가역)이며, 과정 2→1은 내부 가역 과정이다. Clausius 부등식을 사이클에 적용하면 식은 다음과 같이 정리된다.

$$\int_1^2 \frac{\delta Q}{T} + \int_2^1 \left(\frac{\delta Q}{T}\right)_{int,rev} = \int_1^2 \frac{\delta Q}{T} + (S_1 - S_2) \leq 0$$

따라서

$$S_2 - S_1 \geq \int_1^2 \frac{\delta Q}{T} \quad \text{또는} \quad dS \geq \frac{\delta Q}{T} \tag{7-11}$$

위의 식에서 부등호는 비가역 과정이므로 밀폐계 내의 엔트로피 변화(dS)는 항상 열전달에 의한 엔트로피 전달($\delta Q/T$)보다 크다는 것을 암시하는 것이다. 즉, 비가역성으로 인하여 새로운 엔트로피가 생성 또는 창조되었다는 사실이다. 과정 중에 생성된 엔트로피를 엔트로피 생성(entropy generation)이라고 부르며 S_g로 나타낸다. 엔트로피 생성을 고려하여 식 (7-11)을 다시 표현하면 다음과 같다.

$$\Delta S_{sys} = S_2 - S_1 = m(s_2 - s_1) = \int_1^2 \frac{\delta Q}{T} + S_{12,g} \tag{7-12a}$$

또는

$$dS = \frac{\delta Q}{T} + \delta S_g \tag{7-12b}$$

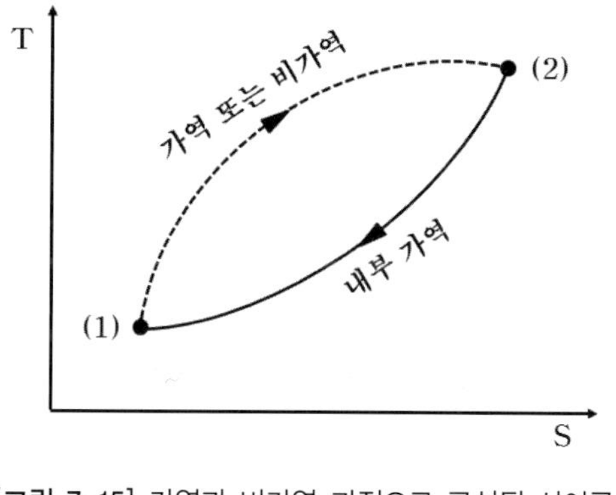

[그림 7-15] 가역과 비가역 과정으로 구성된 사이클

식 (7-12)를 "밀폐계에 대한 열역학 제2법칙"이라고 한다. 여기서 소문자 "s"는 단위질량당의 엔트로피이다. 엔트로피 생성(S_g)은 항상 영보다 같거나 큰 양의 값이며, 과정에 의존하므로 상태량이 아니다.

한편 열전달에 의한 엔트로피 전달이 없는 경우($\delta Q = 0$), 밀폐계의 엔트로피 변화는 비가역성에 의한 엔트로피 생성과 같다. 즉, 열전달이 없는 경우에도 비가역성만 존재하면 계 내의 엔트로피는 언제나 증가한다. 이것을 "엔트로피 증가의 원리"라고 한다.

3 순수물질의 엔트로피 변화

엔트로피는 과정과 무관한 상태량이므로 앞에서 기술한 내부에너지 및 엔탈피와 동일한 방법으로 값을 결정할 수 있다. 압력, 온도, 체적과 달리 엔트로피는 측정이 불가능하므로 측정이 가능한 상태량과 함수관계를 적용하면 값을 계산할 수 있으며 그 결과를 부록의 표로 정리하였다.

포화상태에 대한 엔트로피는 식 (7-13)으로 구한다. 그리고 압축액체의 자료가 없는 경우 "압축액체의 엔트로피는 주어진 온도와 같은 온도에서 포화액체의 엔트로피" 값으로 대신할 수 있으며 식 (7-14)로 표현된다.

$$s = (1-x)s_f + xs_g = s_f + xs_{fg} \tag{7-13}$$

$$s_{compressed,\,T} \cong s_{f,\,T} \tag{7-14}$$

열역학적 시스템을 해석할 때 선도를 이용하면 매우 쉽게 결과를 얻을 수 있다. 지금까지 우리는 주로 $T-v$ 선도 또는 $P-v$ 선도를 사용하였다. 새로운 상태량인 엔트로피를 배웠으므로 앞으로 $T-s$ 선도를 이용하면 열역학적 해석이 보다 용이해질 수 있다.

하나의 예로 [그림 7-16]과 같이 실린더-피스톤 장치 내에서 물이 가열(일정 압력)되는 상황을 살펴보자. 피스톤에 가해지는 압력은 200kPa(대기압의 약 2배)로 일정하며, 초기에 물의 온도는 20℃이다. 물이 과열증기(150℃)가 될 때까지 열을 계속 공급하면 물은 포화상태를 지나 과열 상태에 이르게 된다. 물이 상변화하는 과정을 $T-s$ 선도에 표시하면 [그림 7-16]과 같다. 선도를 통하여 물이 가열되는 동안 엔트로피가 어떻게 변하는지를 확인할 수 있고 필요한 정보를 얻을 수 있다.

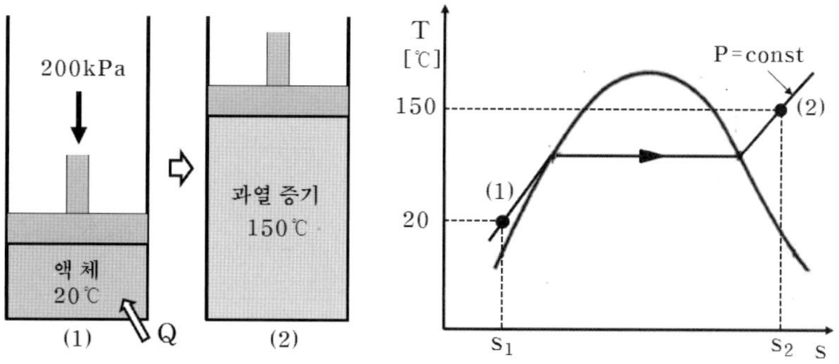

[그림 7-16] 정압과정에서 수증기의 엔탈피 변화

4 *Tds* 상태량 관계식

정지해 있고($dKE=0$), 중력의 영향을 받지 않으며($dPE=0$), 단순 압축성 물질이 들어 있는 밀폐계(이동경계일만 고려)인 경우 내부적으로 가역 과정이 가능하다. 에너지 보존식을 미분형으로 나타내면 다음과 같다.

$$(\delta Q-\delta W)_{int,rev}=dU$$

여기서 $\delta Q_{int,rev}=TdS$ 그리고 $\delta W_{int,rev}=PdV$ 이므로 보존식에 대입하고 정리하면 다음과 같은 Tds 관계식을 얻을 수 있다.

$$TdS=dU+PdV \quad \text{또는} \quad Tds=du+Pdv$$

한편 엔탈피 관계식 $h=u+Pv$를 이용하여 다른 형태의 Tds 관계식을 다음과 같이 유도할 수 있다.

$$dh=du+Pdv+vdP \quad \rightarrow \quad Tds=du+Pdv=dh-vdP$$

즉,

$$Tds=du+Pdv \tag{7-15a}$$

$$Tds=dh-vdP \tag{7-15b}$$

식 (7-15)는 계의 엔트로피 변화와 다른 상태량과의 관계를 표현한 것이기 때문에 매우 유용한 식이며 상태량만으로 구성되었으므로 과정의 종류와는 무관하다. 그리고 위의 Tds 관계식이 밀폐계의 내부 가역 과정에 대하여 전개되었지만 모든 항이 상태량이기 때문에 가역과정과 비가역과정, 밀폐계와 개방계 모두에 대하여 유효하다[그림 7-17].

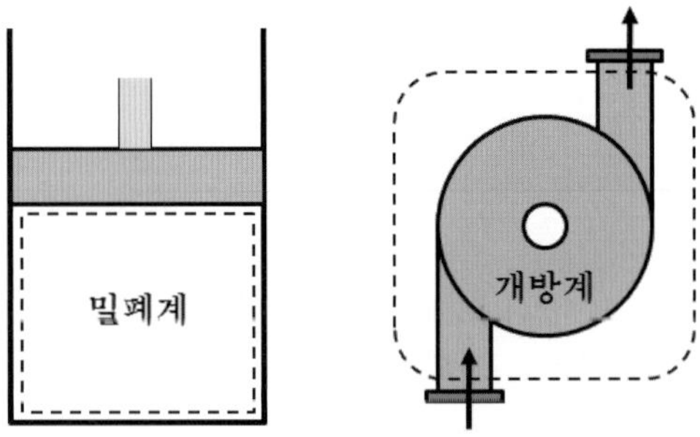

Tds=du+Pdv & Tds=dh−vdP

[그림 7-17] Tds 관계식은 가역, 비가역, 밀폐계, 개방계 모두에 유효함

5 고체 및 액체의 엔트로피 변화

물질의 상태가 고체 또는 액체인 경우 체적 변화가 거의 없으므로 비압축성 물질($dv \approx 0$)로 취급할 수 있으며, $C_v = C_p = C$ 이고, $du = CdT$ 이다. Tds 관계식 [$Tds = du + Pdv$]를 이용하고 식을 정리하면 다음과 같은 결과를 얻을 수 있다.

$$ds = \frac{du}{T} + \frac{Pdv}{T} = \frac{CdT}{T}$$

따라서

$$s_2 - s_1 = \int_1^2 C\frac{dT}{T} \cong C_{avg} \ln\frac{T_2}{T_1} \tag{7-16}$$

여기서 C_{avg}는 주어진 온도 범위에서 물체의 평균 비열이다. 고체 및 액체의 엔트로피 변화는 압력에 관계없이 온도만의 함수로 결정된다.

6 이상기체의 엔트로피 변화

Tds 관계식 [$Tds = du + Pdv$] 및 [$Tds = dh - vdP$], 그리고 이상기체 비열 관계식 [$du = C_v dT$], [$dh = C_p dT$] 및 이상기체 방정식 [$Pv = RT$]를 이용하면 이상기체에 대한 다음과 같은 두 개의 엔트로피 변화식을 얻을 수 있다.

$$ds = \frac{du}{T} + \frac{Pdv}{T} = C_v\frac{dT}{T} + R\frac{dv}{v}$$

그리고

$$ds = \frac{dh}{T} - \frac{vdP}{T} = C_p \frac{dT}{T} - R\frac{dP}{P}$$

따라서

$$s_2 - s_1 = \int_1^2 C_v \frac{dT}{T} + R\ln\frac{v_2}{v_1} \quad (7\text{-}17a)$$

$$s_2 - s_1 = \int_1^2 C_p \frac{dT}{T} - R\ln\frac{P_2}{P_1} \quad (7\text{-}17b)$$

이상기체의 내부에너지나 엔탈피는 온도만의 함수이지만, 엔트로피 변화는 온도뿐만 아니라 체적 또는 압력에 따라서도 변한다는 점에 주의해야 한다.

위의 식에서 적분을 행하는 합리적인 방법은 두 가지이다. 첫 번째 방법은 일정 비열로 가정하여 적분을 수행하는 것이고, 두 번째 방법은 적분 계산을 미리 한 후 그 결과를 표로 만들어 두는 것이다. 두 방법의 내용을 소개하면 다음과 같다.

1 비열 일정

비열이 일정한 경우 식 (7-17)을 적분하면 쉽게 다음과 같은 결과를 얻을 수 있다.

$$s_2 - s_1 = C_v \ln\frac{T_2}{T_1} + R\ln\frac{v_2}{v_1} \quad (7\text{-}18a)$$

$$s_2 - s_1 = C_p \ln\frac{T_2}{T_1} - R\ln\frac{P_2}{P_1} \quad (7\text{-}18b)$$

2 비열 변화

비열이 변하는 경우 과정을 해석할 때마다 적분을 수행하는 대신에 적분을 한 번만 하고 그 결과를 표로 작성하면 편리할 것이다. 이를 위하여 기준 온도로 절대 영도($0K$)를 선택하고 다음과 같이 정의되는 표준 엔트로피(s_T^0)의 개념을 도입한다.

$$s_T^0 = \int_{T_0}^{T} C_p(T)\frac{dT}{T}$$

따라서 s_T^0는 온도만의 함수이며, 절대온도 영도에서 값은 영이다. 넓은 온도 범위에 대하여 s_T^0를 계산하고 그 결과를 표로 만들어 부록 |표 A-5(공기)|에 수록하였다. 이 개념을

식 (7-17)에 대입하고 정리하면 결과는 다음과 같다.

$$s_2 - s_1 = s^0_{T2} - s^0_{T1} - R\ln\frac{P_2}{P_1} \tag{7-19}$$

내부에너지와 엔탈피는 온도만의 함수이므로 적분 결과를 표로 만들 수 있지만 엔트로피는 체적과 압력에 따라 변하기 때문에 표로 작성할 수 없다.

다음 표는 이상기체인 공기의 표준 엔트로피에 대한 적분 계산의 결과를 보여주는 표 A-5의 일부이다. 예를 들어, 온도 300K까지 공기의 표준 엔트로피의 적분 결과는 다음과 같다.

$$s^0_{300K} = s_{0\to 300K} = \int_0^{300K}\frac{C_p}{T}dT = 6.86926\,kJ/kgK$$

T (K)	u (kJ/kg)	h (kJ/kg)	s^0_T (kJ/kg-K)
200	142.77	200.17	6.46260
220	157.07	220.22	6.55812
240	171.38	240.27	6.64535
260	185.70	260.32	6.72562
280	200.02	280.39	6.79998
290	207.19	290.43	6.83521
298.15	213.04	298.62	6.86305
300	214.36	300.47	6.86926

7 이상기체의 가역 폴리트로픽 과정

압력과 체적 사이에 [PV^n = 일정] 관계가 성립하는 과정을 폴리트로픽 과정(polytropic process)이라고 한다. 이상기체의 가역 폴리트로픽 과정인 경우 $P-V-T$의 관계를 맺어주는 식을 다음과 같이 유도할 수 있다.

$$PV^n = \text{일정} = P_1V_1^n = P_2V_2^n$$

따라서

$$\frac{P_2}{P_1} = \left(\frac{V_1}{V_2}\right)^n \rightarrow \frac{(mRT/V)_2}{(mRT/V)_1} = \left(\frac{V_1}{V_2}\right)^n \rightarrow \frac{T_2}{T_1} = \left(\frac{V_1}{V_2}\right)^{n-1}$$

그리고

$$\frac{P_2}{P_1}=\left(\frac{V_1}{V_2}\right)^n \rightarrow \frac{P_2}{P_1}=\frac{(mRT/P)_1^n}{(mRT/P)_2^n}=\left(\frac{T_1}{T_2}\right)^n\left(\frac{P_2}{P_1}\right)^n \rightarrow \frac{T_2}{T_1}=\left(\frac{P_2}{P_1}\right)^{(n-1)/n}$$

즉,

$$\frac{T_2}{T_1}=\left(\frac{P_2}{P_1}\right)^{(n-1)/n}=\left(\frac{V_1}{V_2}\right)^{n-1} \tag{7-20}$$

여기서 지수가 $[n=0]$인 경우 정압 과정($P=$일정)이 되고, $[n=1]$인 경우 등온 과정($T=$일정)이 되며, $[n=\infty]$인 경우 정적 과정($V=$일정)이 된다.

이상기체로 이루어진 밀폐계에 대하여 가역 폴리트로픽 과정 동안 발생하는 일은 제5장에서 언급한 식 (5-6)~(5-8)을 사용하면 된다.

8 이상기체의 등엔트로피 과정

이상기체의 등엔트로피 변화는 엔트로피 변화 관계식(7-18 또는 7-19)을 영으로 놓음으로써 구해질 수 있다. 비열이 일정한 경우와 변하는 경우가 있으므로 구분하여 기술한다.

1 비열이 일정한 경우

비열이 일정한 경우 식 (7-18a)에서 좌변을 영으로 놓으면 관계식을 다음과 같이 얻을 수 있다.

$$\ln\frac{T_2}{T_1}=-\frac{R}{C_v}\ln\frac{v_2}{v_1}=\ln\left(\frac{v_1}{v_2}\right)^{R/C_v}$$

여기서 $R=C_p-C_v$, $k=C_p/C_v$이고 $R/C_v=k-1$이므로 첫 번째 관계식은

$$\frac{T_2}{T_1}=\left(\frac{v_1}{v_2}\right)^{k-1}$$

이다. 식 (7-18b)에서 좌변을 영으로 놓고 동일한 방법으로 정리하면 다음과 같이 두 번째 관계식이 얻어진다.

$$\ln\frac{T_2}{T_1}=\frac{R}{C_p}\ln\frac{P_2}{P_1}=\ln\left(\frac{P_2}{P_1}\right)^{R/C_p}=\ln\left(\frac{P_2}{P_1}\right)^{(k-1)/k}$$

따라서

$$\frac{T_2}{T_1} = \left(\frac{P_2}{P_1}\right)^{(k-1)/k}$$

세 번째 관계식은 첫 번째 관계식과 두 번째 관계식을 같게 놓으면 얻을 수 있다. 세 개의 관계식을 정리하면 식 (7-21)과 같다.

$$\frac{T_2}{T_1} = \left(\frac{P_2}{P_1}\right)^{(k-1)/k} = \left(\frac{v_1}{v_2}\right)^{k-1} \tag{7-21}$$

식 (7-20)과 식 (7-21)을 비교하면 식의 형태가 동일함을 알 수 있는데 지수가 $n = k$일 경우 등엔트로피 과정이 된다. 그러나 이 식은 비열이 일정한 경우에만 사용해야 한다.

2 비열이 변화하는 경우

비열이 일정하다는 가정은 온도의 범위가 크면 부정확한 결과가 나올 수 있으므로 이러한 경우에는 비열 변화를 고려해야 한다. 식 (7-19)의 좌변을 영으로 놓으면 다음의 결과를 얻을 수 있다.

$$s^0_{T2} - s^0_{T1} = R\ln\frac{P_2}{P_1} \tag{7-22}$$

주어진 온도에 대한 표준 엔트로피 s^0_T의 값을 부록의 표에서 찾으면 이 식을 사용하여 상태 2에 대한 압력을 계산할 수 있다.

9 열역학 제2법칙의 응용

여기에서는 밀폐계에 대한 열역학 제2법칙을 적용하여 해석할 수 있는 열역학적 시스템의 응용 분야를 살펴본다. 주어진 조건에 따라 열역학 제1법칙이 필요한 경우도 있을 수 있다.

1 견고한 용기 내의 수증기 냉각

[그림 7-18]과 같이 견고한 용기 내에 질량 m, 압력 P_1, 온도 T_1인 과열증기가 들어있다. 포화증기와 포화액체의 체적이 같아질 때까지 외부로 열을 방출하였다. 이 과정동안 수증기의 엔트로피 변화량을 구하고자 한다.

변화량은 단순히 $\Delta s = s_2 - s_1$이므로 최초와 최종 상태의 엔트로피를 구하면 된다.

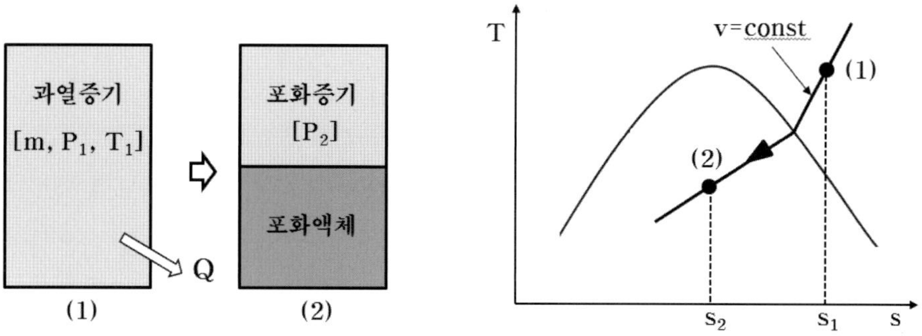

[그림 7-18] 용기 내의 수증기 냉각

$$s_1 = s(P_1,\ T_1) \quad \text{그리고} \quad s_2 = s_{f,2} + x_2(s_g - s_f)_2$$

여기서

$$x_2 = \frac{m_g}{m} = \frac{V_g/v_g}{m} = \frac{(mv_1)/2}{mv_g} = \frac{v(P_1,\ T_1)}{2v_{g,P_2}}$$

수증기표로부터 상태량 값을 찾아서 대입하면 수증기의 엔트로피 변화량을 구할 수 있다.

2 실린더 장치 내에서 냉매의 등온 가열

[그림 7-19]와 같이 장치 내에 온도 T_1, 체적 V_1인 냉매가 포화액체 상태로 있다. 피스톤은 등온을 유지하면서 최종 압력이 P_2가 될 때가지 가역 과정으로 팽창한다. 이 과정에 필요한 일과 열전달량을 구하는 것이 목적이다.

일을 구해야 하므로 열역학 제1법칙도 필요하다. 가역 과정이므로 식을 정리하면 다음과 같다.

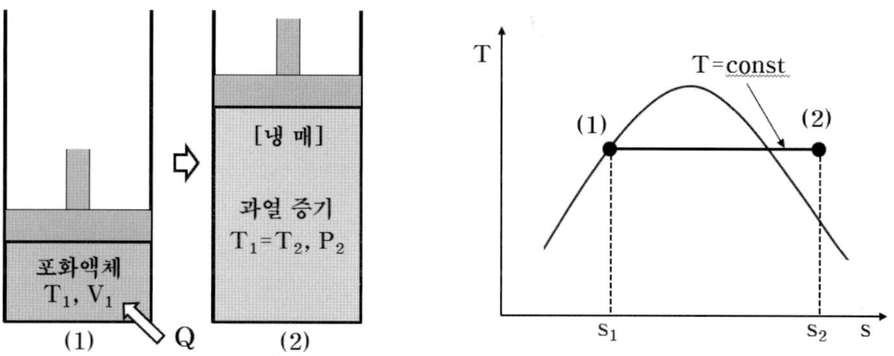

[그림 7-19] 실린더 장치 내에서 냉매의 등온 가열

$$Q_{12} = m(u_2 - u_1) + W_{12}$$
$$m(s_2 - s_1) = \int_1^2 \frac{\delta Q}{T} = \frac{Q_{12}}{T} \quad [\because \text{T=일정}]$$

주어진 조건에서 압력은 계속 변하므로 일(W_{12})을 구할 수 없다. 그러므로 일을 구하기 위해 제2법칙이 필요하다. 제2법칙으로부터 열(Q_{12})을 구한 후 제1법칙을 이용하여 일을 구하면 된다. 풀이 순서를 기술하면 다음과 같다.

$$m = \frac{V_1}{v_1} = \frac{V_1}{v_{f,\,T_1}}$$
$$u_1 = u_{f,\,T_1},\ \ s_1 = s_{f,\,T_1}$$

그리고

$$u_2 = u(P_2,\ T_2 = T_1),\ \ s_2 = s(P_2,\ T_2 = T_1)$$
$$Q_{12} = mT[K](s_2 - s_1)$$
$$W_{12} = m(u_1 - u_2) + Q_{12}$$

3 가역 폴리트로픽 과정을 겪는 공기의 압축

실린더 안의 공기를 P_1, T_1 상태에서 P_2까지 압축한다. 압축은 $PV^n = C$인 폴리트로픽 과정으로 진행된다. 단위 질량당 일과 열 및 엔트로피 변화를 구하고자 한다. 이 경우에 일과 열의 양을 선도로 표현하면 [그림 7-20]과 같다.

이동 경계일이고 폴리트로픽 과정이며 이상기체이므로 식 (5-7)을 사용할 수 있다. 그리고 열량은 제1법칙을 사용한다. 식을 정리하면 다음과 같다.

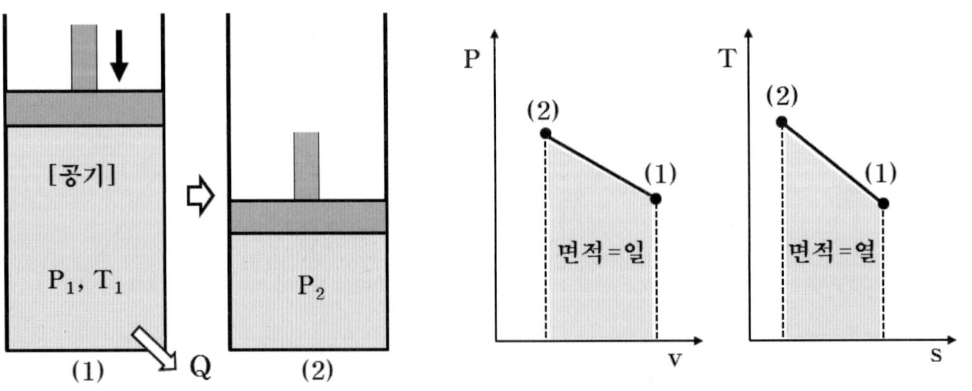

[그림 7-20] 가역 폴리트로픽 과정을 겪는 공기의 압축

$$W_{12}=\frac{mR(T_2-T_1)}{1-n} \quad \text{또는} \quad w_{12}=\frac{R(T_2-T_1)}{1-n}$$

$$Q_{12}=m(u_2-u_1)+W_{12} \quad \text{또는} \quad q_{12}=(u_2-u_1)+w_{12}$$

$$s_2-s_1=C_p\ln\frac{T_2}{T_1}-R\ln\frac{P_2}{P_1} \quad \text{또는} \quad s_2-s_1=s^0_{T2}-s^0_{T1}-R\ln\frac{P_2}{P_1}$$

여기서 미지수는 T_2이며, 이상기체의 폴리트로픽 과정이므로 식 (7-20)을 사용할 수 있다.

$$\frac{T_2}{T_1}=\left(\frac{P_2}{P_1}\right)^{(n-1)/n} \quad \rightarrow \quad T_2=T_1\left(\frac{P_2}{P_1}\right)^{(n-1)/n}$$

그리고

$$u_2-u_1=C_v(T_2-T_1) \quad \text{또는} \quad u_2-u_1=u_{T2}-u_{T1} \ \text{[부록 표 사용]}$$

즉, 순서($T_2 \rightarrow \Delta u \rightarrow w_{12} \rightarrow q_{12} \rightarrow \Delta s$)에 따라 일과 열 및 엔트로피 변화를 구하면 된다.

7-6 | 엔트로피 평형

우리는 열역학 제2법칙으로부터 "엔트로피는 생성될 수 있으나 파괴될 수 없다"라는 사실을 인지하였다. 즉, 엔트로피 생성량은 항상 영보다 크다는 사실이다. 따라서 어떤 계에 대한 엔트로피 증가의 원리는 다음과 같이 기술할 수 있다.

[들어온 엔트로피] − [나간 엔트로피] + [총 엔트로피 생성] = [계의 총 엔트로피 변화]

또는

$$S_{in}-S_{out}+S_g=\Delta S_{system} \tag{7-23}$$

이 관계식을 "엔트로피 평형"이라고 하며 모든 종류의 과정이나 어떤 종류의 계에도 적용이 가능하다. 앞에서 언급한 에너지 평형과 엔트로피 평형을 비교하면 [그림 7-21]과 같다. 차이는 엔트로피 평형인 경우 엔트로피 생성이 추가되었다는 점이다. 식 (7-23)의 각 항에 대하여 기술하면 다음과 같다.

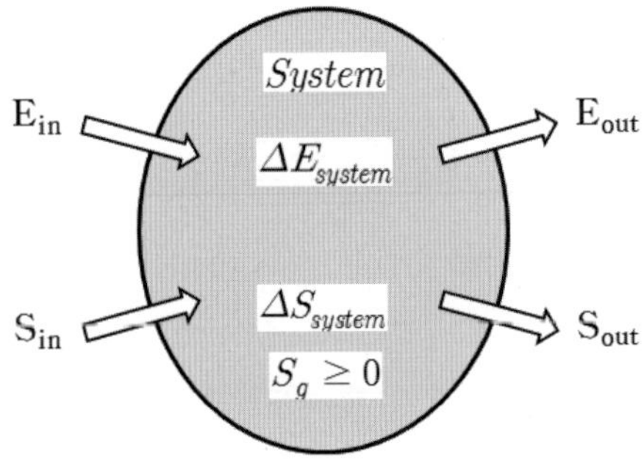

$$\Delta E_{system} = E_{in} - E_{out} \ \ \& \ \ \Delta S_{system} = S_{in} - S_{out} + S_g$$

[그림 7-21] 계에 대한 에너지 평형과 엔트로피 평형

1 계의 엔트로피 변화(ΔS_{system})

계의 엔트로피 변화는 단순히 과정 초기의 엔트로피와 과정 끝의 엔트로피 차이를 의미하므로 다음과 같이 표현된다.

$$\Delta S_{system} = S_{final} - S_{initial} = S_2 - S_1 \tag{7-24}$$

엔트로피는 상태량이므로 과정이 진행되는 동안 계 내에 변화가 없으면 영이다. 따라서 정상유동 장치(터빈, 펌프, 열교환기 등)의 경우 계 내에서 엔트로피 변화는 없다.

2 엔트로피 전달($S_{in,}$ S_{out})

엔트로피는 “열전달”과 “질량유동”에 의해서만 전달된다. 계의 경계를 통한 열전달이 있으면, 항상 Q/T의 형태로 엔트로피가 수반된다. 한편 에너지는 일에 의해서도 전달되지만, 엔트로피는 일과 무관하므로 일에 의하여 전달되지 않는다. 즉, $S_{work} = 0$이다. 이상의 결과를 정리하면 식 (7-25)와 같으며, 그림으로 나타내면 [그림 7-22]와 같다.

$$S_{heat} = \frac{Q}{T}\,[T = C] \quad \text{또는} \quad S_{heat} = \int_1^2 \frac{\delta Q}{T} \cong \Sigma \frac{Q_k}{T_k}\,[T \neq C] \tag{7-25a}$$

그리고

$$S_{mass} = ms \tag{7-25b}$$

$$S_{work} = 0 \tag{7-25c}$$

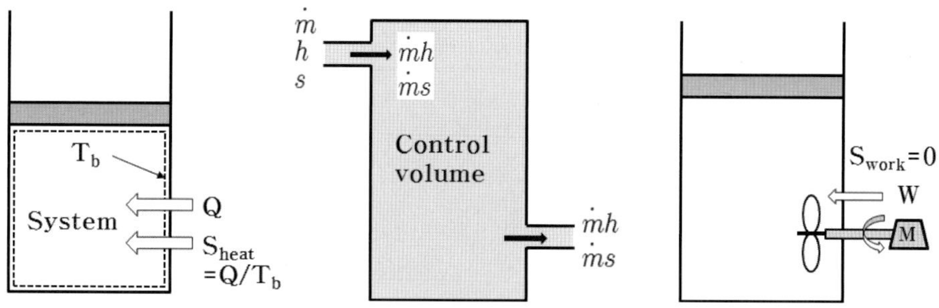

(a) 열전달 (b) 질량유동 (c) 전달 없음

[그림 7-22] 엔트로피 전달 가능성

3 엔트로피 생성(S_g)

마찰, 유한한 온도차에 의한 열전달, 자유 팽창, 화학반응 등과 같은 비가역 과정은 계의 엔트로피를 증가시키며 엔트로피의 생성에 영향을 미친다.

식 (7-23)의 S_g는 계 내부에서의 엔트로피 생성을 의미하며 경계 밖인 주위에서 발생하는 엔트로피 생성은 포함되지 않는다. 그러므로 $S_g = 0$인 과정은 내부 가역 과정을 의미하며 외부의 가역과정과는 관계가 없다. 계만을 중심(주위 배제)으로 엔트로피의 전달 메카니즘을 나타내면 [그림 7-23]과 같다.

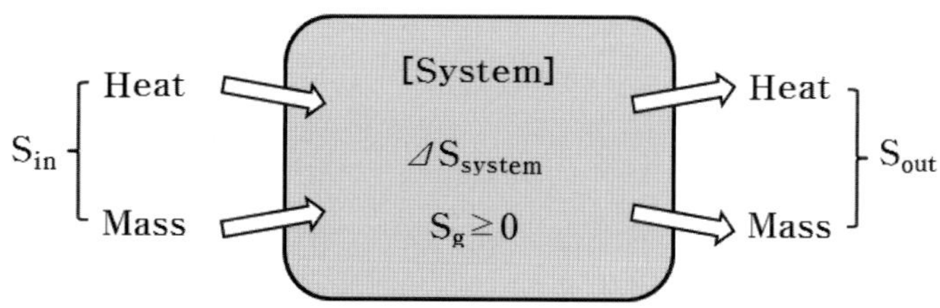

[그림 7-23] 엔트로피 전달 메카니즘

7-7 | 개방계(정상유동)에 대한 열역학 제2법칙

1 변화율로 표시한 제2법칙

밀폐계에 대한 열역학 제2법칙의 미분형태는 식 (7-12)이다. 시간 변화율로 표현하기 위하여 시간 δt로 나누면 다음과 같다.

$$dS = \frac{\delta Q}{T} + \delta S_g \tag{7-12b}$$

$$\frac{dS}{\delta t} = \frac{1}{T}\frac{\delta Q}{\delta t} + \frac{\delta S_g}{\delta t}$$

따라서

$$\left(\frac{dS}{dt}\right)_{cm} = \Sigma\frac{\dot{Q}}{T} + \dot{S}_g \tag{7-26}$$

여기서 상첨자 "•"는 시간변화율을 나타내는 기호이다. 개방계인 경우, 유·출입하는 질량유량이 있으므로 이를 식에 포함시키면 제2법칙 식을 얻을 수 있다. 글로 표현하면 다음과 같다.

변화량 = +유입량 - 유출량 +생성량

즉,

$$\frac{dS_{cv}}{dt} = \Sigma\frac{\dot{Q}_{cv}}{T} + \Sigma\dot{m}_i s_i - \Sigma\dot{m}_e s_e + \dot{S}_g \tag{7-27a}$$

또는

$$\frac{dS_{cv}}{dt} \geq \Sigma\dot{m}_i s_i - \Sigma\dot{m}_e s_e + \Sigma\frac{\dot{Q}_{cv}}{T} \tag{7-27b}$$

여기서 등호는 내부 가역 과정에, 부등호는 내부 비가역 과정에 대해 성립한다. 식 (7-27)을 개방계에 대한 열역학 제2법칙의 일반식이라고 한다.

2 정상 상태 관계식

정상 상태인 경우 검사체적 어느 곳에서나 엔트로피가 시간에 따라 변하지 않으므로 $dS_{cv}/dt = 0$이다. 따라서 식 (7-27)은 다음과 같이 쓸 수 있다.

$$\Sigma \dot{m}_e s_e - \Sigma \dot{m}_i s_i = \Sigma \frac{\dot{Q}_{cv}}{T} + \dot{S}_g \tag{7-28}$$

식 (7-28)을 개방계에서 "정상 상태에 대한 열역학 제2법칙"이라고 한다.

1 가역 정상 유동일

밀폐계에서 가역(또는 준평형) 이동 경계일은 다음과 같이 표현되는 것을 배운 바 있다.

$$W_b = \int_1^2 P dV$$

비슷한 개념으로 개방계에 대한 가역 정상유동 과정의 일을 유도할 수 있다. 가역 정상 유동의 열역학 제1법칙 및 제2법칙을 미분형으로 나타내면 다음과 같다.

$$\delta q_{rev} = dh + d(ke) + d(pe) + \delta w_{rev}$$

그리고

$$\delta q_{rev} = Tds$$

여기서 관계식 $Tds = dh - vdP$를 대입하고 정리하면 식은 다음과 같다.

$$\delta w_{rev} = -vdP - d(ke) - d(pe)$$

또는

$$w_{rev} = -\int_1^2 vdP - \Delta ke - \Delta pe \tag{7-29}$$

운동에너지와 위치에너지를 무시하면 위의 식은 다음과 같이 간단하게 표현된다.

$$w_{rev} = -\int_1^2 vdP \tag{7-30}$$

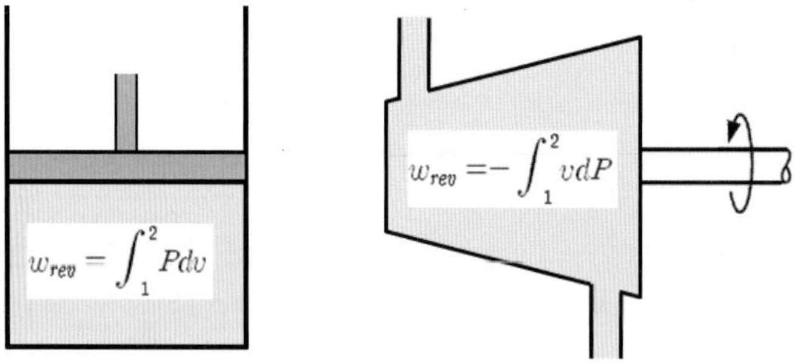

(a) 밀폐계 (b) 정상유동계

[그림 7-24] 밀폐계와 정상유동계에 대한 가역 일

식 (7-30)은 정상유동 장치의 내부 가역 과정에서 "유동일"을 나타내는 식이다. 외부로부터 일을 받는 압축기나 펌프인 경우에 일은 음의 값이다. 밀폐계와 정상유동에 대한 가역 일의 관계를 나타내면 [그림 7-24]와 같다.

2 Bernoulli 방정식

식 (7-29)가 적용될 수 있는 조건은 ① 정상유동, ② 가역과정이다. 여기에 ③ 일이 없는 장치(노즐이나 파이프 내의 유동), 그리고 ④ 비압축성 유체($v =$ 일정)의 조건을 추가하면 식 (7-29)는 다음과 같이 수정될 수 있다.

$$\int_1^2 vdP + \Delta ke + \Delta pe = v(P_2 - P_1) + \frac{V_2^2 - V_1^2}{2} + g(z_2 - z_1) = 0$$

즉,

$$\frac{P_2 - P_1}{\rho} + \frac{V_2^2 - V_1^2}{2} + g(z_2 - z_1) = 0 \tag{7-31}$$

식 (7-31)이 유체역학에서 잘 알려진 Bernoulli 방정식이다. 이 식을 적용하기 위해서는 앞에서 기술한 네 개의 조건 즉, ① 정상유동, ② 가역과정, ③ 일 없음, ④ 비압축성 유체의 조건이 만족되어야 한다.

3 가역 정상 유동일(vdP)의 공학적 중요성

일을 생산하거나 소비하는 정상유동 장치(터빈, 압축기, 펌프 등)를 고려할 때, 식 (7-30)은 공학적인 측면에서 중요한 의미를 갖는다. 이 식에서 가역 유동일은 비체적과 밀접한 관계가 있다. 비체적이 커지면 장치가 생산하거나 소비하는 일의 양이 증가한다는 것이며, 이러한 결론은 실제의 장치에 대해서도 유효하다.

유동장치를 설계하는 관점에서 보면, 공학자는 압축하는 경우(일 소비) 비체적을 최소화하는 방향으로, 팽창하는 경우(일 생산) 비체적을 최대화하는 방향으로 관심을 기울일 것이다.

전기를 생산하는 증기동력 발전소의 구성 장치에는 [그림 7-3 / p.150]과 같이 펌프와 터빈이 있다. 우리는 제6장에서 터빈의 생산일과 펌프의 소비일에 대하여 학습하였으며, 터빈의 생산일이 펌프의 소비일보다 훨씬 크다는 결과를 알고 있다. 그 원인은 바로 비체적의 차이에 있다. 펌프는 비체적이 매우 작은 액체만을 취급하므로 소비일이 작은 반면에 터빈은 증기를 다루므로 생산일이 매우 크다.

예를 들어, 액체 상태와 증기 상태의 압축일을 비교하기 위하여 다음과 같은 상황을 검토한다. 관심은 수증기를 100kPa에서 1000kPa까지 등엔트로피 과정으로 압축하는데 필요한 입력일을 구하는 것이다. 초기 상태는 (a) 포화액체, (b) 포화증기이다. 두 과정을 선도로 표시하면 [그림 7-25]와 같다.

(a) 액체 상태(펌프)

액체인 경우 비체적의 변화가 거의 없으므로 식 (7-30)은 다음과 같이 수정된다.

$$w_{pump} = \int_1^2 v dP = v_1(P_2 - P_1) \quad \text{[양을 비교하기 위하여 (-) 부호 생략]}$$

여기서 $v_1 = v_{f,100kPa} = 0.001043 m^3/kg$이므로 압축일은 다음과 같다.

$$w_{pump} = 0.001043(1000 - 100) = 0.94\, kJ/kg$$

(b) 증기 상태(압축기)

증기인 경우 비체적이 심하게 변하며, 압력과 비체적의 관계를 모르기 때문에 식 (7-30)의 적분을 수행할 수 없다. 조건에서 압축 과정은 등엔트로피 과정($ds = 0$)이므로 Tds 관계식을 사용한다.

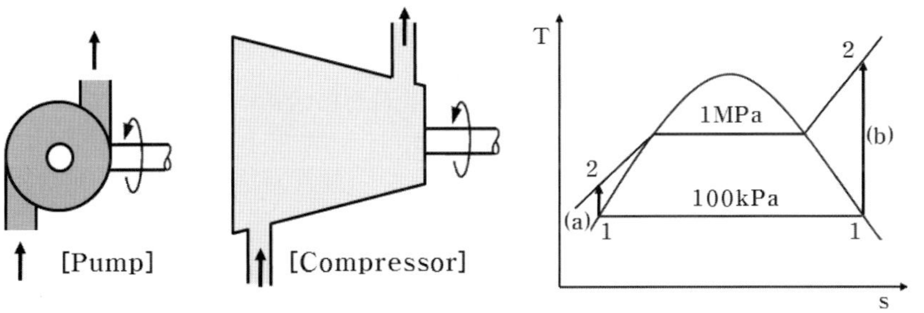

[그림 7-25] 액체 상태와 증기 상태의 압축일 비교

$$Tds = dh - vdP = 0 \quad \rightarrow \quad vdP = dh$$

따라서

$$w_{comp} = \int_1^2 vdP = \int_1^2 dh = h_2 - h_1$$

여기서

$$h_1 = h_{g,100kPa} = 2675.5\,kJ/kg,\ \ s_1 = s_{g,100kPa} = 7.3593\,kJ/(kg \cdot K)$$
$$h_2 = h(1MPa, s_1 = s_2) = 3195.5\,kJ/kg$$

즉,

$$w_{comp} = 3195.5 - 2675.5 = 520\,kJ/kg$$

두 결과를 비교하면 증기의 압축일이 액체의 압축일에 비하여 553배 이상이 크다는 것을 확인할 수 있다.

3 정상유동 장치의 등엔트로피 효율

사이클을 구성하는 요소(터빈, 압축기 등)에서 가장 효율을 높일 수 있는 이상적인 과정은 가역단열 과정(등엔트로피 과정)이다. 이와 같은 상황에 대하여 제1법칙 및 제2법칙을 정리하면 다음과 같다.

$$q + h_i + \frac{V_i^2}{2} + gZ_i = h_e + \frac{V_e^2}{2} + gZ_e + w \quad \text{그리고} \quad s_i = s_e \tag{7-32}$$

1 터빈

터빈의 출력일은 운동에너지와 위치에너지를 무시하면 제1법칙으로부터 [$w_t = h_i - h_e$]이다. 터빈 내에서 유체가 팽창할 때 실제 과정에서는 비가역성으로 인하여 엔트로피가 증가한다. 그리고 터빈은 가역단열 과정(등엔트로피 과정)으로 작동할 때 최대의 출력이 발생하므로 터빈 효율은 다음과 같이 정의할 수 있다.

$$\eta_{turbine} = \frac{w_a}{w_s} = \frac{h_i - h_{ea}}{h_i - h_{es}} \tag{7-33}$$

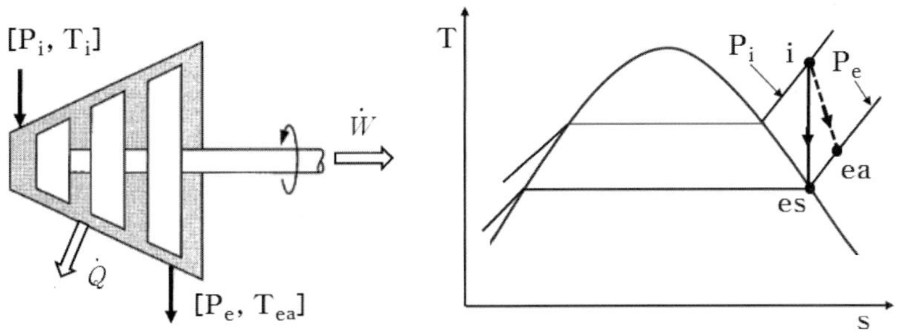

[그림 7-26] 터빈 입구 및 출구 상태

여기서 $[w_a]$는 터빈을 지나는 수증기의 실제 일이며, $[w_s]$는 가역단열 과정으로 행한 일이다. 전형적인 터빈 효율은 0.70~0.88정도이며, 대형 터빈의 효율이 소형 터빈보다 높다. 증기 터빈인 경우 입구 및 출구의 상태는 [그림 7-26]과 같이 표현된다.

2 압축기(또는 펌프)

압축기의 입력일은 운동에너지와 위치에너지를 무시하면 제1법칙으로부터 $[w_c = h_e - h_i]$이다. 압축기 내에서 유체가 압축할 때 실제 과정에서는 비가역성으로 인하여 엔트로피가 증가한다. 그리고 압축기(액체인 경우 펌프)는 가역단열 과정으로 작동되면 최소의 입력일이 소요되므로 압축기 효율은 다음과 같이 정의된다.

$$\eta_{comp} = \frac{w_s}{w_a} = \frac{h_i - h_{es}}{h_i - h_{ea}} \quad (7\text{-}34)$$

여기서 $[w_a]$는 실제 입력 일이며, $[w_s]$는 등엔트로피 과정으로 소요되는 일이다. 전형적인 압축기 효율은 0.70~0.88정도이며, 대형 압축기의 효율이 소형 압축기보다 높다. 압축기의 입구 및 출구의 상태를 나타내면 [그림 7-27]과 같다.

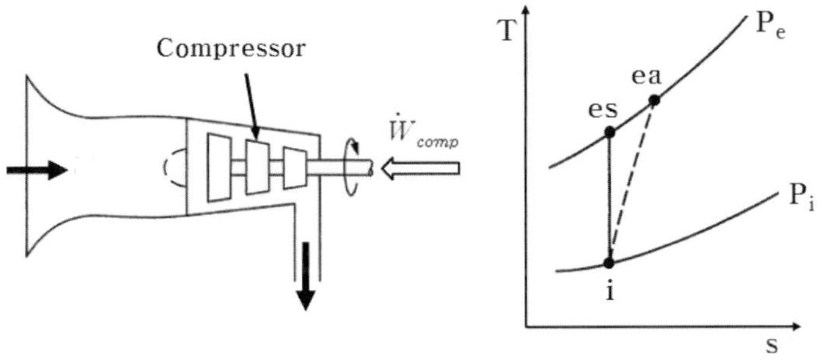

[그림 7-27] 압축기의 입구 및 출구 상태

3 노즐

노즐의 목적은 배출되는 유체의 운동에너지를 최대로 하는 것이다. 노즐 내에서 유체가 유동하면 마찰에 의한 비가역성이 발생하므로 실제 과정에서 엔트로피는 약간 증가한다. 그리고 유체가 가역단열 과정으로 작동할 때 최대의 운동에너지를 얻을 수 있다. 유체의 입구속도는 출구속도에 비해 매우 작으므로($V_i \approx 0$) 열역학 제1법칙을 이용하면 출구 속도는 다음과 같다.

$$h_i = h_e + \frac{V_e^2}{2} \quad \rightarrow \quad V_e^2 = 2(h_i - h_e) \tag{7-35}$$

따라서 노즐의 효율은 다음과 같이 정의할 수 있다.

$$\eta_{nozzle} = \frac{V_{ea}^2/2}{V_{es}^2/2} = \frac{h_i - h_{ea}}{h_i - h_{es}} \tag{7-36}$$

여기서 [V_{ea}^2]는 노즐 출구에서 실제의 운동에너지이며, [V_{es}^2]는 등엔트로피 과정에 대한 운동에너지이다. 노즐은 운동부가 없는 단순한 장치이다. 그 결과 노즐 효율은 보통 0.90~0.97 정도로 매우 높다. 노즐의 입구 및 출구의 상태를 나타내면 [그림 7-28]과 같다.

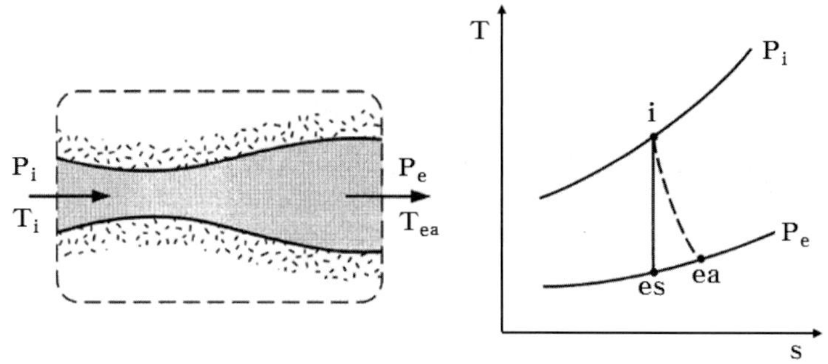

[그림 7-28] 노즐의 입구 및 출구 상태

7-8 | 예제 풀이A(계산기 : 제2법칙)

1 열기관 및 냉동기

예제 7-1A 자동차의 연료 소비율

자동차의 엔진은 열기관의 한 종류이다. 엔진의 출력은 100hp이고, 효율은 25%이다. 연료의 발열량이 $4.5 \times 10^7 J/kg$일 때, 이 자동차의 연료 소비율($\dot{m}$)을 구하라.

풀이 열기관의 효율은 식 (7-2)로 정의되므로 고온 열량은 다음과 같이 계산된다.

$$\dot{Q}_H = \frac{\dot{W}_{net}}{\eta} = \frac{100(746\,W)}{0.25} = 298,400\,W$$

여기서 고온 열량은 "고온열량=연료소비율×발열량"으로 계산되므로 연료 소비율은 다음과 같다.

$$\dot{m} = \frac{\text{고온열량}}{\text{발열량}} = \frac{298400}{4.5 \times 10^7} = 0.00663 kg/s = 23.87 kg/h$$

예제 7-2A 냉장고

냉동 공간으로부터 4kW의 열을 흡수하여 공간이 4℃로 유지되는 냉장고가 있다. 냉장고 가동에 필요한 전력이 1.5kW일 때, 성능계수 및 부엌 공간으로 방출되는 열량을 구하라.

풀이 성능계수 및 고온조의 열량은 다음과 같이 계산된다.

$$COP = \frac{\dot{Q}_L}{\dot{W}_{net}} = \frac{4}{1.5} = 2.67$$

$$\dot{Q}_H = \dot{Q}_L + \dot{W}_{net} = 4 + 1.5 = 5.5 kW$$

예제 7-3A 열펌프

실내온도가 22℃로 유지되는 집에서 열펌프가 가동되고 있다. 난방을 위하여 실내 공간에 공급되는 열량은 20kW이며, 열펌프의 가동에 소요되는 전력은 8kW이다. 열펌프의 성능계수 및 실외공기로부터 얻은 열량(저온조의 열량)을 구하라.

풀이 성능계수 및 저온조의 열량은 다음과 같이 계산된다.

$$COP = \frac{\dot{Q}_H}{\dot{W}_{net}} = \frac{20}{8} = 2.5$$

$$\dot{Q}_L = \dot{Q}_H - \dot{W}_{net} = 20 - 8 = 12 kW$$

2 Carnot 사이클

예제 7-4A Carnot 열기관

카르노 열기관이 550℃인 고온 열저장조로부터 400kJ의 열을 받아 20℃인 저온 열저장조로 열을 방출한다. 열효율 및 저온 열저장조에 방출하는 열량을 구하라.

풀이 식 (7-6) 및 (7-7)을 적용하면 효율 및 저온조 열방출량을 구할 수 있다.

$$\eta_{Carnot} = 1 - \frac{Q_L}{Q_H} = 1 - \frac{T_L}{T_H} = 1 - \frac{20 + 273.15}{550 + 273.15} = 0.644 = 64.4\%$$

$$\frac{Q_H}{Q_L} = \frac{T_H}{T_L}$$

즉, $Q_L = Q_H \dfrac{T_L}{T_H} = 400 \dfrac{293.15}{823.15} = 142.5kJ$

3 밀폐계

예제 7-5A 엔트로피 변화(온도 일정)

실린더-피스톤 장치 내에 30℃의 포화액체인 물이 3kg 들어있다. 물의 상태가 포화증기가 될 때가지 열을 가하였다. 이 과정에서 발생한 (a) 물의 엔트로피 변화량, (b) 물에 전달된 열량을 구하라. 이 과정은 내부적으로 가역이라고 가정한다.

풀이 (a) $\Delta S = m(s_2 - s_1) = m(s_g - s_f)_{30℃}$

여기서

$s_1 = s_{f,30℃} = 0.4369 kJ/(kgK)$ |표 B-1-1|

$s_2 = s_{g,30℃} = 8.4533 kJ/kgK$ |표 B-1-1|

따라서

$\Delta S = 3(8.4533 - 0.4369) = 24.049\, kJ/K$

(b) 식 (7-12)를 사용하면 물에 전달된 열량을 구할 수 있다. 내부적으로 가역과정이므로 $S_{12,g} = 0$이며, 온도는 일정하다.

$$\Delta S = \int_1^2 \frac{\delta Q}{T_{sys}} = \frac{1}{T_{sys}} \int_1^2 \delta Q = \frac{Q_{12}}{T_{sys}}$$

따라서

$Q_{12} = T_{sys} \Delta S = 303.15(24.049) = 7290.5kJ$

예제 7-6A 엔트로피 변화(압력 일정)

실린더-피스톤 장치 내에 150kPa, 20℃ 상태로 물 2kg이 들어있다. 물의 상태가 포화증기가 될 때까지 열을 가하였다. 이 과정에서 일어난 물의 엔트로피 변화량을 구하라.

풀이 물의 엔트로피 변화량은 |표 B-1|을 참고하면 다음과 같이 계산된다.

$\Delta S = m(s_2 - s_1)$

여기서

$s_1 = s(\text{압축액체}) = s_{f,20℃} = 0.2966 kJ/(kgK)$

$s_2 = s_{g,150kPa} = 7.2232 kJ/kgK$

따라서

$\Delta S = 2(7.2232 - 0.2966) = 13.8532\, kJ/K$

예제 7-7A 엔트로피 변화(체적 일정)

견고한 용기 내에 30℃, 150kPa의 과열 상태로 냉매 R-134a가 4kg 들어있다. 압력이 대기압(101.3kPa)으로 떨어질 때가지 냉매를 냉각하였다. 이 과정 동안에 발생한 엔트로피 변화량을 구하라.

풀이 냉매의 엔트로피 변화량은 |표 B-3|을 참고하면 다음과 같이 계산된다.

$\Delta S = m(s_2 - s_1)$

여기서

$s_1 = s(150kPa, 30℃) = 1.8804 kJ/(kgK)$

$s_2 = s(101.3kPa, v_1 = v_2 = 0.16011 m^3/kg)$

$v_2 < v_{g,101.3kPa} = 0.1902 m^3/kg \Rightarrow$ 포화상태

$$x_2 = \left(\frac{v_2 - v_f}{v_g - v_f}\right)_{101.3kPa} = \frac{0.16011 - 0.0007264}{0.1902 - 0.0007264} = 0.841$$

$s_2 = s_{f2} + x_2(s_{g2} - s_{f2}) = 0.869 + 0.841(1.747 - 0.869) = 1.6074 kJ/kgK$

따라서

$\Delta S = 4(1.607 - 1.8804) = -1.0936 kJ/K$

즉, 음(-)의 부호는 냉매가 냉각(외부로의 열방출)되었으므로 엔트로피가 감소하였다는 것을 의미한다.

예제 7-8A 비열을 이용한 액체의 엔트로피 변화량

온도 20℃인 물을 90℃가 될 때가지 가열한다. 압력은 100kPa로 일정하게 유지되며 물의 양은 5kg이다. (a) 부록의 자료(표 B-1), (b) 비열 관계식을 사용하여 물의 엔트로피 변화량을 구하라.

풀이 (a) $\Delta S = m(s_2 - s_1)$

여기서

$s_1 = s(\text{압축액체}) = s_{f.20℃} = 0.2966 kJ/(kgK)$

$s_2 = s(\text{압축액체}) = s_{f.90℃} = 1.1924 kJ/(kgK)$

따라서

$\Delta S = 5(1.1924 - 0.2966) = 4.479 kJ/K$

(b) $$s_2 - s_1 = \int_1^2 C\frac{dT}{T} \cong C_{avg}\ln\frac{T_2}{T_1} \tag{7-16}$$

여기서

$$C_{avg} = \frac{C_{p,20℃} + C_{p,90℃}}{2} = \frac{4.1817 + 4.2061}{2} = 4.1939 kJ/kgK$$ |표 A-2|

따라서

$$\Delta S = mC_{avg}\ln\frac{T_2}{T_1} = 5(4.1939)\ln\frac{363.15}{293.15} = 4.4902kJ/K$$

즉, 오차는 $(4.4902-4.479)/4.479=0.0056=0.56\%$로 매우 작은 차이를 보인다. 따라서 비압축성유체인 경우 평균비열 관계식을 사용하여도 상관없다.

예제 7-9A 이상기체의 엔트로피 변화

실린더-피스톤 장치 내에서 700kPa, 500K인 공기가 100kPa, 300K로 팽창되었다. (a) 일정비열식, (b) 비열변화 관계식을 사용하여 공기의 단위질량당의 엔트로피 변화량을 구하라.

풀이 (a)

$$s_2 - s_1 = C_p\ln\frac{T_2}{T_1} - R\ln\frac{P_2}{P_1} \quad (7\text{-}18b)$$

$$= 1.004\ln\frac{300}{500} - 0.287\ln\frac{100}{700} = 0.0456kJ/kgK$$

(b)

$$s_2 - s_1 = s^0_{T2} - s^0_{T1} - R\ln\frac{P_2}{P_1}$$

$$= s^0_{300K} - s^0_{500K} - R\ln\frac{P_2}{P_1} = 6.86926 - 7.38692 - 0.287\ln\frac{100}{700} \quad (7\text{-}19)$$

$$= 0.0408kJ/kgK$$ |부록, 표 A-5|

즉, 온도차가 큰 경우 비열변화를 고려한 식을 사용해야 한다.

예제 7-10A 일과 열전달 계산

실린더-피스톤 장치에 30℃, 1.0liter의 냉매 R-22가 포화액체 상태로 들어있다. 피스톤은 등온을 유지하면서 500kPa까지 가역과정으로 팽창한다. 이 과정 동안 발생한 일 및 열전달량을 구하라.

풀이 계산에 필요한 식을 정리하면 다음과 같다.

- 1법칙 : $Q_{12} = m(u_2 - u_1) + W_{12}$
- 2법칙 : $m(s_2 - s_1) = \int_1^2 \frac{\delta Q}{T} = \frac{Q_{12}}{T}$ [∵ T=일정]

압력은 계속 변하므로 일(W_{12})을 구할 수 없다. 따라서 제2법칙으로부터 열(Q_{12})을 구한 후 제1법칙을 이용하여 일을 구한다. 풀이순서는 다음과 같다.

$$m = \frac{V_1}{v_1} = \frac{V_1}{v_{f,30℃}} = \frac{0.001}{0.000852} = 1.174kg$$

$u_1 = u_{f,30℃} = 80.23kJ/kg$, $s_1 = s_{f,30℃} = 0.3004kJ/kgK$

$u_2 = u(500kPa, 30℃) = 244.44kJ/kg$, $s_2 = 1.0013kJ/kgK$

따라서

$$Q_{12} = mT(s_2 - s_1) = 1.174(303.15)(1.0013 - 0.3004) = 249.45kJ$$

$$W_{12} = m(u_1 - u_2) + Q_{12} = 1.174(80.23 - 244.44) + 249.45 = 56.67kJ$$

예제 7-11A 폴리트로픽 과정

실린더-피스톤 장치에 100kPa, 20℃의 공기가 있다. 공기를 $PV^{1.4} = C$ 관계에 따라 가역과정으로 400kPa까지 압축한다. 단위질량당의 일과 열전달량을 구하라. 비열은 일정한 것으로 가정한다.

풀이 계산에 필요한 식을 정리하면 다음과 같다.

• 이동일 : $w_{12} = \dfrac{W_{12}}{m} = \dfrac{R(T_2 - T_1)}{1-n}$

• 1법칙 : $q_{12} = \dfrac{Q_{12}}{m} = (u_2 - u_1) + w_{12} = C_v(T_2 - T_1) + w_{12}$

여기서

$$\frac{T_2}{T_1} = \left(\frac{P_2}{P_1}\right)^{(n-1)/n} \quad \rightarrow \quad T_2 = T_1\left(\frac{P_2}{P_1}\right)^{(n-1)/n} \tag{7-20}$$

$$T_2 = 293.15\left(\frac{400}{100}\right)^{(1.4-1)/1.4} = 435.62K$$

따라서

$$w_{12} = \frac{0.287(435.62 - 293.15)}{1-1.4} = -102.22kJ/kg$$

$$q_{12} = 0.717(435.62 - 293.15) - 102.22 = -0.069kJ/kg$$

4 개방계(정상유동)

예제 7-12A 증기터빈의 출력일

압력 0.8MPa, 온도 300℃의 수증기가 가역단열 과정으로 가동되는 증기터빈으로 유입된 후 125kPa의 압력으로 유출된다. 터빈의 단위질량당의 출력일을 구하라.

풀이 계산에 필요한 식을 정리하면 다음과 같다.

• 1법칙 : $\dot{Q} + \dot{m}_i h_i = \dot{m}_e h_e + \dot{W}_t \quad \rightarrow \quad w_t = h_i - h_e$ [∵ 단열]

• 2법칙 : $\Sigma \dot{m}_e s_e - \Sigma \dot{m}_i s_i = \Sigma \dfrac{\dot{Q}_{cv}}{T} + \dot{S}_g \quad \rightarrow \quad s_i = s_e$ [∵ 가역단열 과정]

여기서

$$h_i = h(0.8MPa, 300℃) = 3056.43kJ/kg$$

$$s_i = s(0.8MPa, 300℃) = 7.2327kJ/kg$$

$$s_e = 7.2327 < s_{g,125kPa} = 7.2843kJ/kgK \quad \Rightarrow \quad \text{출구=포화상태}$$

$$s_e = [s_f + x_e(s_g - s_f)]_{125kPa}$$

$$x_e = \left(\frac{s_e - s_f}{s_g - s_f}\right)_{125kPa} = \frac{7.2327 - 1.3739}{7.2843 - 1.3739} = 0.9913$$

$$h_e = [h_f + x_e(h_g - h_f)]_{125kPa} = 444.3 + 0.9913(2685.35 - 444.3)$$

$$= 2665.85kJ/kg$$

따라서

$$w_t = 3056.43 - 2665.85 = 390.58kJ/kg$$

예제 7-13A 공기압축기의 입력일

공장에서 사용하는 공기압축기에 100kPa, 295K의 공기가 흡입된 후 가역단열 과정으로 900kPa로 압축된다. 출구온도 및 단위질량당의 압축기 입력일을 구하라. 비열은 일정한 것으로 가정한다.

풀이 계산에 필요한 식을 정리하면 다음과 같다.

• 1법칙 : $\dot{Q}+\dot{m}_i h_i = \dot{m}_e h_e + \dot{W}_c \rightarrow w_c - h_i - h_e - C_p(T_i - T_e)$ [∵ 비열=일정]

• 2법칙 : $\Sigma \dot{m}_e s_e - \Sigma \dot{m}_i s_i = \Sigma \frac{\dot{Q}_{cv}}{T} + \dot{S}_g \quad \rightarrow \quad s_i = s_e$ [∵ 가역단열 과정]

• T-P관계식 : $\frac{T_2}{T_1} = \left(\frac{P_2}{P_1}\right)^{(k-1)/k}$ (7-21) [∵ 등엔트로피 과정]

따라서

$$T_e = T_i\left(\frac{P_e}{P_i}\right)^{(k-1)/k} = 295\left(\frac{900}{100}\right)^{(1.4-1)/1.4} = 552.67K$$ [k : 부록, 표 A-3]

$$w_c = C_p(T_i - T_e) = 1.004(295-552.67) = -258.70kJ/kg$$ [∵ 비열=일정]

예제 7-14A 노즐의 출구속도

제트엔진의 노즐에 1100K, 200kPa의 공기가 흡입된 후 85kPa의 압력으로 나간다. 입구의 속도는 무시하며 과정은 가역단열이다. 비열은 일정한 것으로 가정하고 노즐 출구속도를 계산하라.

풀이 계산에 필요한 식을 정리하면 다음과 같다.

• 1법칙 : $\dot{Q}+\dot{m}_i\left(h_i + \frac{V_i^2}{2}\right) = \dot{m}_e\left(h_e + \frac{V_e^2}{2}\right) + \dot{W} \quad \rightarrow \quad h_i = h_e + \frac{V_e^2}{2}$

$V_e = \sqrt{2(h_i - h_e)} = \sqrt{2C_p(T_i - T_e)}$ [∵ 비열=일정]

• 2법칙 : $s_i = s_e$ [∵ 가역단열 과정]

• T-P관계식 : $\frac{T_2}{T_1} = \left(\frac{P_2}{P_1}\right)^{(k-1)/k}$ (7-21) [∵ 등엔트로피 과정]

여기서

$$T_e = T_i\left(\frac{P_e}{P_i}\right)^{(k-1)/k} = 1100\left(\frac{85}{200}\right)^{(1.4-1)/1.4} = 861.43K$$ [k : 부록, 표 A-3]

따라서

$$V_e = \sqrt{2(1004)(1100-861.43)} = 692.13m/s$$

예제 7-15A 터빈의 등엔트로피 효율

수증기가 1000kPa, 300℃의 상태로 터빈에 유입되어 팽창된 후 20kPa의 압력으로 유출된다. 터빈의 실제 출력일(w_a)을 측정하였더니 580kJ/kg으로 나타났다. 터빈의 효율을 결정하라.

풀이 계산에 필요한 식을 정리하면 다음과 같다.

$$\eta_{turbine} = \frac{w_a}{w_s} = \frac{h_i - h_{ea}}{h_i - h_{es}} \quad (7\text{-}32)$$

여기서

$h_i(1MPa,\ 300℃) = 3051.15kJ/kg,\ \ s_i = 7.1228kJ/kgK$

$s_{es} = s_i = 7.1228 = (0.8319 + x_{es}[7.9085 - 0.8319])_{20kPa}$

$$x_{es} = \frac{7.1228 - 0.8319}{7.9085 - 0.8319} = 0.889$$

$h_{es} = 251.39 + 0.889(2609.70 - 251.39) = 2347.93kJ/kg$

따라서

$$\eta_{turbine} = \frac{580}{3051.15 - 2347.93} = 0.825 = 82.5\%$$

예제 7-16A 압축기의 등엔트로피 효율

압력 100kPa, 온도 300K인 공기가 압축기에 들어가 200kPa로 압축된다. 효율은 75%이다. 압축기의 구동에 필요한 단위질량당의 실제 입력일(w_a)을 구하라. 비열은 일정한 것으로 가정한다.

풀이 계산에 필요한 식을 정리하면 다음과 같다.

$$\eta_{comp} = \frac{w_s}{w_a} = \frac{h_i - h_{es}}{h_i - h_{ea}} = \frac{C_p(T_i - T_{es})}{C_p(T_i - T_{ea})} = \frac{T_i - T_{es}}{T_i - T_{ea}} \quad [\because \text{비열=일정}]$$

$$\frac{T_{es}}{T_i} = \left(\frac{P_e}{P_i}\right)^{(k-1)/k} \qquad (7\text{-}21)\ [\because \text{등엔트로피 과정}]$$

여기서

$$T_{es} = T_i\left(\frac{P_e}{P_i}\right)^{(k-1)/k} = 300\left(\frac{200}{100}\right)^{(1.4-1)/1.4} = 365.70K \quad [\because s = \text{일정}]$$

$$T_{ea} = T_i - \frac{T_i - T_{es}}{\eta_{comp}} = 300 - \frac{300 - 365.7}{0.75} = 387.60K$$

따라서

$w_a = C_p(T_i - T_{ea}) = 1.004(300 - 387.6) = -87.95kJ/kg$

7-9 | 예제 풀이B(엑셀 : 제2법칙)

1 밀폐계

예제 7-1B 이상기체의 엔트로피 변화

앞의 예제 7-9A를 고려한다. 실린더-피스톤 장치 내에서 700kPa, 220℃인 공기가 100kPa, 20℃로 팽창되었다. 비열변화 관계식을 사용하여 공기의 단위질량당의 엔트로피 변화량을 구하라.

풀이 앞의 예제 7-9A를 참고하여 계산에 필요한 식을 정리하면 다음과 같다.

$$s_2 - s_1 = s^0_{T2} - s^0_{T1} - R\ln\frac{P_2}{P_1} = s^0_{293.15K} - s^0_{493.15K} - (-0.55848)$$

부록 |표 A-5|를 사용하기 위해서는 보간법이 필요하다. 다음과 같이 워크시트를 작성하고

MathExcel 함수 "mxCubicSpline"을 적용하여 값을 구한다.

1) D2 cell "=mxCubicSpline(C2,$B$2:$B$5,$A$2:$A$5)" 입력 > Enter

2) D6 cell "=mxCubicSpline(C6,$B$6:$B$8,$A$6:$A$8)" 입력 > Enter

	A	B	C	D	E
1	T[K]	s[kJ/kgK]	x	mxCubicSpline 함수	
2	280	6.79998	293.15	6.846689	
3	290	6.83521			
4	300	6.86926			
5					
6	480	7.34499	493.15	7.372698	
7	500	7.38692			
8	520	7.42736			

즉,

$$s_2 - s_1 = 6.84669 - 7.37270 + 0.55848 = 0.0325kJ/kgK$$

예제 7-2B 폴리트로픽 과정

앞의 예제 7-11A를 고려한다. 실린더-피스톤 장치에 100kPa, 20℃의 공기가 있다. 공기를 $PV^n = C$. 관계에 따라 가역과정으로 400kPa까지 압축한다. 지수 범위 $1.2 < n < 1.5$에 대하여 단위질량당의 일과 열전달량을 구하라. 비열은 일정한 것으로 가정한다.

풀이 앞의 예제 7-14A를 참고하여 계산에 필요한 식을 순서대로 정리하면 다음과 같다.

$$T_2 = T_1\left(\frac{P_2}{P_1}\right)^{(n-1)/n} = 293.15\left(\frac{400}{100}\right)^{(n-1)/n}$$

$$w_{12} = \frac{R(T_2 - T_1)}{1-n} = \frac{0.287(T_2 - 293.15)}{1-n}$$

$$q_{12} = C_v(T_2 - T_1) + w_{12} = 0.717(T_2 - 293.15) + w_{12}$$

워크시트에 데이터를 입력하고 계산한 후, 결과를 그래프로 나타내면 다음과 같다.

	A	B	C	D
1	지수[n]	T2[K]	w[kJ/kg]	q[kJ/kg]
2	1.2	369.3459	-109.341	-54.7086
3	1.22	376.4073	-108.613	-48.9175
4	1.24	383.3696	-107.888	-43.2001
5	1.26	390.2335	-107.165	-37.5564
6	1.28	397	-106.446	-31.9858
7	1.3	403.6703	-105.731	-26.488
8	1.32	410.2455	-105.02	-21.0626
9	1.34	416.7268	-104.313	-15.7088
10	1.36	423.1153	-103.611	-10.4261
11	1.38	429.4124	-102.914	-5.21383
12	1.4	435.6192	-102.222	-0.07123
13	1.42	441.7372	-101.535	5.002436
14	1.44	447.7676	-100.853	10.00798
15	1.46	453.7118	-100.177	14.94621
16	1.48	459.571	-99.5059	19.81797
17	1.5	465.3466	-98.8409	24.62412

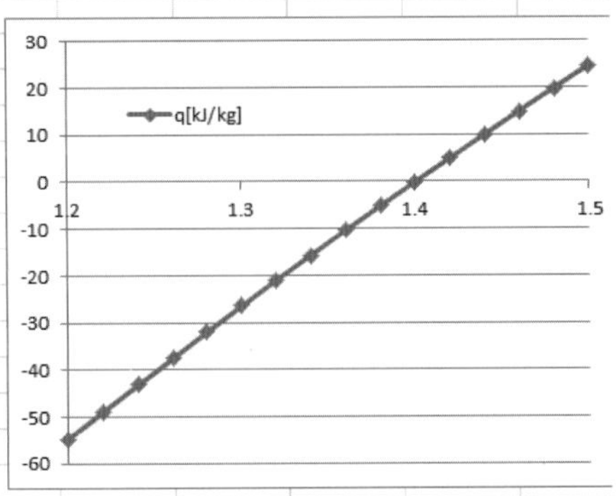

즉, 지수가 증가함에 따라 열전달량은 방출(−)에서 흡수(+)로 바뀌게 된다.

2 개방계(정상유동)

예제 7-3B 노즐의 출구속도

앞의 예제 7-14A를 고려한다. 제트엔진의 노즐에 1100K, 200kPa의 공기가 흡입되어 팽창된 후 유출된다. 입구의 속도는 무시하며 과정은 가역단열이다. 비열은 일정한 것으로 가정한다. 출구압력 범위 50~100kPa에 대하여 노즐 출구속도를 계산하라.

풀이 앞의 예제 7-14A를 참고하여 계산에 필요한 식을 순서대로 정리하면 다음과 같다.

$$T_e = T_i\left(\frac{P_e}{P_i}\right)^{(k-1)/k} = 1100\left(\frac{50\sim100}{200}\right)^{(1.4-1)/1.4}$$

$$V_e = \sqrt{2C_p(T_i - T_e)} = \sqrt{2(1004)(1100 - T_e)}$$

워크시트에 데이터를 입력하고 계산한 후, 결과를 그래프로 나타내면 다음과 같다. 여기서 축의 범위는 주어진 조건에 맞춰 조절해야 한다.

Pe[kPa]	Te[K]	Ve[m/s]
50	740.2451	849.934
55	760.68	825.442
60	779.8279	801.814
65	797.8675	778.8979
70	814.9415	756.5696
75	831.1652	734.7247
80	846.6337	713.2738
85	861.4262	692.1388
90	875.6097	671.2494
95	889.2409	650.5415
100	902.3689	629.955

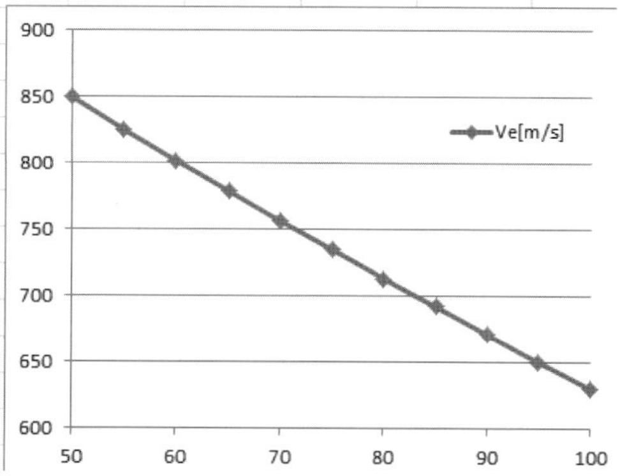

즉, 출구압력의 증가에 따라 출구속도는 감소한다. 따라서 출구속도를 높이기 위해서는 출구압력이 낮아지도록 노즐을 설계해야 한다.

예제 7-4B 압축기의 등엔트로피 효율

앞의 예제 7-16A를 고려한다. 압력 100kPa, 온도 300K인 공기가 압축기에 들어가 200kPa로 압축된다. 효율의 범위 70~80%에 대하여 압축기의 구동에 필요한 단위질량당의 실제 입력일(w_a)을 구하라. 비열은 일정한 것으로 가정한다.

풀이 앞의 예제 7-16A를 참고하여 계산에 필요한 식을 순서대로 정리하면 다음과 같다.

$$T_{es} = T_i\left(\frac{P_e}{P_i}\right)^{(k-1)/k} = 300\left(\frac{200}{100}\right)^{(1.4-1)/1.4} = 365.70K$$

$$T_{ea} = T_i - \frac{T_i - T_{es}}{\eta_{comp}} = 300 - \frac{300-365.7}{0.7\sim0.8}$$

$$w_a = C_p(T_i - T_{ea}) = 1.004(300 - T_{ea})$$

워크시트에 데이터를 입력하고 계산한 후, 결과를 그래프로 나타내면 다음과 같다.

효율[%]	Tea[K]	wa[kJ/kg]
0.7	393.8571	94.23257
0.71	392.5352	92.90535
0.72	391.25	91.615
0.73	390	90.36
0.74	388.7838	89.13892
0.75	387.6	87.9504
0.76	386.4474	86.79316
0.77	385.3247	85.66597
0.78	384.2308	84.56769
0.79	383.1646	83.49722
0.8	382.125	82.4535

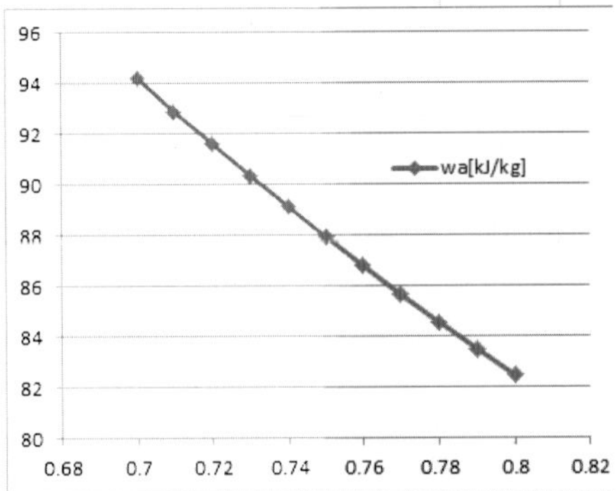

즉, 효율의 증가에 따라 입력일은 선형적으로 감소한다. 여기서 입력일은 음(−)의 값이나 편리를 위하여 양(+)의 값으로 계산하였다.

연습문제 A(계산기)

1 열기관 및 냉동기

7-1A 열기관의 한 종류인 자동차 엔진의 출력은 110hp이고, 효율은 26%이다. 사용하는 연료의 발열량은 $4.7 \times 10^7 J/kg$이다. 자동차의 연료 소비율($\dot{m}$)을 구하라.

7-2A 음식을 보관하는 냉동 공간으로부터 4.5kW의 열을 흡수하여 공간이 4℃로 유지되는 냉장고가 있다. 냉장고의 가동에 필요한 전력은 1.7kW이다. 냉장고의 성능계수 및 부엌 공간으로 배출되는 열량을 구하라.

7-3A 실내온도가 23℃로 유지되는 집에서 열펌프가 가동되고 있다. 난방을 위하여 실내 공간에 공급되는 열량은 22kW이며, 열펌프의 가동에 소요되는 전력은 9kW이다. 열펌프의 성능계수 및 실외공기로부터 얻은 열량(저온조의 열량)을 구하라.

7-4A 600℃인 고온 열저장조로부터 400kJ의 열을 받아 25℃인 저온 열저장조로 열을 방출하는 카르노 열기관이 있다. 이 기관의 열효율 및 저온 열저장조에 방출하는 열량(Q_L)을 구하라.

2 밀폐계

7-5A 실린더-피스톤 장치 내에 25℃의 포화액체인 물이 5kg 들어있다. 물의 상태가 포화증기가 될 때가지 열을 가하였다. 가열은 내부적으로 가역인 과정으로 진행된다. 이 과정에서 발생한 (a) 물의 엔트로피 변화량, (b) 물에 전달된 열량을 구하라.

7-6A 실린더-피스톤 장치에 125kPa, 20℃ 상태로 물 3kg이 들어있다. 압력이 일정하게 유지되면서 물의 상태가 포화증기가 될 때가지 열을 가하였다. 이 과정에서 일어난 물의 엔트로피 변화량을 구하라.

7-7A 견고한 용기 내에 30℃, 150kPa의 냉매 R-134a가 4kg 들어있다. 압력이 70kPa로 떨어질 때가지 냉매를 냉각하였다. 이 과정 동안에 발생한 엔트로피 변화량을 구하라.

7-8A 압력이 100kPa로 일정하게 유지되면서 온도 30℃인 물을 90℃가 될 때가지 가열한다. 물의 양이 4kg일 때, (a) 부록의 자료(표 B-1), (b) 비열 관계식을 사용하여 물의 엔트로피 변화량을 구하라.

7-9A 400kPa, 300K인 공기를 온도가 600K에 이를 때까지 가열하였다. 이 과정에서 압력은 290kPa로 떨어졌다. (a) 비열 일정, (b) 비열 변화를 고려하여 단위질량당의 엔트로피 변화량을 계산하라.

7-10A 실린더-피스톤 장치에서 최초에 600kPa, 500K인 공기가 100kPa, 260K로 팽창되었다. (a) 일정비열식, (b) 비열변화 관계식을 사용하여 공기의 단위질량당의 엔트로피 변화량을 구하라.

7-11A 실린더-피스톤 장치에 30℃, 1.5ℓ의 냉매 R-134a가 포화액체 상태로 들어있다. 피스톤은 등온을 유지하면서 500kPa까지 팽창하며 가역과정으로 진행된다. 이 과정 동안 발생한 일 및 열전달량을 구하라.

7-12A 처음에 100kPa, 30℃인 공기가 실린더-피스톤 장치에 들어있다. 공기를 $PV^{1.3}=C$의 관계에 따라 가역과정으로 500kPa까지 압축한다. 단위질량당의 일과 열전달량을 구하라. 비열은 일정한 것으로 가정한다.

3 개방계(정상유동)

7-13A 압력 1.2MPa, 온도 350℃의 수증기가 증기터빈으로 유입되어 팽창된 후 100kPa의 압력으로 유출된다. 터빈은 가역단열 과정으로 가동된다. 터빈에서 발생되는 단위질량당의 출력일을 구하라.

7-14A 산업용으로 사용되는 공기압축기에 100kPa, 290K의 공기가 흡입된 후 1000kPa로 압축된다. 과정은 가역단열이며, 비열은 일정한 것으로 가정한다. 출구온도 및 압축기 가동에 필요한 단위질량당의 입력일을 구하라.

7-15A 제트엔진의 끝에 부착된 노즐로 1200K, 200kPa의 공기가 흡입되어 팽창된 후 90kPa의 압력으로 나간다. 입구의 속도는 무시하며 과정은 가역단열이다. 비열은 일정한 것으로 가정하고 노즐의 출구속도를 계산하라.

4 등엔트로피 효율

7-16A 1200kPa, 350℃인 과열증기가 터빈에 유입되어 팽창된 후 20kPa의 압력으로 유출된다. 터빈의 실제 출력일(w_a)을 측정하였더니 600kJ/kg으로 나타났다. 터빈의 효율을 결정하라.

7-17A 압력 100kPa, 온도 290K인 공기가 압축기에 들어가 250kPa로 압축된다. 압축기의 효율은 75%이며, 비열은 일정한 것으로 가정한다. 압축기의 실제 출구온도(T_{ea}) 및 압축기의 구동에 필요한 단위질량당의 실제 입력일(w_a)을 구하라.

7-18A 200kPa, 900K의 공기가 노즐에 유입된 후 80kPa의 압력으로 유출된다. 과정은 가역단열이며, 입구의 속도는 무시한다. 노즐의 출구온도를 측정하였더니 720K로 나타났다. 노즐의 효율 및 실제의 출구속도를 계산하라.

연습문제 B(엑셀)

1 밀폐계

7-1B 700kPa, 250℃인 공기가 100kPa, 35℃로 팽창되었다. 비열변화 관계식을 사용하여 공기의 단위질량당의 엔트로피 변화량을 구하라.

7-2B 실린더-피스톤 장치에 150kPa, 20℃의 공기가 들어있다. $PV^n = C$. 관계에 따라 가역 단열 과정으로 공기를 500kPa까지 압축한다. 비열은 일정한 것으로 가정하고 지수 범위 $1.2 < n < 1.5$에 대하여 단위질량당의 일과 열전달량을 구하라.

2 개방계(정상유동)

7-3B 제트엔진의 노즐에 1000K, 200kPa의 공기가 낮은 속도로 흡입되어 팽창된 후 유출된다. 과정은 가역단열이며 비열은 일정한 것으로 가정한다. 출구압력 범위 50~100kPa에 대하여 노즐의 출구속도를 계산하라.

7-4B 100kPa, 300K인 공기가 압축기에 들어가 250kPa로 압축된다. 비열은 일정한 것으로 가정하고, 압축기의 효율 범위 70~80%에 대하여 압축기의 구동에 필요한 단위질량당의 실제 입력일(w_a)을 구하라.

Chapter 8

동력 및 냉동 사이클

앞장에서 기술한 열기관이나 냉동기는 사이클로 운전된다. 사이클은 동력을 발생시키는 동력 사이클(power cycle)과 외부로부터 입력을 필요로 하는 냉동 사이클(refrigeration cycle)로 분류된다. 사이클에 사용되는 작업유체는 물과 같이 상변화(액체↔기체)하는 물질과 공기와 같이 항상 기체로 존재하는 상변화 없는 물질로 나눌 수 있다.

따라서 동력 사이클은 다시 증기동력 사이클과 공기동력 사이클로 분류된다. 증기동력 사이클에는 Rankine 사이클, 재열 사이클, 재생 사이클 등이 있으며, 공기동력 사이클에는 Brayton 사이클, Otto 사이클, 디젤 사이클 등이 있다. 그리고 냉동 사이클은 냉매와 같은 증기의 압축을 이용한 사이클과 암모니아의 농도를 이용하여 압축을 행하는 흡수식 사이클로 나뉜다. 따라서 모든 사이클을 네 개의 그룹(A=증기동력, B=공기동력, C=증기냉동, D=공기냉동)으로 분류할 수 있으며 정리하면 |표 8-1|과 같다.

|표 8-1| 사이클의 분류

작업유체의 종류	사이클 목적	
	동력 생산	동력 소비
수증기(또는 냉매)	Rankine C., 재열 C., 재생 C. → 증기동력 사이클 그룹	증기냉동 C. (냉매 압축식 C.)
공기(이상기체)	Brayton C., Otto C., 디젤 C. → 공기동력 사이클 그룹	공기냉동 C. (항공기 냉방 C.)

위에서 언급한 대부분의 사이클(일부 사이클은 제외)은 정상상태에서 작동되므로 사이클을 구성하는 장치를 고려할 때 정상유동에 대한 열역학 제1법칙을 적용하여 해석하면 된다. 제1법칙은 다음과 같다.

$$\dot{Q} + \Sigma \dot{m}_i \left(h + \frac{V^2}{2} + gz\right)_i = \Sigma \dot{m}_i \left(h + \frac{V^2}{2} + gz\right)_e + \dot{W} \qquad (6-23)$$

또는

$$q+\left(h+\frac{V^2}{2}+gz\right)_i=\left(h+\frac{V^2}{2}+gz\right)_e+w \quad [입 \cdot 출구=1개] \qquad (6-24)$$

참고 증기동력 사이클

증기동력 사이클은 작업유체로 수증기를 사용하고 수증기의 팽창을 이용하여 동력(축일)을 얻는 것이 목적이다. 종류에는 Rankine 사이클, 재열 사이클, 재생 사이클 등이 있다. 사이클은 기본적으로 보일러, 터빈, 응축기, 펌프 등으로 구성되며, 가역 단열 과정과 정압 열전달 과정으로 이루어진다.

8-1 | Rankine 사이클

1 사이클 구성

증기의 팽창을 이용하여 동력을 발생시키는 증기동력 사이클은 기본적으로 4개의 요소(보일러, 터빈, 응축기, 펌프)로 구성된다. 이상적인 증기동력 사이클이 Rankine 사이클이다. [그림 8-1]의 왼쪽은 이상적인 Rankine 사이클의 개략도이며 오른쪽 그림은 $T-s$ 선도이다. 여기서 "이상적인"이라는 말의 뜻은 장치가 "가역단열 과정으로 작동된다"는 의미이다.

사이클이 이상적으로 작동되는 경우 과정은 2개의 가역 단열 과정(등엔트로피 과정)과 2개의 정압 열전달 과정으로 구성된다. 각각의 과정을 기술하면 다음과 같다. 여기서 상태 1은 포화액체이고, 상태 3은 포화증기 또는 과열 증기이다.

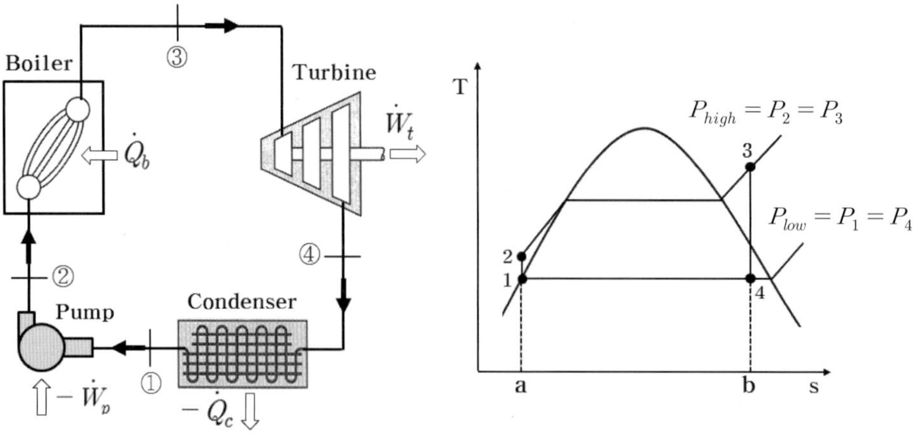

[그림 8-1] Rankine 사이클

- 과정[1-2] = 펌프에서의 가역단열 압축 과정
- 과정[2-3] = 보일러에서의 정압 열전달 과정
- 과정[3-4] = 터빈에서의 가역단열 팽창 과정
- 과정[4-1] = 응축기에서의 정압 열전달 과정

2 해석

사이클을 구성하는 각각의 장치에 열역학 제1법칙을 적용하면 관심의 대상이 되는 부분을 구할 수 있다. 특별한 경우를 제외하고 4개의 장치에서 운동에너지(KE) 및 위치에너지(PE)는 무시할 수 있다.

펌프인 경우 압축과정에서 발생하는 열손실률은 무시($\dot{Q}=0$)할 정도로 적으므로 펌프의 구동에 필요한 입력일은 입구와 출구의 엔탈피 차이로 단순화된다.

보일러에서는 일이 없으므로($\dot{W}=0$) 보일러에 공급된 열전달률은 입구와 출구에서 엔탈피 차이로 계산된다.

터빈의 출력은 외부로의 열전달률을 무시($\dot{Q}=0$)할 경우 입구와 출구의 엔탈피 차이로 구해진다. 터빈의 경우 입구와 출구에서 증기의 유동속도가 매우 빠르나 계산된 운동에너지는 엔탈피 차이(Δh)에 비하여 매우 작으므로 무시된다.

응축기로부터 방출된 열전달률은 일이 없으므로($\dot{W}=0$) 입구와 출구의 엔탈피 차로부터 구할 수 있다. 이러한 상황을 고려하여 각각의 요소에 대한 식을 정리하면 다음과 같다.

- 펌　프 : $w_p = h_1 - h_2 = v_1(P_1 - P_2)$ (8-1a)
- 보일러 : $q_b = h_3 - h_2$ (8-1b)
- 터　빈 : $w_t = h_3 - h_4$ (8-1c)
- 응축기 : $q_c = h_1 - h_4$ (8-1d)

위의 식에서 펌프는 외부에서 일이 공급되고, 응축기는 외부로 열을 방출하므로 계산 결과는 "−"값이 된다. 그리고 액체는 비압축성 유체($v=$일정)이므로 펌프의 입력일은 다음과 같이 계산된다.

$$w_p = -\int_1^2 v dP = -v(P_2 - P_1) = v(P_1 - P_2)$$

3 효율

동력 사이클의 효율은 제7장에서 언급한 열기관의 효율과 비슷한 개념이다. 식은 다음과 같이 정의되었다.

$$\eta_{th} = \frac{Gain}{Cost} = \frac{W_{net,out}}{Q_{in}} = \frac{Q_{in} - Q_{out}}{Q_{in}} = 1 - \frac{Q_{out}}{Q_{in}} \quad (7-2)$$

이 식을 Rankine 사이클에 적용하면 효율은 다음과 같이 정리된다.

$$\eta = \frac{w_{net}}{q_H} = \frac{w_t - |w_p|}{q_b} = \frac{area[12341]}{area[a23ba]} \quad (8-2)$$

여기서 $T-s$ 선도를 참고하면 면적 [a23ba]는 보일러에 공급된 열량이며, 면적 [12341]은 순일 또는 $[q_b - |q_c|]$이다.

8-2 | 재열 사이클

1 사이클 구성

이상적인 Rankine 사이클의 $T-s$ 선도 [그림 8-1]에서 보일러 압력을 높이면 효율이 증가하나 터빈 출구의 건도가 감소(액체의 성분 증가)하는 현상이 발생함을 알 수 있다. 액체는 터빈 내에서 고속으로 회전하는 날개(blade)에 심각한 손상을 입힌다. 이러한 단점을 보완하기 위하여 재열 사이클(reheat cycle)이 개발되었다. 이는 보일러 압력을 증가시켜 사이클의 효율을 높이며 동시에 터빈의 저압부에서 건도가 낮아지지 않도록 고안된 사이클이다.

사이클의 개략도 및 $T-s$는 [그림 8-2]와 같다. 터빈에서 추출된 증기를 다시 보일러로 보내 가열시키면 효율도 높이고 터빈 출구의 건도도 높일 수 있는 효과를 얻을 수 있다. 사이클은 기본적으로 가역단열 과정과 정압 열전달 과정으로 구성되며 내용을 기술하면 다음과 같다.

- 과정[1-2] = 펌프에서의 가역단열 압축 과정
- 과정[2-3] = 보일러에서의 정압 열전달 과정(1차)
- 과정[3-4] = 터빈에서의 가역단열 팽창 과정(1차)
- 과정[4-5] = 보일러에서의 정압 열전달 과정(2차)
- 과정[5-6] = 터빈에서의 가역단열 팽창 과정(2차)
- 과정[6-1] = 응축기에서의 정압 열전달 과정

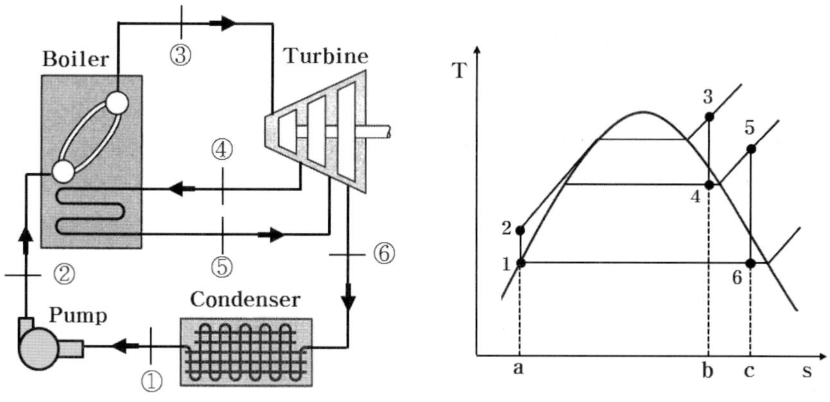

[그림 8-2] 이상적인 재열 사이클

2 해석

사이클을 구성하는 모든 장치에서 운동에너지 및 위치에너지는 무시한다. 펌프 및 응축기에 적용하는 식은 Rankine 사이클의 경우와 동일하다.

보일러에 공급되는 과정은 두 번이므로 공급된 총 열전달률은 입구와 출구에서의 엔탈피 차이를 합하여 계산한다. 그리고 터빈에서 팽창하는 과정도 두 번이므로 터빈의 총 출력은 입구와 출구의 엔탈피 차이를 더해서 구한다. 이러한 조건을 감안하여 각각의 장치에 대한 식을 정리하면 다음과 같다.

- 펌　프 : $w_p = h_1 - h_2 = v_1(P_1 - P_2)$ (8-3a)
- 보일러 : $q_b = (h_3 - h_2) + (h_5 - h_4)$ (8-3b)
- 터　빈 : $w_t = (h_3 - h_4) + (h_5 - h_6)$ (8-3c)
- 응축기 : $q_c = h_1 - h_6$ (8-3d)

3 효율

재열 사이클의 효율은 Rankine 사이클의 효율과 동일하게 정의되며 내용은 다음과 같다.

$$\eta = \frac{w_{net}}{q_H} = \frac{w_t - |w_p|}{q_b} = \frac{area[1234561]}{area[a2345ca]}$$

여기서 면적 [a2345ca]는 보일러에 공급된 열량이며, 면적 [1234561]은 순일 (w_{net}) 또는 [$q_b - |q_c|$]이다.

8-3 | 재생 사이클

1 사이클 구성

앞에서 기술한 Rankine 사이클에서 보일러 압력을 높이면 효율이 증가한다. 효율을 높이는 다른 방법은 보일러에 공급하는 유체의 온도([그림 8-1]의 $T-s$ 선도에서 T_2)를 높이는 것이다. 급수가열기(feed-water heater)라고 부르는 기기를 사용하면 이러한 목적(온도 T_2의 증가)을 달성할 수 있으며, 이를 재생 사이클(regenerative cycle)이라고 한다.

급수가열기는 개방형과 밀폐형으로 분류된다. 개방형 급수가열기가 포함된 이상적인 재생 사이클의 개략도 및 $T-s$ 선도는 [그림 8-3]과 같다. 선도에서 알 수 있듯이 급수가열기를 사용함으로써 보일러로 공급되는 물의 온도가 T_2에서 T_4로 상승되었다.

이상적인 재생 사이클도 가역단열 과정과 정압 열전달 과정으로 구성되며 내용을 기술하면 다음과 같다.

- 과정[1-2] = 펌프에서의 가역단열 압축 과정(1차)
- 과정[3-4] = 펌프에서의 가역단열 압축 과정(2차)
- 과정[4-5] = 보일러에서의 정압 열전달 과정
- 과정[5-6] = 터빈에서의 가역단열 팽창 과정(1차)
- 과정[6-7] = 터빈에서의 가역단열 팽창 과정(2차)
- 과정[7-1] = 응축기에서의 정압 열전달 과정

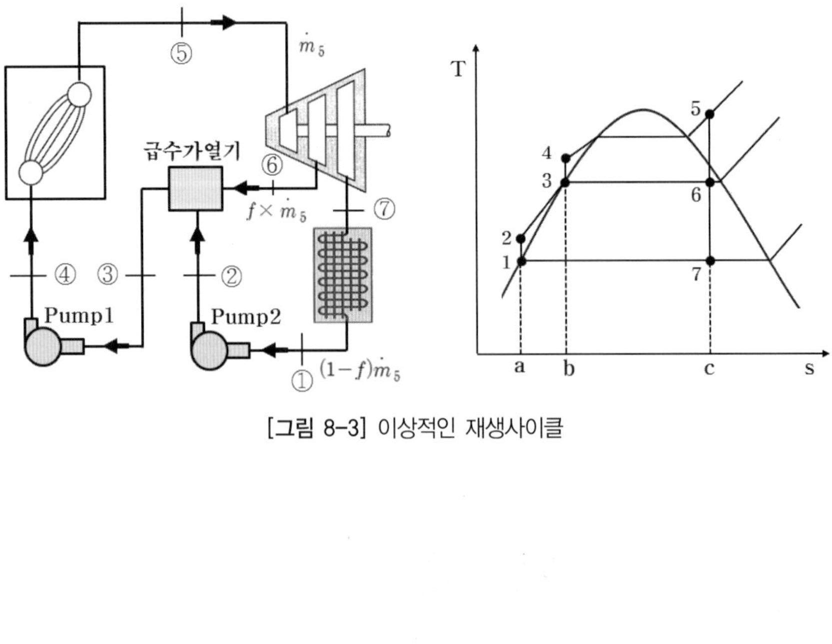

[그림 8-3] 이상적인 재생사이클

2 개방형 급수가열기

급수가열기의 목적은 보일러로 공급되는 물의 온도를 올리는 것이다. 이를 위하여 터빈에서 높은 온도(T_6)의 수증기를 일부 빼낸다. 그리고 1차 펌프로부터 배출된 낮은 온도(T_2)의 물과 혼합하면 물의 온도가 T_3으로 상승되어 결과적으로 보일러에 공급되는 물의 온도가 T_4로 올라간다.

급수가열기에서 개방형은 장치 내에서 증기와 액체가 직접 혼합되며, 밀폐형은 관으로 분리된 상태에서 증기와 액체 사이에 열전달이 일어나는 것을 의미한다. 터빈에서 급수가열기로 추출되는 수증기의 율을 [$f = \dot{m}_6/\dot{m}_5$]로 정의하면 [그림 8-3]의 개방형 급수가열기에 대한 열역학 제1법칙은 다음과 같이 정리된다.

$$\dot{m}_2 h_2 + \dot{m}_6 h_6 = \dot{m}_3 h_3$$

또는

$$(1-f)h_2 + fh_6 = h_3$$

따라서 터빈으로부터 추출되는 율(f)은 다음 식과 같이 계산된다. 여기서 상태 3은 포화액체로 제한한다.

$$f = \frac{\dot{m}_6}{\dot{m}_5} = \frac{h_3 - h_2}{h_6 - h_2} \tag{8-4}$$

3 해석

특별한 조건은 없으므로 사이클을 구성하는 모든 장치에서 운동에너지 및 위치에너지는 무시한다.

보일러, 응축기 및 펌프에 적용되는 식은 Rankine 사이클의 경우와 동일하다. 그러나 터빈의 경우 수증기 일부를 빼내기 때문에 터빈에 적용되는 식은 다르게 표현되어야 한다. 이러한 조건을 확인하여 각각의 장치에 대한 식을 정리하면 다음과 같다.

- 펌 프 : $w_{p1} = h_1 - h_2 = v_1(P_1 - P_2)$, $w_{p2} = h_3 - h_4 = v_3(P_3 - P_4)$ (8-5a)
- 보일러 : $q_b = h_5 - h_4$ (8-5b)
- 터 빈 : $w_t = (h_5 - h_6) + (1-f)(h_6 - h_7)$ (8-5c)
- 응축기 : $q_c = h_1 - h_7$ (8-5d)

4 효율

재생 사이클인 경우 각각의 요소에서 질량유량이 다르므로 효율은 다음과 같이 정의될 수 있다.

$$\eta = \frac{w_t - |w_p|}{q_b} = \frac{w_t - |(1-f)w_{p1} + w_{p2}|}{q_b} \tag{8-6}$$

참고 공기동력 사이클

공기동력 사이클은 작업유체로 이상기체인 공기를 사용하고 공기의 팽창을 이용하여 동력(축일)을 얻는 것이 목적이다. 종류에는 Brayton 사이클, 디젤 사이클, Otto 사이클 등이 있으며, 가스 터빈, 가솔린 엔진, 디젤엔진 등이 공기동력 사이클로 작동된다.

이와 같은 기관은 연소실(combustion chamber)에서 자체적으로 연소열을 생성하므로 내연 기관(internal combustion engine)이라고 부른다. 내연기관은 열역학적인 개방 사이클로 운전되지만 해석의 용이함을 위하여 밀폐 사이클(증기동력 사이클이 여기에 해당함)로 간주한다. 이상적인 공기동력 사이클은 다음의 가정에 근거하여 해석한다.

- 연소 과정은 외부 열원에 의한 가열 과정으로 대체된다[그림 8-4].
- 모든 과정은 내부적으로 가역과정이다.
- 때때로 공기의 비열은 일정하다고 가정한다.
- 개방 사이클이지만 배기 과정을 방열 과정으로 대체하는 밀폐 사이클로 가정한다.
- 전 사이클에 걸쳐 공기(이상기체)의 질량은 일정하다. 따라서 가솔린 엔진과 디젤 엔진인 경우 흡입 과정과 배기 과정은 없다.

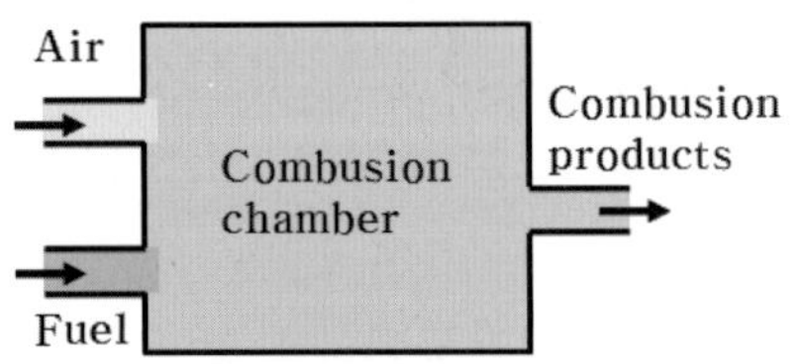

(a) 실제적인 과정

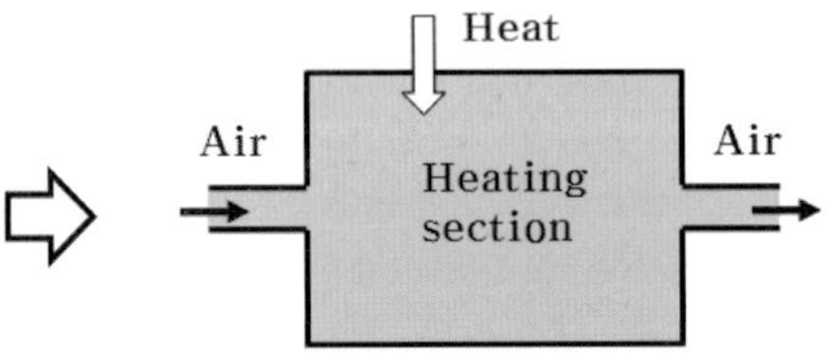

(b) 이상적인 과정

[그림 8-4] 연소 과정을 가열 과정으로 대체

8-4 | Brayton 사이클

1 사이클 구성

George Brayton은 1870년 자신이 개발한 왕복동형 엔진에 사용하기 위해 Brayton cycle을 제안하였다. 현재는 왕복동형이 아닌 회전형 기관에서만 사용된다. 따라서 Brayton 사이클을 가스 터빈(gas turbine)을 이상화한 사이클이라고 한다.

실제의 사이클은 압축기, 연소실, 터빈 등으로 구성되어 개방 사이클이지만 앞에서 언급한 바와 같이 밀폐 사이클로 가정한다. 과정은 Rankine 사이클과 동일하며, 작동유체만 공기일 뿐이다. 따라서 이상적인 Brayton 사이클은 2개의 가역단열 과정과 2개의 정압 열전달 과정으로 이루어진다.

사이클의 개략도 및 선도를 나타내면 [그림 8-5] 및 [그림 8-6]이며, 사이클을 구성하는 과정을 기술하면 다음과 같다.

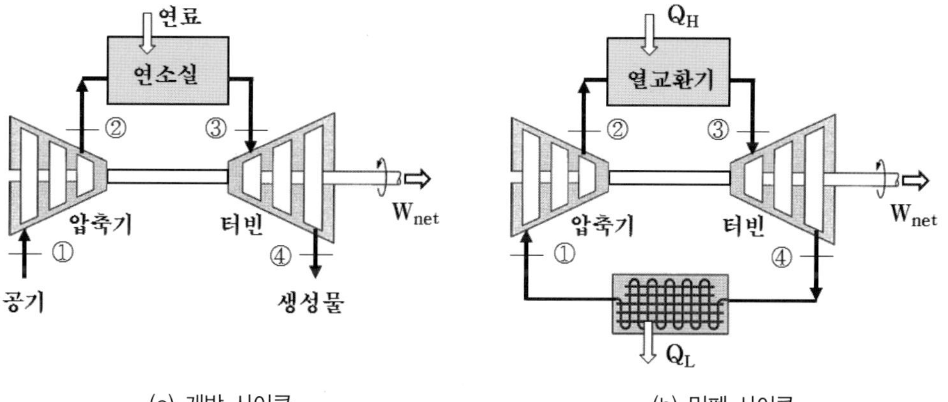

(a) 개방 사이클 (b) 밀폐 사이클

[그림 8-5] Brayton 사이클의 개략도

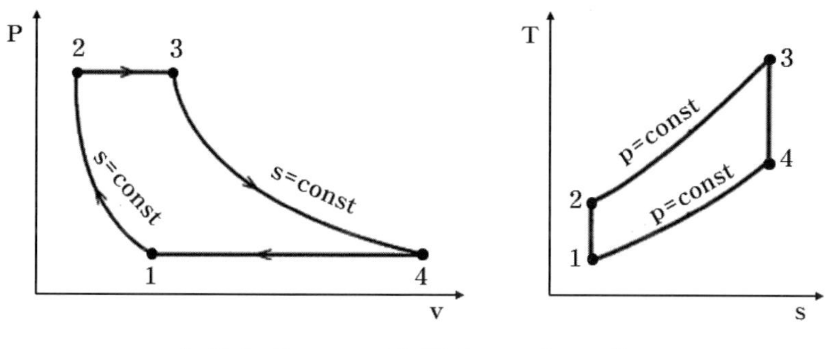

[그림 8-6] Brayton 사이클의 P-v 및 T-s 선도

- 과정[1-2] = 가역 단열(등엔트로피) 압축 과정
- 과정[2-3] = 정압 열전달(흡수) 과정
- 과정[3-4] = 가역 단열(등엔트로피) 팽창 과정
- 과정[4-1] = 정압 열전달(방출) 과정

2 해석

사이클을 구성하는 모든 장치는 정상상태로 작동하므로 정상유동에 대한 열역학 제1법칙을 적용한다. 장치의 입구와 출구에서 공기가 빠른 속도로 흐르지만 운동에너지는 엔탈피 차이(Δh)에 비해 매우 작기 때문에 무시한다. 비열은 일정하고 공기는 이상기체이며 양의 값을 취한다는 가정 하에 식은 다음과 같이 정리된다.

- 압축기 : $w_c = h_2 - h_1 = C_p(T_2 - T_1)$ (8-7a)
- 연소실 : $q_H = h_3 - h_2 = C_p(T_3 - T_2)$ (8-7b)
- 터 빈 : $w_t = h_3 - h_4 = C_p(T_3 - T_4)$ (8-7c)
- (열교환기) : $q_L = h_4 - h_1 = C_p(T_4 - T_1)$ (8-7d)

3 효율

공기동력 사이클의 작동 목적은 동력의 생산이므로 효율의 정의는 증기동력 사이클과 같다. 따라서 이상적인 Brayton 사이클의 효율은 다음과 같다.

$$\eta = \frac{Gain}{Cost} = \frac{w_{net}}{q_H} = \frac{q_H - q_L}{q_H} = 1 - \frac{q_L}{q_H}$$

$$= 1 - \frac{C_p(T_4 - T_1)}{C_p(T_3 - T_2)} = 1 - \frac{T_1(T_4/T_1 - 1)}{T_2(T_3/T_2 - 1)}$$

$P-v$ 선도로부터 $[P_3/P_4 = P_2/P_1]$의 관계가 성립하며, 과정 [1-2] 및 과정 [3-4]는 등엔트로피 과정이므로 등엔트로피 과정에 대한 $P-V-T$ 관계식 (7-21)을 이용하면 위의 식을 다음과 같이 수정할 수 있다.

$$\frac{P_2}{P_1} = \left(\frac{T_2}{T_1}\right)^{k/(k-1)} = \frac{P_3}{P_4} = \left(\frac{T_3}{T_4}\right)^{k/(k-1)}$$

$$\frac{T_3}{T_4} = \frac{T_2}{T_1} \quad \rightarrow \quad \frac{T_3}{T_2} = \frac{T_4}{T_1} \quad \text{그리고} \quad \frac{T_3}{T_2} - 1 = \frac{T_4}{T_1} - 1$$

따라서

$$\eta = 1 - \frac{T_1}{T_2} = 1 - \frac{1}{(P_2/P_1)^{(k-1)/k}} \tag{8-8}$$

즉, Brayton cycle의 효율은 등엔트로피 압력비(P_2/P_1)의 함수로 표현된다. 그러므로 압력비가 증가하면 사이클의 효율이 증가한다.

8-5 왕복 기관

1 개요

왕복 기관(기본적으로 실린더-피스톤 장치)은 매우 넓은 용도와 광범위한 응용 분야(승용차, 트럭, 선박, 경비행기, 발전기 등)를 갖고 있다.

[그림 8-7]은 왕복동식으로 작동하는 내연 기관의 내부 구조를 나타낸 것이다. 피스톤은 실린더 내에서 두 고정점(상사점과 하사점) 사이를 왕복하는데, 상사점과 하사점 사이의 거리를 행정(stroke)이라고 한다. 상사점(TDC : top dead center)은 실린더 내의 체적이 최소가 되는 피스톤 위치이며, 하사점(BDC : bottom dead center)은 체적이 최대가 되는 위치이다.

흡기 밸브(intake valve)는 공기 또는 공기-연료의 혼합물이 유입되는 곳이며, 배기 밸브(exhaust valve)는 연소 생성물이 배출되는 곳이다.

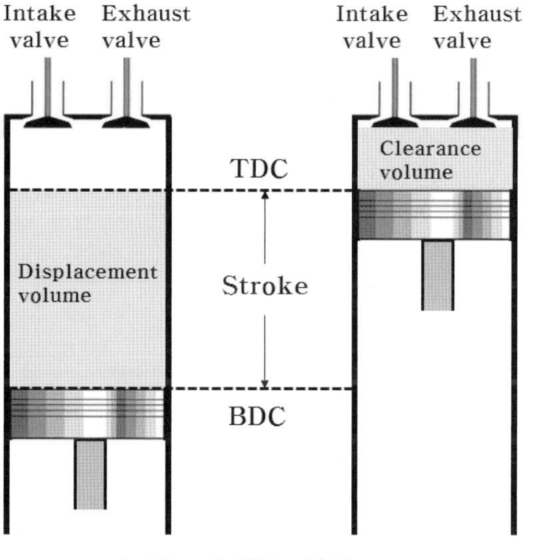

[그림 8-7] 왕복 기관의 구조

배기량(displacement volume)은 피스톤이 상사점과 하사점 사이를 움직일 때 피스톤이 밀어낸 체적이다. 그리고 압축비(compression ratio) r 은 실린더 내에서 최소 체적에 대한 최대 체적의 비로 정의되며 식은 다음과 같다. 여기서 압축비는 체적비(volume ratio)이지, 압력비(pressure ratio)가 아님을 조심해야 한다. 그리고 최소 체적을 간극체적(clearance volume)이라고 한다.

$$r = \frac{V_{\max}}{V_{\min}} = \frac{V_{BDC}}{V_{TDC}} \tag{8-9}$$

왕복 기관을 해석할 때 평균 유효 압력(P_{mep} : mean effective pressure)의 개념을 사용한다. 이는 가상의 압력이며, [그림 8-8]에 도시된 바와 같이 변화하는 압력의 평균값을 나타낸 압력이다. 따라서 피스톤의 왕복에 따른 순일은 다음 식과 같다.

$$W_{net} = mw_{net} = P_{mep}(V_{max} - V_{min}) \tag{8-10}$$

그리고 전체 기관에 대한 동력은 다음과 같이 계산된다.

$$\dot{W} = P_{mep}(V_{max} - V_{min})\frac{RPM}{60} \tag{8-11}$$

여기서 RPM(revolution per minute)은 분당 회전수이다. 4행정 기관에서는 한 사이클의 형성에 2회전이 필요하므로 위 결과에 1/2를 곱해야 한다.

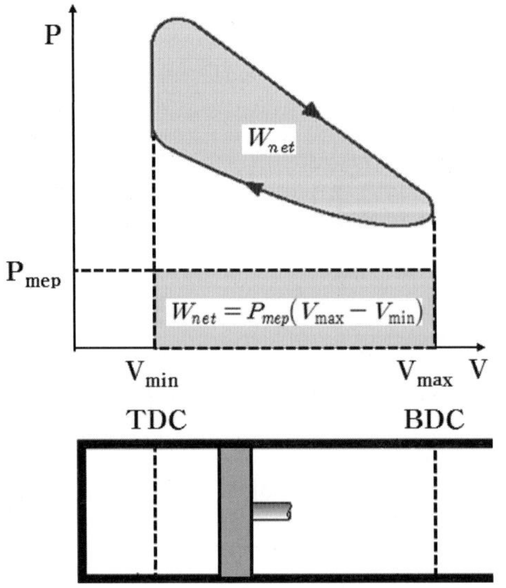

[그림 8-8] 평균유효압력의 개념

2 가솔린 엔진과 디젤 엔진의 비교

왕복 기관은 실린더 내에서 공기(또는 혼합물)의 연소되는 방법에 따라 불꽃점화 기관(spark ignition engine)과 압축착화 기관(compression ignition engine)으로 분류된다. 가솔린 엔진은 불꽃점화 기관(SI engine)이며, 디젤 엔진은 압축착화 기관(CI engine)이다.

SI기관에서 공기-연료 혼합물은 점화 플러그에 의해 점화되므로 연소시간이 매우 짧은 반면에, CI기관에서는 압축된 공기에 연료를 연속적으로 분사하면 자연 착화(self ignition)가 되기 때문에 연소시간이 상대적으로 길다.

SI기관에서는 혼합물이 압축될 때 지나치게 높은 압축비는 노킹이라는 현상을 초래하므로 압축비에 제한이 있지만 CI기관은 공기만을 압축하므로 압축비를 높일 수 있다. 따라서 CI기관은 높은 압축비 때문에 엔진의 구조가 튼튼해야 한다. 두 기관의 특성을 비교하면 |표 8-2|와 같다.

|표 8-2| 가솔린 엔진과 디젤 엔진의 비교

종류	점화 방식	점화 시간	점화 과정	압축비
가솔린 엔진	불꽃 점화	짧은 시간	정적 과정	낮음
디젤 엔진	자연 착화	긴 시간	정압 과정	높음

8-6 | Otto 사이클

1 사이클 구성

공기동력 Otto 사이클은 가솔린 엔진과 같이 불꽃 점화(spark ignition) 기관을 이상화시킨 사이클이다. 이는 독일의 공학자 N. A. Otto의 이름을 딴 것이며 Otto는 1876년 독일에서 4행정 기관을 성공적으로 제작하였다. 대부분의 불꽃점화 기관은 실린더 내에서 피스톤이 4번의 행정(2번의 크랭크축 회전)을 실행하므로 4행정 내연기관이라고 부른다.

왕복 기관을 해석할 때 흡기와 배기 과정은 생략하기로 가정하였기 때문에 사이클은 압축과정, 연소 과정, 팽창 과정 및 열방출 과정으로 구성된다. 그리고 연소는 매우 빠른 시간에 발생하므로 정적(정압이 아님) 과정으로 진행되며, 열방출도 정적과정으로 해석한다. 따라서 사이클은 2개의 등엔트로피 과정과 2개의 정적(정압이 아님) 열전달 과정으로 구성되며, 선도로 나타내면 [그림 8-9]이다. 이러한 상황을 고려하여 4개의 과정을 기술하면 아래와 같다.

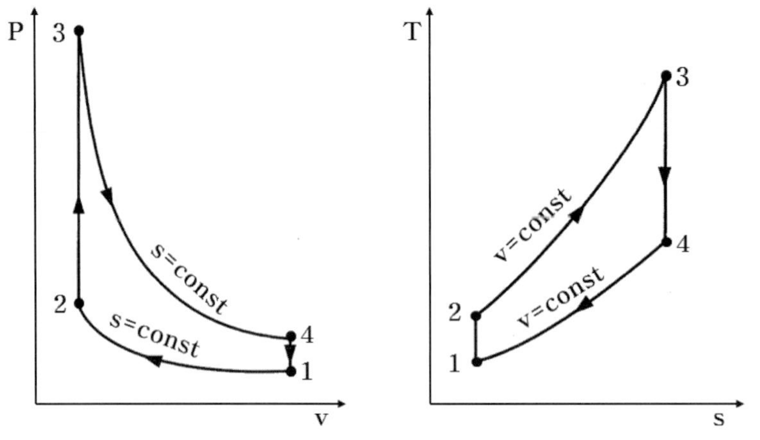

[그림 8-9] Otto 사이클의 선도

- 과정[1-2] = 등엔트로피 압축과정
- 과정[2-3] = 정적 열전달과정(점화 및 연소과정)
- 과정[3-4] = 등엔트로피 팽창과정
- 과정[4-1] = 정적 열방출 과정

2 해석

왕복 기관을 해석할 때 흡기와 배기 과정은 무시, 즉 실린더 내의 질량은 일정하다고 가정하였기 때문에 관심 대상은 밀폐계이다. 따라서 밀폐계에 대한 열역학 제1법칙을 사용한다. 여기서 비열은 일정하고 양의 값을 취한다고 가정한다. 열전달이 있는 과정에 제1법칙을 적용하고 정리하면 다음의 식을 얻을 수 있다.

- 연소 : $q_H = u_3 - u_2 = C_v(T_3 - T_2)$ (8-12a)
- 방출 : $q_L = u_4 - u_1 = C_v(T_4 - T_1)$ (8-12b)

따라서 단위 질량당의 순일 및 평균유효압력은 다음과 같이 계산된다.

$$w_{net} = q_H - q_L = P_{mep}(v_1 - v_2) = P_{mep}(v_4 - v_3) \tag{8-13a}$$

또는

$$P_{mep} = \frac{q_H - q_L}{v_1 - v_2} = \frac{w_{net}}{v_1 - v_2} = \frac{w_{net}}{v_4 - v_3} \tag{8-13b}$$

3 효율

공기의 비열은 일정하며, 이상기체의 등엔트로피 과정에 대한 $P-V-T$ 관계식 (7-21)을 이용하면 Otto 사이클에 대한 효율식을 얻을 수 있다. 여기서 유도 과정은 생략한다.

$$\eta = \frac{w_{net}}{q_H} = \frac{q_H - q_L}{q_H} = 1 - \frac{T_1}{T_2} = 1 - \frac{1}{(r_v)^{k-1}} \tag{8-14a}$$

여기서

$$r_v = \frac{V_{min}}{V_{max}} = \frac{V_1}{V_2} = \frac{V_4}{V_3} = \text{압축비} \tag{8-14b}$$

8-7 | 디젤 사이클

1 사이클 구성

디젤(Diesel) 사이클은 압축 착화(compression ignition) 기관에 대한 이상 사이클이다. 디젤 기관은 19세기 후반에 Rudolph Diesel에 의해 처음으로 제안되었다. 디젤 기관에서는 자연 착화에 의한 연소이므로 가솔린 기관에 비하여 연소 시간이 길다. 따라서 연소는 정압 과정으로 진행된다.

사이클은 2개의 등엔트로피 과정, 정압 열전달 과정 및 정적 열전달 과정으로 구성된다. 과정을 선도로 나타내면 [그림 8-10]과 같으며 내용은 다음과 같다.

- 과정[1-2] = 등엔트로피 압축 과정
- 과정[2-3] = 정압 열전달 과정(연소과정)
- 과정[3-4] = 등엔트로피 팽창 과정
- 과정[4-1] = 정적 열방출 과정

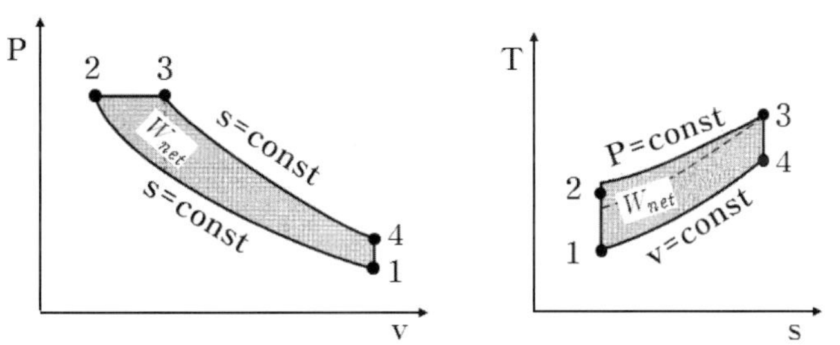

[그림 8-10] 디젤 사이클의 선도

2 해석

디젤기관도 가솔린 기관과 동일하게 밀폐계이므로 밀폐계의 열역학 제1법칙을 적용하면 다음의 결과식을 얻을 수 있다. 여기서 비열은 일정하며, 양의 값으로 처리한다고 가정한다.

- 연소 : $q_H = u_3 - u_2 + P_2(v_3 - v_2) = C_p(T_3 - T_2)$ (8–15a)
- 방출 : $q_L = u_4 - u_1 = C_v(T_4 - T_1)$ (8–15b)

디젤 기관의 연소는 정압 과정인 관계로 이동 경계일(PdV)이 추가되어야 한다. 그리고 단위 질량당의 순일(w_{net}) 및 평균유효압력(P_{mep})은 Otto 사이클과 동일한 방법으로 계산된다.

3 효율

공기의 비열은 일정하며, 이상기체의 등엔트로피 과정에 대한 $P-V-T$ 관계식 (7–21)을 이용하면 디젤 사이클에 대한 효율식을 얻을 수 있다. 여기서 유도 과정은 생략한다.

$$\eta = 1 - \frac{q_L}{q_H} = 1 - \frac{C_v(T_4 - T_1)}{C_p(T_3 - T_2)} = 1 - \frac{T_1(T_4/T_1 - 1)}{kT_2(T_3/T_2 - 1)}$$

또는

$$\eta = 1 - \frac{1}{r_v^{k-1}}\left\{\frac{r_c^k - 1}{k(r_c - 1)}\right\} \tag{8–16}$$

여기서 차단비(cut–off ratio) r_c는 실린더 내에서 연소 전후의 체적비이며 다음과 같이 정의된다.

$$r_c = \frac{V_3}{V_2} = \frac{v_3}{v_2} \tag{8–17}$$

즉, 디젤 기관의 효율은 압축비(r_v)와 차단비(r_c)로 정의되는데 차단비가 감소(연소시간 단축)할수록 효율은 증가한다. 식 (8–16)을 살펴보면 { }의 값은 항상 1보다 크므로 동일한 압축비로 작동할 때

$$\eta_{Otto} > \eta_{Diesel}$$

의 관계가 성립한다는 것을 알 수 있다. 그러나 디젤 기관은 훨씬 높은 압축비에서 작동하므로 가솔린 기관에 비하여 더 효율적이다.

8-8 | 증기 압축식 냉동 사이클

1 개요

냉동 사이클은 외부에서 동력을 공급하여 저온에서 고온으로 열을 전달하는 시스템이다. 사이클의 작동은 냉동 공간의 온도를 낮추기 위하여 공간으로부터 열을 뽑아내는 것이 목적이다.

냉동 사이클에 사용되는 작업유체는 냉매(refrigerant)로써 암모니아, R-12, R-22, R-134a, R-600a, R-410a 등이 있다. R-12, R-22에는 오존층을 파괴하고 지구 온난화를 유발하여 오존 파괴지수(ODP)와 지구온난화지수(GWP)가 낮은 R-600a와 R-410a의 사용이 증가하고 있다.

2 사이클 구성

사이클을 구성하는 주요 장치는 압축기, 응축기, 팽창밸브(또는 모세관), 증발기이다. 사이클의 유동과정을 설명하면 다음과 같다. 증발기에서 나온 포화증기는 압축기로 유입되고 가역단열 과정으로 압축된 후 과열증기 상태로 응축기에 유입된다. 냉매는 응축기에서 포화액체 상태로 응축되며 팽창밸브 내에서 팽창한 후 증발기로 유입된다.

지금까지 학습한 대부분의 사이클은 2개의 등엔트로피 과정과 2개의 정압 열전달 과정으로 구성되었다. 그러나 냉동 사이클인 경우 팽창밸브라는 요소가 있어 과정이 약간 다르다. 사이클의 구성 요소 및 선도를 나타내면 [그림 8-11]과 같다. 사이클을 구성하는 4개의 과정을 기술하면 아래와 같다.

- 과정[1-2] = 가역단열 압축 과정(압축기)
- 과정[2-3] = 정압 열방출 과정(응축기)
- 과정[3-4] = 단열 교축 과정(모세관)
- 과정[4-1] = 정압 열흡수 과정(증발기)

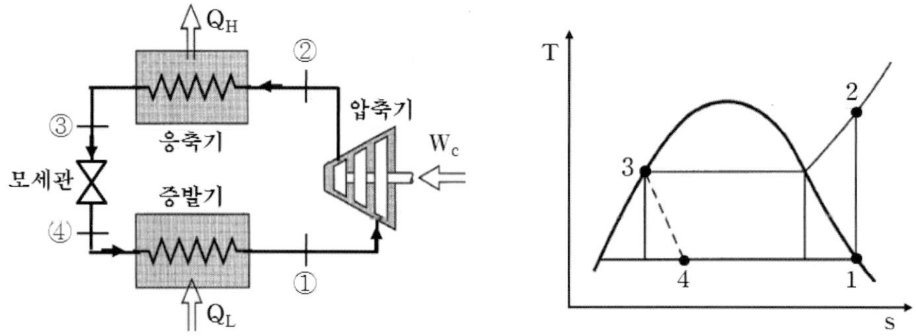

[그림 8-11] 이상적인 증기압축 냉동 사이클

특히 모세관에서의 유동은 비가역 과정으로써 등엔탈피 과정($\Delta h = 0$)의 특성을 나타낸다. 구성 요소에 열역학 제1법칙을 적용하고 양의 값을 취한 후 정리하면 결과 식은 다음과 같다.

- 압축기 : $w_{comp} = h_2 - h_1$ (8-18a)
- 응축기 : $q_H = q_{cond} = h_2 - h_3$ (8-18b)
- 모세관 : $h_3 = h_4$ (8-18c)
- 증발기 : $q_L = q_{evap} = h_1 - h_4$ (8-18d)

3 성능계수

냉동 시스템의 성능은 효율이 아닌 성능계수 또는 성적계수(coefficient of performance), β(또는 COP)로 나타내며, 다음과 같이 정의한다.

$$\beta = COP = \frac{gain}{cost} = \frac{q_L}{w_c} = \frac{h_1 - h_4}{h_2 - h_1} \tag{8-19}$$

냉동기의 크기는 [냉동용량 $= \dot{m} \times q_{evap} = \dot{Q}_L$]로 정의되는 냉동용량으로 나타낼 수 있다. 여기서 $\dot{m}$은 냉매의 질량유량을 의미한다. 실제 사이클에서는 유체유동에 의한 압력강하, 주위로의 열전달, 비가역성 등이 존재하기 때문에 이상 사이클과 차이가 있다.

[그림 8-12]는 실제 냉동기의 구성 회로도를 나타낸 것이다. 주요 장치인 압축기, 응축기, 팽창밸브, 증발기 외에 다른 장치가 포함되어 있는데, 이는 냉동 사이클의 원활한 작동을 위하여 설치된 요소들이다.

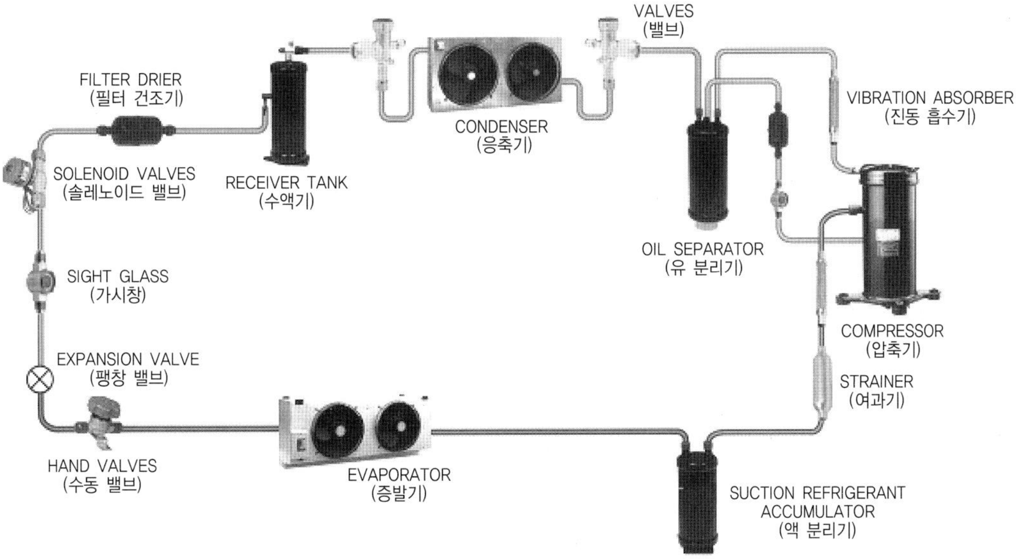

[그림 8-12] 실제 냉동 사이클의 회로도

8-9 | 예제 풀이A(계산기 : 사이클)

예제 8-1A Rankine 사이클

작동유체가 수증기인 Rankine 사이클을 고려한다. 보일러에서 생산된 증기의 상태는 4MPa, 400℃이며, 응축기 압력은 10kPa이다. (a) 각 점에서의 엔탈피 및 (b) 사이클의 효율을 구하라.

풀이 (a) [그림 8-1]을 참고하면 다음과 같이 각 점에서의 엔탈피를 구할 수 있다.

1점 : $h_1 = h_{f,10kPa} = 191.81kJ/kg$

2점 : $w_p = h_1 - h_2 = v_1(P_1 - P_2)$ (8-1a)

$$h_2 = h_1 + v_1(P_2 - P_1) = 191.81 + 0.00101(4000 - 10) = 195.84kJ/kg$$

3점 : $h_3 = h(4MPa, 400℃) = 3213.51kJ/kg$

4점 : $h_4 = h(10kPa, s_3 = s_4 = 6.7689kJ/kgK)$

$$s_4 < s_{g,10kPa} = 8.1501kJ/kgK \Rightarrow 4점=포화상태$$

$$x_4 = \left(\frac{s_4 - s_{f,4}}{s_{g,4} - s_{f,4}}\right)_{10kPa} = \frac{6.7689 - 0.6492}{8.1501 - 0.6492} = 0.8159$$

$$h_4 = h_{f,4} + x_4(h_{g,4} - h_{f,4}) = 191.81 + 0.8159(2584.63 - 191.81)$$
$$= 2144.11kJ/kg$$

(b) $\eta = \dfrac{w_t - |w_p|}{q_b} = \dfrac{(h_3 - h_4) - (h_2 - h_1)}{h_3 - h_2}$ (8-2)

$$= \frac{(3213.51 - 2144.11) - (195.84 - 191.81)}{3213.51 - 195.84} = 0.353 = 35.3\%$$

예제 8-2A 재열사이클

터빈 입구의 상태와 응축기 압력은 앞 예제의 Rankine 사이클과 동일하다. 과열증기는 터빈에서 400kPa까지 1차 팽창한 후 보일러에서 400℃로 재가열된다. (a) 각 점에서의 엔탈피 및 (b) 사이클의 효율을 구하라.

풀이 (a) [그림 8-2]를 참고하면 다음과 같이 각 점에서의 엔탈피를 구할 수 있다.

1점 : $h_1 = h_{f,10kPa} = 191.81kJ/kg$

2점 : $w_p = h_1 - h_2 = v_1(P_1 - P_2)$

$h_2 = h_1 + v_1(P_2 - P_1) = 191.81 + 0.00101(4000 - 10) = 195.84kJ/kg$

3점 : $h_3 = h(4MPa,\ 400℃) = 3213.51kJ/kg$

4점 : $h_4 = h(400kPa,\ s_3 = s_4 = 6.7689kJ/kgK)$

$s_4 < s_{g,400kPa} = 6.8958kJ/kgK \quad \Rightarrow \quad$ 4점=포화상태

$$x_4 = \left(\frac{s_4 - s_{f,4}}{s_{g,4} - s_{f,4}}\right)_{400kPa} = \frac{6.7689 - 1.7766}{6.8958 - 1.7766} = 0.9752$$

$$h_4 = h_{f,4} + x_4(h_{g,4} - h_{f,4}) = 604.73 + 0.9752(2738.53 - 604.73)$$
$$= 2685.61kJ/kg$$

5점 : $h_5 = h(400kPa,\ 400℃) = 3273.41kJ/kg$

6점 : $h_6 = h(10kPa,\ s_5 = s_6 = 7.8984kJ/kgK)$

$s_6 < s_{g,10kPa} = 8.1501kJ/kgK \quad \Rightarrow \quad$ 6점=포화상태

$$x_6 = \left(\frac{s_6 - s_{f,6}}{s_{g,6} - s_{f,6}}\right)_{10kPa} = \frac{7.8984 - 0.6492}{8.1501 - 0.6492} = 0.9664$$

$$h_6 = h_{f,6} + x_6(h_{g,6} - h_{f,6}) = 191.81 + 0.9664(2584.63 - 191.81)$$
$$= 2504.23kJ/kg$$

(b) $$\eta = \frac{w_t - |w_p|}{q_b} = \frac{(h_3 - h_4) + (h_5 - h_6) - (h_2 - h_1)}{(h_3 - h_2) + (h_5 - h_4)}$$

여기서

$w_t = (3213.51 - 2685.61) + (3273.41 - 2504.23) = 1297.08kJ/kg$

$w_p = 195.84 - 191.81 = 4.03kJ/kg$

$q_b = (3213.51 - 195.84) + (3273.41 - 2685.61) = 3605.47kJ/kg$

따라서

$$\eta = \frac{1297.08 - 4.03}{3605.47} = 0.359 = 35.9\%$$

즉, 앞의 Rankine 사이클과 비교하면 재열에 의한 효율 증가는 미미하나 터빈 출구에서 수증기의 습분은 상당히 감소(건도 증가)하였다.

예제 8-3A 재생사이클

터빈 입구의 상태와 응축기 압력은 앞 예제의 Rankine 사이클과 동일하다. 과열증기는 터빈에서 400kPa까지 1차 팽창한 후 일부는 추출되어 개방형 급수가열기로 공급되고 나머지는 터빈에서 10kPa까지 2차 팽창한 후 응축기로 흘러간다. (a) 각 점에서의 엔탈피, (b) 수증기의 추출률, (c) 사이클의 효율을 구하라.

풀이 (a) [그림 8-3] 및 앞의 예제 8-1A와 8-2A의 결과를 참조하면 다음과 같다.

$h_1 = 191.81kJ/kg$, $h_5 = 3213.51kJ/kg$, $h_6 = 2685.61kJ/kg$

$h_7 = 2144.11kJ/kg$

그리고

2점 : $w_{p1} = h_1 - h_2 = v_1(P_1 - P_2)$

$h_2 = h_1 + v_1(P_2 - P_1) = 191.81 + 0.00101(400 - 10) = 192.20kJ/kg$

3점 : $h_3 = h_{f,400kPa} = 604.73kJ/kg$

4점 : $w_{p2} = h_3 - h_4 = v_3(P_3 - P_4)$

$h_4 = h_3 + v_3(P_4 - P_3) = 604.73 + 0.001084(4000 - 400) = 608.63kJ/kg$

(b) $f = \frac{\dot{m}_6}{\dot{m}_5} = \frac{h_3 - h_2}{h_6 - h_2} = \frac{604.73 - 192.2}{2685.61 - 192.2} = 0.1654$

(c) $$\eta = \frac{w_t - |w_p|}{q_b} = \frac{w_t - |(1-f)w_{p1} + w_{p2}|}{q_b} \quad (8-6)$$

여기서

$w_t = (h_5 - h_6) + (1-f)(h_6 - h_7)$

$= (3213.51 - 2685.61) + (1 - 0.1654)(2685.61 - 2144.11)$

$= 979.84kJ/kg$

$w_{p1} = 192.2 - 191.81 = 0.39kJ/kg$

$w_{p2} = 608.63 - 604.73 = 3.9\,kJ/kg$

$q_b = h_5 - h_4 = 3213.51 - 608.63 = 2604.88kJ/kg$

따라서

$\eta = \frac{979.84 - (1 - 0.1654)0.39 - 3.9}{2604.88} = 0.375 = 37.5\%$

즉, Rankine 사이클의 효율(35.3%)에 비해 약간 증가했다.

예제 8-4A Brayton 사이클

공기는 100kPa, 290K의 상태로 압축기에 유입되어 압축된 후 1000kPa의 압력으로 유출된다. 연소실에 유입된 공기는 1300K의 온도까지 가열된다. 비열은 일정한 것으로 가정하고, (a) 각 점의 온도, (b) 단위질량당의 압축기일 및 터빈일, (c) 사이클 효율을 구하라.

풀이 (a) [그림 8-5] 및 [그림 8-6]을 참조하여 다음과 같이 계산한다. 여기서 과정 1-2 및 3-4는 등엔트로피 과정이므로 식 (7-21)을 사용할 수 있다.

$$\frac{T_2}{T_1} = \left(\frac{P_2}{P_1}\right)^{(k-1)/k} = \left(\frac{v_1}{v_2}\right)^{k-1} \quad (7-21)$$

2점 : $T_2 = T_1\left(\frac{P_2}{P_1}\right)^{(k-1)/k} = 290\left(\frac{1000}{100}\right)^{0.4/1.4} = 559.9K$ [A-3 : $k_{air} = 1.4$]

3점 : $T_3 = 1300K$

4점 : $\frac{T_3}{T_4} = \left(\frac{P_3}{P_4}\right)^{(k-1)/k} \rightarrow T_4 = \frac{T_3}{(P_3/P_4)^{(k-1)/k}}$

$$T_4 = \frac{T_3}{(P_2/P_1)^{(k-1)/k}} = \frac{1300}{(10)^{0.4/1.4}} = 673.3K$$

(b) $w_c = h_2 - h_1 = c_p(T_2 - T_1) = 1.004(559.9 - 100) = 461.7kJ/kg$

$w_t = h_3 - h_4 = c_p(T_3 - T_4) = 1.004(1300 - 673.3) = 629.2kJ/kg$

(c) $\eta = 1 - \frac{T_1}{T_2} = 1 - \frac{1}{(P_2/P_1)^{(k-1)/k}} = 1 - \frac{1}{10^{0.4/1.4}} = 0.482 = 48.2\%$

예제 8-5A Otto 사이클

공기표준 Otto 사이클에서 압축을 시작할 때의 공기는 100kPa, 290K이며, 압축비(r_v)는 10이다. 연소과정에서 발생하는 열량은 1900kJ/kg이며 비열은 일정한 것으로 가정한다. (a) 각 점의 압력, 온도 및 비체적, (b) 평균유효압력(P_{mep}), (c) 열효율을 구하라.

풀이 (a) [그림 8-9]를 참고하여 다음과 같이 계산한다. 여기서 과정 1-2 및 3-4는 등엔트로피 과정이므로 식 (7-21)을 사용할 수 있다.

$$\frac{T_2}{T_1} = \left(\frac{P_2}{P_1}\right)^{(k-1)/k} = \left(\frac{v_1}{v_2}\right)^{k-1} \qquad (7-21)$$

1점 : $P_1 = 100kPa,\ T_1 = 290K$

$$v_1 = \frac{RT_1}{P_1} = \frac{0.287(290)}{100} = 0.8323m^3/kg$$

2점 : $P_2 = P_1\left(\frac{v_1}{v_2}\right)^k = P_1(r_v)^k = 100(10)^{1.4} = 2512kPa$

$$T_2 = T_1\left(\frac{v_1}{v_2}\right)^{k-1} = T_1(r_v)^{k-1} = 290(10)^{0.4} = 728.4K$$

$$v_2 = \frac{v_1}{10} = \frac{0.8323}{10} = 0.0832m^3/kg$$

3점 : $q_H = u_3 - u_2 = C_v(T_3 - T_2)$

$$T_3 = T_2 + \frac{q_H}{C_v} = 728.4 + \frac{1900}{0.717} = 3378.3K$$

$$v_2 = v_3 = 0.0832m^3/kg$$

$$P_3 = \frac{RT_3}{v_3} = \frac{0.287(3378.3)}{0.0832} = 11.654MPa$$

4점 : $\frac{P_3}{P_4} = \left(\frac{v_4}{v_3}\right)^k = \left(\frac{v_1}{v_2}\right)^k = (r_v)^k = (10)^{1.4} = 25.12 \rightarrow P_4 = 464kPa$

$$\frac{T_3}{T_4} = \left(\frac{P_3}{P_4}\right)^{(k-1)/k} = \left(\frac{11.654}{0.464}\right)^{0.4/1.4} = 2.512 \rightarrow T_4 = 1344.9K$$

$v_4 = v_1 = 0.8323m^3/kg$

(b) $q_L = C_v(T_1 - T_4) = 0.717(290 - 1344.9) = -756.4kJ/kg$

$$P_{mep} = \frac{q_H - |q_L|}{v_1 - v_2} = \frac{1900 - 756.4}{0.8323 - 0.0832} = 1527kPa$$

(c) $\eta = \dfrac{w_{net}}{q_H} = 1 - \dfrac{1}{(r_v)^{k-1}} = 1 - \dfrac{1}{10^{0.4}} = 0.602 = 60.2\%$

예제 8-6A 디젤 사이클

공기표준 디젤 사이클에서 압축을 시작할 때의 공기는 100kPa, 290K이며, 압축비(r_v)는 18이다. 연소과정에서 발생하는 열량은 1900kJ/kg이며 비열은 일정한 것으로 가정한다. (a) 각 점의 압력, 온도 및 비체적, (b) 평균유효압력(P_{mep}), (c) 열효율을 구하라.

풀이 (a) 앞 예제의 결과 및 [그림 8-10]을 참고하여 다음과 같이 계산한다.

1점 : $P_1 = 100kPa,\ T_1 = 290K,\ v_1 = 0.8323m^3/kg$

2점 : $P_2 = P_1\left(\dfrac{v_1}{v_2}\right)^k = P_1(r_v)^k = 100(18)^{1.4} = 5.720MPa$

$$T_2 = T_1\left(\frac{v_1}{v_2}\right)^{k-1} = T_1(r_v)^{k-1} = 290(18)^{0.4} = 921.5K$$

$$v_2 = \frac{v_1}{18} = \frac{0.8323}{18} = 0.04624m^3/kg$$

3점 : $P_3 = P_2 = 5.720MPa$

$$q_H = C_p(T_3 - T_2) \rightarrow T_3 = T_2 + \frac{q_H}{C_p} = 921.5 + \frac{1900}{1.004} = 2814K$$

$$v_3 = \frac{RT_3}{P_3} = \frac{0.287(2814)}{5720} = 0.14119m^3/kg$$

4점 : $\dfrac{P_3}{P_4} = \left(\dfrac{v_4}{v_3}\right)^k = \left(\dfrac{0.8323}{0.14119}\right)^{1.4} = 11.986 \rightarrow P_4 = 477kPa$

$$\frac{T_3}{T_4} = \left(\frac{v_4}{v_3}\right)^{k-1} = \left(\frac{0.8323}{0.14119}\right)^{0.4} = 2.033 \rightarrow T_4 = 1384.2K$$

$v_4 = v_1 = 0.8323m^3/kg$

(b) $q_L = C_v(T_1 - T_4) = 0.717(290 - 1384.2) = -784.5kJ/kg$

$$P_{mep} = \frac{q_H - |q_L|}{v_1 - v_2} = \frac{1900 - 784.5}{0.8323 - 0.04624} = 1419kPa$$

(c) $\eta = \dfrac{w_{net}}{q_H} = \dfrac{q_H - q_L}{q_H} = \dfrac{1900 - 784.5}{1900} = 0.587 = 58.7\%$

예제 8-7A 증기압축식 냉동 사이클

작동유체가 냉매 R-134a인 냉동 사이클에서 응축기 압력은 1000kPa이며, 증발기 온도는 -20℃이다. 냉매의 질량유량은 0.4kg/s이다. (a) 각 점에서의 엔탈피, (b) 성능계수, (c) 냉동용량($\dot{Q}_L$)을 결정하라.

풀이 (a) [그림 8-11]을 참조하여 다음과 같이 계산한다.

1점 : $h_1 = h_{g,-20℃} = 386.08kJ/kg$, $s_1 = 1.7395kJ/kgK$

2점 : $h_2 = h(1000kPa,\ s_2 = s_1)$ ⇒ 보간법 필요

$h_2 = 428.1kJ/kg$

3점 : $h_3 = h_{f,1000kPa} = 255.5kJ/kg$

4점 : $h_4 = h_3 = 255.5kJ/kg$

(b) $\beta = COP = \dfrac{q_L}{w_c} = \dfrac{h_1 - h_4}{h_2 - h_1} = \dfrac{386.08 - 255.5}{428.1 - 386.08} = 3.108$

(c) 냉동용량 $= \dot{Q}_L = \dot{m} \times q_{evap} = 0.04(386.08 - 255.5) = 5.22kW$

8-10 | 예제 풀이B(엑셀 : 사이클)

예제 8-1B 재열 사이클

앞의 예제 8-2A의 풀이 과정을 엑셀로 대체하면 쉽게 문제를 해결할 수 있다. 먼저 주어진 조건에 따라 데이터와 식을 정리하고 워크시트를 작성한 후 계산한다.

풀이 (a) 데이터 정리

$P_1 = 10kPa$, $P_2 = 4000kPa$, $h_1 = 191.81kJ/kg$, $v_1 = 0.00101m^3/kg$

$h_3 = 3213.51kJ/kg$, $h_{f4} = 604.73kJ/kg$, $h_{g4} = 2738.53kJ/kg$

$s_4 = 6.7689kJ/kgK$, $s_{f4} = 1.7766kJ/kgK$, $s_{g4} = 6.8958kJ/kgK$

$h_5 = 3273.41kJ/kg$, $h_{f6} = 191.81$, $h_{g6} = 2584.63kJ/kg$

$s_6 = 7.8984kJ/kgK$, $s_{f6} = 0.6492kJ/kgK$, $s_{g6} = 8.1501kJ/kgK$

(b) 식 정리 및 계산 순서

$$h_2 = h_1 + v_1(P_2 - P_1) \rightarrow x_4 = \left(\frac{s_4 - s_{f,4}}{s_{g,4} - s_{f,4}}\right) \rightarrow h_4 = h_{f,4} + x_4(h_{g,4} - h_{f,4}) \rightarrow$$

$$x_6 = \left(\frac{s_6 - s_{f,6}}{s_{g,6} - s_{f,6}}\right) \rightarrow h_6 = h_{f,6} + x_6(h_{g,6} - h_{f,6}) \rightarrow w_t = (h_3 - h_4) + (h_5 - h_6) \rightarrow$$

$$w_p = h_2 - h_1 \rightarrow q_b = (h_3 - h_2) + (h_5 - h_4) \rightarrow \eta = (w_t - w_p)/q_b$$

(c) 워크시트 작성 및 계산

다음과 같이 데이터를 입력하고 식 순서에 따라 계산하면 결과를 얻을 수 있다.

	A	B	C	D	E	F	G	H
1	<재열사이클>							
2		[데이터 입력]			[데이터 입력]			[계 산]
3	p1[kPa]	10		s4	6.7689		h2	195.8399
4	p2[kPa]	4000		sf4	1.7766		x4	0.975211
5	h1[kJ/kg]	191.81		sg4	6.8958		h4	2685.635
6	v1[m^3/kg]	0.00101		h5	3273.41		x6	0.966444
7	h3	3213.51		hf6	191.81		h6	2504.337
8	hf4	604.73		hg6	2584.63		wt	1296.948
9	hg4	2738.53		s6	7.8984		wp	4.0299
10				sf6	0.6492		qb	3605.445
11				sg6	8.1501		eta	0.358602

즉, 사이클의 효율은 35.9%이며 앞의 결과와 일치한다.

한편, 재열사이클의 해석과정을 워크시트로 작성하여 보관하면 조건이 변할 때(예를 들어, 응축기 압력) 몇 개의 자료만을 수정함으로써 결과를 쉽게 얻을 수 있다.

예제 8-2B 디젤 사이클

앞의 예제 8-6A를 고려한다. 압축을 시작할 때의 공기는 100kPa, 290K이고 연소과정에서 발생하는 열량은 1900kJ/kg이며 비열은 일정한 것으로 가정한다. 압축비의 범위 $10 < r_v < 20$에 대하여 열효율을 구하라.

풀이 예제 8-6A의 결과를 참조하여 데이터와 식을 정리하고 워크시트를 작성한 후 계산한다.

(a) 데이터 정리

$P_1 = 100kPa,\ T_1 = 290K,\ q_H = 1900kJ/kg,\ 10 \le r_v \le 20$

$C_p = 1.004kJ/kgK,\ C_v = 0.717kJ/kgK,\ R = 0.287kJ/kgK,\ k = 1.4$

(b) 식 정리 및 계산 순서

$$v_1 = \frac{RT_1}{P_1} \rightarrow P_2 = P_1(r_v)^k \rightarrow T_2 = T_1(r_v)^{k-1} \rightarrow T_3 = T_2 + \frac{q_H}{C_p} \rightarrow$$

$$P_3 = P_2 \rightarrow v_3 = \frac{RT_3}{P_3} \rightarrow v_4 = v_1$$

$$T_4 = \frac{T_3}{(v_4/v_3)^{k-1}} \rightarrow q_L = C_v(T_1 - T_4) \rightarrow \eta = \frac{q_H - q_L}{q_H}$$

(c) 워크시트 작성 및 계산

다음과 같이 데이터를 입력하고 식 순서에 따라 계산하면 결과를 얻을 수 있다. 여기서 입력 데이터는 식에 대입할 때 고정되어야 하므로 "$"를 붙여야 한다. 예를 들어 P_2인 경우 "=$B$3*C3^$B$9"로, T_4인 경우 "=F3/($B$12/H3)^($B$9-1)"로 표현되어야 한다.

	A	B	C	D	E	F	G	H	I	J	K
1	<디젤 사이클>										
2		[data]	[압축비]	p2	T2	T3	p3	v3	T4	qL	eta
3	p1[kPa]	100	10	2511.886	728.4471	2620.877	2511.886	0.299453	1741.27	1040.561	0.452336
4	T1[K]	290	11	2870.448	756.7546	2649.185	2870.448	0.264877	1675.784	993.6072	0.477049
5	qH	1900	12	3242.304	783.5568	2675.987	3242.304	0.236871	1618.739	952.7061	0.498576
6	cp	1.004	13	3626.776	809.05	2701.48	3626.776	0.213778	1568.466	916.6599	0.517547
7	cv	0.717	14	4023.271	833.3918	2725.822	4023.271	0.194447	1523.722	884.5783	0.534432
8	R	0.287	15	4431.265	856.7113	2749.142	4431.265	0.178054	1483.562	855.7838	0.549587
9	k	1.4	16	4850.293	879.1156	2771.546	4850.293	0.163997	1447.253	829.7505	0.563289
10			17	5279.934	900.6946	2793.125	5279.934	0.151825	1414.217	806.0632	0.575756
11	v1	0.8323	18	5719.809	921.5247	2813.955	5719.809	0.141194	1383.988	784.3891	0.587164
12	v4	0.8323	19	6169.572	941.6715	2834.102	6169.572	0.131839	1356.19	764.4579	0.597654
13			20	6628.908	961.1917	2853.622	6628.908	0.123548	1330.513	746.0476	0.607343

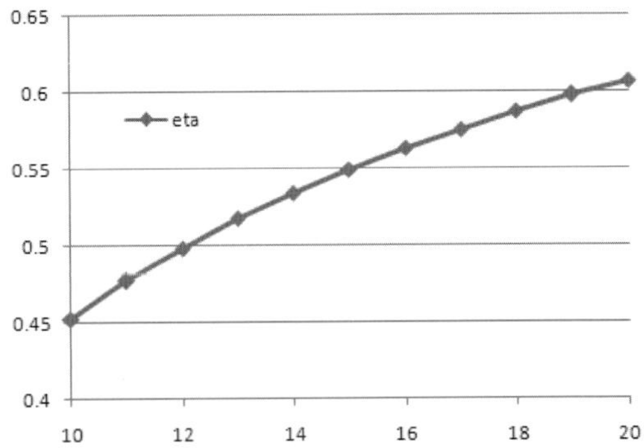

즉, 압축비 $r_v=18$일 때 효율은 58.7%이며 이는 앞의 결과와 일치한다. 그리고 디젤 사이클의 효율은 압축비가 증가할수록 좋아진다.

예제 8-3B 증기압축식 냉동 사이클

앞의 예제 8-7A를 고려한다. 냉매 R-134a인 냉동 사이클에서 응축기 압력은 1000kPa이고, 증발기 온도는 −20℃이며, 냉매의 질량유량은 0.4kg/s이다. 성능계수를 구하라.

풀이 (a) 데이터 정리

$h_1=386.08kJ/kg$, $s_1=1.7395kJ/kgK$, $h_3=h_4=255.5kJ/kg$

(b) 워크시트 작성 및 계산

2점의 엔탈피는 보간법이 필요하므로 MathExcel 함수 "mxCubicSpline"을 사용하여 값을 구한다.

1) 데이터 입력
2) F5 cell에 "=mxCubicSpline(E5,$B$4:$B$6,$C$4:$C$6)" 입력 > [Enter]
3) F8 cell에서 COP 계산

F5 | fx =mxCubicSpline(E5,$B$4:$B$6,$C$4:$C$6)

	A	B	C	D	E	F	G	H
1	<냉동 사이클>							
2		[1000kPa]				mxCubicSpline 함수		
3	T[C]	h[kJ/kg]	s[kJ/kgK]		s=	h2=		
4	40	420.25	1.7148					
5	50	431.24	1.7494		1.7395	428.0608		
6	60	441.89	1.7818					
7								
8	h1	386.08	h4	255.5	COP=	3.110467		

즉, 보간법으로 계산한 값은 $h_2=428.06kJ/kg$이며, 성능계수는 $COP=3.11$이다. 앞의 결과와 일치함을 알 수 있다.

연습문제 A(계산기)

8-1A 이상적인 Rankine 사이클을 고려한다. 보일러에서 생산된 증기의 상태는 3.5MPa, 400℃이며, 응축기 압력은 10kPa이다. (a) 각 점에서의 엔탈피 및 (b) 사이클의 효율을 구하라.

8-2A 이상적인 재열사이클에서 고압 터빈의 입구 상태는 3.5MPa, 400℃이며, 출구 압력은 800kPa이다. 이 후 증기는 보일러에서 400℃로 재열되고 저압 터빈에서 10kPa로 팽창된다. (a) 각 점에서의 엔탈피 및 (b) 사이클의 효율을 구하라.

8-3A 이상적인 재열사이클에서 고압 터빈의 입구 상태는 3.5MPa, 400℃이며, 출구 압력은 500kPa이다. 이 후 증기는 보일러에서 400℃로 재열되고 저압 터빈에서 10kPa로 팽창된다. (a) 각 점에서의 엔탈피 및 (b) 사이클의 효율을 구하라.

8-4A 이상적인 재생사이클에서 고압 터빈의 입구 상태는 3.5MPa, 400℃이며, 응축기 압력은 10kPa이다. 과열증기는 터빈에서 800kPa까지 1차 팽창한 후 일부는 추출되어 개방형 급수가열기로 공급되고 나머지는 터빈에서 2차 팽창한 후 응축기로 흘러간다. 가열기 출구에서 급수는 포화액체이다. (a) 각 점에서의 엔탈피, (b) 수증기의 추출률, (c) 사이클의 효율을 구하라.

8-5A 이상적인 공기표준 Brayton 사이클에서 공기는 100kPa, 290K의 상태로 압축기에 유입되고, 1200kPa의 압력으로 유출된다. 연소실에 유입된 공기는 1350K의 온도까지 가열된다. 공기의 질량유량은 8kg/s이고 비열은 일정한 것으로 가정한다. (a) 각 점의 온도, (b) 압축기일 및 터빈일, (c) 사이클 효율을 구하라.

8-6A 앞의 문제 8-5A에서 비열변화(|부록, 표 A-5|)를 고려하여 문제를 반복하라.

8-7A 공기표준 Otto 사이클에서 압축을 시작할 때의 공기는 90kPa, 15℃이며, 압축비(r_v)는 7이다. 연소과정에서 발생하는 열량은 1800kJ/kg이며 비열은 일정한 것으로 가정한다. (a) 각 점의 온도, (b) 평균유효압력(P_{mep}), (c) 열효율을 구하라.

8-8A 공기표준 Otto 사이클에서 압축을 시작할 때의 공기는 90kPa, 290K이며, 압축비(r_v)는 9이다. 사이클의 최고온도는 1800K이며, 비열은 일정하다. (a) 각 점의 온도, (b) 평균유효압력(P_{mep}), (c) 열효율을 구하라.

8-9A 공기표준 디젤 사이클에서 압축을 시작할 때의 공기는 90kPa, 290K이다. 최고압력은 6MPa이며, 최고온도는 2500K이다. 비열이 일정할 때, (a) 압축비(r_v), (b) 열효율을 구하라.

8-10A 공기표준 디젤 사이클에서 압축을 시작할 때의 공기는 90kPa, 290K, 0.5L이며, 압축비(r_v)는 20이다. 사이클의 최고온도는 1800K이며, 비열은 일정한 것으로 가정한다. (a) 각 점의 온도, (b) 평균유효압력(P_{mep}), (c) 열효율을 구하라.

8-11A 냉매 R-22를 사용하는 이상적인 냉동 사이클에서 응축기 압력은 1200kPa이며, 증발기 온도는 −20℃이다. (a) 각 점에서의 엔탈피, (b) 성능계수를 구하라.

8-12A 냉매 R-134a를 사용하는 이상적인 냉동 사이클에서 응축기 압력은 1200kPa이며, 증발기 온도는 −20℃이다. (a) 각 점에서의 엔탈피, (b) 성능계수를 구하고 앞의 문제 8-11A의 결과와 비교하라.

8-13A 자동차용 공기조화기에는 냉매 R-134a가 사용된다. 압축기 입구의 온도는 −10℃이며, 출구 압력은 1200kPa이다. 30℃의 외부 공기는 증발기로 유입되어 10℃로 냉각된 후 차내로 공급된다. 압축기의 입력동력은 1.5kW이다. 이상적인 냉동 사이클로 가정하여 (a) 냉매의 질량유량 및 냉동용량($\dot{Q}_L$), (b) 공기의 질량유량, (c) 공기조화기의 성능계수를 계산하라.

연습문제 B(엑셀)

8-1B 앞의 예제 8-1A(Rankine 사이클)를 엑셀을 이용하여 반복하라.

8-2B 앞의 예제 8-2A(재열 사이클)를 엑셀을 이용하여 반복하라.

8-3B 이상적인 공기표준 Brayton 사이클에서 공기는 100kPa, 290K의 상태로 압축기에 유입된다. 연소실에 유입된 공기는 1400K의 온도까지 가열된다. 압축기의 압력비 범위 $6 \le r_p(= P_2/P_1) \le 15$에 대하여 (a) 각 점의 온도, (b) 압축기일 및 터빈일, (c) 사이클 효율을 구하고 결과를 그래프로 나타내라.

8-4B 앞의 예제 8-7A(Otto 사이클)를 엑셀을 이용하여 반복하라.

8-5B 냉매 R-22를 사용하는 이상적인 냉동 사이클에서 응축기 온도는 45℃이다. 증발기 온도가 -25℃ $\le$ 증발기 온도 $\le$ 10℃의 범위로 변할 때, 성능계수를 구하고 결과를 증발기 온도의 함수로 그려라.

8-6B 냉매 R-134a를 사용하는 이상적인 냉동 사이클에서 응축기 온도는 45℃이다. 증발기 온도가 -25℃ $\le$ 증발기 온도 $\le$ 10℃의 범위로 변할 때, 성능계수를 구하고 결과를 증발기 온도의 함수로 그려라. 그리고 앞의 문제 8-5B의 결과와 비교하라.

유체역학

PART 3

Chapter 9

유체역학의 기본 개념

9-1 | 유체역학의 개요

1 유체의 정의

유체역학은 정지 중이나 유동 중에 있는 유체의 거동을 다루는 학문이다. 물질의 상태는 고체, 액체, 기체로 분류되며, 액체와 기체는 모두 유체이다. 고체는 전단응력이 작용하면 변형되지만 연속적으로 변형되지는 않는다. 그러나 유체(fluid)는 아무리 작은 전단응력이라도 작용하기만 하면 연속적으로 변형되는 물질을 말한다. 따라서 유체는 운동이 멈춘 정지 시에 전단응력을 유지하지 못하는 물질로도 정의할 수 있다.

2 유체역학의 응용 분야

유체역학에 대한 기본적인 개념, 원리, 지식들은 유체를 작동매체(working medium)로 사용하는 모든 장치(특히, 운송수단)를 해석하고 또한 장치를 설계하고 제작하는데 필수적이다. 예를 들면, 자동차, 비행기, 선박, 잠수함 등이 여기에 해당된다.

그리고 터빈, 압축기, 펌프, 홴(fan) 등과 같은 유체기계를 해석하고 설계하는 데에도 유체역학의 기본적인 이론 및 원리가 적용되고 있다. 한편 건축물(개인 주택, 업무용 빌딩, 대형 공공 건물 등)이나, 토목 관련 공사(터널, 교량, 다리 등) 등도 유체역학의 원리를 필요로 하는 분야이다.

3 유체현상의 해석 방법

역학 문제를 해석하기 위해서는 고체 또는 유체를 주위와 분리시키는 경계(boundary)를 정의해야 한다. 이를 위해 유체역학에서는 계(system)와 검사체적(control volume)이라는 용어를 사용한다. 계는 열역학에서 사용하는 밀폐계와 동일한 개념이며, 검사체적은 열역학의 개방계와 동일한 개념이다.

1 계와 검사체적

계는 열역학의 밀폐계와 같은 의미이므로 계는 계 자체, 계를 둘러 싼 경계 그리고 경계 밖의 주위로 구성된다. 계는 경계에 의해 주위와 차단되어 있으므로 질량에 의한 유동이 없으며, 일이나 열만 경계를 통하여 출입된다.

검사체적은 유체가 흐르는 공간 내에 존재하는 임의의 체적을 말하며, 검사면(control surface)이라는 표면으로 둘러싸인 체적이고 검사면을 통하여 질량의 유동이 있다. 검사면은 물리적으로 존재하는 표면일 수도 있고, 가상적인 표면일 수도 있으며 또한 움직일 수도 있다. [그림 9-1]은 계와 검사체적을 나타낸 것이다.

2 적분 해석법과 미분 해석법

유체 유동과 관련된 자연의 기본 법칙들을 적용할 때에는 계 또는 검사체적을 설정해야 한다. 크기가 미소한 계와 검사체적을 사용하는 경우가 있으며, 또는 유한한 크기의 계와 검사체적을 사용하는 경우가 있다. 이들 크기에 따라 적분 방정식 또는 미분 방정식으로 나타낼 수 있다.

기본 법칙을 유한한 크기의 검사체적에 적용하여 얻게 되는 적분 해석법의 결과는 적분 방정식의 형태로 나타난다. 이 방법은 유동 영역의 한 점 한 점에 대한 정보보다는 유동 영역 전체에 대한 결과를 원할 때 적절한 방법이다. 예를 들어, [그림 9-2(a)]와 같이 사람이나 화물을 수송하는 제트 비행기의 추진력을 결정하는 문제를 검토하는 경우, 적분 해석법이 편리하다. 엔진 입구와 출구 단면에서의 평균속도, 질량 유량, 항력 등을 알면 적분 방정식을 적용하여 비행기의 추진력을 구할 수 있다.

미소 검사체적에 적용하여 얻게 되는 미분 해석법의 결과는 미분 방정식의 형태로 표현된다. 이 방법은 유동 영역 내의 모든 점에 대한 정보를 제공할 수 있다. 예를 들어, [그림 9-2(b)]와 같이 유체가 파이프 내를 유동할 때 한 단면에서의 속도분포를 알고자하는 경우 미소한 검사체적에 기본 법칙을 적용하여 미분 방정식을 유도하는 미분 해석법을 이용해야 한다. 얻어진 미분 방정식의 해를 구하면 파이프 한 단면에서의 속도분포를 알 수 있다.

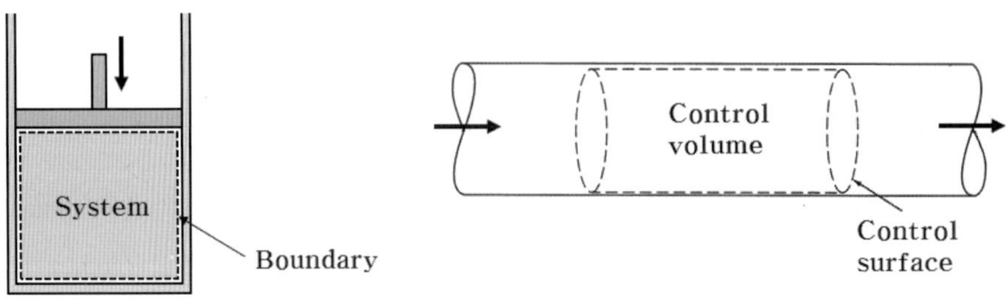

(a) 계(밀폐계) (b) 검사체적(개방계)

[그림 9-1] 계와 검사체적

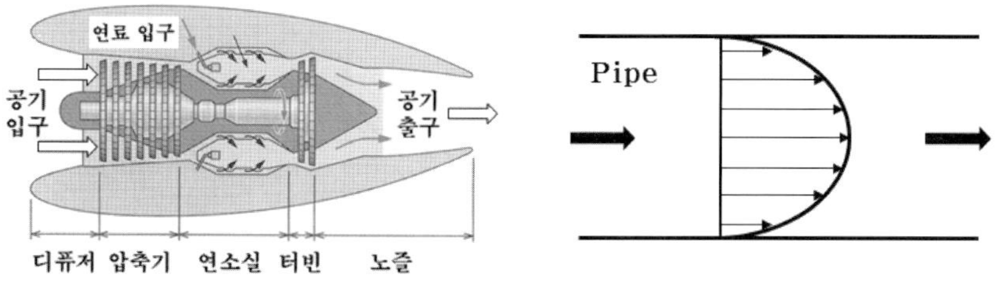

(a) 제트 비행기의 엔진 추진력 (b) 파이프 내의 단면 속도분포

[그림 9-2] 적분 해석법과 미분 해석법의 적용 분야

정리하면 미분 해석법은 한 점 한 점에 대한 자료를 제공하며, 적분 해석법은 한 점 한 점의 영향이 종합된 정보를 제공한다. 두 해석법은 주어진 상황의 해석 편리성에 따라 결정되지만, 하나의 현상을 해석하는데 두 방법이 같이 적용될 수도 있다.

3 운동의 서술 방법

고체의 물질이 운동할 때 특별한 경우를 제외하고 물질의 변형은 없다. 따라서 물질의 운동 궤적을 추적할 경우에는 물질을 따라가면서 운동을 서술하는 방법을 적용하면 편리하다. 이러한 서술 방법을 라그랑지(Lagrange) 서술 방법이라고 부른다. [그림 9-3(a)]와 같이 공기 중에서 자유 낙하하는 공의 궤적을 추적하는 경우가 여기에 속한다.

한편 유체는 수많은 입자들로 이루어져 있다. 이 수많은 입자들을 일일이 추적하면서 이들 입자의 운동을 기술하고 결과를 종합하는 일은 거의 불가능에 가깝다. 그러므로 하나 하나의 입자을 추적하는 대신에 공간 내 일정한 지점(또는 위치)에서 유동의 물리량(속도, 온도 등)을 공간과 시간의 함수로 서술하는 것이 효과적이다. 이 서술 방법을 오일러(Euler) 서술 방법이라고 한다.

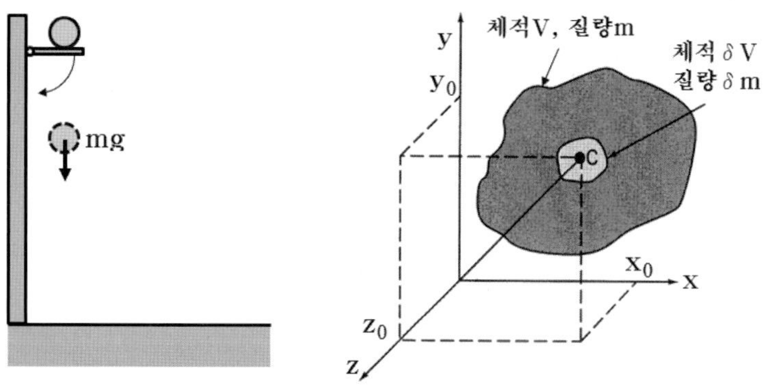

(a) Lagrange 서술 (b) Euler 서술

[그림 9-3] Lagrange와 Euler 서술 방법

[그림 9-3(b)]와 같이 임의의 지점(C)에서 밀도의 변화를 알고자하는 경우 직각 좌표계에서 밀도를 $\rho(x,y,z,t)$인 공간과 시간의 함수로 나타내면 그 지점에서 시간에 따른 밀도의 변화를 추적할 수 있다.

일반적으로 변형을 고려하지 않아도 되는 고체의 운동 궤적을 원하는 경우 라그랑지 방법이 좋고, 연속적으로 변형이 수반되는 유체(액체와 기체)인 경우 오일러 방법을 사용하면 편리하다.

4 차원 및 단위

차원(dimension)은 질량, 길이, 시간, 온도, 면적, 힘, 압력 등과 같이 측정 가능한 모든 물리량을 말한다. 이 물리량에서 질량, 길이, 시간, 온도를 기본차원(primary dimension)이라 부르며, 기본차원의 결합으로 만들어진 차원(면적, 힘, 압력 등)을 유도차원(secondary dimension)이라 한다.

단위(unit)는 차원에 대한 측정량을 의미한다. 단위계에는 SI 단위계와 영국 단위계가 있으며 자세한 내용은 제3장에서 기술하였다. 이 외에 중력 단위계가 있으며, 이는 가속도(a) 대신에 중력(g)을 사용하여 만든 단위계이다. 예를 들어, 힘의 단위인 $1\,kgf$ 그리고 $1\,lbf$는 다음과 같이 정의된다.

$$1\,kgf = mg = 1\,kg(9.81m/s^2) = 9.81N \tag{9-1a}$$

$$1\,lbf = mg = 1\,lbm(32.174ft/s^2) = 32.174lbm \cdot ft/s^2 \tag{9-1b}$$

이 책에서는 기본적으로 SI 단위계를 사용한다. 문제의 조건에 따라 영국 단위계가 필요한 경우 부록에 있는 단위환산표를 사용하거나 제3장에서 서술한 단위환산 방법을 이용하면 된다.

9-2 | 기본 개념

1 상태량

유체역학에서 다루는 상태량(property)은 압력, 온도, 밀도, 비중량, 비중 등이 있으며, 측정이 불가능한 상태량으로 내부에너지, 엔탈피, 엔트로피 등이 있다. 비중량과 비중을 제외한 상태량들은 열역학 부분에서 다루었으므로 여기서는 비중량과 비중에 대하여 기술한다.

1 비중량

밀도와 관련된 물리적 양으로 비중량(specific weight)이 있으며 비중량은 단위 체적당 중량(무게)을 의미한다. 따라서 비중량을 γ로 표현하면

$$\gamma = \rho g \tag{9-2}$$

로 정의된다. 비중량의 단위는 N/m^3 또는 lbf/ft^3이다. 표준 중력장에서 중력 가속도는 $g = 9.81m/s^2 = 32.174ft/s^2$이므로 20℃와 1atm에서 공기와 물의 비중량은 다음과 같이 계산된다.

$$\gamma_{air} = 1.21kg/m^3 \times 9.81m/s^2 = 11.87N/m^3$$
$$\gamma_{water} = 998kg/m^3 \times 9.81m/s^2 = 9790N/m^3$$

2 비중

밀도와 관련된 물리적 양에는 비중량 외에 비중(specific gravity : SG)이 있다. 비중은 표준 상태에서 기준으로 택한 유체의 밀도에 대한 임의로 택한 유체의 밀도비로 정의된다.

$$SG \equiv \frac{\rho_{임의유체}}{\rho_{기준유체}}$$

기준 유체로서 고체와 액체는 1atm 4℃의 물을 택하고, 기체는 1atm 15℃의 건공기(dry air)를 택한다. 식으로 표현하면 다음과 같다.

$$SG_{liquid} = \frac{\rho_{liquid}}{\rho_{water}} = \frac{\rho_{liquid}}{1000kg/m^3} \tag{9-3a}$$

$$SG_{gas} = \frac{\rho_{gas}}{\rho_{air}} = \frac{\rho_{air}}{1.23kg/m^3} \tag{9-3b}$$

2 기본 방정식

유체와 관련된 역학적 문제를 해석하기 위해서는 유체의 유동을 기술할 수 있는 기본 법칙의 적용이 필수적이다. 생활주변에서 유체의 유동(또는 정지)을 쉽게 관찰할 수 있는 몇 가지의 예를 살펴보자.

물을 대규모로 저장할 수 있는 댐을 설계할 때 물의 용량과 깊이 등이 고려된 기본 법칙을 적용하면 댐 및 댐의 일부분에 설치된 철제 수문의 크기 등을 결정할 수 있다. 그리고

사람과 화물을 수송하는 비행기의 경우 탑재량에 따른 추진력이 결정되면 유체역학에 관련된 기본 법칙들을 이용하여 날개의 크기(면적) 등을 계산할 수 있다. 이 외에도 기본 법칙을 응용할 수 있는 예를 주변에서 많이 찾아볼 수 있다. 유체에 적용할 수 있는 기본적인 법칙은 다음과 같다.

① 질량보존법칙
② Newton의 운동 제2법칙
③ 각운동량(angular momentum)의 원리
④ 열역학 제1법칙
⑤ 열역학 제2법칙

어떤 유체현상을 해석하는 데 있어서 모든 기본 법칙이 요구되는 것은 아니다. 주어진 상황에 따라서 기본 법칙 외에 보조적인 방정식이 필요한 경우도 있다. 보조 방정식에는 유체의 압력, 온도, 체적 등의 관계를 나타내는 상태방정식이나 응력과 변형률의 관계를 나타내는 구성방정식(constitutive equation) 등이 있다.

3 점성계수(또는 점도)

[그림 9-4]와 같이 물체를 땅 위에서 끌어당기거나 밀려면 힘이 필요하다. 물체가 무거울수록 그리고 땅과 물체의 접촉면이 거칠수록 힘이 많이 소요된다. 고체역학에서는 두 접촉면에서의 마찰현상을 마찰계수(μ)라는 개념을 이용하여 정량적으로 나타낸다. 즉, 동일한 무게(W)에 대하여 마찰력(F_f)은 두 접촉면 사이의 거칠기 정도를 나타내는 마찰계수에 비례한다. 이와 비슷한 개념을 유체에도 적용할 수 있다.

고속으로 회전하는 베어링에는 마찰력을 줄이기 위해 윤활유를 주입한다. 윤활유의 상태(묽은 또는 끈적한)에 따라 마찰력도 달라질 것이다. 그렇다면 유체에서는 마찰력을 어떻게 정의하고 계산할 수 있는가? 다음의 상황을 살펴보자.

수평 상태로 놓여 있는 매우 넓은 두 평판 사이에 윤활유가 채워져 있다. 위쪽 평판을 잡아당기면 유체(윤활유)는 층과 층 사이에서 마찰을 일으키는 현상을 보인다. 층과 층 사이에서 발생되는 마찰력이 유체의 전단력이 되고 이 전단력을 평판의 면적으로 나누면 "전단응력(shear stress)"이 된다.

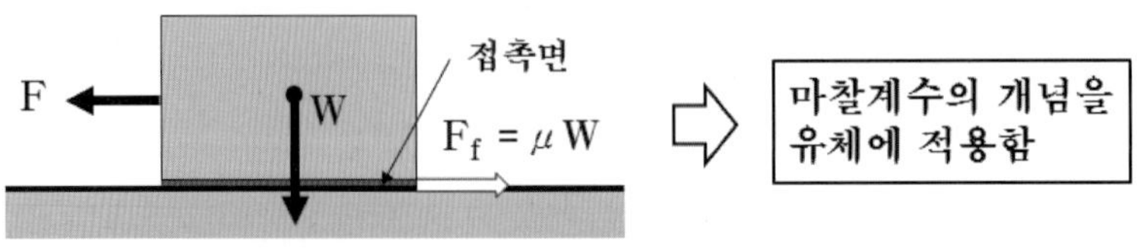

[그림 9-4] 마찰계수의 개념을 유체에 적용

우리는 앞에서 전단응력이 작용하는 동안 연속적으로 변형되는 물질을 유체라고 정의하였다. 따라서 위쪽 평판을 계속 잡아당기면 유체요소에는 전단응력이 작용하고 변형도 계속 발생한다. 일정 시간 동안 변형되는 정도를 "변형률(deformation rate)"이라고 한다. 유체에 작용하는 전단응력과 변형률은 유체의 성질이나 특성에 따라 결정된다.

전단응력과 변형률을 정의하기 위하여 [그림 9-5]와 같은 상황을 고려한다. 위 평판에 일정한 힘 dF_x가 작용하여 평판이 일정한 속도 du로 이동할 때 유체요소에 작용하는 전단응력은 다음과 같이 표현된다.

$$\tau_{yx} = \frac{dF_x}{dA_y}$$

여기서 dA_y는 수평 평판과 접촉하고 있는 유체요소의 미소면적이다. 유체요소는 미소시간 dt동안에 위치 $ABCD$에서 $A'BCD'$로 변형되는데, 이때 유체의 변형률은 다음과 같이 나타낸다.

$$\text{변형률} = \frac{d\alpha}{dt}$$

여기서 $dl = dudt$ 또는 $dl = d\alpha dy$(각도가 작을 때)이므로 다음의 관계가 성립한다.

$$\text{변형률} = \frac{d\alpha}{dt} = \frac{du}{dy}$$

따라서 전단응력 τ_{yx}를 받으면 유체요소는 du/dy의 변형률을 일으킨다. 유체요소의 du/dy는 수학적으로 속도구배를 의미하며 물리적으로는 단위시간당 변형되는 정도를 말한다. 이 변형률을 "전단율(shear rate)"이라고도 부른다.

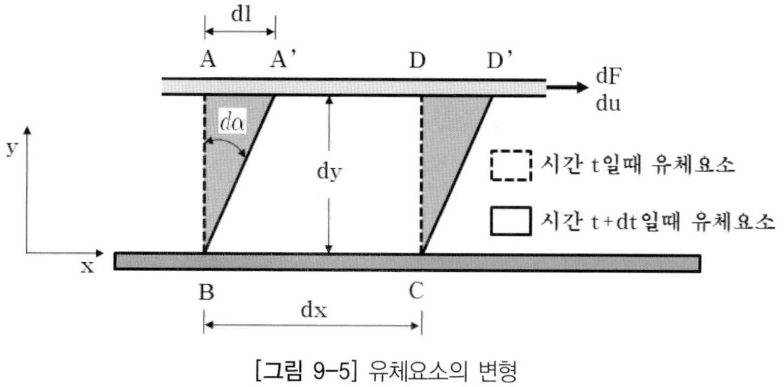

[그림 9-5] 유체요소의 변형

전단응력과 변형률과의 관계에 따라 유체를 분류하는데, 전단응력과 변형률이 정비례하는 유체를 뉴턴 유체(Newtonian fluid)라 하며, 정비례하지 않는 유체를 비뉴턴 유체(non-Newtonian fluid)라고 한다.

1 뉴턴 유체

대표적인 유체인 물이나 공기를 포함하여 대부분의 유체는 정상적인 조건에서 뉴턴 유체의 거동을 나타낸다. 이 경우에 전단응력과 변형률은 정비례하므로 다음 관계가 성립한다.

$$\tau_{yx} \propto \frac{du}{dy} \tag{9-4}$$

두 평판 사이에 채워진 유체가 전단응력을 받을 때 변형되는 정도는 유체의 특성에 따라 당연히 달라질 것이다. 예를 들어, 물과 글리세린을 비교하면 동일한 전단응력에 대하여 변형되는 정도는 물이 글리세린보다 훨씬 크리라는 것을 우리는 경험을 통하여 익히 알고 있다. 이러한 변형 정도는 비례상수(μ)를 사용하여 다음 식과 같이 표현할 수 있다.

$$\tau_{yx} = \mu \frac{du}{dy} \tag{9-5}$$

여기서 비례상수 μ를 점성계수 또는 점도(viscosity)라고 한다. 점도의 SI 단위는 $kg/(m \cdot s)$ 또는 $Pa \cdot s$이며, 기본 단위로 표현하면 $poise = g/(cm \cdot s)$가 된다. 포아즈(poise)는 유체역학 발전에 기여한 의사 $Poiseuille$에서 나온 단어이다. 다양한 유체의 점성계수가 부록의 [그림 D-2 / p.395]에 도시되어 있다.

밀도에 대한 점도의 비를 동점성계수 또는 동점도(kinematic viscosity)라 부르고 "$\nu = \mu/\rho$"로 나타낸다. 동점도의 SI 단위는 m^2/s이며, 기본 단위로 표현하면 $stoke = cm^2/s$이다. 스토크($stoke$)는 유체역학 발전에 헌신한 과학자 Stokes에서 만들어낸 단어이다.

2 비뉴턴 유체

페인트나 치약과 같은 유체는 전단응력과 변형률이 비례하지 않는다. 전단응력과 변형률의 관계가 뉴턴 유체와 같이 선형적으로 변하지 않는 모든 유체를 비뉴턴 유체라고 부른다.

페인트는 용기 속에 있을 때 매우 진(thick)하지만 전단력이 가해지면 아주 묽어(thin)진다. 그리고 치약은 튜브로부터 짤 때는 유체와 같이 유동하지만 손을 놓으면 유동을 멈추는데, 이는 치약 내에 존재하는 항복응력(yield stress)이 작용한 결과이다. 항복응력이 있는 혈액도 대표적인 비뉴턴 유체이다.

비뉴턴 유체의 전단응력과 변형률의 관계를 나타낸 수학적 모델이나 경험식은 현재까지 많이 제안되어 있다. 본 저서에서는 비뉴턴 유체에 대한 자세한 설명을 생략한다. [그림 9-6]은 여러 종류의 비뉴턴 유체에 대하여 변형률과 전단응력의 관계를 도시한 것이다.

4 표면장력과 모세관 현상

1 표면장력

우리는 주변에서 연꽃잎 위에 맺혀있는 물방울들을 흔히 볼 수 있다. 일반적으로 물은 매끈한 표면 위에서 공 모양을 이루지 못하고 수평 방향으로 퍼져있다. 그렇다면 물은 연꽃잎에서 무슨 작용에 의하여 물방울의 형태를 취할 수 있는가? 이러한 특성을 나타내는 액체의 성질을 표면장력 현상이라고 한다.

표면장력(surface tension)은 서로 혼합될 수 없는 두 유체의 경계면에서 분자력의 작용으로 표면을 최소화하려는 힘이라고 말할 수 있다. [그림 9-7]과 같이 액체와 고체가 접촉될 때 계면에 접촉각(θ, contact angle)이 형성된다. 접촉각이 90°보다 작을 때 액체는 고체 표면을 "적신다(wetting)"라고 하며, 접촉각이 90°보다 클 때 표면을 "적시지 않는다(non-wetting)"라고 한다. 예를 들어 물을 유리 표면에 떨어뜨리면 유리를 적시지만 왁스 위에 떨어뜨리면 왁스를 적시지 않는다. 대표적으로 유리와 물의 접촉각은 $\theta \approx 0°$이며, 수은의 접촉각은 $\theta \approx 140°$이다.

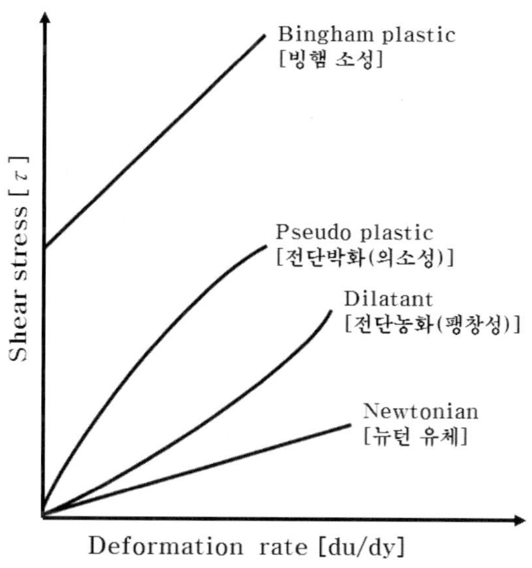

[그림 9-6] 비뉴턴 유체의 전단응력과 변형률

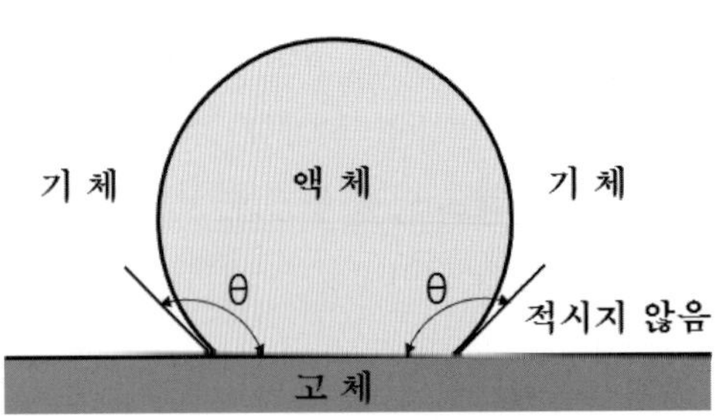

[그림 9-7] 고체, 액체, 기체 계면의 접촉각

표면장력은 같은 종류의 분자끼리 끌어당기는 응집력(cohesion)과 다른 종류의 분자끼리 끌어당기는 부착력(adhesion)의 차이로 발생한다. [그림 9-8]과 같이 직경 D인 구형의 물방울에 작용하는 표면장력이 σ, 물방울 안과 밖의 압력차가 ΔP일 때 표면장력과 압력차는 평형을 이루므로 다음 관계식이 성립한다.

$$\sigma(\pi D) = \Delta P\left(\frac{\pi D^2}{4}\right) \quad \rightarrow \quad \sigma = \frac{\Delta P \cdot D}{4} \tag{9-6}$$

공기와 접촉하는 여러 가지 액체의 표면장력 값을 나타내면 |표 9-1|과 같다.

|표 9-1| 여러 가지 액체의 표면장력[N/m](20℃ 표준 대기)

액체	물	수은	석유	글리세린	에탄올	메탄올
표면장력	0.0728	0.484	0.0268	0.063	0.0223	0.0226

2 모세관 현상

물이 담겨 있는 그릇에 직경이 작은 유리관을 꽂으면 물이 유리관을 타고 올라오는 현상을 관찰할 수 있다. 어떤 힘이 작용하여 물을 유리관 위로 끌어올렸을까? 이러한 상황을 모세관 현상(capillarity effect)이라고 한다.

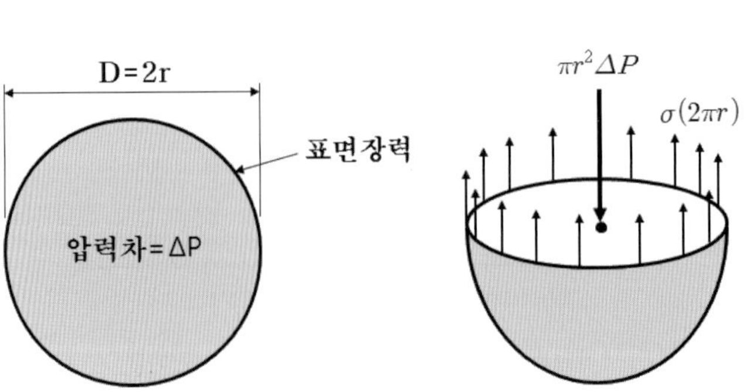

[그림 9-8] 표면장력

모세관 현상은 모세관 내에서 유체의 응집력(표면장력)과 고체면과의 친화력(부착력)의 작용에 의한 결과이다. [그림 9-9]에서 부착력이 응집력보다 크면(물인 경우) 액면은 올라가고, 반대로 부착력이 응집력보다 작으면(수은의 경우) 액면은 내려간다.

[그림 9-9]에서 표면장력의 수직성분과 상승된 물기둥의 무게는 평형을 이루므로 다음의 관계식이 성립한다. 여기서 β는 접촉각이다.

$$\sigma \cos\beta(\pi D) = (\rho g h)\frac{\pi D^2}{4}$$

따라서

$$h = \frac{4\sigma\cos\beta}{\rho g D} \qquad (9-7)$$

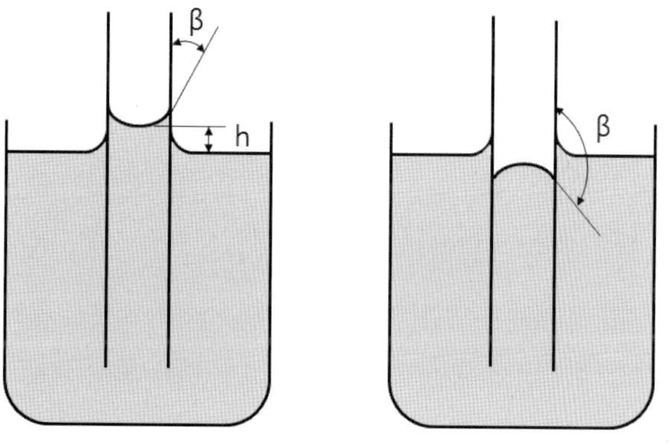

(a) 물 (b) 수은

[그림 9-9] 모세관 현상

9-3 | 예제 풀이A(기본개념)

예제 9-1A 비중 및 비중량

이떤 기름의 무게가 80kN이고, 체적이 $10m^3$이다. 이 기름의 비중량, 밀도 및 비중을 구하라.

풀이

$$\gamma = \frac{F}{V} = \frac{80,000}{10} = 8000N/m^3$$

$$\rho = \frac{\gamma}{g} = \frac{8000}{9.81} = 815.5kg/m^3 \qquad (9-2)$$

$$SG_{liquid} = \frac{\rho_{liquid}}{1000kg/m^3} = \frac{815.5}{1000} = 0.816 \qquad (9-3a)$$

예제 9-2A 물의 점도

25℃인 물의 점도는 $\mu = 8.9\times10^{-4}Pa \cdot s$이고 밀도는 $\rho = 997kg/m^3$이다. 동점성계수를 구하고 단위를 $stoke = cm^2/s$로 환산하라.

풀이

$$\nu = \frac{\mu}{\rho} = \frac{8.9\times10^{-4}}{997} = 8.927\times10^{-7}m^2/s$$

$$\nu = 8.927\times10^{-7}m^2/s = 8.927\times10^{-7}\frac{(100cm)^2}{s} = 8.927\times10^{-3}stoke$$

예제 9-3A 점도와 전단응력

그림과 같이 두 평판 사이에 액체가 있고 위쪽 평판이 0.4m/s의 속도로 움직이고 있다. 평판 사이의 간극은 d=0.4mm로 매우 작으므로 액체 내의 속도분포는 선형으로 가정할 수 있다. 이 액체의 비중은 $SG = 0.85$이고, 점도는 $\mu = 0.006poise$이다. 액체의 밀도, 동점성계수(ν) 및 전단응력을 구하라.

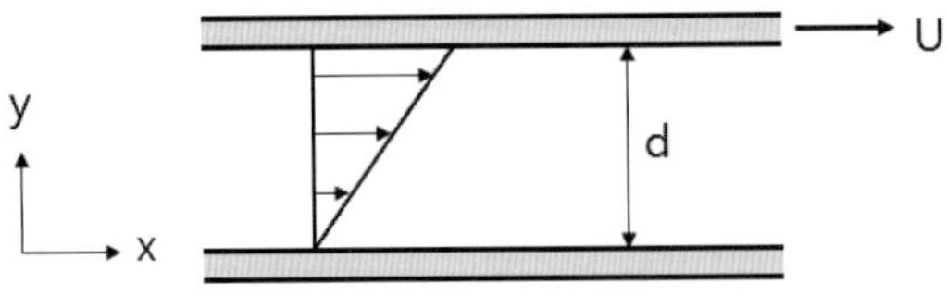

풀이

$$SG = \frac{\rho_{liquid}}{1000} \rightarrow \rho_{liquid} = 1000SG = 1000(0.85) = 850kg/m^3$$

$$\nu = \frac{\mu}{\rho} = \frac{0.006[g/(cm\cdot s)]}{850kg/m^3} = \frac{0.006}{850}\frac{g\times m^3}{kg\times cm\times s}$$

$$= \frac{0.006}{850}\frac{10^{-3}kg\times m^3}{kg\times10^{-2}m\times s} = 7.06\times10^{-7}m^2/s$$

$$\tau = \mu\frac{du}{dy} = \mu\frac{\Delta u}{\Delta y} = (\rho\nu)\frac{U}{d} = 850(7.06\times10^{-7})\frac{0.4}{0.4\times10^{-3}} = 0.6Pa$$

예제 9-4A 모세관 현상

물과 수은이 담겨있는 각각의 그릇에 반경 $r = 1.5mm$ 인 유리관을 꽂는다. 물과 수은의 기둥 높이를 구하라. 물과 수은의 물성치는 다음과 같다.

- 물 : $\rho = 998kg/m^3$, $\sigma = 0.0728N/m$, $\beta = 0^\circ$
- 수은 : $\rho = 13,600kg/m^3$, $\sigma = 0.484N/m$, $\beta = 140^\circ$

풀이

(a) 물 : $h = \dfrac{4\sigma\cos\beta}{\rho g D} = \dfrac{4(0.0728)\cos 0°}{998(9.81)0.003} = 0.0099m = 9.9mm$ (9-7)

(b) 수은 : $h = \dfrac{4(0.484)\cos 140°}{13600(9.81)0.003} = -0.0037m = -3.7mm$

즉, 접촉각의 영향으로 물의 기둥은 수평면 위로 올라가고, 수은의 기둥은 아래로 내려간다.

연습문제 A(계산기)

9-1A 어떤 액체의 무게가 50kN이고, 체적이 $6m^3$이다. 이 액체의 비중량, 밀도 및 비중을 구하라.

9-2A 30℃인 물의 점도는 $\mu = 7.97 \times 10^{-4} Pa \cdot s$이고 밀도는 $\rho = 996 kg/m^3$이다. 동점성계수를 구하고 단위를 $stoke = cm^2/s$로 환산하라.

9-3A 그림과 같이 두 평판 사이에 액체가 있고 위쪽 평판이 0.6m/s의 속도로 움직이고 있다. 평판 사이의 간극은 d=0.5mm로 매우 작으므로 액체 내의 속도분포는 선형으로 가정할 수 있다. 이 액체의 비중은 $SG = 0.8$이고, 점도는 $\mu = 0.008 poise$이다. 액체의 밀도, 동점성계수(ν) 및 전단응력을 구하라.

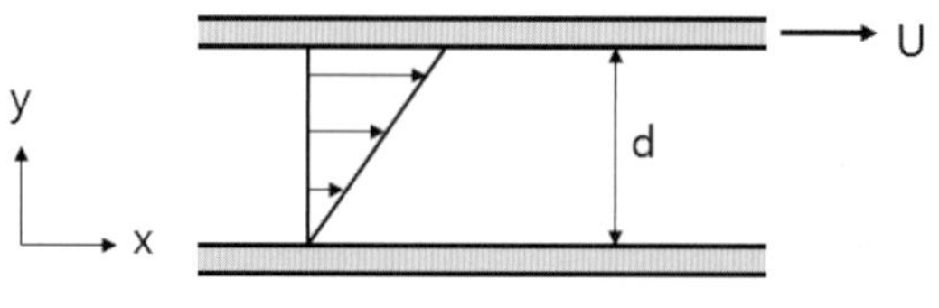

9-4A 간극이 5mm인 평행한 두 평판 사이에 점도 15poise인 액체가 있고 위쪽 평판이 3m/s의 속도로 움직이고 있다. 액체 내의 속도분포는 선형으로 변한다고 가정한다. 위쪽 평판에 작용하는 전단응력을 구하라.

9-5A 물과 수은이 담겨있는 각각의 그릇에 반경 $r = 1.2mm$인 유리관을 꽂는다. 물과 수은의 기둥 높이를 구하라. 물과 수은의 물성치는 다음과 같다.

- 물 : $\rho = 998 kg/m^3$, $\sigma = 0.0728 N/m$, $\beta = 0^\circ$
- 수은 : $\rho = 13{,}600 kg/m^3$, $\sigma = 0.484 N/m$, $\beta = 140^\circ$

Chapter 10

정지상태의 유체

유체에 전단응력이 작용한다는 것은 유체가 움직인다는 의미이다. 따라서 유체가 정지상태에 있다는 것은 유체요소들 사이에 상대적 운동이 없고, 각변형이 없으며, 전단응력도 없다는 뜻이다. 이러한 상황에서 유체는 단순히 전단응력이 아닌 수직응력만을 받으며, 이를 압력이라 부른다.

정수력학(hydrostatics)은 수직응력만이 작용하는 정지상태의 유체를 해석하는 학문이며, 전단응력이 작용하는 유동문제의 해석보다 훨씬 간단하다. 정수력학의 원리나 이론을 적용하면 정지된 유체 속에 잠겨 있는 물체의 역학 문제를 용이하게 해결할 수 있다.

10-1 | 유체 정역학의 개요

1 기본방정식

이 절의 목적은 정지유체 내에서 압력장을 구할 수 있는 방정식을 찾는 것이다. 이를 위하여 [그림 10-1]과 같이 미소 유체요소를 검사체적으로 정한다. 요소에 작용하는 힘은 체적력(body force)과 표면력(surface force)이다. 유일한 체적력은 중력이며, 표면력은 전단응력이 없으므로 수직응력, 즉 압력뿐이다.

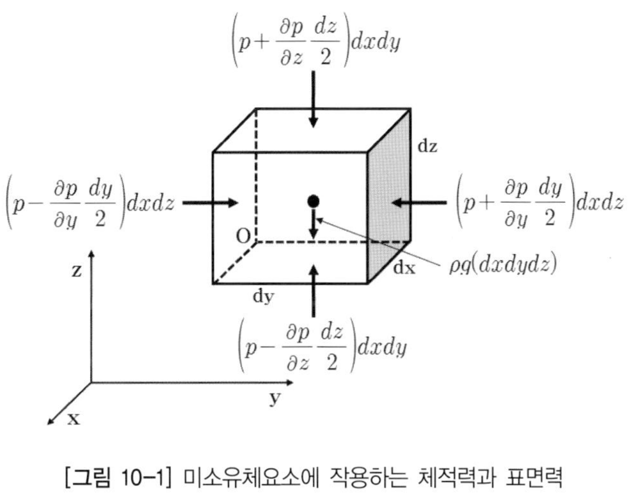

[그림 10-1] 미소유체요소에 작용하는 체적력과 표면력

유체요소에 중력과 압력이 고려된 Newton의 제2법칙을 적용하고 식을 정리하면 최종적으로 다음과 같은 기본방정식을 얻을 수 있다. 본 저서에서 유도과정은 생략한다.

$$-\nabla p + \rho\vec{g} = \rho\vec{a} \tag{10-1}$$

여기서

$$\nabla = \frac{\partial}{\partial x}\vec{i} + \frac{\partial}{\partial y}\vec{j} + \frac{\partial}{\partial z}\vec{k}$$

위 식에서 ∇은 "gradient" 또는 "del"이라 부르며 벡터 연산자를 의미한다. 식 (10-1)은 전단응력이 없는 유체에 대한 일반적인 운동방정식이다.

2 정지유체 내의 압력

정지유체는 상대운동이 없으므로 수직응력, 즉 압력만을 받는다. 따라서 정지유체에서의 압력은 다음과 같은 특성을 나타낸다.

- 유체의 압력은 임의의 면에 수직으로 작용한다[그림 10-2(a)].
- 유체 내부의 임의의 한 점에 작용하는 압력은 모든 방향에서 같다[그림 10-2(b)].
- 밀폐된 용기의 유체에 작용한 압력은 같은 세기로 모든 방향으로 전달된다(파스칼의 원리 : [그림 10-2(c)]).

파스칼의 원리는 유체에 작용된 힘은 모든 방향에 대하여 같다는 것이므로 [그림 10-2(c)]로부터 다음의 관계식을 얻을 수 있다.

$$p = \frac{W_1}{A_1} = \frac{W_2}{A_2} \tag{10-2}$$

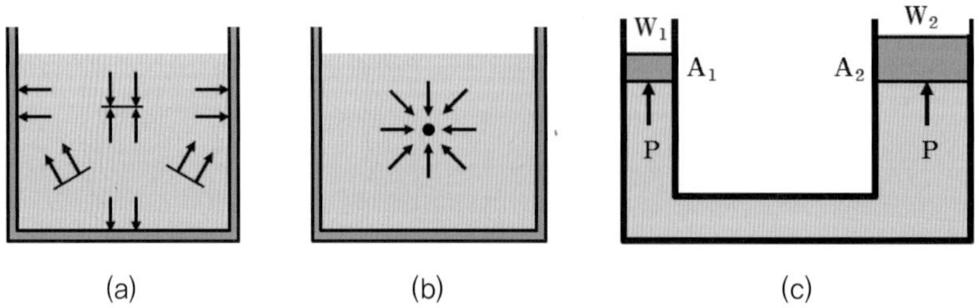

[그림 10-2] 정지유체 내의 압력

3 정지유체 내의 압력변화

정지된 유체인 경우 식 (10-1)에서 가속도는 $\vec{a}=0$이기 때문에 정지유체 내의 압력변화에 대한 식은 다음과 같다. 여기서 중력은 z 방향의 반대로 작용하므로 [-]의 부호가 된다.

$$\frac{dp}{dz}=-\rho g=-\gamma \tag{10-3}$$

위 방정식은 정지된 유체의 기본이 되는 압력과 높이의 관계식이며, 제한조건은 ① 정지상태의 유체, ② 유일한 체적력은 중력, ③ z 축은 수직 상향이다. 정지상태의 유체 내에서 압력분포를 구하려면 식 (10-3)을 적분하고 주어진 경계조건을 대입하면 된다.

비압축성유체(incompressible fluid)인 경우, ρ는 상수이며 중력도 일정하다면 식은 적분이 가능하다. 기준 높이 z_0에서의 압력을 p_0라 하며, 좌표계의 원점(기준 높이)을 자유 표면에 취하고, 자유 표면으로부터 아랫방향을 양(+)의 h로 정하면 적분 결과는 다음과 같다.

$$p_2-p_1=\rho g(h_2-h_1) \quad \text{또는} \quad p-p_0=\rho gh \tag{10-4}$$

위 식은 "정지유체 내에서 두 점 사이의 압력차는 두 점 사이의 고도차(h)를 측정하면 알 수 있다"는 것을 의미한다. 이 원리를 이용하는 장치에는 마노미터(manometer), 기압계(barometer) 등이 있다.

[그림 10-3]과 같은 U-관 마노미터를 이용하여 압력차($\Delta p=p_5-p_1$)를 구하는 방법을 검토해보자. 식 (10-4)를 확장하여 4개의 구역에 적용하면 식은 다음과 같이 정리된다.

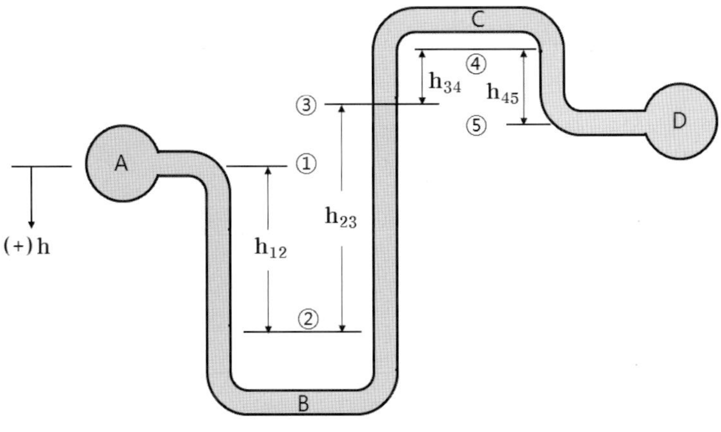

[그림 10-3] 압력차를 구하기 위한 마노미터

$$\begin{aligned} p_5 - p_1 &= (p_2 - p_1) + (p_3 - p_2) + (p_4 - p_3) + (p_5 - p_4) \\ &= \rho_A g(z_2 - z_1) + \rho_B g(z_3 - z_2) + \rho_C g(z_4 - z_3) + \rho_D g(z_5 - z_4) \\ &= \rho_A g h_{12} - \rho_B g h_{23} - \rho_C g h_{34} + \rho_D g h_{45} \end{aligned} \tag{10-5}$$

여기서 높이차(h)는 아래 방향이 [+]이므로 h_{12}와 h_{45}는 양(+)의 값이며 h_{23}와 h_{34}는 음(−)의 값이 된다.

4 표준대기

대기와 관련된 관계식을 취급할 때 |표 10-1|과 같이 기술되는 미국 표준대기의 값을 사용하면 편리하다.

온도 및 압력은 고도에 따라 변하므로 다음 식을 사용하여 고도에 따른 온도와 압력을 보정한다. 온도는 고도 11km까지 선형적으로 감소한다.

$$T = T_0 - 0.0065\,H(m)\ [℃] \tag{10-6a}$$

그리고

$$p = p_0\left(1 - \frac{0.0065\,H[m]}{T_0[K]}\right)^{5.266}\ [kPa] \tag{10-6b}$$

여기서 T_0 및 P_0는 표준대기에 대한 온도와 압력이다.

|표 10-1| 미국 표준대기의 해면상의 조건

성 질	기 호	SI 단위	영국단위
온도	T_0	15℃	59°F
압력	p_0	$101.325\,kPa$	$14.696\,lbf/in^2$
밀도	ρ_0	$1.225\,kg/m^3$	$0.002377\,slug/ft^3$
중력가속도	g	$9.807\,m/s^2$	$32.174\,ft/s^2$
점도	μ_0	$1.789\times10^{-5}Pa\cdot s$	$3.737\times10^{-7}lbf\cdot s/ft^2$

10-2 | 유체 속에 있는 물체의 힘

일상생활을 하고 있는 우리는 특별히 느끼지 못하지만 몸 표면에는 항상 대기압이 작용하고 있다. 이와 마찬가지로 유체 속에 잠겨 있는 물체의 표면에도 언제나 압력이 작용한다. 표면에 작용하는 힘을 정확히 해결하기 위해서는 세 개의 조건, 즉 ① 힘의 크기, ② 힘의 방향, ③ 힘의 작용선을 구체적으로 결정해야 한다.

1 수평 평면에 작용하는 힘과 작용점

[그림 10-4]와 같이 용기 바닥의 양쪽에 대기압이 작용하는 경우, 액체의 자유표면으로부터 h 깊이로 잠겨 있는 수평 평판에 작용하는 압력은 $p = \rho gh$이다. 압력은 일정하며, 수직으로 균등하게 작용하므로 평판에 작용하는 합력(resultant force)은 $F_R = (\rho gh)A$이다.

수평 평면인 경우 합력의 작용점(압력의 중심)과 도심(centroid)은 같은 위치이다. [그림 10-4]에서 $[x_R, y_R]$는 작용점이며, $[x_c, y_c]$는 도심이다.

2 경사 평면에 작용하는 힘과 작용점

[그림 10-5]와 같이 각도 θ만큼 기울어진 경사 평면을 고려한다. 임의의 깊이 h에서 미분 면적 dA에 작용하는 힘은 $dF = (\rho gh)dA$이며 표면에 수직으로 작용한다. 합력은 전체 면적에 대하여 적분하면 구할 수 있으므로 다음 식과 같이 표현된다.

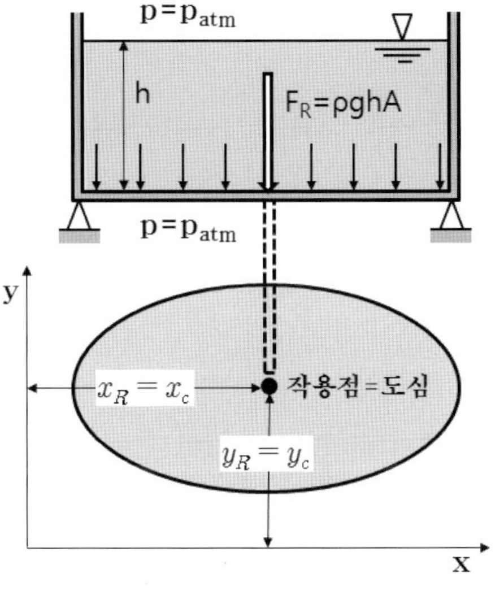

[그림 10-4] 수평 평면에 작용하는 힘과 작용점

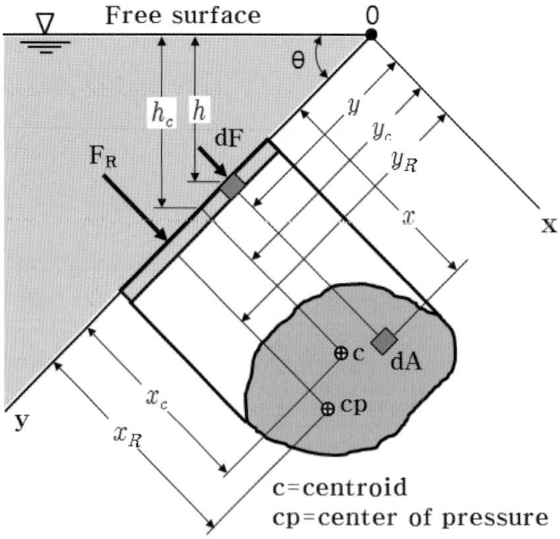

[그림 10-5] 경사 평면에 작용하는 힘과 작용점

$$F_R = \int_A \rho g h dA = \int_A \rho g (y\sin\theta) dA = \rho g \sin\theta \int_A y dA$$

식의 오른쪽 항에 나타난 적분을 "면적의 1차 모멘트"라고 하며, 다음과 같이 쓸 수 있다.

$$\int_A y dA = y_c A$$

따라서

$$F_R = \rho g \sin\theta y_c A = \rho g h_c A \tag{10-7}$$

여기서 h_c는 $h_c = y_c \sin\theta$이며, 자유표면부터 도심까지의 수직거리이다. 정확한 힘의 결정조건 세 개 중에서 힘의 크기가 결정되었으므로 다음으로 힘의 방향과 작용점을 기술한다.

힘의 방향은 표면에 수직이다. 그리고 평판에 작용하는 힘의 작용점은 합력 F의 1차 모멘트와 표면에 작용하는 분포된 압력의 1차 모멘트가 같다는 조건을 이용하여 구할 수 있으며 결과는 다음과 같다.

$$F_R y_R = \int_A y dF = \int_A \rho g \sin\theta y^2 dA$$

따라서

$$y_R = \frac{(\rho g \sin\theta)\int_A y^2 dA}{F_R} = \frac{(\rho g \sin\theta)\int_A y^2 dA}{(\rho g \sin\theta) y_c A} = \frac{\int_A y^2 dA}{y_c A} = \frac{I_x}{y_c A}$$

위 식에서 I_x를 x축에 대한 "면적의 2차 모멘트(관성 모멘트)"라고 한다. 평행축 이론에 의해서 $I_x = I_{xc} + A y_c^2$이므로 합력의 y방향 작용점(y_R)은 다음과 같이 표현된다.

$$y_R = \frac{I_{xc}}{y_c A} + y_c \tag{10-8a}$$

같은 방법으로 합력의 x방향 작용점(x_R)을 구하면 다음과 같이 정리된다.

$$F_R x_R = \int_A \rho g \sin\theta xy dA \quad \rightarrow \quad x_R = \frac{\int_A xy dA}{y_c A} = \frac{I_{xy}}{y_c A}$$

따라서

$$x_R = \frac{I_{xyc}}{y_c A} + x_c \tag{10-8b}$$

식 (10-8)로부터 작용점은 면적의 도심보다 항상 아래에 위치한다는 것을 알 수 있다. |표 10-2|는 다양한 형상에 대한 기하학적 특성을 나타낸 것이다.

예를 들어 [그림 10-6]과 같은 상황에 대하여 힘과 작용점을 구해보자. 직사각형인 수문의 크기는 $w \times L = 5m \times 4m$이고, 깊이는 $D = 2m$이며, 경사각은 $\theta = 30^\circ$이다. 수문에 작용하는 힘의 합력은 식 (10-7)을 이용하면 다음과 같이 계산된다.

| 표 10-2 | 여러 가지 형상에 대한 도심 및 2차 모멘트

	형상	면적	도심	2차 모멘트(I)
직사각형	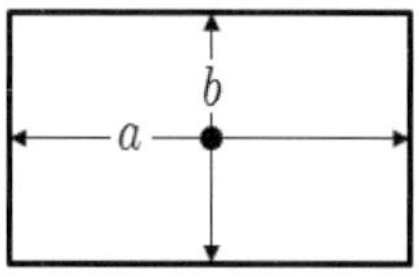	$A=ab$	$y_c=\dfrac{b}{2}$	$I_{xc}=ab^3/12$ $I_{yc}=a^3b/12$ $I_{xyc}=0$
원 형	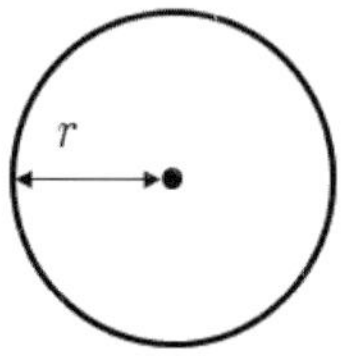	$A=\pi r^2$	$y_c=\dfrac{r}{2}$	$I_{xc}=I_{yc}=\pi r^4/4$ $I_{xyc}=0$
타원형	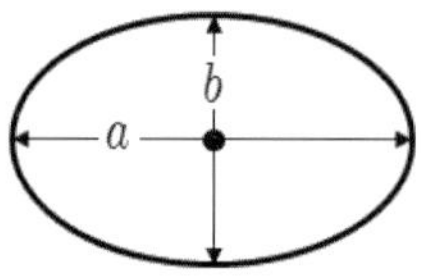	$A=\dfrac{\pi ab}{4}$	$y_c=\dfrac{b}{2}$	$I_{xc}=\pi ab^3/64$ $I_{yc}=\pi a^3b/64$ $I_{xyc}=0$
삼각형	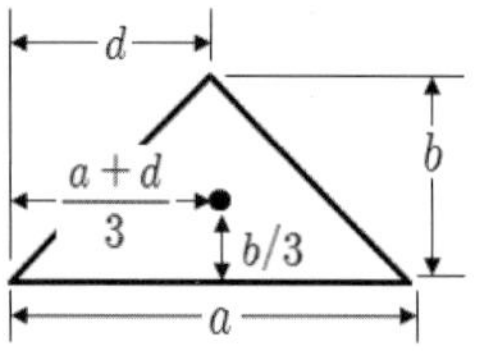	$A=\dfrac{ab}{2}$	$y_c=\dfrac{b}{3}$	$I_{xc}=ab^3/36$ $I_{xyc}=\dfrac{ab^2}{72}(a-2d)$
반 원	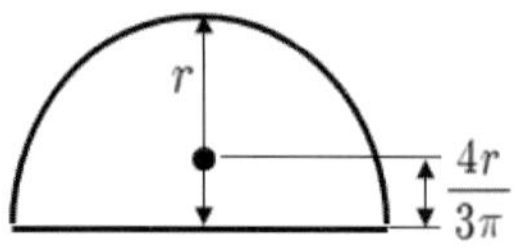	$A=\dfrac{\pi r^2}{2}$	$y_c=\dfrac{4r}{3\pi}$	$I_{xc}=\pi r^4/8$ $I_{xyc}=0$

기호 ●: 형상의 도심

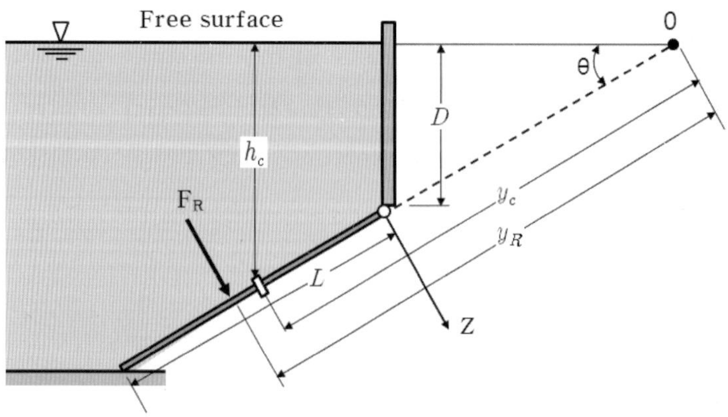

[그림 10-6] 경사 평면에 작용하는 힘과 작용점 계산

$$F_R = \rho g h_c A = \rho g\left(D + \frac{L}{2}\sin\theta\right)(wL)$$
$$= 1000 \times 9.81\left(2 + \frac{4}{2}\sin 30°\right)(5 \times 4) = 1,177,200N$$

수문의 형상이 직사각형이므로 도심의 위치는 중앙에 있다. 따라서 다음과 같이 계산된다.

$$x_c = w/2 = 5/2 = 2.5m$$
$$y_c = \frac{D}{\sin 30°} + \frac{L}{2} = \frac{2}{\sin 30°} + \frac{4}{2} = 6m$$

작용점은 식 (10-8)을 적용하여 구한다. |표 10-2| 로부터 $I_{xyc} = 0$ 이므로 작용점을 계산하면 다음과 같다.

$$x_R = \frac{I_{xyc}}{y_c A} + x_c = 2.5m$$
$$I_{xc} = \frac{ab^3}{12} = \frac{wL^3}{12} = \frac{5 \times 4^3}{12} = 26.7m^4$$
$$y_R = \frac{I_{xc}}{y_c A} + y_c = \frac{26.7}{6(5 \times 4)} + 6 = 6.22m$$

즉, 합력은 $F_R = 1.177 \times 10^6 N$ 이고, y 방향 작용점(y_R)은 도심에서 아래로 22 cm 인 위치이다.

3 곡면에 작용하는 힘과 작용점

곡면에 작용하는 힘을 구하기 위하여 [그림 10-7]과 같이 한쪽 면이 곡면으로 이루어진 저장용 탱크를 고려한다. 곡면이 포함된 ABC 를 검사체적으로 정하고 자유물체도(free-body diagram)를 작성한다. 체적은 수평면, 수직면, 곡면으로 구성되며, 수직면에 F_1 힘이 수평면에 F_2 힘이 작용하고 중력점(center of gravity : CG)을 통하여 무게 W 가 작용한다. 그리고 체적에 작용하는 힘을 수평분력 F_H 와 수직분력 F_V 로 분리한다.

자유물체도에서 수평분력 F_H 는 F_1 과 같으며, 수직분력 F_V 는 $F_2 + W$ 와 같다. 따라서 곡면에 작용하는 합력은 다음과 같이 계산된다. 여기서 합력은 작용점 O 를 통하여 곡면에 작용한다.

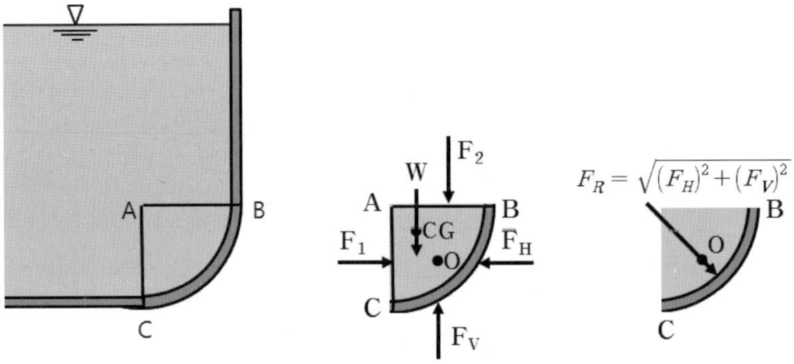

[그림 10-7] 경사 곡면에 작용하는 힘과 작용점

$$F_H = F_1,\ F_V = F_2 + W \tag{10-9a}$$

$$F_R = \sqrt{(F_H)^2 + (F_V)^2} \tag{10-9b}$$

4 부력과 안정성

1 부력

어떤 물체가 정지유체 속에 전부 또는 일부분이 잠겨 있을 때 유체와 접촉된 물체의 표면에는 압력이 작용하며, 이 압력에 의한 표면력의 합력을 부력(buoyancy force)이라 한다.

[그림 10-8]과 같이 유체 속에 잠긴 임의의 형상인 물체에 대하여 물체가 포함된 직육면체 형상($ABCD$)의 검사체적을 설정한다. 체적의 네 면에는 압력이 작용하고 아래 방향으로 유체의 무게인 중력(W)이 작용한다. 좌우 수평력인 F_3과 F_4는 동일하므로 부력은 수직력인 F_1, F_2, W에 의하여 결정된다. 여기서 유체의 무게인 W는 직육면체의 체적에서 물체의 체적(V)을 뺀 체적의 무게이다. 따라서 부력은 다음과 같이 표현된다.

$$F_B = F_2 - F_1 - W = \rho g(h_2 - h_1)A - \rho g\{(h_2 - h_1)A - V\}$$

즉,

$$F_B = \rho g V \tag{10-10}$$

이 식의 의미는 "부력은 물체의 체적에 해당하는 유체의 무게이다."라는 것이다. 이 결과를 그리스의 수학자인 Archimedes(287-212 B.C.)의 이름을 붙여 "아르키메데스의 원리"라고 부른다.

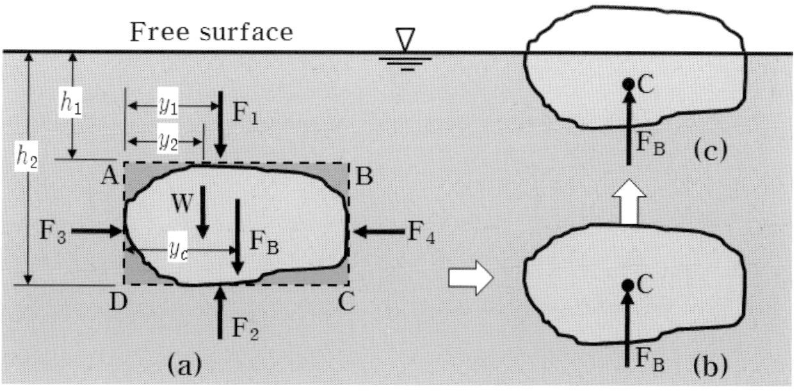

[그림 10-8] 유체 속에 잠겨 있는 물체의 부력

물체에 가해지는 부력의 작용선은 기준 축에 대하여 힘의 모멘트를 합하면 얻어질 수 있다. 예를 들어 종이에 수직인 축(D점)을 중심으로 식을 정리하면 다음과 같다.

$$F_B y_c = F_2 y_1 - F_1 y_1 - W y_2$$

따라서

$$V y_c = V_T y_1 - (V_T - V) y_2$$

여기서 V_T는 전체 체적이다. 결론적으로 "부력의 작용선은 물체 체적의 도심이다"라고 말할 수 있으며, 이 점을 부력의 중심점 [그림 10-8(b)]이라고 부른다. 같은 결과를 [그림 10-8(c)]와 같이 유체 속에 일부가 잠겨 있는 물체에도 적용할 수 있다. 이 경우에 도심은 잠겨 있는 물체만을 고려하여 결정한다.

2 안정성

부력에 의하여 떠 있는 물체를 부양체(floating body)라 한다. 부양체에는 무게의 중심점(CG점)과 부력의 중심점(c점=도심점)이 존재한다. [그림 10-9]와 같이 CG점이 c점보다 아래에 있는 경우, 무게의 힘은 낮은 위치에서 아랫 방향으로, 부력은 높은 위치에서 윗 방향으로 작용하여 부양체를 원래의 위치로 복원시킨다. 반대로 CG점이 c점보다 위에 있는 경우, 무게의 힘은 높은 위치에서 아랫 방향으로, 부력은 낮은 위치에서 윗 방향으로 작용하므로 원래의 위치로 복원되지 못하여 부양체는 전복된다.

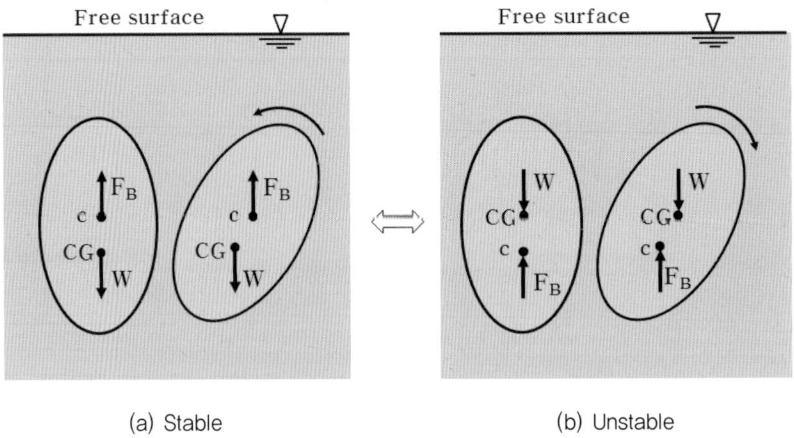

[그림 10-9] 부양체의 안정성

10-3 | 강체운동을 하는 유체

강체운동(rigid-body motion)을 하는 유체는 고체인 것처럼 유체요소의 변형없이 운동한다. 변형이 없기 때문에 전단응력도 없으며, 그 결과 유일한 표면응력은 압력 뿐이다. 유체의 운동에는 선형 등가속도 운동과 등각속도 회전운동이 있으며, 이 경우 유체 내에서의 압력분포는 정지유체에서의 정역학적인 관점으로 해석할 수 있다.

강체운동을 하는 유체인 경우 가속도가 $\vec{a} \neq 0$이므로 식 (10-1)을 사용하여 해석한다.

$$-\nabla p + \rho\vec{g} = \rho\vec{a} \tag{10-1}$$

1 선형 등가속도 운동

[그림 10-10]과 같이 물을 채운 용기가 등가속도 a_x의 가속도를 받으면서 이동하는 경우를 고려한다. 그림과 같은 $x-y$ 좌표계에 대하여 $g_x = 0$, $g_y = -g$, $a_y = 0$이므로 식 (10-1)로부터 성분방정식들은 다음과 같이 표현된다.

$$\frac{\partial p}{\partial x} = -\rho a_x \quad \text{그리고} \quad \frac{\partial p}{\partial y} = -\rho g$$

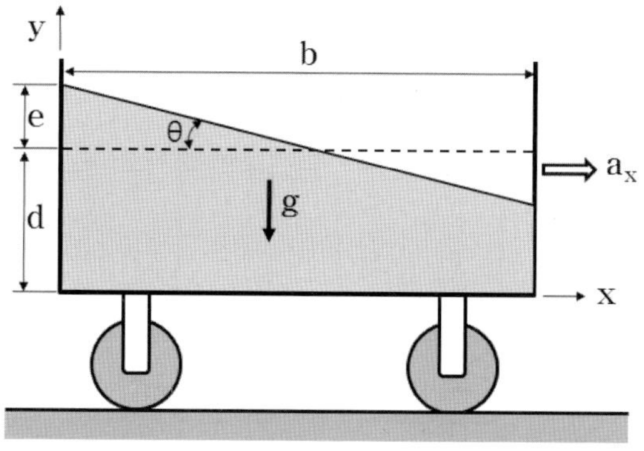

[그림 10-10] 선형 등가속도 운동을 하는 유체

자유표면에서는 압력이 일정하여 $dp = 0$이므로 두 점 (x, y)와 (x+dx, y+dy) 사이의 압력 차는 다음과 같이 정리된다.

$$dp = \frac{\partial p}{\partial x}dx + \frac{\partial p}{\partial y}dy = -\rho a_x dx - \rho g dy = 0$$

따라서

$$\left(\frac{dy}{dx}\right)_{자유표면} = -\frac{a_x}{g} \tag{10-11}$$

즉, 유체가 등가속도 a_x로 움직일 때 자유표면에 대한 기울기는 식 (10-11)로 표현된다는 것을 의미한다. 그리고 [그림 10-10]으로부터 다음의 관계식을 얻을 수 있다.

$$e = \frac{b}{2}\tan\theta = \frac{b}{2}\left(-\frac{dy}{dx}\right)_{자유표면} = \frac{b}{2}\frac{a_x}{g} \tag{10-12}$$

2 등각속도 회전운동

회전하는 유체에 대한 운동방정식은 식 (10-1)을 원통좌표계(r, θ, z)에 적용하면 얻을 수 있다. [그림 10-11]과 같은 좌표계에서 $g_r = g_\theta = 0$, $g_z = -g$이고, $a_\theta = a_z = 0$, $a_r = -\omega^2 r$이므로 식 (10-1)을 성분방정식으로 표현하면 다음과 같다.

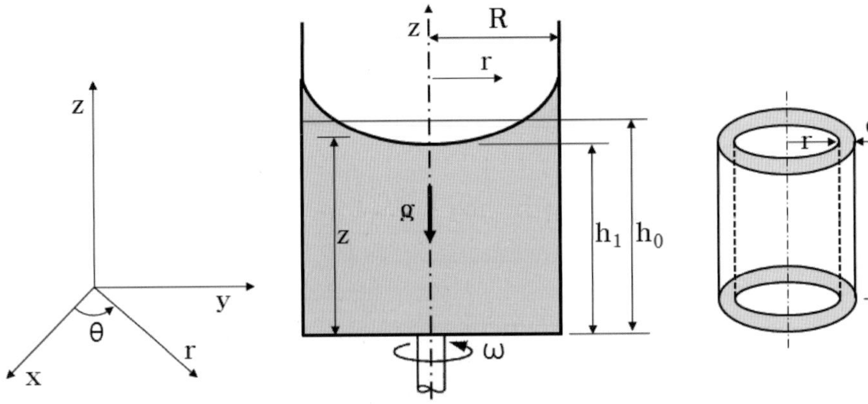

[그림 10-11] 일정 각속도로 운동하는 유체

$$\frac{\partial p}{\partial r} = \rho\omega^2 r, \quad \frac{\partial p}{\partial \theta} = 0, \quad \frac{\partial p}{\partial z} = -\rho g$$

자유표면에서 $dp = 0$(압력 일정)이고, 성분방정식으로부터 압력은 $p = f(r, z)$의 함수이므로 미분 압력은 다음과 같이 정리된다.

$$dp = \frac{\partial p}{\partial r}dr + \frac{\partial p}{\partial z}dz = \rho\omega^2 r dr - \rho g dz = 0$$

따라서

$$\frac{dz}{dr} = \frac{\omega^2 r}{g}$$

자유표면을 기준점(h_1)으로 취하고 적분을 수행하면 다음과 같은 자유표면의 방정식을 구할 수 있다.

$$z = h_1 + \frac{(\omega r)^2}{2g} \tag{10-13}$$

이 식에 포함된 높이 h_1을 원래의 높이인 h_0항으로 수정할 수 있다. 초기의 체적은 $V_i = \pi R^2 h_0$이며, 미소체적은 $dV = 2\pi rzdr$이다. 전체 체적은 적분을 수행하면 얻을 수 있으며 다음과 같다.

$$V = 2\pi\int_0^R rzdr = 2\pi\int_0^R r\left(h_1 + \frac{\omega^2 r^2}{2g}\right)dr = \frac{\pi\omega^2 R^4}{4g} + \pi R^2 h_1$$

체적은 동일하므로 $V_i = V$ 로부터 다음의 관계식을 얻을 수 있다.

$$h_1 = h_0 - \frac{(\omega R)^2}{4g} \tag{10-14}$$

식 (10-14)를 식 (10-13)에 대입하면 다음의 식으로 수정된다.

$$z = h_0 - \frac{(\omega R)^2}{2g}\left\{\frac{1}{2} - \left(\frac{r}{R}\right)^2\right\} \tag{10-15}$$

10-4 | 예제 풀이A(계산기 : 정지유체)

예제 10-1A 파스칼의 원리

그림과 같은 수압기에서 $D_1 = 2cm$, $D_2 = 10cm$ 이고, $W_1 = 2kN$ 일 때, W_2에 가해지는 힘을 구하라.

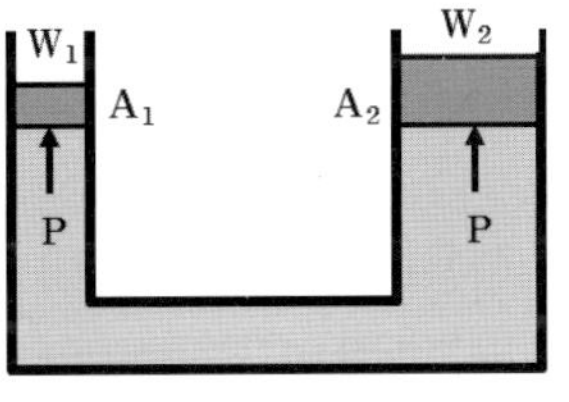

풀이

$$p = \frac{W_1}{A_1} = \frac{W_2}{A_2} \tag{10-2}$$

$$W_2 = W_1 \frac{A_2}{A_1} = W_1 \left(\frac{D_2}{D_1}\right)^2 = 2\left(\frac{10}{2}\right)^2 = 50kN$$

예제 10-2A 마노미터

그림 (a)에서 $h_1 = 45cm,\ h_2 = 38cm$일 때, 물의 게이지압력을 구하라. 그리고 그림 (b)에서 $h_1 = 2m,\ h_2 = 1.5m$일 때, 압력차($\Delta p = p_A - p_B$)를 구하라. 여기서 물의 밀도는 $\rho_w = 1000kg/m^3$이며 수은의 비중은 $SG = 13.6$이다.

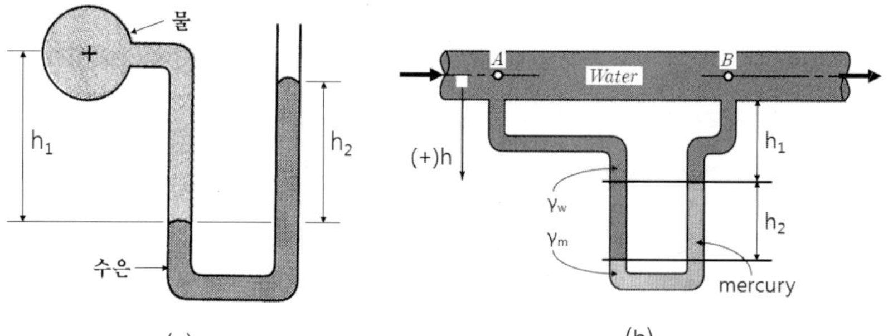

풀이 식 (10-4)를 마노미터에 확대 적용하면 압력(또는 압력차)을 구할 수 있다.

$$p_2 - p_1 = \rho g(h_2 - h_1) \quad \text{또는} \quad p - p_0 = \rho gh \tag{10-4}$$

(a) $p_w - p_{atm} = p_{w,gage} = \gamma_m h_2 - \gamma_w h_1 = g(\rho_m h_2 - \rho_w h_1)$

$p_{w,gage} = 9.81(13{,}600 \times 0.38 - 1000 \times 0.45)$

$= 46{,}284Pa = 46.284kPa$

(b) $\Delta p = p_A - p_B = \gamma_w h_1 + \gamma_m h_2 - \gamma_w(h_1 + h_2) = g(\rho_m - \rho_w)h_2$

$= 9.81(13600 - 1000)1.5 = 185{,}409Pa = 185.4kPa$

예제 10-3A 수평 평면에 작용하는 힘

그림과 같이 크기가 $2m \times 4m$인 평판이 깊이 h=5m의 물속에 잠겨있다. 평판에 작용하는 압력 및 평판의 한쪽 면에 작용하는 힘을 구하라.

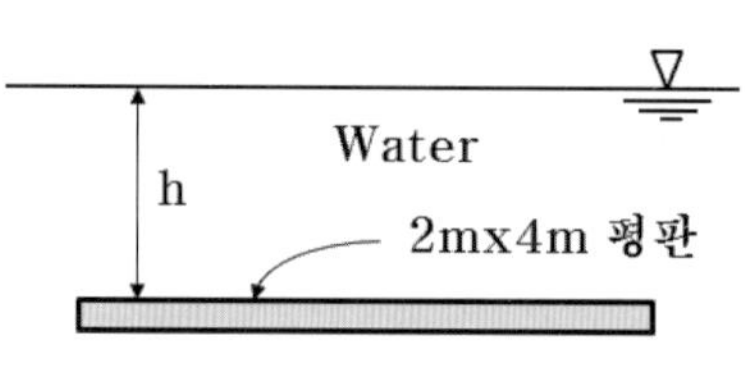

풀이 $p = \rho gh = 1000(9.81)5 = 49{,}050Pa = 49.05kPa$

$F = pA = 49050(8) = 392{,}400N = 392.4kN$

예제 10-4A 경사 평면에 작용하는 힘

그림과 같이 힌지로 연결된 경사면은 폭이 $w = 5m$ 이고, 경사각은 $\theta = 30°$ 이며, $D = 3m$, $L = 5m$ 이다. 이 경사면에 작용하는 물과 공기의 합력(F_R)과 작용점(y_R)을 구하라. 물의 밀도는 $1000kg/m^3$ 이다.

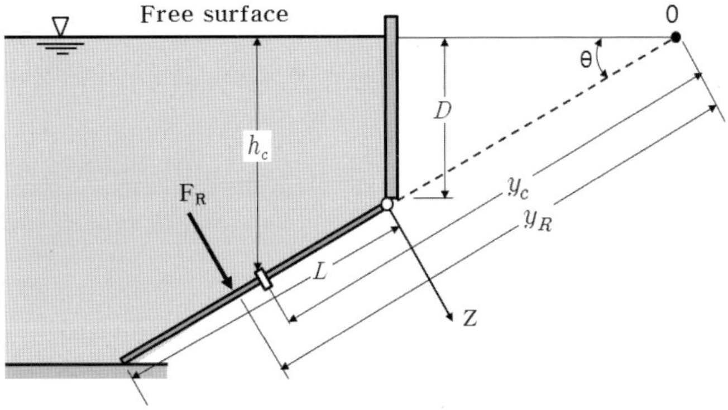

풀이 (a) 경사면에 대한 식 (10-7)을 적용하여 힘을 구하면 다음과 같다.

$$F_R = \rho g \sin\theta y_c A = \rho g h_c A = \rho g\left(D + \frac{L}{2}\sin\theta\right)(wL) \quad (10\text{-}7)$$

$$= 1000 \times 9.81\left(3 + \frac{5}{2}\sin 30°\right)(5 \times 5) = 1{,}042{,}300N$$

(b) 수문의 형상이 직사각형이므로 도심의 위치는 중앙에 있다. 그리고 작용점은 식 (10-8)을 적용하여 구한다. |표 10-2|로부터 $I_{xyc} = 0$ 이므로 작용점을 계산하면 다음과 같다.

$$x_c = w/2 = 5/2 = 2.5m$$

$$y_c = \frac{D}{\sin 30°} + \frac{L}{2} = \frac{3}{\sin 30°} + \frac{5}{2} = 8.5m$$

$$x_R = \frac{I_{xyc}}{y_c A} + x_c = 2.5m$$

$$I_{xc} = \frac{ab^3}{12} = \frac{wL^3}{12} = \frac{5 \times 5^3}{12} = 52.08m^4$$

$$y_R = \frac{I_{xc}}{y_c A} + y_c = \frac{52.08}{8.5(5 \times 5)} + 8.5 = 8.75m$$

즉, 합력은 $F_R = 1.0423 \times 10^6 N$ 이고, y 방향 작용점(y_R)은 도심에서 아래로 $25cm$ 인 위치이다.

예제 10-5A 수직 평면에 작용하는 힘

그림과 같이 크기가 $w = 2m$, $L = 1.5m$ 인 수직 평판이 힌지로 부착되어 있으며 깊이는 $D = 2m$ 이다. 수직 평면에 작용하는 힘(F_R)과 작용점(y_R)을 구하라. 물의 밀도는 $1000kg/m^3$ 이다.

풀이 (a) $F_R = \rho g \sin\theta y_c A = \rho g h_c A = \rho g(D + L/2)A$ (10-7)

$$= 1000 \times 9.81(2 + 1.5/2)(2 \times 1.5) = 80{,}933N$$

(b) $x_c = w/2 = 2/2 = 1m$

$y_c = D + L/2 = 2 + 1.5/2 = 2.75m$

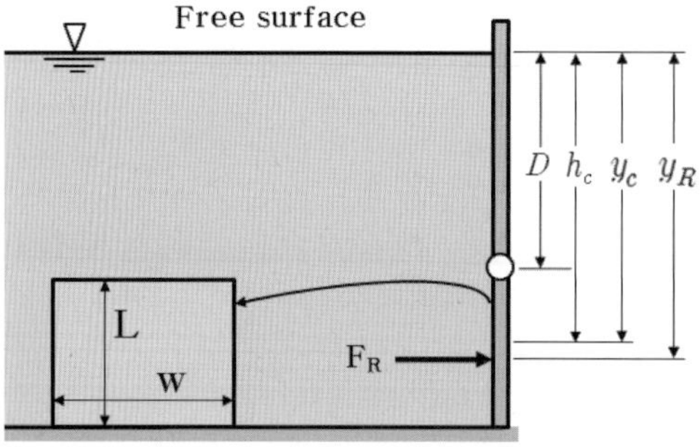

$$x_R = \frac{I_{xyc}}{y_c A} + x_c = 1m \ [\because \text{ 직사각형 : } I_{xyc} = 0]$$

$$I_{xc} = \frac{ab^3}{12} = \frac{wL^3}{12} = \frac{2 \times 1.5^3}{12} = 0.5625m^4$$

$$y_R = \frac{I_{xc}}{y_c A} + y_c = \frac{0.5625}{2.75(2 \times 1.5)} + 2.75 = 2.818m$$

즉, 합력은 $F_R = 80,933N$이고, y 방향 작용점(y_R)은 도심에서 아래로 6.8cm인 위치이다.

예제 10-6A 곡면에 작용하는 힘

그림과 같이 반지름은 $r = 1.5m$이고 길이는 $L = 3m$인 4분 원통이 $D = 2m$ 깊이의 물속에 잠겨 있다. 4분 원통의 곡면 b-c면에 작용하는 합력(F_R)을 구하라. 물의 밀도는 1000kg/m^3이다.

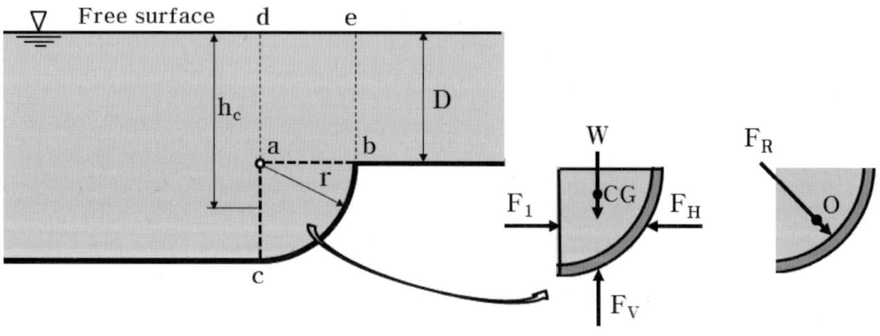

풀이 곡면에 작용하는 힘은 식 (10-9)를 사용하여 구할 수 있다.

- ac면 : $F_H = F_1 = \gamma h_c A = (\rho g)\left(D + \dfrac{r}{2}\right)(rL)$
- ab면 : $F_V = F_2 + W = \gamma(V_{abc} + V_{abed}) = \gamma\left(\dfrac{\pi r^2 L}{4} + DrL\right)$
- bc면 : $F_R = \sqrt{(F_H)^2 + (F_V)^2}$

따라서

$$F_H = (1000 \times 9.81)\left(2 + \frac{1.5}{2}\right)(1.5 \times 3) = 121,400N$$

$$F_V = 1000 \times 9.81\left(\frac{1.5^2\pi \times 3}{4} + 1.5 \times 2 \times 3\right) = 140,300N$$

$$F_R = \sqrt{121400^2 + 140300^2} = 185,530N$$

예제 10-7A 부력과 안정성

체적이 $20l$인 어떤 물체를 비중이 $SG = 0.8$인 액체 위에 놓았더니 체적의 70%가 액체 속에 잠겼다. 이 물체의 무게를 구하라.

풀이 물체의 무게와 부력이 평형을 이루므로 무게는 다음과 같이 계산된다.

$$무게 = F_B = \rho g V = (0.8\rho_w) g V = 0.8(1000)9.81(0.7 \times 0.02)$$
$$= 109.87N = 11.2kg_f$$

예제 10-8A 유체의 선형 등가속도 운동

어떤 배달원이 크기가 [그림 10-10]과 같이 길이 $b = 5m$, 높이 $h = 2m$, 폭 $w = 3m$인 용기에 물을 넣고 운반한다. 물이 넘치지 않기 위한 물의 저장 깊이(d)를 가속도항으로 표현하라.

풀이

$$e = \frac{b}{2}\tan\theta = \frac{b}{2}\left(-\frac{dy}{dx}\right)_{자유표면} = \frac{b}{2}\frac{a_x}{g} = h - d \tag{10-12}$$

따라서

$$d_{\max} = h - \frac{b}{2}\frac{a_x}{g} = 2 - \frac{5a_x}{2 \times 9.81} = 2 - 0.2548a_x$$

이론적으로 a_x의 범위는 $0 \le a_x \le 7.849m/s^2$이다. 예를 들어 $a_x = 5m/s^2$인 경우 물의 저장 깊이는 $d = 0.726m = 72.6cm$이다.

식으로부터 "e"를 줄이는 방법 중의 하나는 용기의 길이(b)를 줄이는 것이다. 따라서 용기의 가장 긴 부분(b)을 운동방향에 수직하게 놓는 것이다.

예제 10-9A 등각속도 회전운동

지름이 5cm이고 높이가 15cm인 용기 안에 물을 12cm 높이로 채웠다. 물이 넘치지 않는 최대 회전수를 구하라.

풀이

$$z = h_0 - \frac{(\omega R)^2}{2g}\left\{\frac{1}{2} - \left(\frac{r}{R}\right)^2\right\} \tag{10-15}$$

식 (10-15)로부터 $r = R$에서 z의 높이가 최대가 되므로 이 부분의 높이가 15cm 이하인 회전수를 찾으면 된다. 따라서 최대 회전수는 다음과 같이 계산된다.

$$\omega = \sqrt{\frac{2g}{R^2}\frac{h_0 - z}{0.5 - (r/R)^2}} = \sqrt{\frac{2(9.81)}{0.05^2}\frac{0.12 - 0.15}{0.5 - (R/R)^2}}$$
$$= 470.88\,rad/s = 4496.6\,rpm$$

즉, 용기를 4497rpm 이상으로 회전시키면 용기로부터 물이 넘치게 된다.

10-5 | 예제 풀이B(엑셀 : 정지유체)

예제 10-1B 경사 평면에 작용하는 힘

앞의 예제 10-4A에서 경사각의 변화에 따른 힘과 작용점의 변화를 고찰해보자. 경사각의 범위는 $10^\circ \le \theta \le 80^\circ$이다. 값을 구하고 결과를 그래프로 나타내라.

풀이 먼저 계산 순서에 따라 식을 정리하면 다음과 같다.

$$F_R = \rho g\left(D + \frac{L}{2}\sin\theta\right)(wL) = 1000(9.81)(3 + 2.5\sin\theta)25$$

$$= 245250(3 + 2.5\sin\theta)$$

$$y_c = \frac{D}{\sin\theta} + \frac{L}{2} = \frac{3}{\sin\theta} + 2.5$$

$$y_R = \frac{I_{xc}}{y_c A} + y_c = \frac{52.08}{25 y_c} + y_c$$

다음과 같이 워크시트를 작성하고 계산하면 경사각 변화에 따른 힘과 작용점을 구할 수 있다.

1) B4 cell : "=245250*(3+2.5*SIN(RADIANS(A4)))/1000"

2) C4 cell : "=3/SIN(RADIANS(A4))+2.5"

3) D4 cell : "=52.08/25/C4+C4"

	A	B	C	D
1	[경사면에 작용하는 힘과 작용점]			
2				
3	theta[deg]	FR[kN]	yc[m]	yR[m]
4	10	842.218	19.77631	19.88165
5	20	945.4511	11.27141	11.45623
6	30	1042.313	8.5	8.745082
7	40	1129.859	7.167171	7.45783
8	50	1205.431	6.416222	6.740899
9	60	1266.732	5.964102	6.313391
10	70	1311.899	5.692533	6.058486
11	80	1339.56	5.54628	5.921883

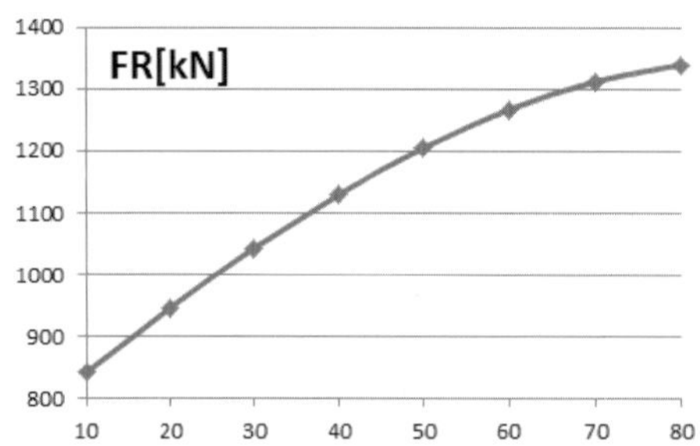

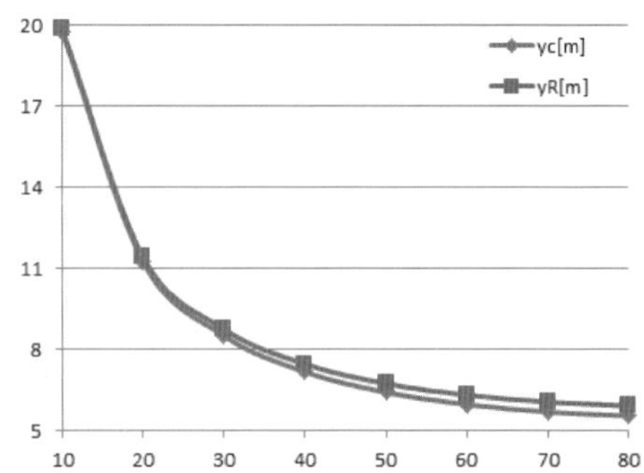

즉, 경사각의 증가에 비례하여 평판에 작용하는 힘이 증가하며, 작용점과 도심의 위치 차이도 증가한다.

예제 10-2B 유체의 선형 등가속도 운동

앞의 예제 10-8A에서 가속도의 변화에 따른 물의 저장 깊이를 고찰해보자. 가속도의 범위 $1 \le a_x \le 7m/s^2$에 대하여 깊이를 구하고 그 결과를 그래프로 표현하라.

풀이

$$d_{\max} = h - \frac{b}{2}\frac{a_x}{g} = 2 - 0.2548a_x,\ [1 \le a_x \le 7m/s^2]$$

다음과 같이 워크시트를 작성하고 계산하면 가속도의 변화에 따른 물의 깊이를 구할 수 있다.

	A	B	C
1	[유체의 등가속도 운동]		
2			
3	가속도[m/s^2]		깊이[m]
4	1		1.7452
5	2		1.4904
6	3		1.2356
7	4		0.9808
8	5		0.726
9	6		0.4712
10	7		0.2164

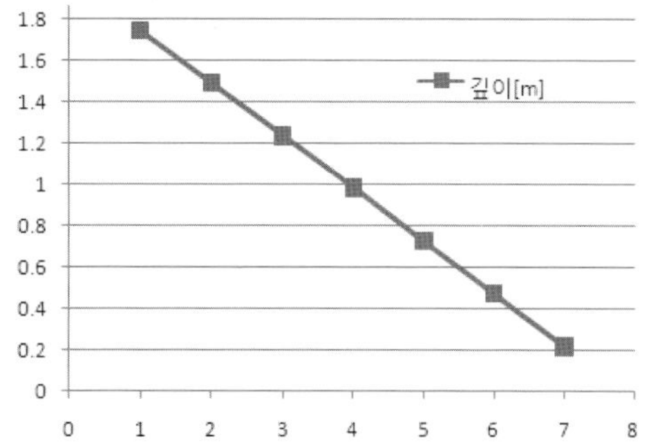

즉, 가속도가 증가하면 물의 저장 높이가 급격히 줄어든다.

예제 10-3B 등각속도 회전운동

앞의 예제 10-9A에서 회전수 변화에 따라 최대높이가 어떻게 변하는지를 고찰해보자. 회전수 범위 $0 \le \omega \le 450rad/s$에 대하여 물의 최대높이($r = R$ 위치에서)를 구하고 그 결과를 그래프로 표현하라.

풀이

$$z = h_0 - \frac{(\omega R)^2}{2g}\left\{\frac{1}{2} - \left(\frac{r}{R}\right)^2\right\}$$
$$= 0.12 - \frac{(0.05\omega)^2}{2g}\left\{\frac{1}{2} - 1\right\} = 0.12 + \frac{0.000625\omega^2}{g}$$

	A	B
1	[유체의 등회전 운동]	
2		
3	회전속도[rad/s]	최대높이[m]
4	0	0.12
5	50	0.279276249
6	100	0.757104995
7	150	1.553486239
8	200	2.66841998
9	250	4.101906218
10	300	5.853944954
11	350	7.924536188
12	400	10.31367992
13	450	13.02137615

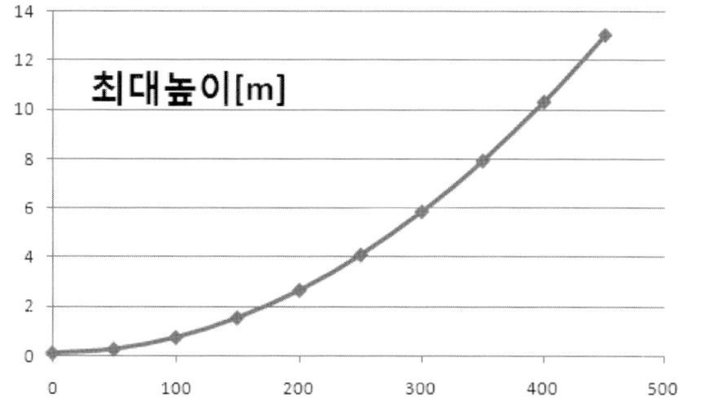

즉, 최대높이는 회전수의 증가에 따라 지수적으로 증가한다.

연습문제 A(계산기)

1 파스칼의 원리 및 마노미터

10-1A [그림 10-1A]와 같은 수압기에서 $D_1 = 2cm$, $D_2 = 8cm$ 이고, 왼쪽 피스톤에 가해지는 힘이 $W_1 = 3kN$ 일 때, 이것과 평형을 이룰 수 있는 W_2의 추의 무게를 구하라.

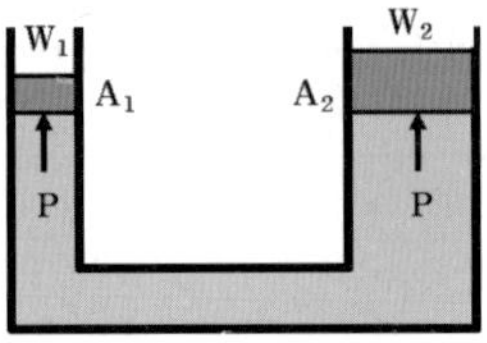

[문제 10-1A]

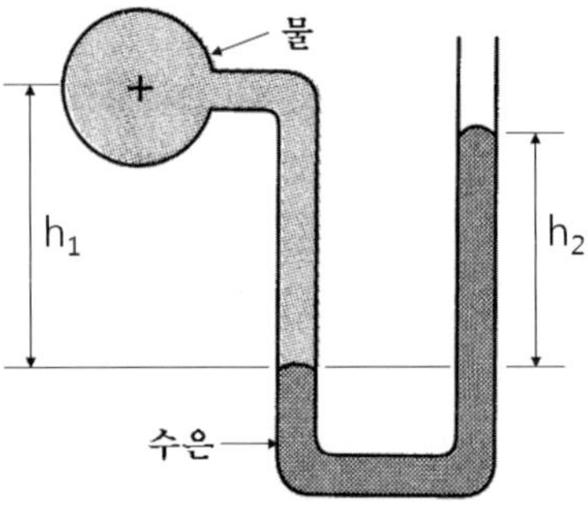

[문제 10-2A]

10-2A [그림 10-2A]에서 $h_1 = 50cm$, $h_2 = 42cm$ 일 때, 물의 게이지압력을 구하라. 여기서 물의 밀도는 $\rho_w = 1000kg/m^3$ 이며 수은의 비중은 $SG = 13.6$ 이다.

10-3A 그림에서 파이프 A와 파이프 D를 통하여 물이 흐르고 있다. B 부분에는 수은($SG = 13.6$)이, C 부분에는 비중이 $SG = 0.85$ 인 기름이 담겨있다. 그리고 $h_{12} = 25cm$, $h_{23} = 30cm$, $h_{34} = 8cm$, $h_{45} = 10cm$ 이다. 두 파이프 사이의 압력차($\Delta p = p_D - p_A$)를 구하라.

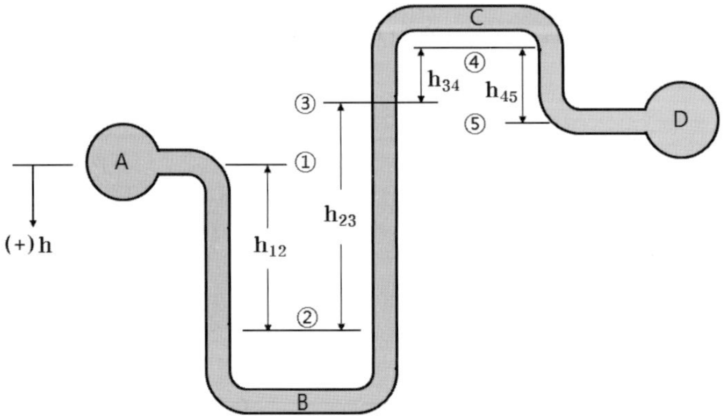

2 평면 및 곡면에 작용하는 힘

10-4A 그림과 같이 크기가 $2m \times 4m$인 평판이 깊이 $h = 3m$의 물속에 잠겨있다. 평판에 작용하는 압력 및 평판의 한쪽 면에 작용하는 힘을 구하라.

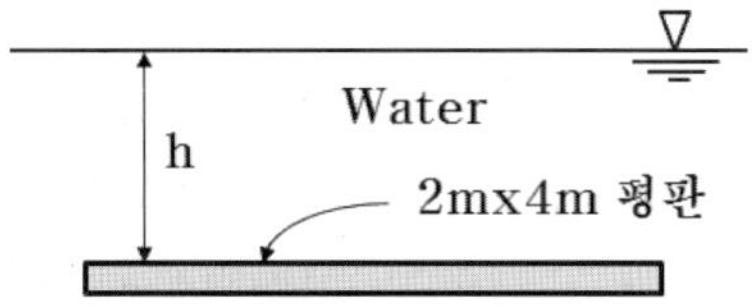

10-5A 그림과 같이 크기가 $w = 3m,\ L = 2m$인 수직 평판이 힌지로 부착되어 있으며 깊이는 $D = 4m$이다. 수직 평면에 작용하는 힘(F_R)과 작용점(y_R)을 구하라. 물의 밀도는 $1000kg/m^3$이다.

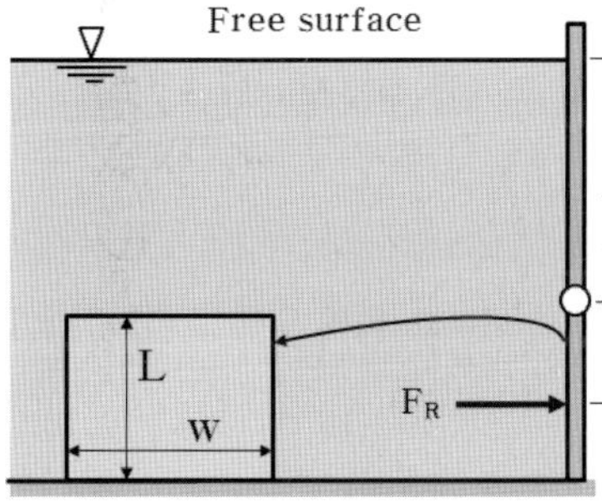

[수직 평판]

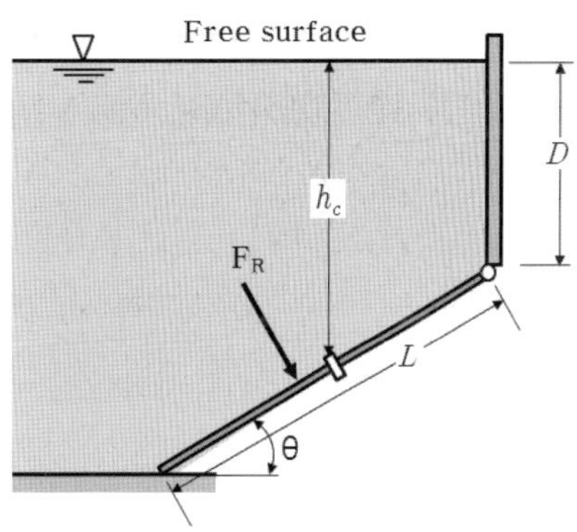

[경사진 평판]

10-6A 그림과 같이 힌지로 연결된 경사면은 폭이 $w = 4m$이고, 경사각은 $\theta = 25°$이며, $D = 2m,\ L = 3m$이다. 이 경사면에 작용하는 합력(F_R)과 작용점(y_R)을 구하라. 물의 밀도는 $1000kg/m^3$이다.

10-7A 그림 (a)와 같이 반지름은 $r = 2m$이고 원통의 길이는 $L = 4m$인 4분 원통이 $D = 2.5m$ 깊이의 물속에 잠겨있다. 곡면 b-c 구간에 작용하는 합력(F_R)을 구하라. 그리고 그림 (b)에서 물은 반원만 채워져 있다. 동일한 반지름과 길이에 대하여 곡면 b-c 구간에 작용하는 합력을 구하라. 물의 밀도는 $1000 kg/m^3$이다.

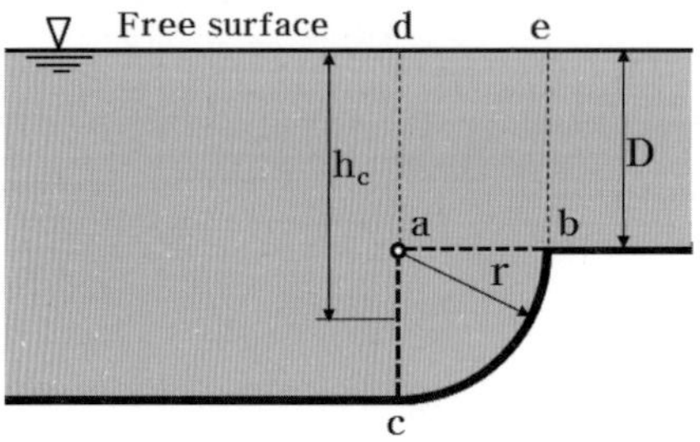

(a)

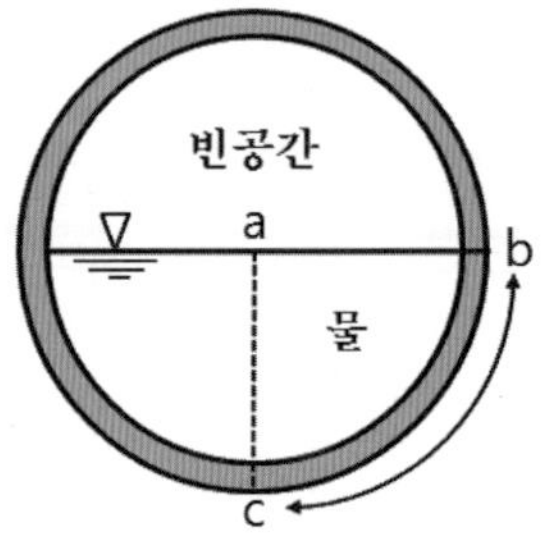

(b)

3 부력 및 안정성

10-8A 그림과 같이 체적이 $50l$인 어떤 물체를 비중이 $SG = 0.85$인 액체 위에 놓았더니 체적의 80%가 액체 속에 잠겼다. 이 물체의 무게를 구하라.

10-9A 그림과 같이 직경이 2m, 무게가 12kN인 구가 케이블에 의해 고정되어 있다. 케이블에 작용하는 장력(tension)을 구하라. 해수의 비중량은 $\gamma = 10.1 kN/m^3$이며, 구의 체적은 $\pi D^3/6$이다.

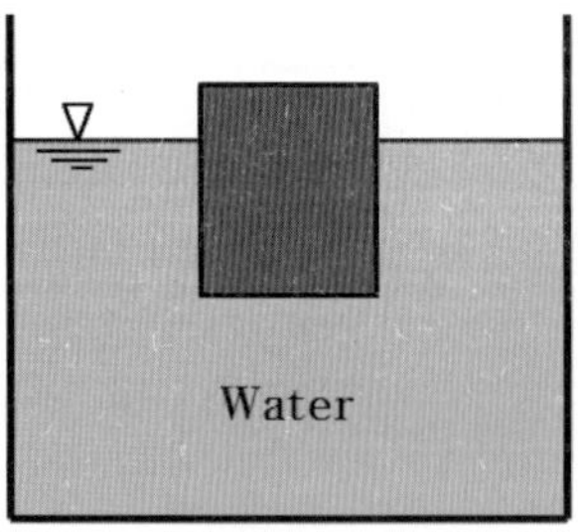

[문제 10-8A]

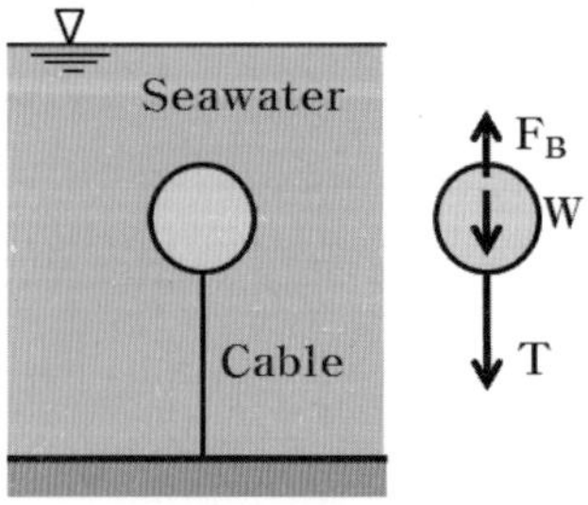

[문제 10-9A]

4 유체의 강체운동

10-10A 어떤 배달원이 크기가 [그림 10-10]과 같이 길이 $b=3m$, 높이 $h=2.5m$, 폭 $w=2m$인 용기에 물을 넣고 운반한다. 차량의 수평방향 등가속도가 $a_x=6m/s^2$일 때, 물의 저장 깊이(d)를 구하라.

10-11A 크기가 지름 1.5m, 높이가 2m인 원통형 용기 내에 물이 가득 차있다. 용기가 수평방향으로 등가속 운동을 할 때 저장된 물의 25%가 넘쳐 흘렀다. 가속도를 구하라.

10-12A 지름이 4cm이고 높이가 12cm인 원통형 용기 안에 물을 10cm 높이로 채웠다. 용기를 회전시켰을 때, 물이 넘치지 않을 최대 회전수를 구하라.

10-13A 지름이 4cm이고 높이가 12cm인 원통형 용기 안에 물을 가득 채운 후 회전시켰더니 저장된 물의 20%가 넘쳐 흘렀다. 회전수를 구하라.

연습문제 B(엑셀)

10-1B 앞의 문세 10-6A에서 경사각의 변화에 따른 힘과 작용점의 변화를 고찰하고자 한다. 경사각의 범위 $10^{\circ} \leq \theta \leq 80^{\circ}$에 대하여 값을 구하고 결과를 그래프로 나타내라.

10-2B 앞의 문제 10-10A에서 가속도의 변화에 따른 물의 저장 깊이를 고찰해보자. 가속도의 범위 $1 \leq a_x \leq 7m/s^2$에 대하여 깊이를 구하고 그 결과를 그래프로 표현하라.

10-3B 앞의 문제 10-13A에서 회전수의 변화에 따라 용기로부터 넘치는 물의 양을 고찰하는 것이 관심사이다. 넘치는 물의 양이 10%에서 30%까지 변할 때 이에 대한 회전수를 구하고 그 결과를 그래프로 표현하라.

Chapter 11

움직이는 유체

우리는 지금까지 정지된 유체에 대한 해석에 집중하였지만 주변에서 관찰되는 대부분의 유체는 운동을 수반한다. 이 장에서는 유체의 운동을 기술할 수 있는 기본방정식들을 검토할 것이다.

유체운동의 현상을 이해하기 위해서는 유체입자의 운동을 기술할 수 있는 기본법칙을 고려해야 한다. 힘과 가속도가 고려된 Newton의 제2법칙을 유체입자에 적용하면 Bernoulli식과 함께 유용한 결과식들을 얻을 수 있다. 그리고 식의 형태는 관심의 목적에 따라 적분형과 미분형으로 표현된다. 본론에서 식의 유도과정은 생략하고 주로 결과만을 취급한다.

11-1 | 기본방정식

1 연속방정식

주변에서 흔히 볼 수 있는 파이프는 직경이 일정한 원형관(circular tube)이지만 길이 방향으로 직경이 변하는 관도 많이 있다. 단면적이 변하는 도관에 대한 식을 유도하면 여러 방면으로 응용할 수 있다. [그림 11-1]과 같이 단면적이 변하는 유관(stream tube)에서 식의 유도를 단순화하기 위하여 다음과 같은 가정을 세운다.

- 정상유동(steady flow)
- 주어진 단면에서 균일유동(uniform flow)

정상유동이므로 입구와 출구에서 질량유량은 같아야 한다. 따라서 질량보존법칙은 다음과 같이 표현된다.

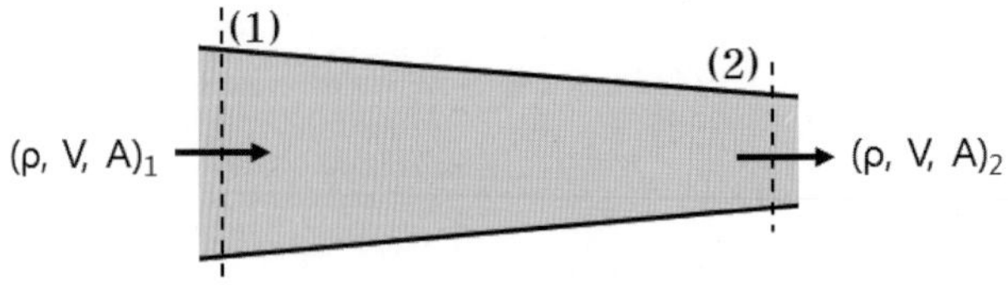

[그림 11-1] 유한한 크기의 도관

$$\dot{m} = (\rho VA)_1 = (\rho VA)_2 = (\rho Q)_1 = (\rho Q)_2 \tag{11-1}$$

여기서 Q는 체적유량(volume flow rate)이다.

2 Euler 방정식

모든 실제 유체는 점성을 가지고 있지만 많은 경우 점성의 영향을 무시하여도 합리적인 결과를 얻을 수 있다. 비점성유동($\tau = 0$)에서는 전단응력이 없기 때문에 수직응력만을 고려하면 되므로 비교적 해석이 용이하다.

Euler 방정식은 점성이 없는 유체의 유동을 기술하는 식이며 유선에 적용하면 매우 단순하고 유익한 결과를 얻을 수 있다. 유선(stream line)은 유동장 내의 모든 점에서 속도벡터에 접선이 되도록 그어진 선이다. 정상유동인 경우 유선은 유적선(pathline)과 일치하므로 유체의 입자는 유선을 따라 이동한다.

식을 유도하기 위하여 [그림 11-2]와 같은 유선좌표계를 설정한다. 미소 유체입자에 뉴턴의 제2법칙을 적용하고 정리하면 다음과 같이 유선방향의 방정식을 구할 수 있다.

$$-\frac{1}{\rho}\frac{\partial p}{\partial s} - g\frac{\partial z}{\partial s} = V\frac{dV}{ds} \tag{11-2}$$

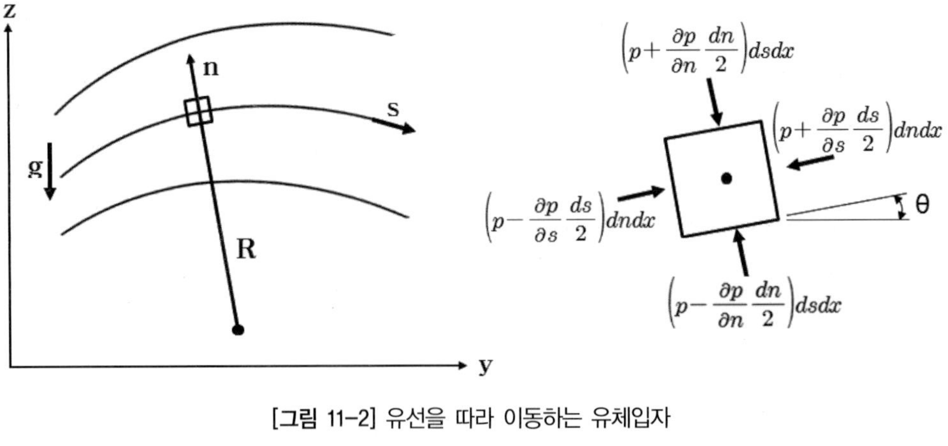

[그림 11-2] 유선을 따라 이동하는 유체입자

이 방정식을 유선방향의 Euler 방정식이라고 한다. 이 식이 적용되는 조건은 ① 유선을 따르는 유동, ② 정상유동, ③ 비점성유동이다.

같은 방법으로 유선에 수직인 n방향에 대한 오일러 방정식도 유도할 수 있으며, 그 결과는 다음과 같다.

$$\frac{1}{\rho}\frac{\partial p}{\partial n}+g\frac{\partial z}{\partial n}=\frac{V^2}{R} \tag{11-3}$$

3 Bernoulli 방정식

앞에서 유도한 Euler 방정식 (11-2)를 유선을 따라 적분하면 Bernoulli 방정식을 얻을 수 있다. 식 (11-2)에 ds를 곱한 후 식을 정리하면 다음과 같은 식을 구할 수 있다.

$$\frac{dp}{\rho}+VdV+gdz=0 \quad (s\text{를 따라})$$

적분하면

$$\int\frac{dp}{\rho}+\frac{V^2}{2}+gz=const.$$

여기서 비압축성 유체($\rho=$일정)인 경우 이 식은 쉽게 적분이 된다. 결과식은 다음과 같다.

$$\frac{p}{\rho}+\frac{V^2}{2}+gz=\text{일정} \tag{11-4}$$

이를 Bernoulli 방정식이라고 한다. Bernoulli 방정식은 매우 유용한 식으로써, 유선을 따른 압력 변화와 속도 변화 그리고 고도 변화를 연관시키는 식이다. 이 식을 사용하기 위해서는 다음과 같은 네 가지의 제한조건을 확인해야 한다.

1) 유선을 따르는 유동
2) 정상유동($d\phi/dt=0$)
3) 마찰이 없는 유동($\tau=0$: 비점성유동)
4) 비압축성 유동($\rho=const$)

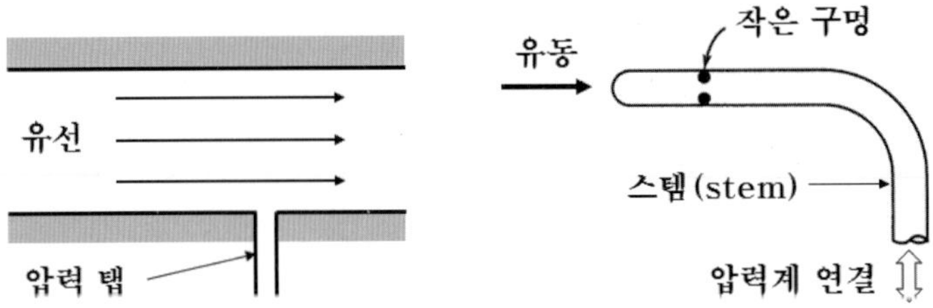

(a) 압력 탭 (b) 정압 탐침

[그림 11-3] 정압의 측정

4 정압, 동압, 정체압

베르누이 식에서 사용된 압력 p는 열역학적 압력이며, 보통은 정압(static pressure)이라 부른다. 정압은 유동과 함께 움직이는 계기로 측정한 압력으로써 실제로 측정하기에는 다소 어려움이 있다.

1 정압 측정

직선 형태의 유선에 수직한 방향으로는 압력 변화가 없다는 사실을 이용하면 유동 중에 있는 유체의 정압을 측정할 수 있다. [그림 11-3(a)]와 같은 파이프에서 유선이 직선인 곳인 매끈한 벽면에 정확히 수직이 되도록 수 mm 이하의 작은 구멍(압력 탭)을 뚫고 이곳에 마노미터와 같은 측정기구를 설치하면 정압 측정이 가능하다.

벽면에 압력 탭(pressure tap)을 설치할 수 없는 경우, 즉 벽에서 멀리 떨어진 유동장의 압력이나 곡선 형태의 유선인 유동의 압력은 [그림 11-3(b)]와 같이 정압 탐침(probe)을 사용하면 정밀하게 측정할 수 있다.

2 정체압 측정

정체압(stagnation pressure)은 수평으로 유지된 유선에서 속도가 영(0)인 점(정체점)에서의 압력이다. 정체압은 [그림 11-4]처럼 상단에 구멍이 뚫린 탐침을 상류 쪽으로 설치하면 측정할 수 있으며, 이러한 탐침을 피토관(pitot tube)이라 부른다.

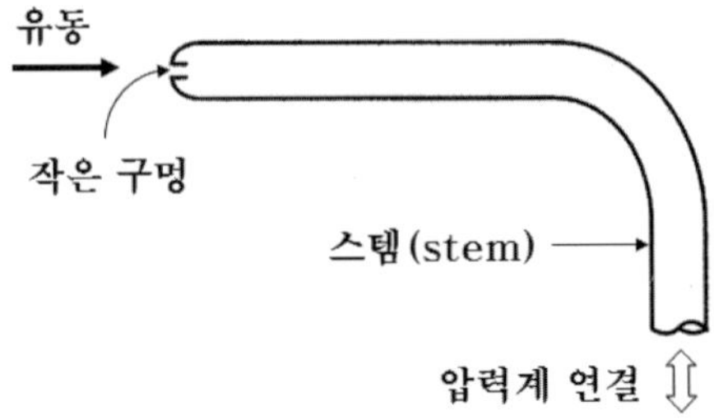

[그림 11-4] 정체압의 측정

베르누이 방정식을 속도가 $V_0 = 0$인 지점과 속도가 V인 지점에 적용하면 식은 다음과 같이 정리된다. 고도 변화는 무시한다.

$$\frac{p_0}{\rho} + \frac{V_0^2}{2} = \frac{p}{\rho} + \frac{V^2}{2}$$

따라서

$$p_0 = p + \frac{\rho V^2}{2} = \text{정압} + \text{동압} \tag{11-5a}$$

또는

$$V = \left[\frac{2(p_0 - p)}{\rho}\right]^{1/2} \tag{11-5b}$$

식 (11-5a)는 정체압(p_0)을 정의하는 수학적인 표현이며 정체압은 정압과 동압의 합이다. 식에서 "$\rho V^2/2$"항은 보통 동압(dynamic pressure)이라고 한다. 한 점에서 정체압과 정압을 측정할 수 있다면 식 (11-5b)를 이용하여 국소유동의 속도를 구할 수 있다.

3 정압과 정체압의 동시 측정

한 점에서 정압과 정체압을 동시에 측정할 수도 있으며 [그림 11-5]에서 이러한 측정기구를 보여주고 있다. 왼쪽 그림에서 A점의 정압은 압력탭으로, 정체압은 총수두관으로 측정한다. 피토-정압관은 두 개의 탐침을 결합시킨 것이다. 정체압은 B점의 안쪽 관으로, 정압은 C점의 바깥쪽 관으로 측정한다. B점과 C점의 정압은 같다고 가정($p_B = p_C$)한다.

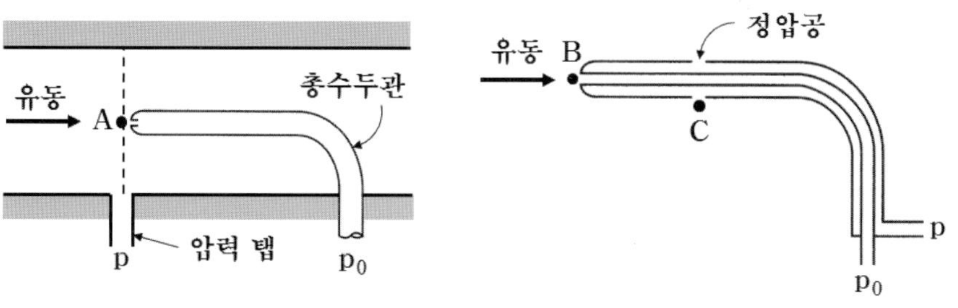

(a) 정압탭과 총수두관 (b) 피토-정압관

[그림 11-5] 정압과 정체압 동시 측정

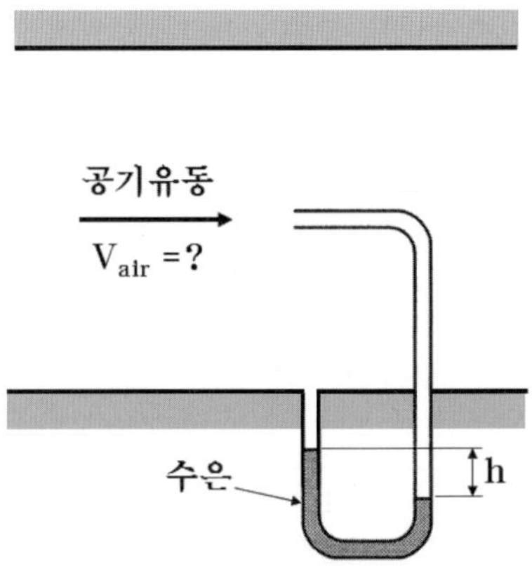

[그림 11-6] 공기의 속도 예측

예를 들어, [그림 11-6]과 같이 파이프 내에 피토관을 설치하여 표준상태의 공기 유동에 대한 정압과 정체압을 측정하는 상황을 고려해보자. 측정된 정체압과 정압의 차이는 수은($SG = 13.6$)주 높이 h = 30mmHg로 나타났다. 공기의 유동속도를 구하는 것이 관심사이다.

식 (11-5b)를 이용하면 공기의 유동속도를 계산할 수 있다. 식에서 압력차는 다음과 같이 계산된다.

$$\Delta p = p_0 - p = (\rho g h)_{Hg} = (\rho_{water} \times SG_{Hg}) g h$$
$$= (1000 \times 13.6) 9.81 (0.03) = 4002.5 Pa$$

따라서

$$V = \left[\frac{2(p_0 - p)}{\rho_{air}} \right]^{1/2} = \left(\frac{2 \times 4002.5}{1.23} \right)^{0.5} = 80.7 m/s$$

5 Bernoulli 방정식의 응용 예

베르누이 방정식은 (11-4)이며 제한 조건은 1) 유선을 따르는 유동, 2) 정상유동, 3) 마찰 없는 유동, 4) 비압축성 유동이다. 따라서 식을 사용하기 전에 주어진 조건을 검토해야 한다. 방정식을 두 점에 적용하면 다음과 같다.

$$\left(\frac{p}{\rho} + \frac{V^2}{2} + gz \right)_1 = \left(\frac{p}{\rho} + \frac{V^2}{2} + gz \right)_2 \qquad (11-6)$$

1 노즐 내의 유동

수평으로 놓인 노즐(nozzle)을 통하여 공기가 유동하고 있다. 조건은 [그림 11-7]과 같으며, 출구속도 $V_2 = 40m/s$를 얻기 위해서 입구에서 요구되는 게이지 압력을 구하는 것이 관심사이다.

먼저 적용조건을 확인하면 다음과 같다. 1) 유선을 따라 공기가 흐르고, 2) 시간에 따라 변하지 않는 정상유동이며, 3) 마찰의 영향은 거의 없고, 4) 출구속도가 40m/s(100m/s 이하)이므로 비압축성 유동이다. 4개의 조건이 만족되므로 베르누이 방정식과 연속방정식을 적용할 수 있다. 고도의 차이는 없으므로 식은 다음과 같이 정리된다.

$$\left(\frac{p}{\rho}+\frac{V^2}{2}\right)_1=\left(\frac{p}{\rho}+\frac{V^2}{2}\right)_2 \quad \rightarrow \quad p_1-p_{atm}=p_1-p_2=\frac{\rho\left(V_2^2-V_1^2\right)}{2}$$

그리고

$$Q=\text{일정}=(VA)_1=(VA)_2 \quad \rightarrow \quad V_1=V_2\frac{A_2}{A_1}$$

따라서

$$p_1-p_{atm}=\frac{\rho}{2}\left\{V_2^2-\left(V_2\frac{A_2}{A_1}\right)^2\right\}$$

주어진 값을 대입하고 계산하면 입구에서 요구되는 게이지(gage) 압력을 구할 수 있다. 본 문제는 주어진 조건을 확인하고 Bernoulli 방정식과 연속방정식을 응용한 대표적인 예이다.

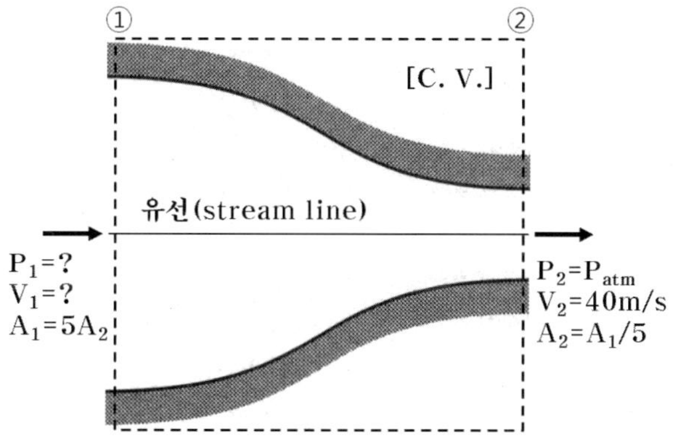

[그림 11-7] 노즐 내의 공기유동

2 수문 아래의 유동

물이 저장된 저수지의 방출량을 조절하기 위하여 그림과 같이 수문(sluice gate)을 설치하였다. 물의 유량은 물의 출구속도와 유동통로의 크기를 알면 구할 수 있다. 출구 부근에서 유동의 유선은 근사적으로 직선이라고 가정할 수 있다. [그림 11-8]과 같은 조건에 대하여 본 문제는 하류의 출구속도(V_2)와 체적유량(Q)을 구하는 것이 목적이다.

주어진 조건으로부터 유선을 따르는 유동, 정상유동, 마찰없는 유동, 비압축성유동으로 가정할 수 있으므로 4개의 제한조건을 만족한다. 따라서 베르누이 방정식과 연속방정식을 사용할 수 있다. $p_1 = p_2 = p_{atm}$, $V_1 \approx 0$이므로 식을 정리하면 다음과 같이 수문 아래쪽의 속도 및 체적유량을 구할 수 있다.

$$\left(\frac{p}{\rho}+\frac{V^2}{2}+gz\right)_1=\left(\frac{p}{\rho}+\frac{V^2}{2}+gz\right)_2 \quad \text{그리고} \quad Q=V_2A_2=V_2(wz_2)$$

따라서

$$V_2=\sqrt{2g(z_1-z_2)} \quad \text{또는} \quad Q=wz_2\sqrt{2g(z_1-z_2)}$$

본 문제는 주어진 조건을 확인하고 Bernoulli 방정식과 연속방정식을 응용한 예이다.

3 사이펀을 통과하는 유동

사이펀(siphon) 장치는 펌프를 사용하지 않고 용기에 저장된 액체를 다른 용기로 이동시킬 수 있는 간단한 장치이며, 가정용 난로에 석유를 채울 때 또는 드럼통에 있는 오일을 뽑아낼 때 사용된다.

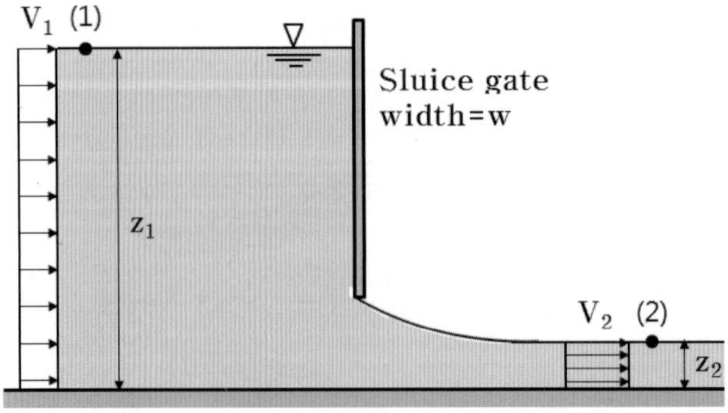

[그림 11-8] 수문 아래의 유동

[그림 11-9]와 같은 사이펀 장치로부터 액체를 분출시키기 위해서는 다음의 세 가지 조건이 충족되어야 한다.

1) 오른쪽 관 끝의 높이는 용기의 자유표면보다 낮아야 한다($z_3 < z_1$).
2) 사이펀으로 액체가 흐르게 하기 위해서는 역 U자관에 액체가 차 있어야 한다.
3) 자유표면부터 역 U자관까지의 수두는 대기압 수두보다 작아야 한다.
   즉 $\rho g_{liquid}(z_2 - z_1) \leq p_{atm}$의 조건이어야 한다.

사이펀 장치에서 첫 번째 관심은 출구 쪽의 체적유량이며, 두 번째 관심은 자유표면부터 역U자관까지의 최대높이($h_{\max}$)이다.

사이펀 작용에 의한 체적유량은 점 ①과 점 ③에 Bernoulli 방정식을 적용하면 구할 수 있다.

$$\left(\frac{p}{\rho} + \frac{V^2}{2} + gz\right)_1 = \left(\frac{p}{\rho} + \frac{V^2}{2} + gz\right)_3$$

여기서 $p_1 = p_3 = p_{atm}$이며 용기는 매우 크므로 $V_1 \approx 0$이다. 식을 정리하면 다음과 같다.

$$V_3 = \sqrt{2g(z_1 - z_3)} = \sqrt{2gh} = \frac{Q}{A_3}$$

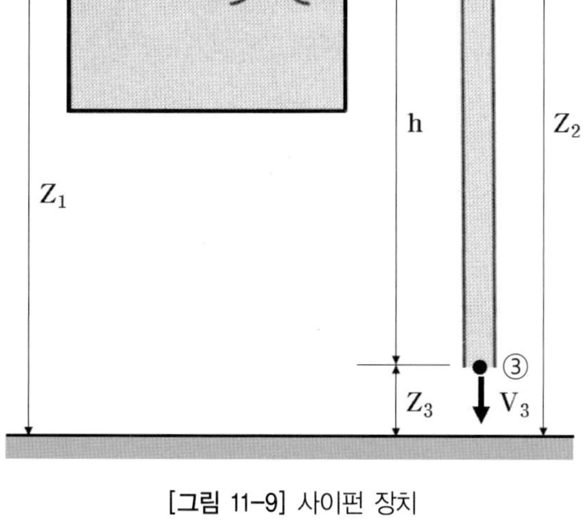

[그림 11-9] 사이펀 장치

역U자관의 최대높이는 점 ①과 점 ②에 Bernoulli 방정식을 적용하면 계산할 수 있다.

$$\left(\frac{p}{\rho}+0+gz\right)_1=\left(\frac{p}{\rho}+\frac{V^2}{2}+gz\right)_2$$

따라서

$$p_{atm}=p_2+\rho g(z_2-z_1)+\rho g\frac{V_2^2}{2g}$$

여기서 유동속도 V_2가 매우 작고, 역U자관의 최대높이 부분에서 절대압력이 영(0), 즉 $p_2=0$인 경우에 식은 다음과 같이 정리된다.

$$z_2-z_1=h_{\max}\le\frac{p_{atm}}{\rho g}$$

액체가 물인 경우에 최대높이는 약 10m이지만, 속도수두, 마찰손실 등을 감안하여 이 영향만큼 감소시켜야 한다.

6 에너지 방정식

우리는 6장에서 열역학 제1법칙을 학습하였으며 정상유동에 대한 식은 다음과 같다.

$$\dot{Q}_{cv}+\Sigma\dot{m}_i\left(h+\frac{V^2}{2}+gz\right)_i=\Sigma\dot{m}_e\left(h+\frac{V^2}{2}+gz\right)_e+\dot{W}_{cv} \tag{6-23}$$

유체역학적 관점에서 생각할 때 각 단면에서 균일한 유동이고 균일한 상태량이라고 가정할 수 있으므로 위 식은 다음과 같이 쓸 수 있다. 열역학 제1법칙을 방정식의 형태로 나타낼 때 이 식을 에너지방정식(energy equation)이라고 부른다.

$$\dot{Q}_{cv}-\dot{W}_{cv}=(|\rho VA|)_2\left(u+pv+\frac{V^2}{2}+gz\right)_2-(|\rho VA|)_1\left(u+pv+\frac{V^2}{2}+gz\right)_1 \tag{11-7}$$

위 식에서 열전달이 없으면 $u_1=u_2$이고 $\dot{Q}=0$이며, 일이 없으면 $\dot{W}=0$이다. 그리고 연속방정식으로부터 $\dot{m}=(\rho VA)_1=(\rho VA)_2$이며 비압축성 유동이면 $\rho_1=\rho_2=\rho$이다. 따라서 에너지 방정식은 다음과 같이 단순화된다.

$$\left(\frac{p}{\rho}+\frac{V^2}{2}+gz\right)_1=\left(\frac{p}{\rho}+\frac{V^2}{2}+gz\right)_2$$

이 단순화된 에너지 방정식은 앞에서 기술한 베르누이 방정식 (11-4)와 동일한 형태이다. 에너지 방정식을 이용하여 베르누이 방정식을 구할 때 적용한 제한조건을 정리하면 1) 각 단면에서 균일한 유동 및 균일한 상태량, 2) 일과 열 없음, 3) 정상유동, 4) 비압축성 유동이다.

단순화된 에너지 방정식은 베르누이 방정식 (11-4)와 전혀 다른 개념과 수학적 모델에서 유도된 식이다. 일반적으로 열역학 제1법칙과 뉴턴의 제2법칙으로부터 유도된 식들은 별도로 만족되어야 하는 독립된 식들이다.

11-2 | 적분형 기본방정식

1 계와 검사체적과의 관계식

1 관계식

계(system)와 검사체적(control volume)의 차이는 앞장에서 언급하였다. 유체의 유동 기술에 필요한 식들을 얻기 위해서는 계와 검사체적의 관계를 맺어주는 관계식을 유도해야 한다.

계의 어떤 임의의 종량적 성질(질량, 운동량, 내부에너지, 엔탈피 등)을 기호 "N"으로 표시하고, 단위질량당 종량적 성질의 기호를 "n (강성적 성질)"으로 표시한다. 계의 종량적 성질 N의 변화율과 이 성질의 검사체적에 대한 시간변분량이 같다는 사실에 바탕하여 식을 유도하면 계와 검사체적의 관계를 맺어주는 다음의 식을 구할 수 있다. 여기서 유도과정은 생략하였다.

$$\left(\frac{dN}{dt}\right)_{sys}=\frac{\partial}{\partial t}\int_{cv} n\rho d\forall+\int_{cs} n\rho\vec{V}\cdot d\vec{A} \qquad (11-8)$$

2 식의 의미

식 (11-8)을 레이놀즈 전달정리(Reynolds transport theorem)라고 한다. 식 (11-8)이 중요한 이유는 검사체적에 대한 기본방정식의 유도에 필요한 대수학적인 작업들을 줄일 수 있기 때문이다. 종량적 성질을 검사체적에 적용하기 위한 식을 얻기 위해서는 식 (11-8)로부터 시작해야 한다.

식의 첫 번째 항은 계에서 종량적 성질(N)의 총시간변화율이며, 우변의 첫 번째 항은 검사체적 내에서 $N(=m \times n = \rho \forall \times n)$의 시간변화율을 나타낸다. 그리고 우변의 두 번째 항은 검사표면을 통하여 출입하는 N의 정미유동률이다.

2 질량보존법칙

질량은 생성되거나 소멸되지 않는다는 것은 직관적인 사실이다. 계에서 질량은 일정하므로 이 사실을 식 (11-8)에 적용하면 질량보존법칙을 유도할 수 있다. 계의 질량인 경우 $(dM/dt)_{sys} = 0$이고 $n = 1$이므로 식 (11-8)로부터 다음의 식을 얻을 수 있다.

$$\frac{\partial}{\partial t}\int_{cv} \rho d\forall + \int_{cs} \rho \overrightarrow{V} \cdot d\overrightarrow{A} = 0 \tag{11-9}$$

또는

검사체적 내의 질량변화율 = 검사면을 통한 [유입량 – 유출량]의 차이

식의 첫 번째 항은 시간에 따른 검사체적 내의 질량변화율이며, 두 번째 항은 검사표면을 통과하는 질량유량을 나타낸다. 즉, 검사체적 내의 질량 변화율은 검사면을 통하여 출입하는 질량유량의 차이와 같다는 것을 의미한다. 그림으로 표현하면 [그림 11-10]과 같다.

식 (11-9)에서 내적 $\rho \overrightarrow{V} \cdot d\overrightarrow{A}$는 유체가 검사면 밖으로 유출되면 양(+)이고, 안으로 유입되면 음(-)이며, 속도벡터가 검사면에 접선방향이면 영(0)이다.

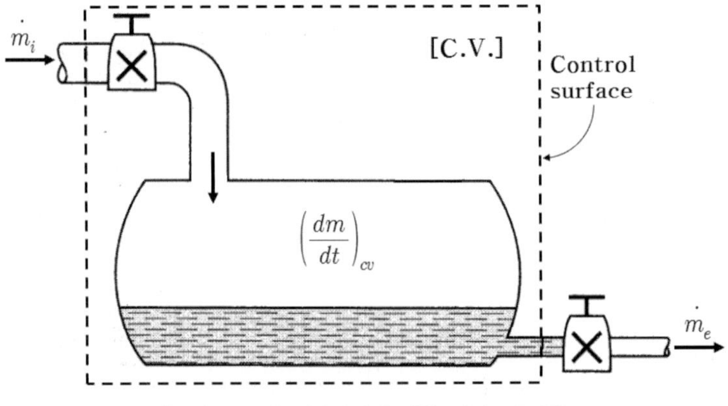

[그림 11-10] 검사체적에 대한 질량보존법칙

1 비압축성 유동(ρ=일정)

밀도가 일정한 비압축성 유동이므로 밀도는 시간과 공간의 함수가 아니다. 따라서 질량 보존법칙은 다음과 같다.

$$\frac{\partial \forall}{\partial t} + \int_{cs} \overrightarrow{V} \cdot d\overrightarrow{A} = 0$$

고정된 크기와 형상을 가진 검사체적인 경우 체적이 일정하므로 식은 다음과 같이 단순화된다. 비압축성 유동만 가정하였으므로 이 식은 정상 또는 비정상 유동 모두에 적용할 수 있다.

$$\int_{cs} \overrightarrow{V} \cdot d\overrightarrow{A} = 0$$

2 정상유동

정상유동에서는 유체의 성질이 시간에 따라 변하지 않으므로 식 (11-9)에서 첫 번째 항은 영(0)이며, 다음과 같이 단순화된다.

$$\int_{cs} \rho \overrightarrow{V} \cdot d\overrightarrow{A} = 0$$

어느 단면에서 균일유동(uniform flow)이고, 밀도 또한 균일하다면 이 식은 다음과 같이 쓸 수 있다.

$$\int_{A} \rho \overrightarrow{V} \cdot d\overrightarrow{A} = \rho \overrightarrow{V} \cdot \overrightarrow{A} = \pm |\rho VA \cos\theta|$$

여기서 벡터의 내적을 간단하게 하려면 $\cos\theta = \pm 1$이 되도록, 즉 속도벡터와 검사표면이 수직하게 되도록 선택하면 된다.

3 응용 예

첫 번째로 [그림 11-11]과 같이 4개의 입출구가 있는 용기에서 비압축성 유체이며 정상유동하는 유체를 고려한다. 관심사는 ②번 출구의 속도이다. 적용식은 다음과 같다.

$$\int_{cs} \rho \overrightarrow{V} \cdot d\overrightarrow{A} = \int_{A1} \rho \overrightarrow{V} \cdot d\overrightarrow{A} + \int_{A2} \rho \overrightarrow{V} \cdot d\overrightarrow{A} + \int_{A3} \rho \overrightarrow{V} \cdot d\overrightarrow{A} + \int_{A4} \rho \overrightarrow{V} \cdot d\overrightarrow{A} = 0$$

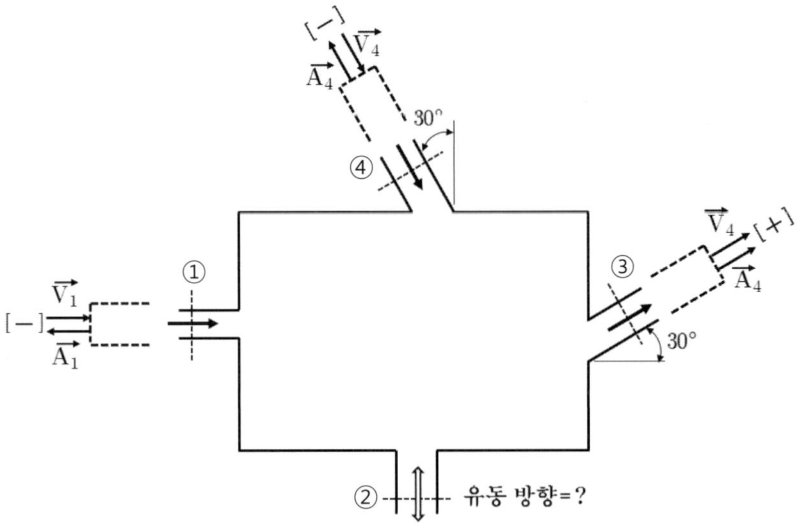

[그림 11-11] 다수의 입출구가 있는 용기의 유동

또는

$$\int_{A2} \rho \vec{V} \cdot d\vec{A} = -\int_{A1} \rho \vec{V} \cdot d\vec{A} - \int_{A3} \rho \vec{V} \cdot d\vec{A} - \int_{A4} \rho \vec{V} \cdot d\vec{A}$$

먼저 ①번은 입구이므로 벡터 내적은 음(-)이고, ③번은 출구이므로 양(+)이며, ④번은 입구이므로 음(-)이다. ③번과 ④번에서 검사면과 속도벡터가 직각을 이루므로 기울어진 각도는 고려할 필요가 없다. 그러므로 식은 다음과 같이 정리된다.

$$\int_{A1} \rho \vec{V} \cdot d\vec{A} = -\rho V_1 A_1$$

$$\int_{A3} \rho \vec{V} \cdot d\vec{A} = +\rho V_3 A_3$$

$$\int_{A4} \rho \vec{V} \cdot d\vec{A} = -\rho V_4 A_4$$

따라서

$$\int_{A2} \rho \vec{V} \cdot d\vec{A} = +(\rho V_1 A_1) - (\rho V_3 A_3) + (\rho V_4 A_4)$$

이 식의 우변항을 계산한 결과에 따라 ②번의 상태가 결정된다. 즉, 양이면 출구가 되며, 음이면 입구가 된다.

두 번째로 단단한 용기 내에서 공기의 밀도가 변화하는 상황을 고려한다. [그림 11-12]와 같이 용기의 출구를 통하여 공기가 고속으로 유출된다. 어느 순간에 용기 속의 성질들은 균일하다고 가정한다. 관심사는 공기의 밀도변화율이다. 밀도가 변하므로 식 (11-9)를 정리하면 다음과 같다.

$$\frac{\partial}{\partial t}(\rho \forall)_{cv} + \int_{cs} \rho \vec{V} \cdot d\vec{A} = \frac{\partial}{\partial t}(\rho \forall)_{cv} + \int_{A1} \rho \vec{V} \cdot d\vec{A} = \frac{\partial}{\partial t}(\rho \forall)_{cv} + (\rho V_1 A_1) = 0$$

또는

$$\frac{\partial \rho}{\partial t} = -\frac{\rho_1 V_1 A_1}{\forall}$$

여기서 벡터 내적은 출구이므로 양이다. 그리고 결과는 음(-)의 값이므로 밀도는 감소한다. 이 문제는 비정상유동의 질량보존법칙이 적용된 경우이다.

3 운동량 방정식

물체의 운동을 수학적 기호로 표현하려면 기준이 되는 좌표가 필요하며 이 기준이 되는 좌표를 "좌표계(frame of reference)"라고 한다. 이를 위하여 주변의 한 곳에 원점을 두어 좌표계를 설정하고 "기준좌표계(xyz)"라고 정한다. 운동의 기술에 필요한 검사체적은 기준좌표계를 중심으로 설정한다.

1 고정된 검사체적의 운동량 방정식

기준좌표계(xyz)의 공간에 고정된 검사체적에 뉴턴의 제2법칙을 적용하기 위하여 $N = \vec{P}$, $n = \vec{V}$라 놓는다. 그리고 이 관계를 식 (11-8)에 대입하고 정리하면 다음의 식을 얻을 수 있다.

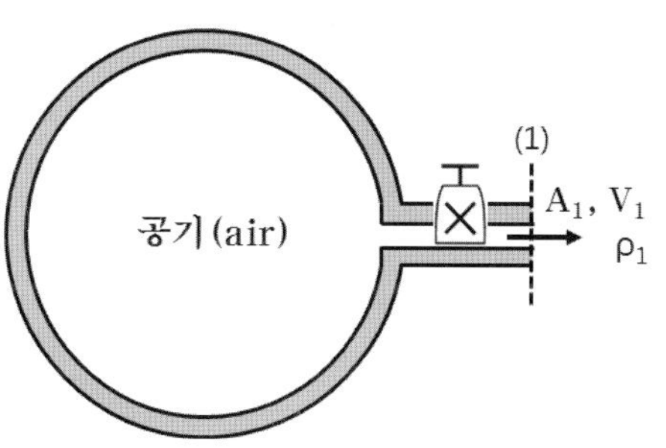

[그림 11-12] 배출되는 공기의 밀도변화

$$\vec{F} = \vec{F_S} + \vec{F_B} = \frac{\partial}{\partial t}\int_{cv} \vec{V}\rho d\forall + \int_{cs} \vec{V}\rho \vec{V} \cdot d\vec{A} \qquad (11-10)$$

이 식은 고정된 검사체적에 작용하는 표면력과 체적력의 합은 검사체적 내부의 운동량 변화율과 검사표면을 통하여 유출입되는 운동량 플럭스(flux)의 정미(net) 변화율의 합과 같다는 것을 의미한다. 식 (11-10)을 세 개의 스칼라 성분방정식으로 나타내면 다음 식과 같다.

$$F_x = F_{Sx} + F_{Bx} = \frac{\partial}{\partial t}\int_{cv} u\rho d\forall + \int_{cs} u\rho \vec{V} \cdot d\vec{A} \qquad (11-11a)$$

$$F_y = F_{Sy} + F_{By} = \frac{\partial}{\partial t}\int_{cv} v\rho d\forall + \int_{cs} v\rho \vec{V} \cdot d\vec{A} \qquad (11-11b)$$

$$F_z = F_{Sz} + F_{Bz} = \frac{\partial}{\partial t}\int_{cv} w\rho d\forall + \int_{cs} w\rho \vec{V} \cdot d\vec{A} \qquad (11-11c)$$

2 운동량 방정식의 표면력 처리

식 (11-11)의 우변의 두번째 항은 검사체적의 입구와 출구에 대한 표면력이다. 일반적으로 **"비압축성유동($\rho = const$)"**이고, 단면에서 **"균일유동"**이며, **"입구와 출구가 한 개"**인 경우 우변항은 다음과 같이 단순화된다.

$$\int_{cs} u\rho \vec{V} \cdot d\vec{A} = -\rho Q u_1 + \rho Q u_2 = \rho Q(u_2 - u_1) \qquad (11-12a)$$

$$\int_{cs} v\rho \vec{V} \cdot d\vec{A} = -\rho Q v_1 + \rho Q v_2 = \rho Q(v_2 - v_1) \qquad (11-12b)$$

$$\int_{cs} w\rho \vec{V} \cdot d\vec{A} = -\rho Q w_1 + \rho Q w_2 = \rho Q(w_2 - w_1) \qquad (11-12c)$$

여기서 벡터곱인 "$\vec{V} \cdot \vec{A}$"는 입구인 경우 두 벡터의 방향이 다르므로 음(−)의 값이며, 출구인 경우 두 벡터의 방향이 같으므로 양(+)의 값이 된다. 그리고 하첨자 (1)은 입구를, (2)는 출구를 의미한다.

3 응용 예

(a) 구부러진 관

일반적인 식을 표현하기 위하여 [그림 11-13]과 같이 구부러진 관을 고려한다. 노즐을 통하여 유체가 유동하는 경우, 노즐에 작용하는 힘은 운동량 방정식 (11-11)을 적용하여 구할 수 있다.

여기서 수평선을 중심으로 θ_1은 입구의 경사각을, θ_2는 출구의 경사각을 나타내며, W_n은 노즐의 무게를, W_w는 유체의 무게를 의미한다.

- 가정1 : 정상유동($\partial/\partial t = 0$), 비압축성유동($\rho = const$), 균일유동
- 가정2 : x 방향 체적력(노즐 및 유체 무게) 무시

$$F_{Sx} = \int_{cs} u\rho \vec{V} \cdot d\vec{A} \quad \text{그리고} \quad F_{Sy} + F_{By} = \int_{cs} v\rho \vec{V} \cdot d\vec{A}$$

입구와 출구의 경사각을 고려하여 일반적인 형태로 식을 나타내면 다음과 같다.

$$p_1A_1\cos\theta_1 - p_2A_2\cos\theta_2 - F_x = \rho Q(u_2 - u_1) = \rho Q(V_2\cos\theta_2 - V_1\cos\theta_1)$$

$$p_1A_1\sin\theta_1 - p_2A_2\sin\theta_2 - F_y - \Sigma W = \rho Q(v_2 - v_1) = \rho Q(V_2\sin\theta_2 - V_1\sin\theta_1)$$

따라서

$$F_x = p_1A_1\cos\theta_1 - p_2A_2\cos\theta_2 + \rho Q(V_1\cos\theta_1 - V_2\cos\theta_2) \tag{11-13a}$$

$$F_y = p_1A_1\sin\theta_1 - p_2A_2\sin\theta_2 + \rho Q(V_1\sin\theta_1 - V_2\sin\theta_2) - \Sigma W \tag{11-13b}$$

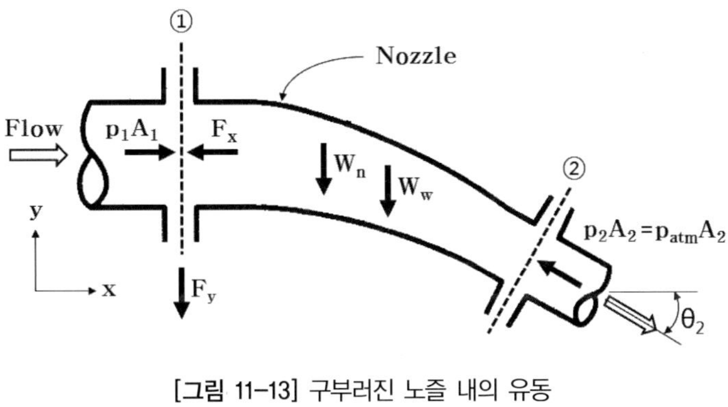

[그림 11-13] 구부러진 노즐 내의 유동

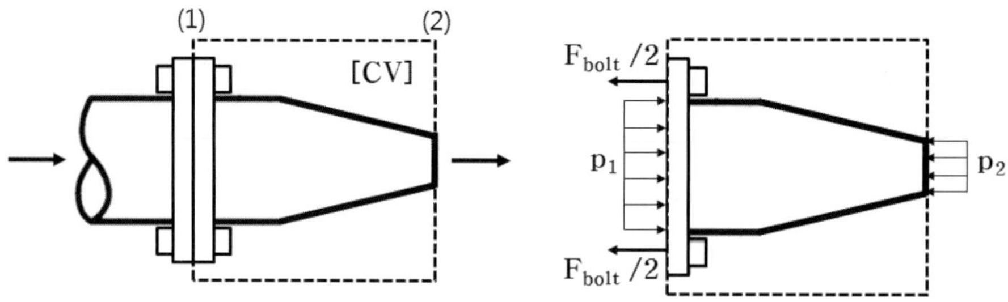

[그림 11-14] 수평 노즐 내의 유동

(b) 수평 원형관

[그림 11-14]와 같은 노즐은 수평의 원형관이므로 식 (11-13)에서 입구각과 출구각이 모두 $\theta_1 = \theta_2 = 0°$(즉, $\cos 0° = 1$)이며, y 방향은 없으므로 운동량 방정식은 다음과 같이 표현된다.

$$F_x = p_1 A_1 - p_2 A_2 + \rho Q(V_1 - V_2) \tag{11-14}$$

(c) 수직 평판

[그림 11-15]와 같이 일정한 속도로 이동하는 수직의 평판에 유체가 충돌하는 경우 적용점 (1)과 (2)에서 $p_1 = p_2 = p_{atm}$, $V_2 = 0$, $\theta_1 = \theta_2 = 0°$이다. 따라서 평판에 작용하는 힘은 식 (11-13)으로부터 다음과 같이 표현된다.

$$F_x = p_1 A_1 - p_2 A_2 + \rho Q(V_1 - V_2) = \rho Q V_1 = \rho A_1 (V_1)^2$$

따라서

$$F_x = \rho A_1 (V_1 - U)^2 \tag{11-15}$$

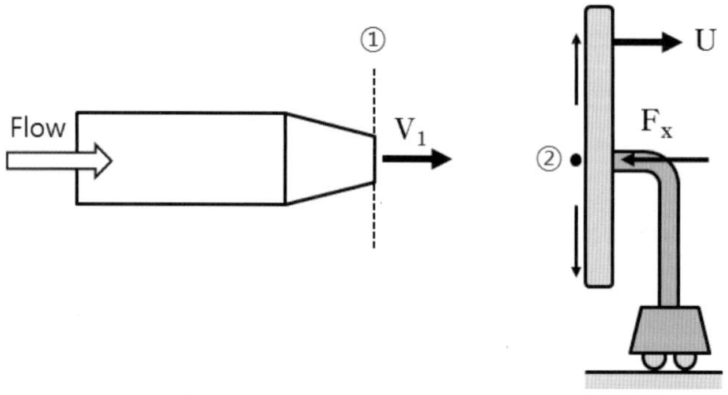

[그림 11-15] 수직 평판

(d) 경사진 평판

경사진 평판 [그림 11-16]에 수직으로 작용하는 힘(F_N)과 x 방향의 힘(F_x)은 다음과 같이 표현된다.

$$F_N = \rho Q V_1 \sin\theta \quad \text{그리고} \quad F_x = F_N \sin\theta = \rho Q V_1 \sin^2\theta \tag{11-16}$$

분할 유량은 평판에 평행한 방향으로 선형 운동량 방정식을 적용하면 구할 수 있으며 다음과 같이 표현된다.

$$\rho Q V_1 \cos\theta = \rho Q_2 V_2 - \rho Q_3 V_3 \quad \text{그리고} \quad Q_1 = Q_2 + Q_3$$

따라서

$$Q_2 = \frac{Q_1(1+\cos\theta)}{2}, \quad Q_3 = \frac{Q_1(1-\cos\theta)}{2} \tag{11-17}$$

(e) 곡면 날개

[그림 11-17]과 같이 날개가 부착된 장치가 고정 또는 일정한 속도(U)로 이동하는 경우를 고려한다. 모든 압력은 대기압이며, 노즐 출구속도(V)는 날개에서도 변하지 않는다고 가정한다. 식 (11-13)에서 $\theta_1 = 0°$, $\theta_2 = \theta$, $V_1 = V_2 = V$ 이므로 운동량 방정식은 다음과 같이 표현된다.

$$F_x = \rho A_1 V_1 (V_1 - V_2\cos\theta), \quad F_y = \rho A_1 V_1 (0 - V_2 \sin\theta)$$

따라서

$$F_x = \rho A_1 (V - U)^2 (1 - \cos\theta) \tag{11-18a}$$

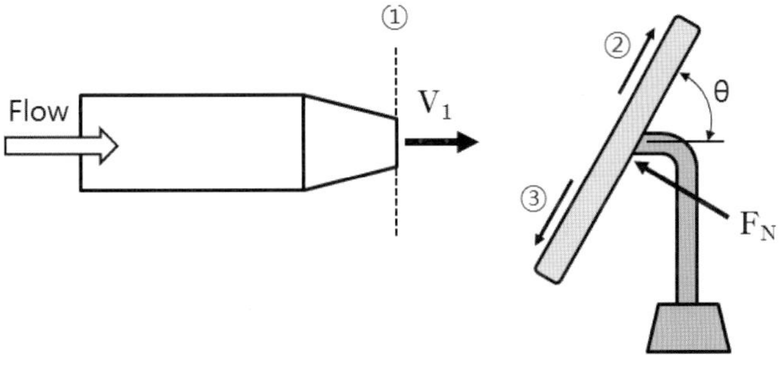

[그림 11-16] 경사진 평판

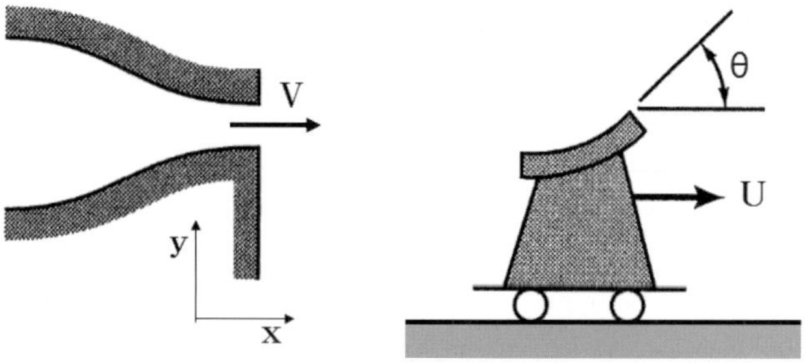

[그림 11-17] 곡면 날개

$$F_y = -\rho A_1 (V - U)^2 \sin\theta \tag{11-18b}$$

이상의 결과를 정리하면 |표 11-1|과 같다.

| 표 11-1 | 기하학적 형상에 따른 운동량 방정식

형 상	운동량 방정식	식번호
곡 관	$F_x = p_1 A_1 \cos\theta_1 - p_2 A_2 \cos\theta_2 + \rho Q(V_1\cos\theta_1 - V_2\cos\theta_2)$ $F_y = p_1 A_1 \sin\theta_1 - p_2 A_2 \sin\theta_2 + \rho Q(V_1\sin\theta_1 - V_2\sin\theta_2)$	11-13
수평원형관	$F_x = p_1 A_1 - p_2 A_2 + \rho Q(V_1 - V_2)$	11-14
수직평판	$F_x = \rho A_1 (V_1 - U)^2$	11-15
경사진평판	$F_N = \rho Q V_1 \sin\theta$, $F_x = F_N \sin\theta = \rho Q V_1 \sin^2\theta$	11-16
곡면날개	$F_x = \rho A_1 (V - U)^2 (1 - \cos\theta)$, $F_y = -\rho A_1 (V - U)^2 \sin\theta$	11-18
비 고	θ_1 =입구편향각, θ_2 =출구편향각, U=이동속도	

11-3 | 미분형 기본방정식

앞장에서 기술한 적분형 기본방정식은 유동장의 전체적 거동과 그 효과에 관심이 있을 때 유용하므로 각각의 위치에 대한 상세한 유동 정보를 구하는 데는 적합하지 않다. 유동장 전체에 대한 세밀한 정보를 얻기 위해서는 미분형 운동방정식이 필요하다.

미소한 크기의 계와 검사체적을 설정하고 질량보존법칙과 Newton의 제2법칙을 적용하면 미분방정식을 유도할 수 있다.

유체의 성질들은 공간과 시간의 연속 함수들로 정의된다. 공간을 나타내는 좌표계에는 직각좌표계, 원통좌표계, 구좌표계가 있으며 이를 직교좌표계(orthogonal coordinates)라고 한다. 직교좌표계 사이에는 좌표변환규칙이 정해져 있으므로 하나의 좌표계에서 성립된 식은 좌표변환규칙을 이용하여 다른 좌표계로 변환시킬 수 있다. 본 저서에서는 직각좌표계를 중심으로 설명할 것이다.

1 질량보존법칙(연속방정식)

직각좌표계(rectangular coordinate)에서 선택된 검사체적은 [그림 11-18]과 같은 미소한 정육면체이다. 질량보존법칙을 글로 표현하면 다음과 같다.

[검사표면을 통해 나가는 정미 질량 유량] + [검사체적 내의 질량 변화율] = 0

위의 식을 미소 정육면체에 적용하고 Taylor 급수 전개를 이용하여 식을 정리하면 직각좌표계를 중심으로 표현된 다음과 같은 질량보존식(또는 연속방정식)을 얻을 수 있다.

$$\frac{\partial \rho u}{\partial x}+\frac{\partial \rho v}{\partial y}+\frac{\partial \rho w}{\partial z}+\frac{\partial \rho}{\partial t}=0 \quad \text{또는} \quad \nabla \cdot \rho \vec{V}+\frac{\partial \rho}{\partial t}=0 \tag{11-19}$$

여기서

$$\nabla=\frac{\partial}{\partial x}\vec{i}+\frac{\partial}{\partial y}\vec{j}+\frac{\partial}{\partial z}\vec{k}$$

이 식은 다음과 같은 두 가지의 경우일 때 간단하게 표시된다. 1) 비압축성유동($\rho = const$)인 경우 식 (11-20a)와 같이 표현되고, 2) 정상유동($\partial\rho/\partial t=0$)인 경우 식 (11-20b)와 같이 표현된다.

$$\frac{\partial u}{\partial x}+\frac{\partial v}{\partial y}+\frac{\partial w}{\partial z}=0 \tag{11-20a}$$

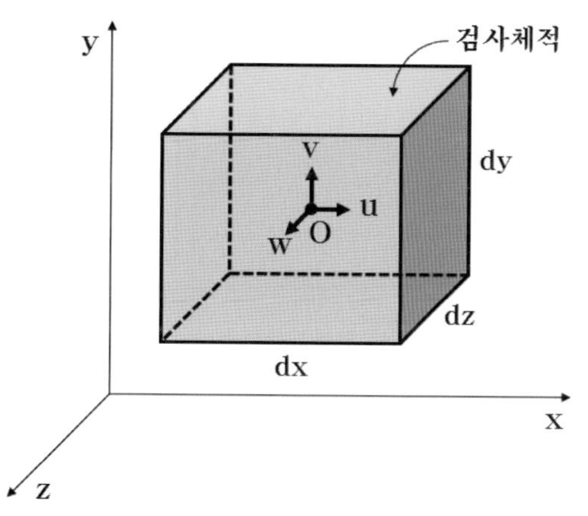

[그림 11-18] 직각좌표계의 미소 검사체적

$$\frac{\partial \rho u}{\partial x}+\frac{\partial \rho v}{\partial y}+\frac{\partial \rho w}{\partial z}=0 \tag{11-20b}$$

2 운동량 방정식

1 유체요소의 운동학

유체는 작용되는 힘에 의해 움직이며 힘을 받아 운동하는 유체요소는 변형된다. 유체요소의 운동학(kinematics)을 고려하면 운동량 방정식의 유도에 도움이 된다.

[그림 11-19]와 같이 유체요소는 힘을 받으면 몇 가지 형태로 변형을 일으키는데 종류에 따라 병진운동, 회전운동, 각변형, 선변형이 있다. 실제적으로 유체요소는 운동하는 과정에서 병진운동, 회전운동, 선변형 그리고 각변형을 복합적으로 겪는다.

순수한 병진운동과 회전운동만 있는 경우 유체요소는 원래의 형상을 유지하므로 변형을 일으키지 않는다. 따라서 운동으로 인한 전단응력도 발생하지 않는다.

유체요소의 병진운동은 수학적으로 표현할 때 가속도의 형태로 구성된다. 회전운동은 각속도(angular velocity)의 개념을 사용하며 수학적으로 "Curl"이라는 용어를 적용하여 나타낸다.

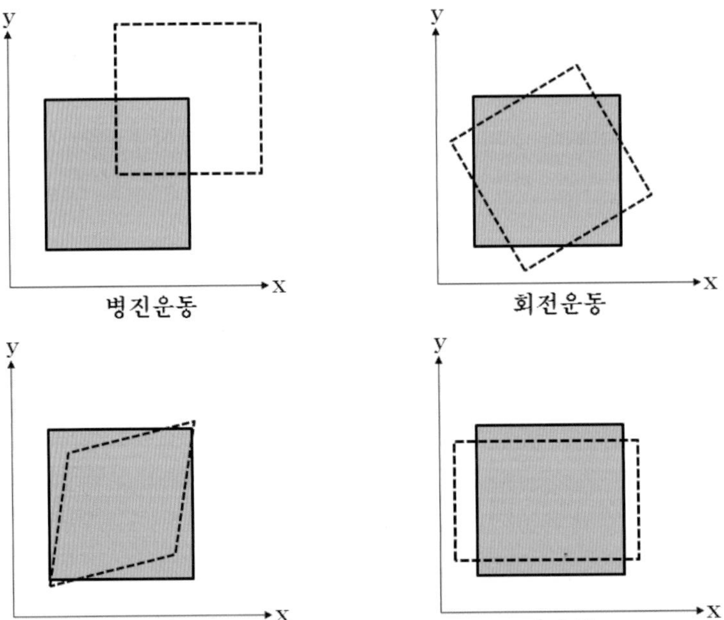

[그림 11-19] 유체요소의 변형

2 미분형 운동량 방정식

미소 유체요소에 뉴턴의 운동 제2법칙을 적용하면 유체의 운동을 기술할 수 있는 동역학(dynamics) 방정식을 얻을 수 있다.

유체요소에 작용하는 힘에는 체적력(body force)과 표면력(surface force)이 있으며 표면력은 다시 수직력과 접선력으로 분류된다. 고려되는 체적력은 중력이며, 표면에 작용하는 힘(수직력과 접선력)은 수직응력과 전단응력으로 나타낼 수 있다. 응력성분에는 9개의 성분이 있다. 접선력은 유체역학에서 전단력(shear force)이라 부른다.

미소 검사표면에 작용하는 응력의 x 성분은 [그림 11-20]과 같다. 검사체적에 대한 뉴턴의 제2법칙을 글로 표현하면 "검사체적에 작용하는 x 방향의 모든 힘(중력과 표면력)은 수직응력과 전단응력의 정미변화율과 같다"고 말할 수 있다. 이러한 내용을 식으로 표현하고 정리하면 응력과 속도항이 포함된 미분형 운동량 방정식을 얻을 수 있다.

이 식에는 수직응력(σ_{xx}, σ_{yy} 등)과 전단응력(τ_{xy}, τ_{yz} 등)이 포함되어 있다. 따라서 응력항들을 속도장과 압력장의 함수로 표현하는 것이 필요하다. 각 응력성분에는 두 개의 하첨자가 있는데 앞에 있는 하첨자는 작용하는 면을 나타내고 뒤에 있는 하첨자는 응력의 방향을 나타낸다. 예를 들면 τ_{yx}는 y 축에 수직한 면에 있으며 x 방향을 향하는 전단응력이다.

유체는 응력과 변형률의 관계에 따라 뉴턴 유체와 비뉴턴 유체로 구분할 수 있음을 앞에서 학습하였다. 유체에서 응력과 변형률의 관계식을 구성방정식(constitutive equation) 또는 보조방정식이라 부른다. 하나의 예를 제시하면 다음과 같다.

$$\tau_{xy} = \tau_{yx} = \mu\left(\frac{\partial v}{\partial x} + \frac{\partial u}{\partial y}\right)$$

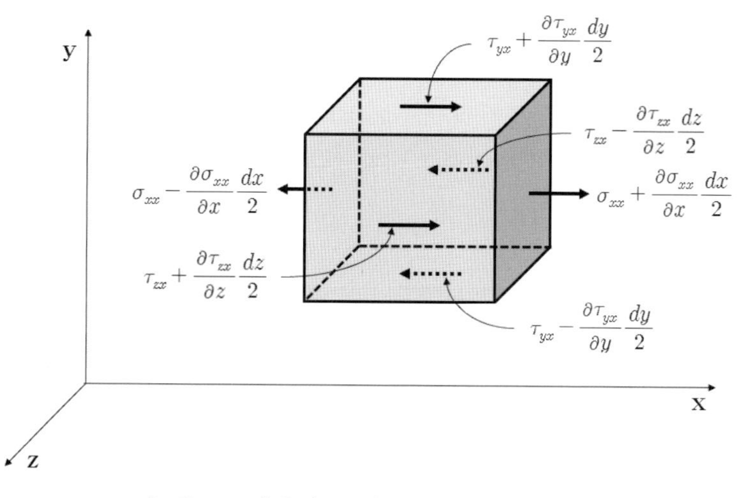

[그림 11-20] 유체요소에 작용하는 x 방향 응력

응력과 속도항이 포함된 미분형 운동량 방정식에 응력과 변형률의 관계를 나타내는 구성 방정식을 대입하고 정리하면 우리가 원하는 미분형 운동량 방정식을 유도할 수 있다.

특별한 경우를 제외하고 주변에서 자주 관찰되는 유체유동은 "점도가 일정($\mu = const$)한 비압축성유동($\rho = const$)"이라고 가정하여도 큰 문제는 없다. 최종적으로 직각좌표계에 대한 운동량 방정식은 다음 식과 같이 표현되며 이 식들을 Navier-Stokes 방정식이라 한다.

$$\rho\left(\frac{\partial u}{\partial t}+u\frac{\partial u}{\partial x}+v\frac{\partial u}{\partial y}+w\frac{\partial u}{\partial z}\right)=\rho g_x-\frac{\partial p}{\partial x}+\mu\left(\frac{\partial^2 u}{\partial x^2}+\frac{\partial^2 u}{\partial y^2}+\frac{\partial^2 u}{\partial z^2}\right) \tag{11-21a}$$

$$\rho\left(\frac{\partial v}{\partial t}+u\frac{\partial v}{\partial x}+v\frac{\partial v}{\partial y}+w\frac{\partial v}{\partial z}\right)=\rho g_y-\frac{\partial p}{\partial y}+\mu\left(\frac{\partial^2 v}{\partial x^2}+\frac{\partial^2 v}{\partial y^2}+\frac{\partial^2 v}{\partial z^2}\right) \tag{11-21b}$$

$$\rho\left(\frac{\partial w}{\partial t}+u\frac{\partial w}{\partial x}+v\frac{\partial w}{\partial y}+w\frac{\partial w}{\partial z}\right)=\rho g_z-\frac{\partial p}{\partial z}+\mu\left(\frac{\partial^2 w}{\partial x^2}+\frac{\partial^2 w}{\partial y^2}+\frac{\partial^2 w}{\partial z^2}\right) \tag{11-21c}$$

미분형 운동량 방정식에는 1차 미분항 및 2차 미분항이 포함되어 있기 때문에 특별한 상황을 제외하고 완전해를 구할 수 있는 경우는 없다. 따라서 대부분의 경우에 주어진 조건에 맞추어 논리에 맞는 가정을 설정하고 식을 단순화시킨 후에 해를 구한다.

3 경계조건 및 초기조건

미분방정식의 해를 구하기 위해서는 공간에 대한 경계조건(boundary condition)과 시간에 대한 초기조건(initial condition)이 수반되어야 한다.

유체가 비정상유동($\partial\phi/\partial t \neq 0$)인 경우에는 초기조건이 필요하다. $t=0$일 때 각각의 물리량에 대한 정보가 주어져야 한다.

경계조건의 수는 1차 미분항인 경우 1개가 필요하고 2차 미분항인 경우 2개가 필요하다. 그리고 경계조건은 크게 고체벽과 입출구로 나눌 수 있다. 고체벽에서 유체의 속도는 영(0)인 조건을 부여한다. 이를 비활조건(no-slip condition)이라 부른다. 입구와 출구에서 속도는 $V=const$ 또는 $V=f(x,y)$의 형태로 주어질 수 있다. 경계조건을 정리하면 [그림 11-21]과 같다.

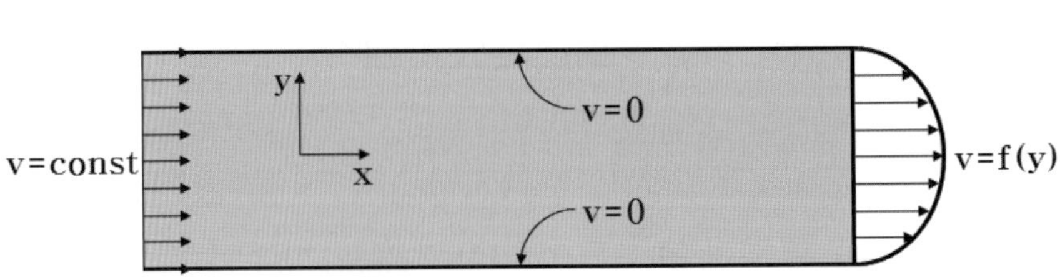

[그림 11-21] 경계조건의 종류

3 응용 예

유체가 파이프 내를 유동하거나 두 평판 사이를 유동할 때 한 단면에서의 속도는 균일분포가 아니라 단면에 따라 변하는 분포를 보인다. 미분형 운동량 방정식을 이용하면 한 단면에서의 속도분포를 알 수 있다.

[그림 11-22]와 같이 두 평판 사이를 유동하는 유체가 있다. 간격은 $2h$이고 왼쪽 압력이 오른쪽 압력보다 높으므로 유체는 오른쪽으로 유동한다. 이 압력차이를 압력구배라고 한다. "완전히 발달된 2차원 정상 비압축성 유동"이라고 가정한다. 한 단면에서의 속도분포를 구하는 것이 관심사이다.

첫 번째로 앞에서 언급한 조건을 연속방정식에 순서대로 적용하면 단순화된 식을 얻을 수 있다. 연속방정식은 다음과 같다.

$$\frac{\partial \rho}{\partial t}+\frac{\partial \rho u}{\partial x}+\frac{\partial \rho v}{\partial y}+\frac{\partial \rho w}{\partial z}=0 \tag{11-19}$$

① 완전히 발달된 2차원 유동 : $v=w=0,\ \partial/\partial z=0 \quad \rightarrow \quad \frac{\partial \rho}{\partial t}+\frac{\partial \rho u}{\partial x}=0$

② 정상유동 : $\partial\rho/\partial t=0 \quad \rightarrow \quad \frac{\partial \rho u}{\partial x}=0$

③ 비압축성 유동 : $\rho=const \quad \rightarrow \quad \frac{\partial u}{\partial x}=0$, 즉 $u=u(y)$

두 번째로 제한조건 및 연속방정식의 결과를 x 방향 운동량 방정식에 순서대로 적용하면 결과식을 얻을 수 있다. x 방향 및 y 방향의 운동량 방정식은 다음과 같다.

$$\rho\left(\frac{\partial u}{\partial t}+u\frac{\partial u}{\partial x}+v\frac{\partial u}{\partial y}+w\frac{\partial u}{\partial z}\right)=\rho g_x-\frac{\partial p}{\partial x}+\mu\left(\frac{\partial^2 u}{\partial x^2}+\frac{\partial^2 u}{\partial y^2}+\frac{\partial^2 u}{\partial z^2}\right) \tag{11-21a}$$

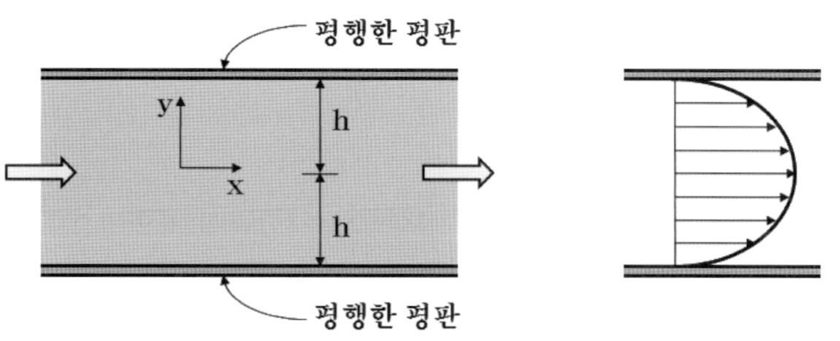

[그림 11-22] 평행한 평판 사이의 유동

$$\rho\left(\frac{\partial v}{\partial t}+u\frac{\partial v}{\partial x}+v\frac{\partial v}{\partial y}+w\frac{\partial v}{\partial z}\right)=\rho g_y-\frac{\partial p}{\partial y}+\mu\left(\frac{\partial^2 v}{\partial x^2}+\frac{\partial^2 v}{\partial y^2}+\frac{\partial^2 v}{\partial z^2}\right) \tag{11-21b}$$

① 2차원 유동

$$\rho\left(\frac{\partial u}{\partial t}+u\frac{\partial u}{\partial x}+v\frac{\partial u}{\partial y}\right)=\rho g_x-\frac{\partial p}{\partial x}+\mu\left(\frac{\partial^2 u}{\partial x^2}+\frac{\partial^2 u}{\partial y^2}\right)$$

$$\rho\left(\frac{\partial v}{\partial t}+u\frac{\partial v}{\partial x}+v\frac{\partial v}{\partial y}\right)=\rho g_y-\frac{\partial p}{\partial y}+\mu\left(\frac{\partial^2 v}{\partial x^2}+\frac{\partial^2 v}{\partial y^2}\right)$$

② $v=0,\ \dfrac{\partial u}{\partial x}=0,\ g_x=0$

$$\rho\left(\frac{\partial u}{\partial t}+u\cancelto{0}{\frac{\partial u}{\partial x}}+v\cancelto{0}{\frac{\partial u}{\partial y}}\right)=\rho\cancelto{0}{g_x}-\frac{\partial p}{\partial x}+\mu\left(\cancelto{0}{\frac{\partial^2 u}{\partial x^2}}+\frac{\partial^2 u}{\partial y^2}\right)$$

$$\rho\left(\cancel{\frac{\partial v}{\partial t}}+u\cancelto{0}{\frac{\partial v}{\partial x}}+v\cancelto{0}{\frac{\partial v}{\partial y}}\right)=\rho g_y-\frac{\partial p}{\partial y}+\mu\left(\cancelto{0}{\frac{\partial^2 v}{\partial x^2}}+\cancelto{0}{\frac{\partial^2 v}{\partial y^2}}\right)$$

즉,

$$\rho\left(\frac{\partial u}{\partial t}\right)=0-\frac{\partial p}{\partial x}+\mu\left(\frac{\partial^2 u}{\partial y^2}\right) \quad \text{그리고} \quad \rho g=\frac{\partial p}{\partial y}$$

③ 정상유동($\partial u/\partial t=0$), $u=u(y)$: $\mu\dfrac{d^2u}{dy^2}=\dfrac{\partial p}{\partial x}$

④ x 방향 압력구배는 x 만의 함수 : $\dfrac{\partial p}{\partial x}=\dfrac{dp}{dx}$

따라서

$$\frac{d^2u}{dy^2}=\frac{1}{\mu}\frac{dp}{dx}$$

즉, x 방향의 운동량 방정식은 2차 미분항으로 간단하게 표현되기 때문에 완전해를 구할 수 있다. 경계조건은 두 개가 필요하며 다음과 같다.

$$u=0(at\ y=h) \quad \text{그리고} \quad u=0(at\ y=-h)$$

위의 식에서 오른쪽 항은 상수이므로 두 번 적분이 가능하며 두 개의 경계조건을 적용하면 적분상수를 결정할 수 있다. 최종적으로 속도분포식은 다음과 같이 표현된다.

$$u = \frac{1}{2\mu}\left(\frac{dp}{dx}\right)(y^2 - h^2) \quad \rightarrow \quad u = f(y^2)$$

위의 결과식으로부터 두 평행 평판 사이의 한 단면에서 속도분포는 2차 방정식의 형태이므로 포물선형임을 알 수 있다.

결론적으로 유동장의 어느 지점(위치)에서 유체의 성질(특히 속도)을 알고자하는 경우 미분형 연속방정식과 운동량 방정식을 적용하면 구할 수 있다는 것을 본 예제를 통하여 확인할 수 있다.

11-4 | 예제 풀이A(계산기 : 기본방정식)

1 기본방정식

예제 11-1A 연속방정식

지름이 3cm인 원형관에서 물이 2kg/s의 유량으로 흘러가고 있다. 물의 체적유량 및 평균속도를 구하라. 물의 온도는 20℃이다.

풀이

$$Q = \frac{\dot{m}}{\rho} = \frac{2}{998} = 0.002m^3/s = 2l/s \quad |\text{표 A-2}|$$

$$V = \frac{Q}{A} = \frac{4Q}{\pi D^2} = \frac{4(0.002)}{0.03^2\pi} = 2.829m/s$$

예제 11-2A 연속방정식(면적변화)

[그림 11-1]과 같이 면적이 변하는 원형관에서 물이 5kg/s의 유량으로 유동하고 있다. $D_1 = 5cm$이고, 직경비가 $D_2/D_1 = 0.4$일 때, 속도비(= V_2/V_1) 및 출구속도를 구하라. 물의 온도는 25℃이다.

풀이

$$Q = (VA)_1 = (VA)_2, \quad \dot{m} = \rho(VA)_1$$

따라서

$$\frac{V_2}{V_1} = \frac{A_1}{A_2} = \left(\frac{D_1}{D_2}\right)^2 = \left(\frac{1}{0.4}\right)^2 = 6.25$$

$$V_1 = \frac{\dot{m}}{\rho A_1} = \frac{\dot{m}}{\rho}\frac{4}{\pi D_1^2} = \frac{4(5)}{997\pi(0.05)^2} = 2.554m/s$$

$$V_2 = 6.25V_1 = 15.963m/s$$

예제 11-3A 연속방정식(다수의 입 · 출구)

[그림 11-11]과 같이 다수의 입구 및 출구가 있는 용기를 고려한다. (1)과 (4)는 입구이며, (3)은 출구이다. (2)의 상태(입구 또는 출구)를 결정하고 속도를 구하라. 물의 밀도는 $\rho = 1000kg/m^3$이며, 입구 및 출구의 조건은 다음과 같다.

- 단면적 : $A_1 = 0.02m^2$, $A_2 = 0.04m^2$, $A_3 = A_4 = 0.03m^2$
- 유량 또는 속도 : $V_1 = 3m/s$, $\dot{m}_3 = 70kg/s$, $Q_4 = 0.04m^3/s$

풀이 $\Sigma \dot{m}_i = \Sigma \dot{m}_e$ 또는 $\Sigma Q_i = \Sigma Q_e$

따라서

$$Q_1 + Q_4 - Q_3 = (VA)_1 + Q_4 - \frac{\dot{m}_3}{\rho} = Q_2$$

$$(3 \times 0.02)_1 + 0.04 - \frac{70}{1000} = 0.03m^3/s = Q_2$$

$$V_2 = \frac{Q_2}{A_2} = \frac{0.03}{0.04} = 0.75m/s$$

즉, (2)는 양(+)의 값(면적 벡터와 속도벡터가 같은 방향)이므로 출구이며 속도는 0.75m/s이다.

예제 11-4A 압력수두 및 속도수두

원형관 내의 임의의 위치에서 유동하는 물의 정압 및 속도를 측정하였더니 각각 500kPa, 15m/s로 나타났다. 물의 압력수두와 속도수두를 구하라.

풀이

$$p_0 = p + \frac{\rho V^2}{2} = \text{정압} + \text{동압} \qquad (11\text{-}5a)$$

또는

$$\frac{p_0}{\rho g} = \frac{p}{\rho g} + \frac{V^2}{2g} = \text{압력수두} + \text{속도수두}$$

따라서

$$\frac{p}{\rho g} = \frac{500{,}000}{1000(9.81)} = 51.0m$$

$$\frac{V^2}{2g} = \frac{15^2}{2(9.81)} = 11.47m$$

예제 11-5A Bernoulli 방정식(벤추리관 유동)

그림과 같은 벤추리(venturi)관을 통하여 기름($SG = 0.85$)이 흐르고 있다. 관의 직경은 $D_1 = 10cm$, $D_2 = 5cm$이다. 두 지점간의 압력차를 측정하였더니 50kPa로 나타났다. 관을 통하여 흐르는 기름의 체적유량을 결정하라.

풀이

• 연속방정식 : $Q = V_1A_1 = V_2A_2$

• 베르누이식 : $\left(\frac{p}{\rho}+\frac{V^2}{2}+gz\right)_1 = \left(\frac{p}{\rho}+\frac{V^2}{2}+gz\right)_2$

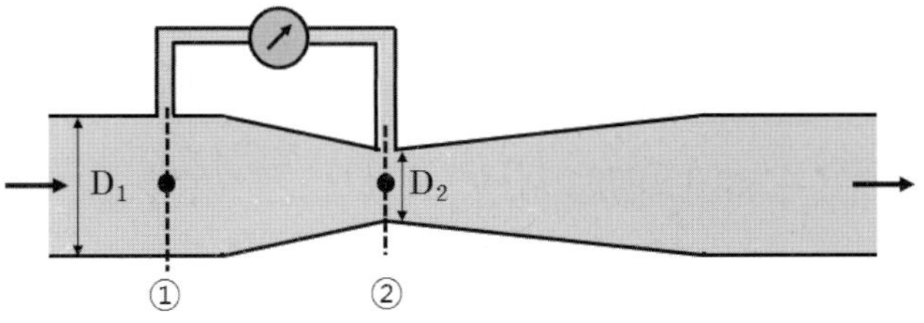

여기서 $z_1 = z_2$이므로 식은 다음과 같이 정리된다.

$$p_1 - p_2 = \frac{\rho}{2}\left(V_2^2 - V_1^2\right) = \frac{\rho}{2}\left\{\left(\frac{Q}{A_2}\right)^2 - \left(\frac{Q}{A_1}\right)^2\right\} = \frac{\rho Q^2}{2A_2^2}\left\{1 - \left(\frac{A_2}{A_1}\right)^2\right\}$$

따라서

$$Q = A_2\sqrt{\frac{2(p_1-p_2)}{\rho\left[1-(A_2/A_1)^2\right]}} = A_2\sqrt{\frac{2(p_1-p_2)}{\rho\left[1-(D_2/D_1)^4\right]}}$$

$$= \frac{\pi 0.05^2}{4}\left[\frac{2(50{,}000)}{1000(0.85)\left[1-(0.05/0.1)^4\right]}\right]^{1/2}$$

$$= 0.02199m^3/s = 21.99\,l/s$$

예제 11-6A Bernoulli 방정식(노즐 유동)

[그림 11-7]과 같은 노즐 내의 유동을 고려한다. 입구의 직경은 6cm, 출구의 직경은 2cm이며, 노즐내부를 흐르는 물의 체적유량은 $20\,l/s$ 이다. 유동에 필요한 입구의 게이지(gage)압력을 구하라.

풀이

$$\left(\frac{p}{\rho}+\frac{V^2}{2}+gz\right)_1 = \left(\frac{p}{\rho}+\frac{V^2}{2}+gz\right)_2 \tag{11-6}$$

베르누이식 (11-6)을 노즐의 입구와 출구에 적용한다. 여기서 $p_2 = p_{atm}$, $z_1 = z_2$이므로 다음과 같이 식을 정리하고 계산한다.

$$p_1 - p_{atm} = p_{1,gage} = \frac{\rho}{2}\left(V_2^2 - V_1^2\right) = \frac{\rho}{2}\left\{\left(\frac{Q}{A_2}\right)^2 - \left(\frac{Q}{A_1}\right)^2\right\}$$

$$= \frac{\rho Q^2}{2}\left(\frac{16}{\pi^2 D_2^4} - \frac{16}{\pi^2 D_1^4}\right) = \frac{8\rho Q^2}{\pi^2}\left(\frac{1}{D_2^4} - \frac{1}{D_1^4}\right)$$

즉,

$$p_{1,gage} = \frac{8(1000)0.02^2}{\pi^2}\left(\frac{1}{0.02^4} - \frac{1}{0.06^4}\right) = 2.001\times10^6 Pa = 2.0MPa$$

예제 11-7A Bernoulli 방정식(용기 아래 유동)

그림과 같이 큰 원통형 용기에 저장된 물을 아래의 작은 관을 통하여 배출한다. 직경이 $D_1 = 2m$, $D_2 = 10cm$이고, 저장된 물의 높이는 $h = 3m$이다. 저장 높이 $3m$를 유지하기 위해 필요한 체적 유량 Q를 결정하라.

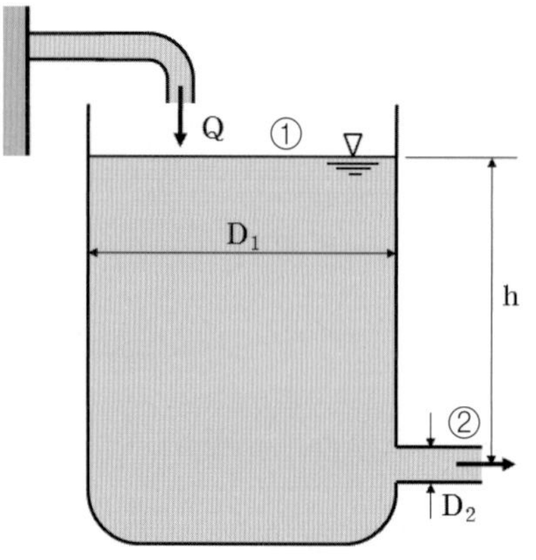

풀이

• 연속방정식 : $Q = V_1A_1 = V_2A_2$

• 베르누이식 : $\left(\frac{p}{\rho}+\frac{V^2}{2}+gz\right)_1 = \left(\frac{p}{\rho}+\frac{V^2}{2}+gz\right)_2$

여기서 $p_1 = p_2 = p_{atm}$, $z_1 = h$, $z_2 = 0$이므로 식은 다음과 같이 정리된다.

$$\frac{V_1^2}{2}+gh=\frac{V_2^2}{2}, \quad V_1 = V_2\left(\frac{D_2}{D_1}\right)^2 \quad \rightarrow \quad V_2^2\left(\frac{D_2}{D_1}\right)^4+2gh = V_2^2$$

따라서

$$V_2 = \sqrt{\frac{2gh}{1-(D_2/D_1)^4}} = \sqrt{\frac{2(9.81)3}{1-(0.1/2)^4}} = 7.672m/s$$

즉,

$$Q = V_2A_2 = 7.672\left(\frac{\pi 0.1^2}{4}\right) = 0.0603m^3/s = 60.3l/s$$

2 운동량 방정식의 응용

예제 11-8A 직관에 작용하는 힘

[그림 11-14]와 같은 노즐 내의 유동을 고려한다. 관의 직경은 $D_1 = 8cm$이고 노즐의 직경은 $D_2 = 2cm$이다. 파이프와 노즐이 연결되는 부분(지점 1)에서 게이지 압력은 300kPa이며, 유량은 $Q = 20l/s$이다. 물의 온도가 10℃일 때, 노즐의 고정에 필요한 힘을 구하라.

풀이 그림과 같은 노즐 내의 유동은 직선관 유동이므로 식 (11-14)를 사용할 수 있다. 여기서 p_1은 게이지 압력이므로 $p_2 = p_{atm}$는 영(0)으로 처리할 수 있다.

$$F_x = p_1A_1 - p_2A_2 + \rho Q(V_1 - V_2) = p_{1,gage}A_1 + \rho Q(V_1 - V_2) \quad (11\text{-}14)$$

여기서

$$V_1 = \frac{Q}{A_1} = \frac{4Q}{\pi D_1^2} = \frac{4(0.02)}{\pi 0.08^2} = 3.98m/s$$

$$V_2 = \frac{Q}{A_2} = \frac{4Q}{\pi D_2^2} = \frac{4(0.02)}{\pi 0.02^2} = 63.66m/s$$

따라서

$$F_x = 300{,}000\frac{\pi 0.08^2}{4} + 1000(0.02)(3.98 - 63.66) = 314.36N$$

이 힘이 플랜지에 작용하는 힘이다. 노즐이 소방용 호스라면 소방관은 이 힘을 지탱하여 노즐이 움직이지 않도록 호스를 잡고 있어야 한다.

예제 11-9A 곡관에 작용하는 힘

[그림 11-13]과 같이 구부러진 노즐을 통하여 물이 외부로 분사되고 있다. 노즐이 움직이지 않도록 지지하기 위해 필요한 힘의 분력을 구하라. 조건은 다음과 같다.

- $p_1 = 250kPa(abs)$, $p_2 = 150kPa(abs)$, $\rho_w = 1000kg/m^3$
- $A_1 = 0.02m^2$, $A_2 = 0.008m^2$, $Q = 100l/s, \theta_1 = 0^\circ$, $\theta_2 = 30^\circ$

풀이 구부러진 곡관이므로 식 (11-13)을 사용할 수 있다. 여기서 노즐 및 물의 무게는 무시한다.

$$F_x = p_1A_1\cos\theta_1 - p_2A_2\cos\theta_2 + \rho Q(V_1\cos\theta_1 - V_2\cos\theta) \quad (11\text{-}13a)$$

$$F_y = p_1A_1\sin\theta_1 - p_2A_2\sin\theta_2 + \rho Q(V_1\sin\theta_1 - V_2\sin\theta_2) - \Sigma W \quad (11\text{-}13b)$$

여기서

$$V_1 = \frac{Q}{A_1} = \frac{0.1}{0.02} = 5m/s$$

$$V_2 = \frac{Q}{A_2} = \frac{0.1}{0.008} = 12.5m/s$$

따라서

$$F_x = 250(0.02)\cos 0^\circ - 150(0.008)\cos 30^\circ + 1000(0.1)(5\cos 0^\circ - 12.5\cos 30^\circ) = -578.57kN$$

$$F_y = 0 - 150(0.008)\sin 30^\circ + 1000(0.1)(0 - 12.5\sin 30^\circ) = -625.60kN$$

예제 11-10A 직각 평판에 작용하는 힘

[그림 11-15]와 같이 정지된 노즐로부터 물이 수직의 평판에 분사된다. 노즐출구의 속도는 12m/s이고, 노즐 출구면적은 $0.012m^2$이다. 평판에 작용하는 수평방향의 힘을 구하라.

풀이 수직 평판에 작용하는 경우이므로 식 (11-15)를 사용할 수 있다. 여기서 수직평판은 고정되어 있으므로 $U=0$이다. 따라서 힘은 다음과 같다.

$$F_x = \rho A_1(V_1 - U)^2 = \rho A_1 V_1^2 = 1000(0.012)12^2 = 1728N$$

예제 11-11A 곡면 날개에 작용하는 힘

[그림 11-17]과 같이 편향각이 $\theta = 40^{\circ}$인 날개가 부착된 장치가 $U = 4m/s$의 속도로 이동하고 있다. 고정 노즐에서 분사되는 물의 속도는 20m/s이며, 노즐 출구면적은 $0.003m^2$이다. 날개에 작용하는 힘의 분력을 계산하라.

풀이 굴곡진 날개에 작용하는 경우이므로 식 (11-18)을 사용할 수 있다. 따라서 힘은 다음과 같이 계산된다.

$$F_x = \rho A_1 (V - U)^2 (1 - \cos\theta) = 1000(0.003)(20-4)^2(1-\cos 40^{\circ}) = 179.68N$$

$$F_y = -\rho A_1 (V - U)^2 \sin\theta = -1000(0.003)(20-4)^2 \sin 40^{\circ} = -493.66N$$

11-5 | 예제 풀이B(엑셀 : 기본방정식)

예제 11-1B 벤추리관 유동

앞의 예제 11-5A에서 압력차의 변화에 따라 체적유량이 어떻게 변하는지를 고찰하고자 한다. 압력차의 범위 $20 \le \Delta p \le 80kPa$에 대하여 그리고 유체의 종류(물과 기름)에 대하여 체적유량의 값을 구하고 그 결과를 그래프로 표현하라.

풀이 앞의 예제에서 유량을 구하는 식은 다음과 같다.

$$Q = A_2 \sqrt{\frac{2(p_1 - p_2)}{\rho\left[1 - (D_2/D_1)^4\right]}} = 0.001963 \sqrt{\frac{2\Delta p}{\rho(1-0.5^4)}}$$

워크시트를 작성하고 계산하면 압력변화에 따른 체적유량을 다음과 같이 얻을 수 있다(축 범위 조절 필요).

	A	B	C	D
1	[벤추리 유동]			
2			체적유량[liter]	
3	압력차[Pa]	압력차[kPa]	물	기름
4	20000	20	12.82226	13.9077
5	30000	30	15.704	17.03338
6	40000	40	18.13342	19.66845
7	50000	50	20.27378	21.99
8	60000	60	22.20881	24.08884
9	70000	70	23.98826	26.01892
10	80000	80	25.64452	27.81539

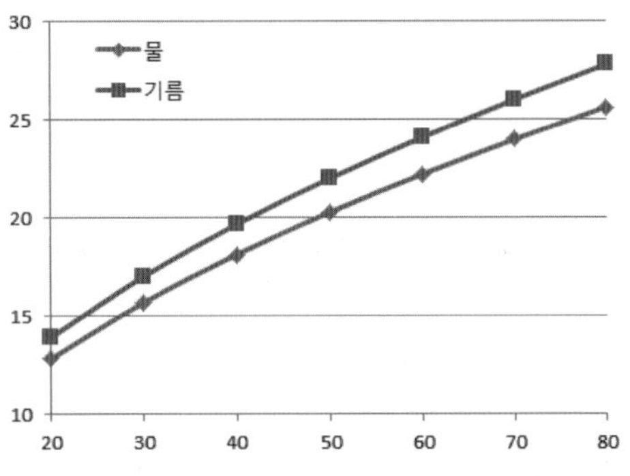

예제 11-2B 곡관에 작용하는 힘

앞의 예제 11-9A에서 편향각의 변화에 따른 힘의 분력을 구하고자 한다. 편향각 범위 $10^{\circ} \le \theta_2 \le 80^{\circ}$에 대하여 노즐에 작용하는 힘의 분력을 구하고 그 결과를 그래프로 표현하라.

풀이 식을 정리하면 다음과 같다.

$F_x = 5 - 1.2\cos\theta_2 + 100(5 - 12.5\cos\theta_2) = 505 - 1251.2\cos\theta_2$

$F_y = -1.2\sin\theta_2 - 1250\sin\theta_2 = -1251.2\sin\theta_2$

워크시트를 작성하고 계산하면 편향각의 변화에 따른 힘의 분력을 다음과 같이 얻을 수 있다.

theta[deg]	Fx[N]	Fy[N]
10	727.1915	217.2686
20	670.7434	427.9356
30	578.571	625.6
40	453.4748	804.2559
50	299.2559	958.4748
60	120.6	1083.571
70	77.0644	1175.743
80	287.7314	1232.191

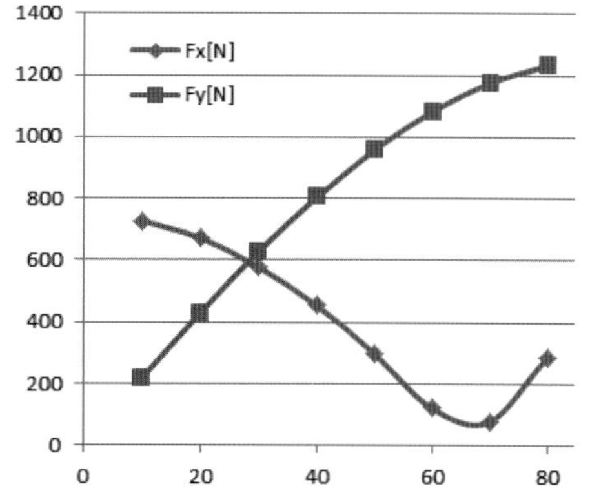

즉, $\theta = 30^\circ$ 인 경우 앞의 예제의 결과와 일치한다.

한편, 힘의 분력을 살펴보면 F_y는 편향각의 증가에 비례하여 증가하는 경향을 보였으나 F_x는 편향각의 증가에 반비례하여 감소하다가 65° 이후에 다시 증가하는 특성을 보였다.

예제 11-3B 곡면 날개에 작용하는 힘

앞의 예제 11-11A에서 장치의 이동속도 변화에 따라 힘의 분력의 변화특성을 고찰하고자 한다. 이동속도 범위 $2 \le U \le 10m/s$에 대하여 날개에 작용하는 힘의 분력을 계산하고 그 결과를 그래프로 표현하라.

풀이 식을 정리하면 다음과 같다.

$F_x = 1000(0.003)(20 - U)^2(1 - \cos 40^\circ) = 0.7019(20 - U)^2$

$F_y = -1000(0.003)(20 - U)^2 \sin 40^\circ = -1.9284(20 - U)^2$

워크시트를 작성하고 계산하면 이동속도 변화에 따른 힘의 분력들을 다음과 같이 얻을 수 있다.

U[m/s]	Fx[N]	Fy[N]
2	227.4156	624.8016
3	202.8491	557.3076
4	179.6864	493.6704
5	157.9275	433.89
6	137.5724	377.9664
7	118.6211	325.8996
8	101.0736	277.6896
9	84.9299	233.3364
10	70.19	192.84

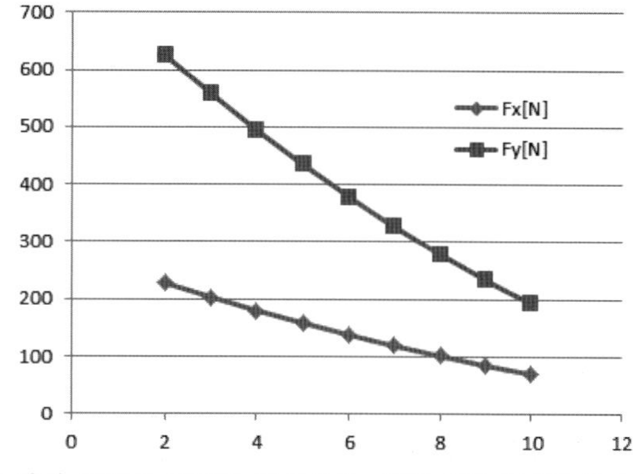

즉, $U = 4m/s$일 때, 분력의 값은 앞의 예제의 결과와 일치한다. 한편 이동속도의 증가에 반비례하여 힘의 분력들은 감소한다.

예제 11-4B 평행한 평판 사이의 속도분포

앞의 [그림 11-22]에서 평행한 두 평판 사이에서 유체의 속도분포는 다음 식으로 표현된다. 속도분포를 그래프로 나타내라.

풀이

$$u = \frac{1}{2\mu}\left(\frac{dp}{dx}\right)(y^2 - h^2) \quad \rightarrow \quad u = Ay^2 - B$$

워크시트를 작성하고 계산하면 두 평행평판 사이에서 속도분포를 다음과 같이 그릴 수 있다. 여기서 속도분포를 그리기 위하여 "u"를 절대값으로 처리하였고 C-column에 y값을 추가로 입력하였다.

	A	B	C
1	u=Ay^2-B		
2		A=1	B=1
3	y	u1	y
4	-1	0	-1
5	-0.8	0.36	-0.8
6	-0.6	0.64	-0.6
7	-0.4	0.84	-0.4
8	-0.2	0.96	-0.2
9	0	1	0
10	0.2	0.96	0.2
11	0.4	0.84	0.4
12	0.6	0.64	0.6
13	0.8	0.36	0.8
14	1	0	1

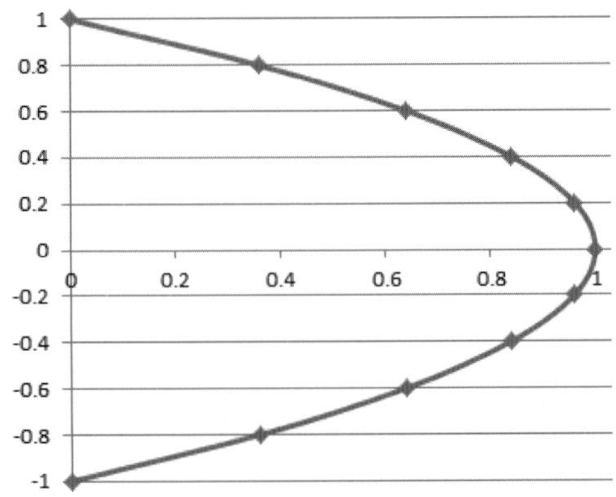

연습문제 A(계산기)

1 기본방정식

11-1A 지름이 5cm인 원형관에서 물이 3kg/s의 유량으로 흘러가고 있다. 물의 체적유량 및 평균속도를 구하라. 물의 온도는 25℃이다.

11-2A [그림 11-1 / p.270]과 같이 유동방향으로 면적이 변하는 원형관에서 물이 흐르고 있으며 질량유량은 7kg/s이다. $D_1 = 6cm$이고, 직경비가 $D_2/D_1 = 0.5$일 때, 속도비(= V_2/V_1) 및 출구속도를 구하라. 물의 온도는 15℃이다.

11-3A [그림 11-11]과 같이 다수의 입구와 출구가 있는 용기를 고려한다. (1)과 (4)는 입구이며, (3)은 출구이다. (2)의 상태(입구 또는 출구)를 결정하고 속도를 구하라. 물의 밀도는 $\rho = 1000kg/m^3$이며, 입구 및 출구의 조건은 다음과 같다.

- 단면적 : $A_1 = 0.025m^2,\ A_2 = 0.035m^2,\ A_3 = A_4 = 0.028m^2$
- 유량 또는 속도 : $V_1 = 4m/s,\ \dot{m}_3 = 60kg/s,\ Q_4 = 0.05m^3/s$

11-4A 원형관 내의 임의의 위치에서 유동하는 물의 정압 및 속도를 측정하였더니 각각 800kPa, 20m/s로 나타났다. 물의 압력수두와 속도수두를 구하라. 물의 온도는 20℃이다.

2 Bernoulli 방정식

11-5A 그림과 같은 벤추리관에서 기름($SG = 0.85$)이 관 내를 흐르고 있다. 관의 직경은 $D_1 = 10cm,\ D_2 = 4cm$이다. 두 지점간의 압력차를 측정하였더니 70kPa로 나타났다. 관을 통하여 흐르는 기름의 체적유량 그리고 입구와 목(throat)에서의 평균속도를 결정하라.

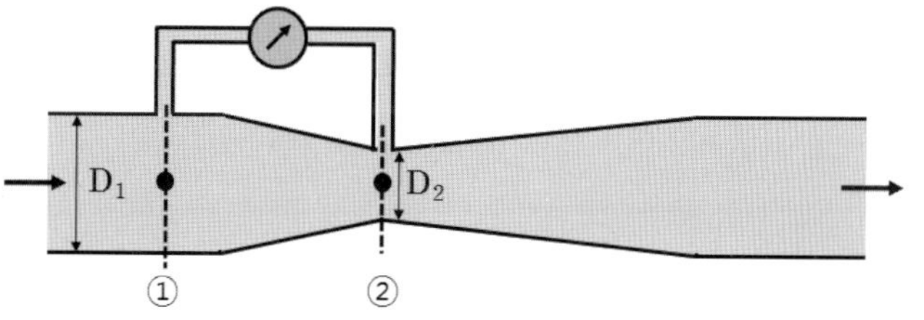

11-6A 기름($SG = 0.8$)이 앞의 그림과 같이 벤추리관 내를 흐르고 있다. 관의 직경은 $D_1 = 15cm$, $D_2 = 5cm$이며, 두 지점간의 압력차는 250mmHg로 나타났다. 관을 통하여 흐르는 기름의 체적유량 그리고 입구와 목(throat)에서의 평균속도를 결정하라.

11-7A [그림 11-7]과 같은 노즐 내의 유동에서 인구이 직경은 8cm, 출구의 직경은 2cm이며, 체적유량은 $30l/s$ 이다. 유동에 필요한 입구의 게이지(gage)압력을 구하라. 물의 온도는 20℃이다.

11-8A 앞의 예제 11-7A를 고려한다. 저장용기의 직경은 $D_1 = 2.5m$이고, 배출관의 직경은 $D_2 = 12cm$이다. 저장된 물의 높이 $h = 3m$를 유지하기 위해 필요한 체적유량 Q를 결정하라. 물의 온도는 15℃이다.

11-9A [그림 11-8 / p.276]과 같은 수문 아래의 유동을 고려한다. 저장된 물의 높이는 $z_1 = 3m$이고, 폭은 $w = 1m$이며, 유출되는 출구의 높이는 $z_2 = 10mm$이다. 수문 하류의 유동속도 및 체적유량을 구하라. 물의 온도는 20℃이다.

11-10A 큰 용기에 저장된 물을 사용하기 위하여 [그림 11-9]와 같은 사이펀 장치를 이용한다. 그림에서 높이는 $z_1 = 10m,\ z_2 = 11m,\ z_3 = 1.5m$이다. 호스 출구의 속도를 구하고 압력이 최소인 벤드부분인 (2)점에서 게이지압력을 결정하라. 물의 온도는 20℃이다. 지점 ①과 지점 ②에 베르누이 방정식을 적용하면 결과를 얻을 수 있다.

3 운동량 방정식의 응용

11-11A [그림 11-14]와 같은 노즐 내의 유동을 고려한다. 원형관의 직경은 $D_1 = 10cm$이고 노즐의 직경은 $D_2 = 2.5cm$이며 유량은 $Q = 25l/s$이다. ① 지점에서의 게이지 압력은 350kPa이며, 물의 온도는 10℃이다. 노즐의 고정에 필요한 힘을 구하라.

11-12A [그림 11-13]과 같이 구부러진 노즐을 통하여 물이 외부로 분사되고 있다. 노즐이 움직이지 않도록 지지하기 위해 필요한 힘의 분력들을 구하라. 조건은 다음과 같다.

- $p_1 = 300kPa(abs),\ p_2 = 200kPa(abs),\ \rho_w = 998kg/m^3$
- $A_1 = 0.03m^2,\ A_2 = 0.012m^2,\ Q = 80l/s, \theta_1 = 0^\circ,\ \theta_2 = 40^\circ$

11-13A [그림 11-15]와 같이 정지된 노즐로부터 물이 수직의 평판에 분사된다. 노즐출구의 속도는 15m/s이고, 노즐 출구면적은 $0.011m^2$이다. 평판에 작용하는 수평방향의 힘을 구하라.

11-14A 앞의 문제 11-13A에서 수직 평판이 3m/s의 속도로 이동하고 있을 때, 수직 평판에 작용하는 수평방향의 힘을 구하라.

11-15A [그림 11-17]과 같이 날개가 부착된 장치($\theta = 50^{\circ}$)가 $U = 3m/s$의 속도로 이동하고 있다. 고정 노즐에서 분사되는 물의 속도는 20m/s이며, 노즐 출구면적은 0.002m^2이다. 날개에 작용하는 힘의 분력을 계산하라.

11-16A 편향각이 $\theta = 60^{\circ}$인 날개가 부착된 장치가 $U = 6m/s$의 속도로 이동하고 있다. 고정 노즐에서 분사되는 물의 체적유량은 $Q = 70 l/s$이며, 노즐의 출구면적은 0.003m^2이다. 날개에 작용하는 힘의 분력들을 계산하라.

연습문제 B(엑셀)

11-1B 앞의 예제 11-5A에서 압력차의 변화에 따라 기름의 체적유량이 어떻게 변하는지를 해석하고자 한다. 압력차의 범위 $10 \le \Delta p \le 90kPa$, 그리고 직경비 $D_2/D_1 = 0.3$에 대하여 기름의 체적유량의 값을 구하고 그 결과를 그래프로 표현하라.

11-2B 앞의 예제 11-9A에서 편향각의 변화에 따른 힘의 분력을 구하고자 한다. 편향각 범위 $10^\circ \le \theta_2 \le 80^\circ$에 대하여 노즐에 작용하는 힘의 분력을 구하고 그 결과를 그래프로 표현하라. 조건은 다음과 같다.

- $p_1 = 250kPa(abs),\ p_2 = 150kPa(abs),\ \rho_w = 1000kg/m^3$
- $A_1 = 0.05m^2,\ A_2 = 0.01m^2,\ Q = 100l/s, \theta_1 = 10^\circ,\ \theta_2 = 30^\circ$

11-3B [그림 11-17]과 같이 날개가 부착된 장치가 $U = 5m/s$의 속도로 이동하고 있다. 고정 노즐에서 분사되는 물의 속도는 20m/s이며, 노즐 출구면적은 0.003m^2이다. 편향각의 범위 $20^\circ \le \theta \le 70^\circ(\Delta\theta = 5^\circ)$에 대하여 날개에 작용하는 힘의 분력을 계산하고 그 결과를 그래프로 표현하라.

11-4B 유체가 흐르는 원형관에서 완전발달된 유동인 경우 원형관 내의 한 단면에서 속도분포는 다음 식으로 표현된다. 속도분포를 그래프로 나타내라. 여기서 R은 원형관의 반지름이다.

$$u(r) = -\frac{1}{4\mu}\left(\frac{dp}{dx}\right)R^2\left\{1 - \left(\frac{r}{R}\right)^2\right\}$$

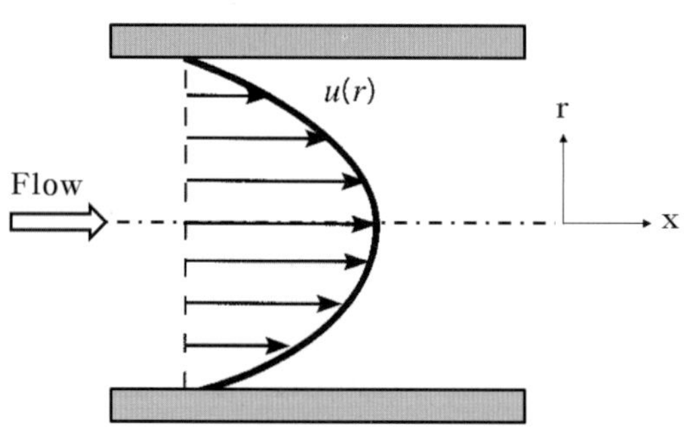

Chapter 12 내부유동

고체 표면으로 완전하게 둘러싸인 유동을 내부유동(internal flow)이라 한다. 내부유동은 파이프(pipe), 덕트(duct), 다퓨저((diffuser), 급격축소와 확대관, 밸브(valve), 그리고 관 부속품(fittings)을 통한 유동을 포함한다.

모든 액체의 유동은 비압축성 유동으로 취급되며, 기체는 마하(Mach)수에 따라 비압축성 또는 압축성 유동으로 구분된다. 기체의 유동은 마하수가 0.3 이하일 때 비압축성 유동으로 간주한다. 공기인 경우 약 100m/s의 속도에 해당한다.

12-1 | 내부유동의 기초 개념

1 유동의 분류 및 영역

내부유동에서 유동은 특성에 따라 층류(laminar flow), 천이(transition) 또는 난류(turbulent flow)로 분류된다. 층류는 유체입자들이 층을 이루면서 흘러갈 때 층과 층 사이의 운동이 매끈하게 이루어지며, 난류는 유체입자들이 3차원적으로 불규칙하게 운동하는 것이 특징이다. 천이는 유동이 층류에서 난류로 넘어가는 중간단계이다.

Reynolds는 염료를 이용한 실험을 통하여 얻은 결과를 정량적으로 분석하기 위하여 Reynolds 수를 다음과 같이 정의하였다.

$$Re = \frac{\rho u_m D}{\mu} \tag{12-1}$$

여기서 ρ는 유체의 밀도, u_m은 평균속도, D는 관의 직경, μ는 유체의 점도이다. 이와 같이 정의되는 레이놀즈(Reynolds) 수를 이용하여 유동을 층류, 천이 또는 난류로 구분할 수 있다.

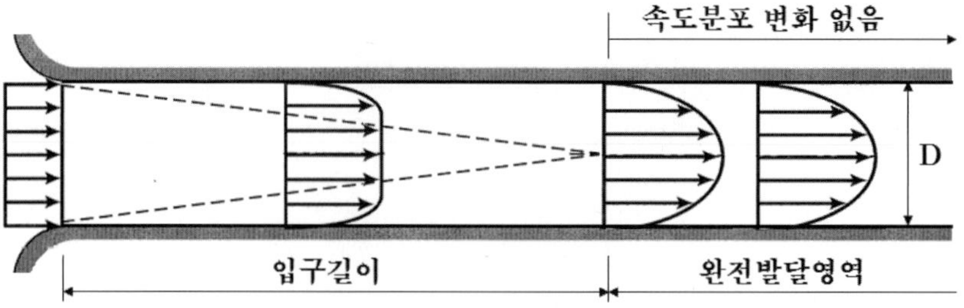

[그림 12-1] 파이프 입구영역에서의 유동

보통의 조건에서 파이프 내의 유동은 레이놀즈 수가 약 2300에서 천이가 일어나며, 이것은 물인 경우에 지름이 $D=2.54cm$인 파이프에서 약 9cm/s의 평균속도에 해당한다. 실험적으로 레이놀즈 수 2300에서 4000까지를 천이유동으로 4000 이상은 난류로 구분한다.

[그림 12-1]은 원형관에서 층류인 경우에 유동의 진행방향에 따라 속도형상이 변하는 것을 나타낸 것이다. 유동의 영역은 입구영역과 완전발달영역으로 나뉜다. 입구에서부터 완전히 발달된 유동(fully developed flow)이 시작되는 지점까지의 길이를 "입구길이(entrance length)"라 한다. 입구영역에서 속도분포의 형상은 연속적으로 변하지만 완전발달영역에서 속도분포는 변화 없이 일정한 형태를 계속 유지한다.

2 입구길이

1 평행 평판

평행한 두 평판 사이의 거리가 h이고 평균속도가 u_m인 평판 내의 유동에서 입구길이는 층류에 대하여 다음 식과 같다. 이 식은 Reynolds수가 1400 이하인 경우에만 유효하다.

$$L \approx 0.04 Re \cdot h \quad (Re < 1400) \tag{12-2}$$

2 원형관

직경이 D인 원형관 속으로 유체가 u_m의 평균속도로 유입될 때 입구길이는 층류인 경우 Reynolds수에 비례하지만, 난류인 경우 Reynolds수의 영향을 거의 받지 않는다. 정리하면 식은 다음과 같다.

$$L \approx 0.06 Re \cdot D \quad (\text{층류} : Re < 2300) \tag{12-3a}$$

$$L \approx (25 \sim 40) D \quad (\text{난류} : Re > 2300) \tag{12-3b}$$

유동이 난류가 되면 입구길이는 Reynolds수 이외에 상류의 유동 상황에 따라 많은 영향을 받는다. 실험적인 관찰에 의하면 심한 경우에 관직경의 80배 이상인 위치에서도 완전발달 유동이 되지 않을 수도 있다.

12-2 | 평행한 두 평판 사이의 층류

고압력 유압장치에서 유체는 피스톤과 실린더 사이의 환형틈새를 통해 가끔 누설된다. 아주 작은 틈새(약 0.005mm 이하)를 통해 흐르는 유동은 [그림 12-2]와 같이 무한히 큰 평행한 두 평판 사이의 유동장으로 모형화할 수 있다.

두 평행 평판 사이의 유동에서 완전한 속도분포를 구하기 위해서는 앞장에서 기술한 운동량 방정식 (11-14)의 적용이 필요하다. 그림과 같은 조건을 대입하고 식을 정리하면 다음과 같이 단순화된다.

$$\frac{d^2u}{dy^2} = \frac{1}{\mu}\frac{\partial p}{\partial x}$$

2차 미분항이 포함되어 있으므로 두 개의 경계조건이 필요하다. 경계조건은 다음과 같다.

$$u = 0\,(at\ y = 0) \quad \text{그리고} \quad u = 0\,(at\ y = a)$$

미분방정식을 두 번 적분하고 두 개의 경계조건을 이용하여 적분상수를 결정하면 다음과 같은 완전해(속도분포식)를 구할 수 있다. 식의 형태로부터 속도형상이 포물선이 됨을 알 수 있다.

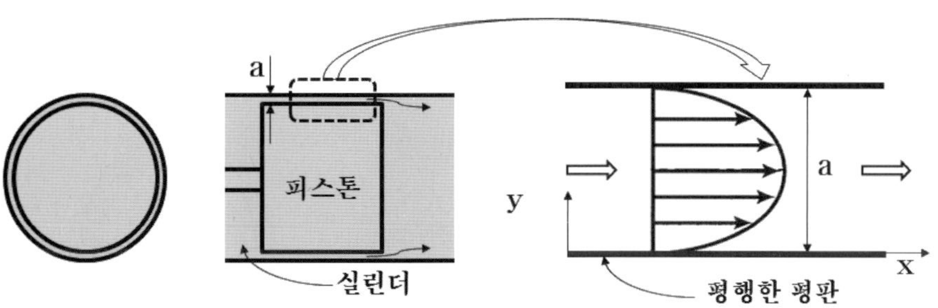

[그림 12-2] 평행한 두 평판 사이의 완전히 발달된 유동

$$u=\frac{a^2}{2\mu}\left(\frac{\partial p}{\partial x}\right)\left\{\left(\frac{y}{a}\right)^2-\left(\frac{y}{a}\right)\right\}=f(y^2) \tag{12-4}$$

유동의 속도분포를 알면 전단응력, 체적유량, 평균속도 등 유동과 관련된 중요한 사실들을 구할 수 있다. 체적유량은 속도와 면적의 곱이므로 다음과 같이 표현된다.

$$Q=\int_0^a uwdy=-\frac{w}{12\mu}\left(\frac{\partial p}{\partial x}\right)a^3=-\frac{wa^3}{12\mu}\frac{p_2-p_1}{L}=+\frac{wa^3\Delta p}{12\mu L} \tag{12-5}$$

여기서 "w"은 평판의 깊이를 나타낸다. [그림 12-2]와 같은 형상인 경우 평판의 깊이는 $w=\pi D$가 된다.

12-3 | 파이프 내의 층류

파이프 내의 유동은 [그림 12-3]과 같이 축대칭이므로 원통좌표계를 이용하는 것이 편리하다. 그림과 같은 조건을 고려하여 원통좌표계의 x 방향 운동량 방정식을 단순화시키면 다음과 같다.

$$\mu\left\{\frac{1}{r}\frac{\partial}{\partial r}\left(r\frac{\partial u}{\partial r}\right)\right\}=\frac{\partial p}{\partial x}$$

2차 미분항이 포함되어 있으므로 두 개의 경계조건이 필요하다. 경계조건은 다음과 같다.

u의 r에 대한 편미분 값 $=0\ (at\ r=0)$ 그리고 $u=0\,(at\ r=R)$

미분방정식을 두 번 적분하고 두 개의 경계조건을 이용하여 적분상수를 결정하면 다음과 같은 속도분포식을 얻을 수 있다. 식의 형태로부터 속도형상이 포물선임을 알 수 있다.

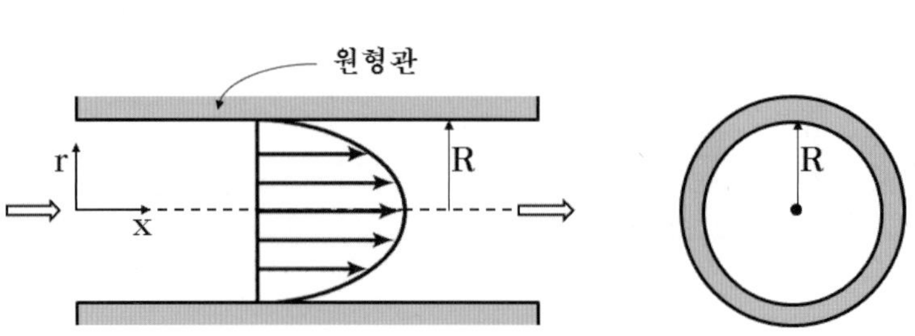

[그림 12-3] 파이프 내의 층류

$$u = -\frac{R^2}{4\mu}\left(\frac{\partial p}{\partial x}\right)\left\{1-\left(\frac{r}{R}\right)^2\right\} = f(r^2) \tag{12-6}$$

유동의 속도분포를 구했으므로 체적유량을 유도할 수 있다. 체적유량은 속도와 면적의 곱이므로 다음과 같이 표현된다.

$$Q = \int_0^R u(2\pi r dr) = -\frac{\pi R^4}{8\mu}\left(\frac{\partial p}{\partial x}\right) = \frac{\pi \Delta p D^4}{128\mu L} \tag{12-7}$$

12-4 | 배관시스템의 수두손실

배관시스템에서 발생하는 총수두손실(total head loss, h_{loss})은 단면적이 일정한 파이프 내의 완전히 발달된 유동에서 마찰효과에 기인한 주손실(h_{major})과 입구, 관부속품, 면적의 변화 등에 의해 야기되는 부차적 손실(h_{minor})의 합으로 이루어진다.

1 확장된 Bernoulli 방정식

제11장에서 기술한 Bernoulli 방정식 (11-6)의 적용 조건은 정상 유동, 비압축성 유동 그리고 마찰이 없는 유동이다.

$$\left(\frac{p}{\rho} + \frac{u_m^2}{2} + gz\right)_1 = \left(\frac{p}{\rho} + \frac{u_m^2}{2} + gz\right)_2 \tag{11-6}$$

여기서 u_m은 평균속도를 의미한다. [그림 12-4]와 같은 배관시스템에서는 마찰에 의한 손실과 펌프수두를 고려해야 하므로 식 (11-6)은 다음과 같이 수정(또는 확장)된다.

$$\left(\frac{p}{\rho g} + \frac{u_m^2}{2g} + z\right)_1 + h_p = \left(\frac{p}{\rho g} + \frac{u_m^2}{2g} + z\right)_2 + h_{loss} \tag{12-8a}$$

그리고

$$h_{loss} = h_{major} + h_{minor} \tag{12-8b}$$

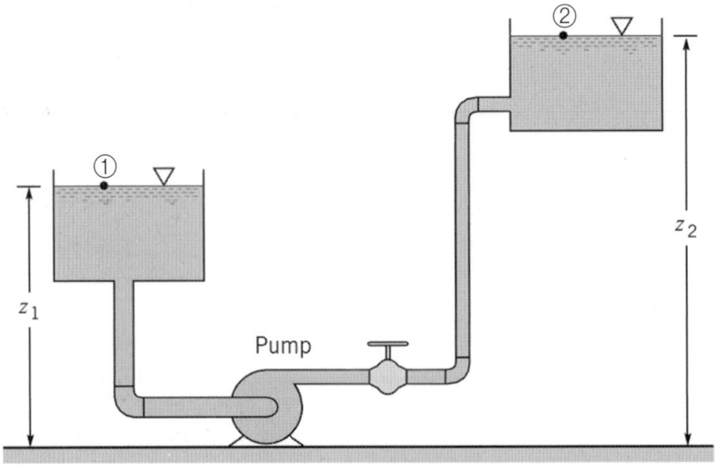

[그림 12-4] 배관시스템

여기서 h_p는 펌프수두이며, h_{loss}는 총수두손실이다. 식 (12-8)을 에너지 방정식 또는 확장된(extended) Bernoulli 방정식이라 한다.

2 수두손실의 계산

1 주손실(major loss)

단면적이 일정하고 완전히 발달된 수평의 원형관인 경우 관의 입구와 출구에서 $u_{m,1} = u_{m,2}$, $z_1 = z_2$, $h_p = 0$이므로 식 (12-8)로부터 다음의 관계를 얻을 수 있다.

$$h_{major} = \frac{p_2 - p_1}{\rho g} = \frac{\Delta p}{\rho g} \quad \text{또는} \quad \Delta p = \rho g h_{major} \qquad (12-9)$$

즉, 주손실은 단면적이 일정하고 완전히 발달된 수평의 원형관 유동에서 압력손실의 항으로 나타낼 수 있다.

(a) 층류

수평으로 놓여있는 원형관 내의 완전히 발달된 층류에 대한 압력강하는 해석적인 방법으로 구할 수 있다. 식 (12-7)로부터

$$\Delta p = \frac{128\mu LQ}{\pi D^4} = \frac{128\mu L}{\pi D^4}\left(u_m \frac{\pi D^2}{4}\right) = 32\frac{L}{D}\frac{\mu u_m}{D}$$

이며 이 식을 식 (12-9)에 대입하면 결과는 다음과 같다. 여기서 "f"를 마찰계수(friction factor)라고 한다.

$$h_{major} = 32\frac{L}{D}\frac{\mu u_m}{\rho g D} = 64\frac{L}{D}\frac{\mu}{\rho u_m D}\frac{u_m^2}{2g} = \left(\frac{64}{Re}\right)\frac{L}{D}\frac{u_m^2}{2g} = f\frac{L}{D}\frac{u_m^2}{2g}$$

즉,

$$h_{major} = f\frac{L}{D}\frac{u_m^2}{2g} \quad \text{그리고} \quad f = \frac{64}{Re} \tag{12-10}$$

(b) 난류

난류에서는 압력강하를 해석적으로 구할 수 없기 때문에 실험적 결과에 의존해야 한다. 압력강하(Δp)는 파이프 직경(D), 길이(L), 조도(e), 평균속도(u_m), 밀도(ρ) 및 점성계수(μ)에 따라 결정된다. 즉, $\Delta p = f(D, L, e, u_m, \rho, \mu)$로 표현된다. 차원해석법을 적용하여 얻은 최종적인 결과는 다음과 같다.

$$h_{major} = f\frac{L}{D}\frac{u_m^2}{2g} \tag{12-11}$$

여기서 f는 "경험식" 또는 "*Moody* 선도"로 결정된다. 경험식으로 Colebrook 식이 가장 널리 사용되지만 비선형식이기 때문에 해를 구하기가 쉽지 않다. 종종 식 (12-12b)와 같은 Haaland 경험식이 사용된다. 따라서 마찰계수(f)는 Reynolds수와 조도에 의하여 결정된다.

$$\frac{1}{\sqrt{f}} = -2.0\log\left(\frac{e/D}{3.7} + \frac{2.51}{Re\sqrt{f}}\right) \quad \text{[Colebrook식]} \tag{12-12a}$$

$$f = \frac{0.3086}{\left\{\log\left[\frac{6.9}{Re_D} + \left(\frac{e}{3.7D}\right)^{1.11}\right]\right\}^2} \quad \text{[Haaland식]} \tag{12-12b}$$

Colebrook의 식을 선도로 나타낸 것을 "*Moody* 선도"라 하며 [그림 12-5]와 같다. 그리고 여러 종류의 재료에 대한 조도(roughness)는 |표 12-1|과 같다.

| 표 12-1 | 상용재료로 만든 파이프의 조도(e)

파이프	피트($feet$)	밀리미터(mm)
리벳강관	0.003–0.03	0.9–9
콘크리트관	0.001–0.01	0.3–3
나무관	0.0006–0.003	0.2–0.9
주철관	0.00085	0.26
아연도강관	0.0005	0.15
상용강관	0.00015	0.046
인발관	0.000005	0.0015

2 부손실(minor loss)

파이프 장치 내의 유동은 여러 종류의 관 부속품이나 곡관, 또는 갑작스러운 단면적의 변화가 있는 부분을 통과해야 한다. 이러한 추가적인 수두손실은 주로 유동의 박리로 인하여 발생하며, 주 손실에 비하여 적은 양이 된다. 부손실은 다음과 같이 표현된다.

$$h_{minor} = K\frac{u_m^2}{2g} \tag{12-13}$$

여기서 "손실계수(loss coefficient), K"는 각 경우에 대하여 실험적으로 결정되는 값이다.

입구에서는 관의 입구형상에 따라 에너지 손실에 많은 차이가 발생한다. | 표 12-2 | 는 파이프 입구에서의 손실계수를 나타낸 것이다. 관부속품(엘보우, 밸브 등)인 경우에도 종류 및 형상에 따라 손실계수의 값이 다르다. | 표 12-3 | 은 여러 가지 형상의 관부속품에 대한 손실계수를 나타낸 것이다.

3 총 수두손실

앞의 결과로부터 배관시스템에서 발생하는 총 수두손실은 다음과 같이 표현된다. 여기서 ΣK 는 모든 부속품의 손실을 합한 것이다.

$$h_{loss} = h_{major} + h_{minor} = \left(f\frac{L}{D} + \Sigma K\right)\left(\frac{u_m^2}{2g}\right) \tag{12-14}$$

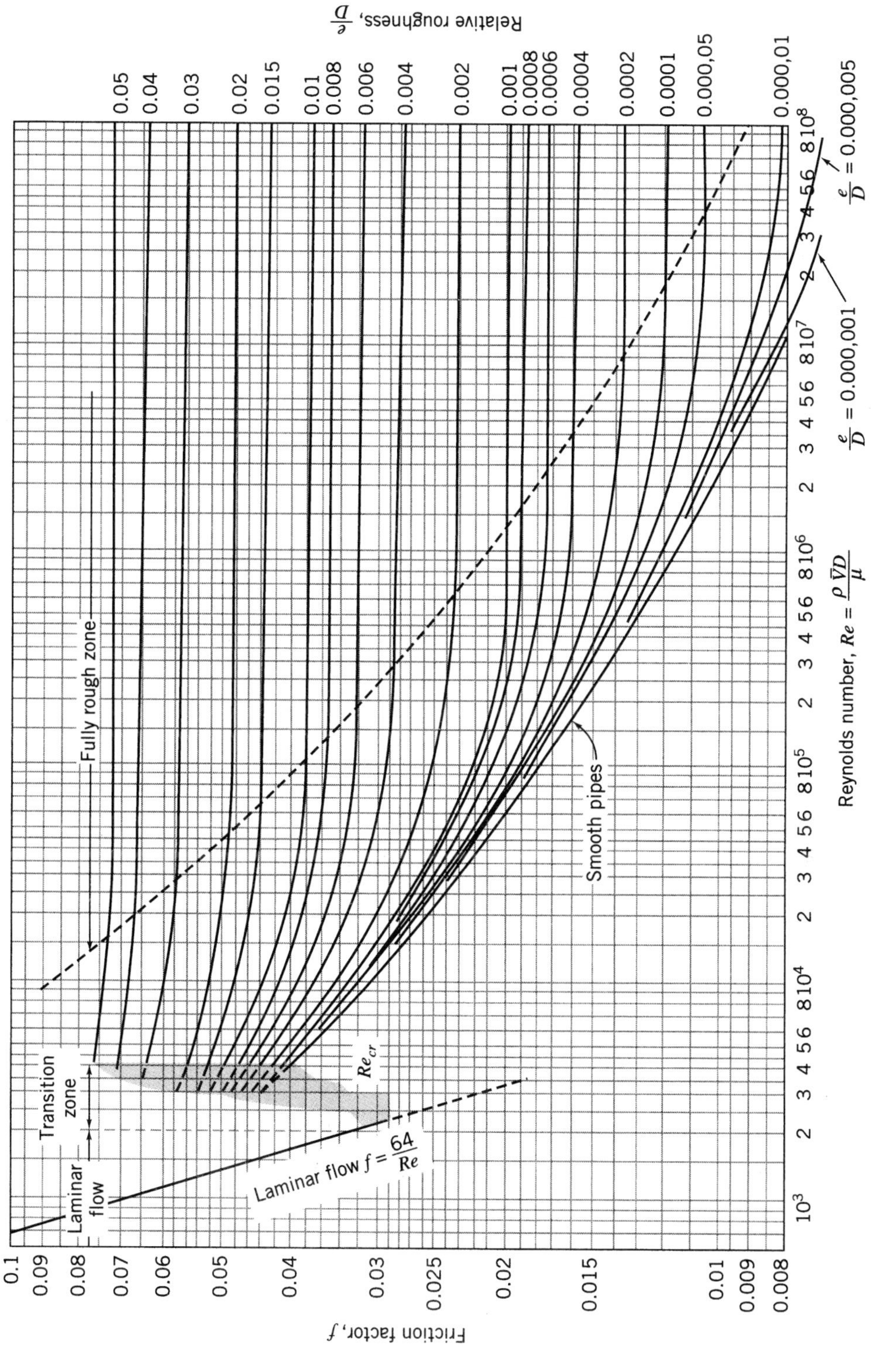

[그림 12-5] Moody 선도 : 원형관에서 완전발달유동에 대한 마찰계수

| 표 12-2 | 파이프 입구에서의 손실계수

입구 형상	손실계수[K]
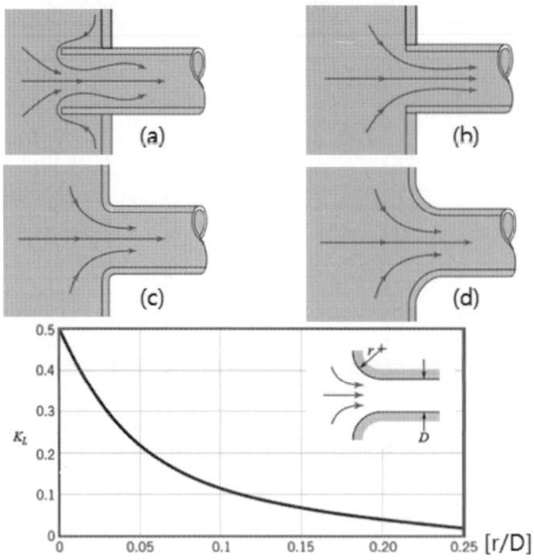	(a) $K=0.8$ (삽입관) (b) $K=0.5$ (직각형상) (c) $K=0.22$ ($r/D=0.05$) (d) $K=0.04$ ($r/D=0.20$)

| 표 12-3 | 부속품에 대한 손실계수

부속품		(K)	형 상
Elbows	Regular 90°, flanged	0.3	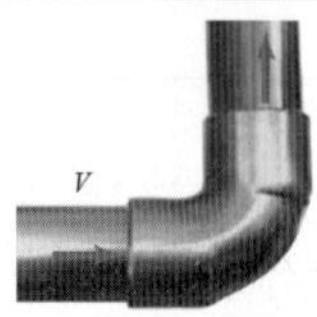
	Regular 90°, threaded	1.5	
	Regular 45°, threaded	0.4	
	Long radius 90°, flanged	0.2	
	Long radius 90°, threaded	0.7	
	Long radius 45°, flanged	0.2	
Bends	180° return bend, flanged	0.2	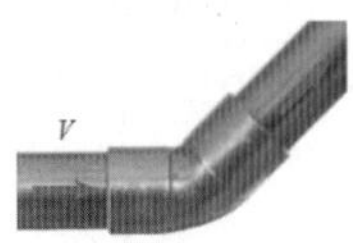
	180° return bend, threaded	1.5	
Tees	Line flow, flanged	0.2	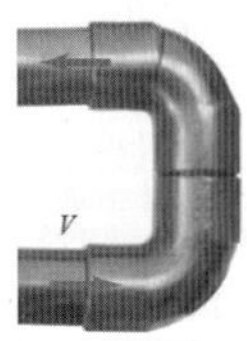
	Line flow, threaded	0.9	
	Branch flow, flanged	1.0	
	Branch flow, threaded	2.0	
Valves	Globe, fully open	10.0	
	Angle, fully open	2.0	
	Gate, fully open	0.15	
	Gate, 1/4 closed	0.26	
	Gate, 1/2 closed	2.10	
	Gate, 3/4 closed	17.0	
	Swing check, forward flow	2.0	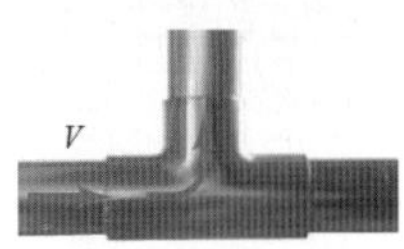
	Swing check, backward flow	∞	
	Ball valve, fully open	0.05	
	Ball valve, 1/3 closed	5.5	
	Ball valve, 2/3 closed	210.0	

대표적인 부속품인 여러 밸브의 단면 형상을 나타내면 [그림 12-6]과 같다. 보통의 밸브는 완전히 개방 또는 완전히 밀폐와 같은 일반적인 목적에 사용된다. 니들(needle) 밸브는 매우 정교한 유량 제어용으로 사용되며, 체크 밸브는 한쪽 방향으로만 흐르게 하는 경우에 사용된다.

3 비원형 덕트

비원형 덕트인 경우 다음과 같이 정의되는 수력직경(hydraulic diameter)의 개념을 도입하여 해석할 수 있다.

$$D_h \equiv \frac{4A}{P} \tag{12-15}$$

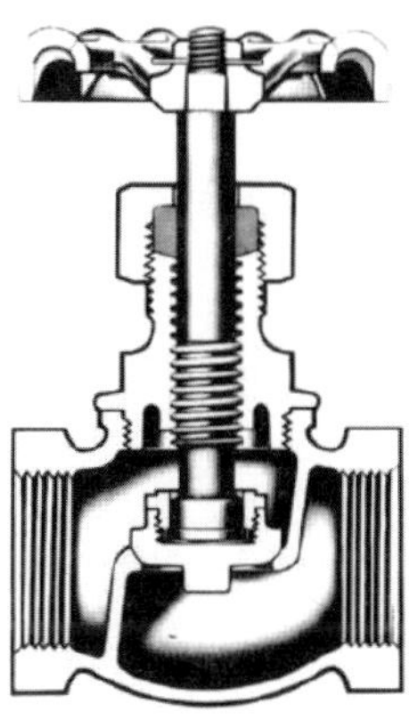

(a) globe valve

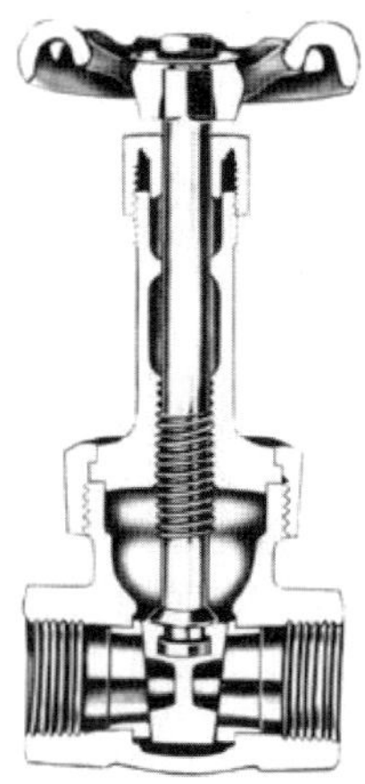

(b) gate valve

(c) swing check valve

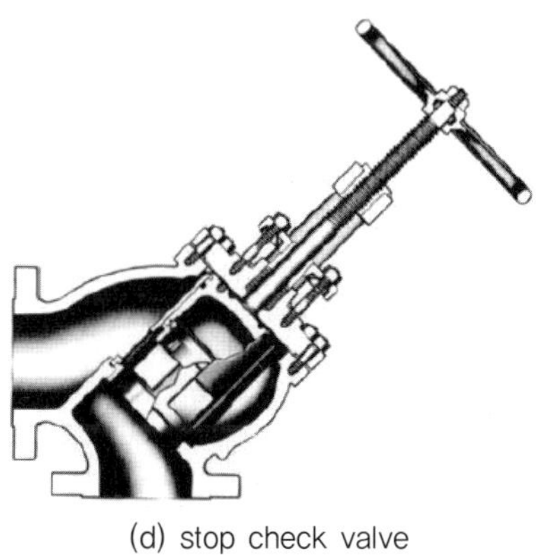

(d) stop check valve

[그림 12-6] 여러 형상의 밸브류

여기서 A는 단면적이고 P는 임의의 단면에서 유동하는 유체와 접한 벽의 길이로 정의되는 접수길이(wetted perimeter)이다. 예를 들어 폭이 b이고 높이가 h인 직사각형 덕트인 경우, 종횡비는 $Ar = h/b$로 정의되므로 수력직경은 다음과 같이 계산된다.

$$D_h = \frac{4bh}{2(b+h)} = \frac{2bh}{b+h} = \frac{2h}{1+Ar}$$

이러한 수력직경의 개념은 대략 $0.25 < Ar < 4$일 경우에만 적용할 수 있다. 직사각형 덕트는 제작이 쉽기 때문에 공기조화, 난방, 환기장치 등에 많이 사용된다.

12-5 | 유동문제에 대한 해법

1 개요

파이프 장치를 통한 압력강하에 영향을 주는 인자를 함수형식으로 표현하면 다음과 같다.

$$\Delta p = \phi(L, Q, D, e, \Delta z, \rho, \mu, \text{형상})$$

비압축성유체의 유동에서 유체성질은 일정하다. 조도, 높이의 변화, 그리고 장치의 형상 등은 파이프 장치의 설계에 따라 다르지만, 주어진 장치와 유체에 대해 이러한 변수들이 정해지면 함수관계는 아래와 같이 쓸 수 있다.

$$\Delta p = \phi(L, Q, D)$$

이 식은 4개의 변수에 대한 관계식이다. 따라서 다음과 같은 4가지의 경우가 가능하게 된다.

(a) $L,\ Q,\ D \ \Rightarrow\ \Delta p$
(b) $\Delta p,\ Q,\ D \ \Rightarrow\ L$
(c) $\Delta p,\ L,\ D \ \Rightarrow\ Q$
(d) $\Delta p,\ L,\ Q \ \Rightarrow\ D$

(a)와 (b)의 경우는 연속방정식과 확장된 Bernoulli 방정식, 그리고 손실에 관련된 자료들을 이용하여 직접 풀 수 있다. (c)와 (d)의 경우도 동일한 방정식과 자료를 이용하여 풀 수 있으나 반복계산이 필요하다.

2 해석 순서

(a) $L,\ Q,\ D \ \Rightarrow\ \Delta p$

① Reynolds 수, e/D를 이용하여 경험식 또는 Moody 선도로부터 마찰계수(f)를 계산한다.

② 마찰계수를 이용하여 주손실 및 부손실을 계산한다.

$$h_{loss} = h_{major} + h_{minor} = \left(f\frac{L}{D} + \Sigma K\right)\frac{u_m^2}{2g}$$

③ 확장된 Bernoulli 방정식을 사용하여 압력강하(Δp) 등을 계산한다.

$$\left(\frac{p}{\rho g} + \frac{u_m^2}{2g} + z\right)_1 = \left(\frac{p}{\rho g} + \frac{u_m^2}{2g} + z\right)_2 + h_{loss}$$

(b) $\Delta p,\ Q,\ D \ \Rightarrow\ L$

① Reynolds 수, e/D를 이용하여 경험식 또는 Moody 선도로부터 마찰계수(f)를 계산한다.

② 확장된 Bernoulli 방정식을 사용하여 관의 길이(L)를 계산한다.

$$\left(\frac{p}{\rho g} + \frac{u_m^2}{2g} + z\right)_1 = \left(\frac{p}{\rho g} + \frac{u_m^2}{2g} + z\right)_2 + \left(f\frac{L}{D} + \Sigma K\right)\frac{u_m^2}{2g}$$

(c) $\Delta p,\ L,\ D \ \Rightarrow\ Q$

① 확장된 Bernoulli 방정식과 수두손실식을 결합하여 마찰계수(f)에 대한 평균속도(u_m) 또는 유량(Q)의 관계식을 유도한다.

$$\left(\frac{p}{\rho g} + \frac{u_m^2}{2g} + z\right)_1 - \left(\frac{p}{\rho g} + \frac{u_m^2}{2g} + z\right)_2 = \left(f\frac{L}{D} + \Sigma K\right)\frac{u_m^2}{2g}$$

② 공학적으로 관심있는 대부분의 유동은 Reynolds 수가 비교적 크므로 완전 난류유동이라 가정하고 마찰계수(f)를 선정한다.

③ 가정된 f 값을 이용하여 첫 번째 근사값 u_m을 계산한다.

④ 근사값 u_m을 이용하여 Reynolds 수를 계산한다.

⑤ Reynolds 수와 새로 계산된 f 값을 이용하여 두 번째 근사값 u_m을 계산한다.

⑥ 수렴된 후에 $[Q = u_m(\pi D^2/4)]$를 이용하여 유량을 계산한다.

마찰계수 f는 Reynolds 수의 변화에 대해 많은 영향을 받지 않기 때문에 2~3회의 반복계산으로 수렴된 해를 얻을 수 있다.

(d) $\Delta p,\ L,\ Q \ \Rightarrow \ D$

유체를 취급하는 장치와 파이프 장치의 기하학적 형상이 주어지면, 유동문제는 유량을 송출할 수 있는 최소 파이프의 크기를 결정하는 것이다.

① 파이프의 직경(D)을 가정한다.

② 가정된 직경을 이용하여 Reynolds 수와 조도(e/D)를 계산한다.

③ Re와 e/D를 이용하여 마찰계수를 계산한다.

④ 수두손실식과 에너지방정식을 사용하여 압력강하(Δp)를 계산한다.

⑤ 계산된 Δp와 장치의 요구조건인 Δp와 비교한다.

⑥ 요구조건에 만족될 때까지 반복계산을 수행한다.

파이프의 크기를 선택함에 있어서 실제로 생산되는 상용 파이프의 직경으로 결정하는 것이 바람직하다.

12-6 | 유량 측정(유량계)

유량계는 크게 교축유량계와 선형유량계로 분류할 수 있다. 교축유량계에는 오리피스판, 유동노즐, 벤츄리 등이 있으며 선형유량계에는 플로트식 유량계 등이 있다.

내부유동을 위한 대부분의 교축유량계는 [그림 12-7]에 도시된 바와 같이 노즐의 형태를 통하여 유체유동을 가속시키는 데 기초를 두고 있다. 이론적인 유량은 Bernoulli 방정식과 연속방정식을 ①점과 ②점에 적용함으로써 구할 수 있다.

$$\rho_1 V_1 A_1 = \rho_2 V_2 A_2 \quad \text{그리고} \quad \frac{p_1}{\rho_1} + \frac{V_1^2}{2} + g z_1 = \frac{p_2}{\rho_2} + \frac{V_2^2}{2} + g z_2$$

$\rho =$일정, $z_1 = z_2$ 및 $(VA)_1 = (VA)_2$이므로 식을 단순화시키고 정리하면 다음과 같다.

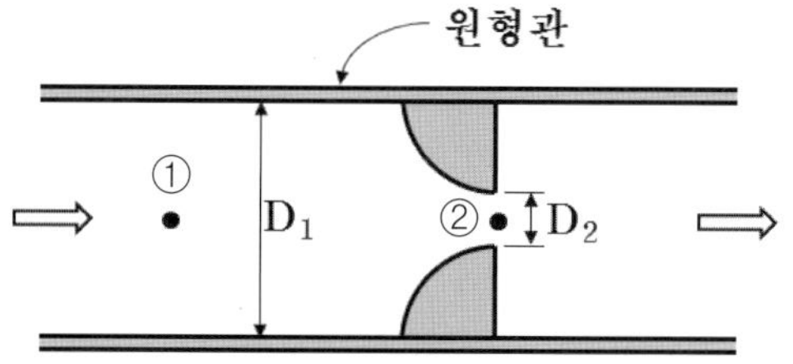

[그림 12-7] 원형관 내의 교축 유동

$$p_1 - p_2 = \frac{\rho}{2}\left(V_2^2 - V_1^2\right) = \frac{\rho V_2^2}{2}\left\{1 - \left(\frac{V_1}{V_2}\right)^2\right\} = \frac{\rho V_2^2}{2}\left\{1 - \left(\frac{A_2}{A_1}\right)^2\right\} = \frac{\rho V_2^2}{2}\left(1 - \beta^4\right)$$

또는

$$V_2 = \sqrt{\frac{2(p_1 - p_2)}{\rho(1 - \beta^4)}} \quad 그리고 \quad \beta = \frac{D_2}{D_1}$$

따라서

$$\dot{m}_{ideal} = \rho A_2 V_2 = A_2 \sqrt{\frac{2\rho(p_1 - p_2)}{1 - \beta^4}} \qquad (12-16)$$

1 오리피스 판

오리피스 판(orifice plate)은 [그림 12-8]과 같이 관 플랜지(pipe flange) 사이에 고정시키는 얇은 판이다. 기하학적 형상이 간단하기 때문에 설치 또는 교체하기 쉽고 가격이 싸다.

실제유량은 이론적인 유량과 다르기 때문에 유량계수(flow coefficient) C와 다른 형태의 유량계수 K를 사용하여 보정할 수 있다. 식은 다음과 같이 표현된다.

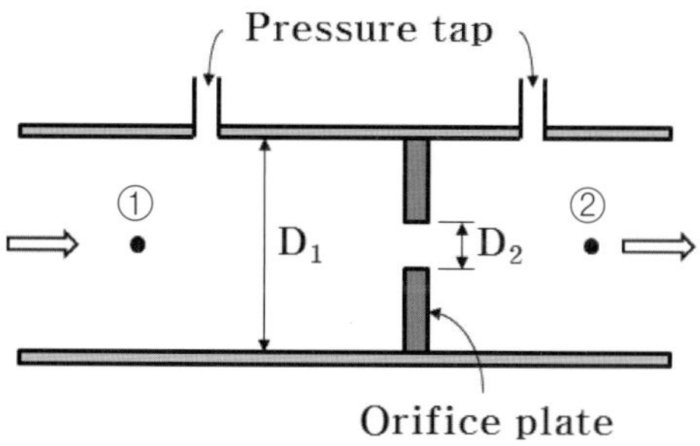

[그림 12-8] 오리피스 판

$$\dot{m}_{real} = C\dot{m}_{ideal} = CA_2\sqrt{\frac{2\rho(p_1-p_2)}{1-\beta^4}} = \frac{C}{\sqrt{1-\beta^4}}A_2\sqrt{2\rho(p_1-p_2)}$$

즉,

$$\dot{m}_{real} = KA_2\sqrt{2\rho(p_1-p_2)}\,,\ K = \frac{C}{\sqrt{1-\beta^4}}\,,\ \beta = \frac{D_2}{D_1} \qquad (12\text{–}17)$$

[그림 12-9]는 레이놀즈수와 직경비의 함수로 유량계수 K 를 나타낸 그림이다. 유량계수 C 에 대하여 추천되는 상관관계식은 다음과 같다.

$$C = 0.5959 + 0.0312\beta^{2.1} - 0.184\beta^8 + \frac{91.71\beta^{2.5}}{Re_{D_1}^{0.75}} \qquad (12\text{–}18)$$

이 식은 지름비 $0.2 < \beta < 0.75$ 및 $10^4 < Re_{D1} < 10^7$ 의 범위에서 $\pm 0.6\%$ 오차내의 유량계수를 예측할 수 있다.

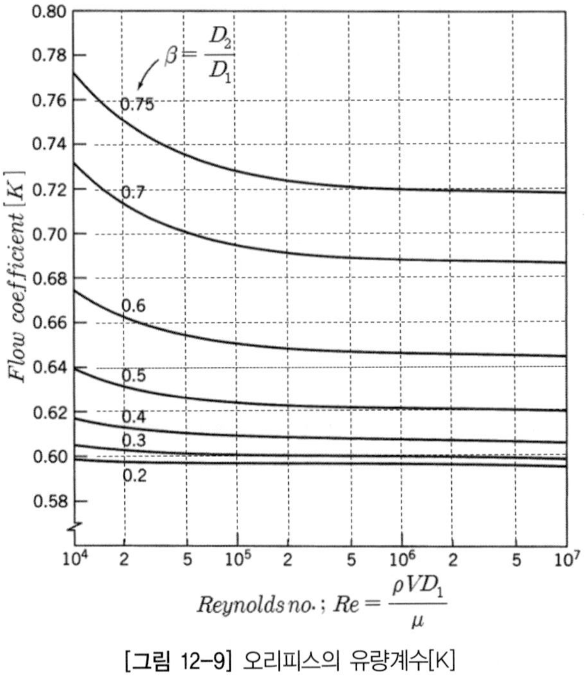

[그림 12-9] 오리피스의 유량계수[K]

2 유동노즐

유동노즐(flow nozzle) 유량계는 [그림 12-10]과 같이 타원형태로 된 노즐이 부착된 것이다. 노즐 단면은 대략 1/4 타원이다. ASME가 긴 반경의 유동노즐에 대해 추천한 상관관계식은 다음과 같다.

$$C = 0.9975 - \frac{6.53\beta^{0.5}}{Re_{D1}^{0.5}} \tag{12-19}$$

이 식은 $0.25 < \beta < 0.75$ 및 $10^4 < Re_{D1} < 10^7$ 의 범위에서 $\pm 2.0\%$ 오차내의 유량계수를 예측할 수 있다. [그림 12-11]은 레이놀즈수와 직경비의 함수로 유동노즐의 유량계수 K를 나타낸 그림이다.

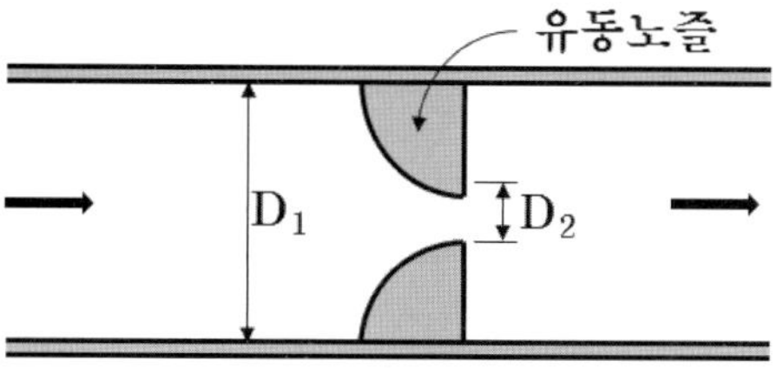

[그림 12-10] 유동노즐

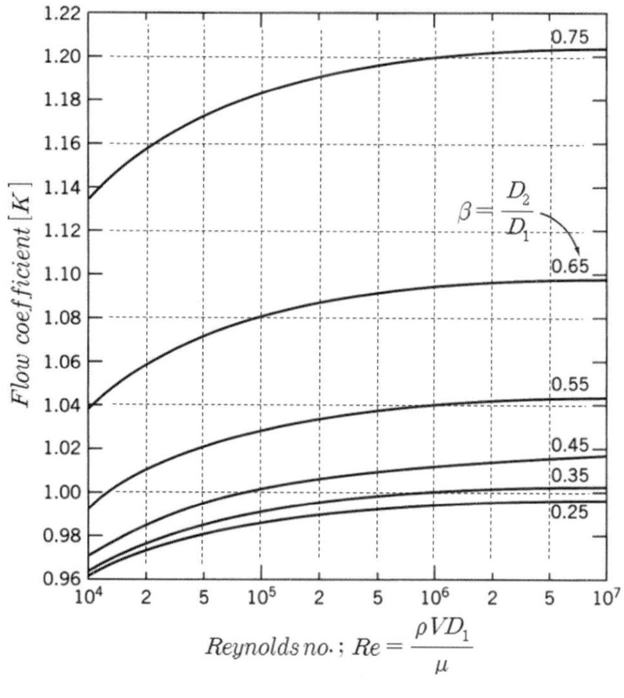

[그림 12-11] 유동노즐을 위한 유량계수

12-7 | 예제 풀이A(계산기 : 내부유동)

1 기초개념

예세 12-1A Reynolds 수(평균속도)

지름이 25mm인 원형관 내로 20℃의 물이 3m/s의 평균속도로 흐르고 있다. 레이놀즈수를 구하고 층류인지 아니면 난류인지를 검토하라.

풀이

$$Re = \frac{\rho u_m D}{\mu} = \frac{998(3)0.025}{0.001005} = 74{,}478 > 2300 \quad \Rightarrow \text{ 난류}$$

[물성치 : 표 A-2]

예제 12-2A Reynolds 수(질량유량)

지름이 20mm인 원형관에 25℃의 물이 0.02kg/s의 유량으로 흐르고 있다. 평균속도 및 레이놀즈수를 구하고 유동이 층류 또는 난류인지를 판단하라.

풀이

$$Re = \frac{\rho u_m D}{\mu}, \quad \dot{m} = \rho u_m A = \rho u_m \frac{\pi D^2}{4}$$

따라서

$$Re = \frac{\rho D}{\mu}\frac{4\dot{m}}{\rho\pi D^2} = \frac{4\dot{m}}{\pi D\mu} = \frac{4(0.02)}{0.02\pi(0.000891)} = 1429 < 2300 \quad \Rightarrow \text{ 층류}$$

[물성치 : 표 A-2]

예제 12-3A 입구길이(질량유량)

지름이 20mm인 원형관을 통하여 27℃의 물이 0.03kg/s의 유량으로 흐르고 있다. 레이놀즈수 및 입구길이를 구하라.

풀이

$$Re = \frac{\rho u_m D}{\mu} = \frac{4\dot{m}}{\pi D\mu} = \frac{4(0.03)}{0.02\pi(0.000851)} = 2244 < 2300 \quad \Rightarrow \text{ 층류}$$

$$L = 0.06 Re \cdot D = 0.06(2244)0.02 = 2.69m = 269cm \tag{12-3a}$$

예제 12-4A 입구길이(평균속도)

지름이 25mm인 원형관을 통하여 27℃의 물이 0.5m/s의 속도로 유동하고 있다. 레이놀즈수 및 입구길이를 구하라.

풀이

$$Re = \frac{\rho u_m D}{\mu} = \frac{997(0.5)0.025}{0.000851} = 14{,}308 > 2300 \quad \Rightarrow \text{ 난류}$$

$$L \approx (25 \sim 40)D = 0.625 \sim 1.0m \tag{12-3b}$$

2 평행한 두 평판 사이의 유동

예제 12-5A 유압장치

게이지압력 15MPa, 온도 60℃에서 작동하는 유압장치가 있으며 작동유체는 기름이다. 실린더와 피스톤 사이의 틈새는 0.005mm이고 피스톤의 직경은 30mm이며 길이는 15mm이다. 피스톤의 저압면에서 게이지압력이 1500kPa일 때, 누설되는 기름의 체적유량을 구하라. 기름의 물성치는 다음과 같다.

- 기름 : $SG_{oil} = 0.92,\ \mu = 0.018 Pa \cdot s$

풀이

$$Q = \frac{wa^3 \Delta p}{12\mu L} = \frac{\pi D a^3 \Delta p}{12\mu L} = \frac{0.03\pi(0.005)^3(15-1.5)10^6}{12(0.018)0.015} \qquad (12\text{-}5)$$

$$= 4.91 \times 10^{-8} m^3/s = 49.1 mm^3/s$$

3 원형관

예제 12-6A 모세관 점도계

직경이 가는 모세관의 실험을 통하여 체적유량과 압력강하를 측정하면 식 (12-7)을 이용하여 액체의 점도를 계산할 수 있다. 실험에서 얻은 자료는 다음과 같다. 액체의 점도를 구하라.

- 모세관의 길이$= 1m$, 모세관의 직경$= 0.6mm$
- 체적유량$= 750mm^3/s$, 압력강하$= 800kPa$

풀이

$$Q = \frac{\pi \Delta p D^4}{128\mu L} \quad \rightarrow \quad \mu = \frac{\pi \Delta p D^4}{128 L Q} \qquad (12\text{-}7)$$

따라서

$$\mu = \frac{\pi(800{,}000)0.0006^4}{128(1)750 \times 10^{-9}} = 3.39 \times 10^{-3} Pa \cdot s$$

예제 12-7A 주사침(압력강하)

내부 직경이 0.1mm이고 길이가 25mm인 주사침을 이용하여 염수용액을 주사한다. 주사기의 플런저 직경은 10mm이며, 플런저를 손가락으로 누르는 최대 힘은 $F = 50N$ 이다. 염수용액의 점성계수는 물(20℃)의 5배이다. 염수용액의 체적유량을 계산하라.

풀이

$$\Delta p = \frac{F}{A} = \frac{50}{\pi 0.01^2/4} = 6.366 \times 10^5 Pa$$

$$Q = \frac{\pi \Delta p D^4}{128\mu L} = \frac{\pi(6.366 \times 10^5)0.0001^4}{128(5 \times 0.001005)0.025}$$

$$= 1.244 \times 10^{-8} m^3/s = 12.44 mm^3/s$$

예제 12-8A 주사침(평균속도)

내부 직경이 0.25mm이고 길이가 50mm인 주사침을 이용하여 주사액을 주사한다. 허용되는 최대의 체적유량은 층류일 때이다. 최대의 체적유량 및 이 유량을 송출하는데 필요한 압력강하를 구하라. 주사액의 밀도와 점도는 20℃의 물과 동일하다.

풀이

$$Re = \frac{\rho u_m D}{\mu} = \frac{\rho D}{\mu}\frac{Q}{A} = \frac{4\rho Q}{\pi D \mu} = 2300$$

따라서

$$Q = \frac{2300\pi D\mu}{4\rho} = \frac{2300\pi(0.00025)0.001005}{4(998)} = 4.548\times10^{-7} m^3/s = 454.8 mm^3/s$$

그리고

$$Q = \frac{\pi \Delta p D^4}{128\mu L} \quad\rightarrow\quad \Delta p = \frac{128\mu L Q}{\pi D^4}$$

$$\Delta p = \frac{128(0.001005)0.05(4.548\times10^{-7})}{0.00025^4\pi} = 2.384\times10^5 Pa$$

4 배관시스템

예제 12-9A 총 수두손실

그림과 같이 원형관과 관부속품으로 구성된 배관시스템이 있다. 시스템은 나사형 90° 엘보우(elbow) 4개, globe 밸브 한 개, 수도꼭지 한 개 등으로 구성되었다. 관의 직경은 20mm, 총길이는 19m이며, 체적유량은 $Q = 0.8\ell/s$이다. 시스템에 대한 총수두손실을 구하라. 물의 온도는 15℃이다.

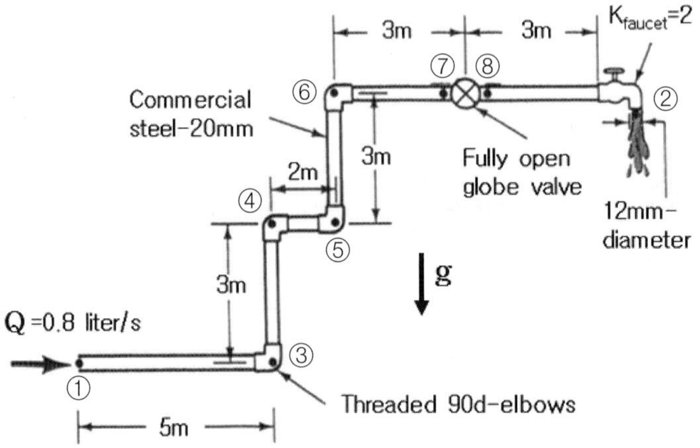

풀이

$$h_{loss} = h_{major} + h_{minor} = \left(f\frac{L}{D} + \Sigma K\right)\left(\frac{u_m^2}{2g}\right) \qquad (12-14)$$

여기서

$$u_m = \frac{Q}{A} = \frac{0.8/1000}{\pi(0.02)^2/4} = 2.546 m/s$$

$$Re = \frac{\rho u_m D}{\mu} = \frac{999(2.546)0.02}{0.001144} = 44{,}466 \quad |\text{표 A-2}|$$

$$f = \frac{0.3086}{\left\{\log\left[\frac{6.9}{Re_D} + \left(\frac{e}{3.7D}\right)^{1.11}\right]\right\}^2} = \frac{0.3086}{\left\{\log\left[\frac{6.9}{44466} + \left(\frac{0.046/1000}{3.7\times 0.02}\right)^{1.11}\right]\right\}^2} = 0.0271 \qquad (12\text{-}12b)$$

$$= \frac{0.3086}{\left\{\log\left[\frac{6.9}{44466} + \left(\frac{0.046/1000}{3.7\times 0.02}\right)^{1.11}\right]\right\}^2} = 0.0271 \qquad [e : \text{표 } 12\text{-}1]$$

$$\Sigma K = K_{globe} + 4K_{90°,elbow} + K_{faucet} = 10 + 4(1.5) + 2 = 18 \quad |\text{표 } 12\text{-}3|$$

따라서

$$h_{loss} = \left(0.0271\frac{19}{0.02} + 18\right)\left(\frac{2.546^2}{2\times 9.81}\right) = 14.45\,m$$

5 유동문제 해법

예제 12-10A $L, Q, D \Rightarrow \Delta p$ (또는 Δz : 경우 A)

그림과 같이 물을 저장하는 탱크로부터 물을 공급받아 사용한다. 탱크에 연결된 원형관($e = 0$)의 직경은 $D = 70mm$, 길이는 $L = 120m$이다. 체적유량 $10l/s$를 유지시키기 위한 깊이(h)를 구하라. 원형관의 입구는 직각 모서리이며, 물의 온도는 15℃이다.

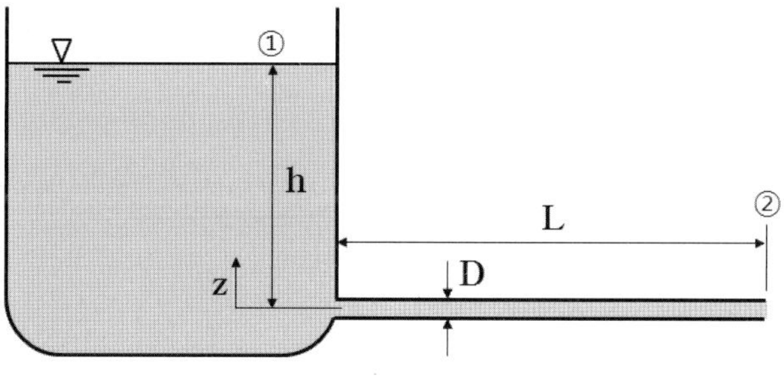

풀이 ① Reynolds 수, e/D를 이용하여 마찰계수(f)를 계산한다.

$$u_m = \frac{Q}{A} = \frac{0.01}{\pi(0.07)^2/4} = 2.598\,m/s$$

$$Re = \frac{\rho u_m D}{\mu} = \frac{999(2.598)0.07}{0.001144} = 158{,}810 \quad |\text{표 A-2}|$$

$$f = \frac{0.3086}{\left\{\log\left[\frac{6.9}{Re_D} + \left(\frac{e}{3.7D}\right)^{1.11}\right]\right\}^2} = \frac{0.3086}{\left\{\log\left[\frac{6.9}{158810} + 0\right]\right\}^2} = 0.0162$$

② 마찰계수를 이용하여 주손실 및 부손실을 계산한다.

$$h_{loss} = \left(f\frac{L}{D} + \Sigma K\right)\left(\frac{u_m^2}{2g}\right) = \left(0.0162\frac{120}{0.07} + 0.5\right)\frac{2.598^2}{2(9.81)} = 9.726m$$

$[K : \text{표 } 12\text{-}2]$

③ 확장된 Bernoulli 방정식을 사용하여 물의 깊이(h)를 계산한다. 여기서 $p_1 = p_2 = p_{atm}$, $u_{m,1} = 0$, $u_{m,2} = u_m$, $z_1 = h$, $z_2 = 0$이다.

$$\left(\frac{p}{\rho g} + \frac{u_m^2}{2g} + z\right)_1 = \left(\frac{p}{\rho g} + \frac{u_m^2}{2g} + z\right)_2 + h_{loss}$$

따라서

$$h = \frac{u_m^2}{2g} + h_{loss} = \frac{2.598^2}{2(9.81)} + 9.726 = 10.07m$$

예제 12-11A $\Delta p,\ Q,\ D \Rightarrow L$ (경우 B)

저수지의 물을 흡입하여 500kPa의 압력으로 송출하는 펌프가 있다. 물을 수송하는 원형관은 상업용 강관이고 직경은 5cm이며, 필요한 체적유량은 $30l/s$이다. 이 펌프를 이용하여 물을 보낼 수 있는 관의 길이를 구하라. 물의 온도는 15°이다.

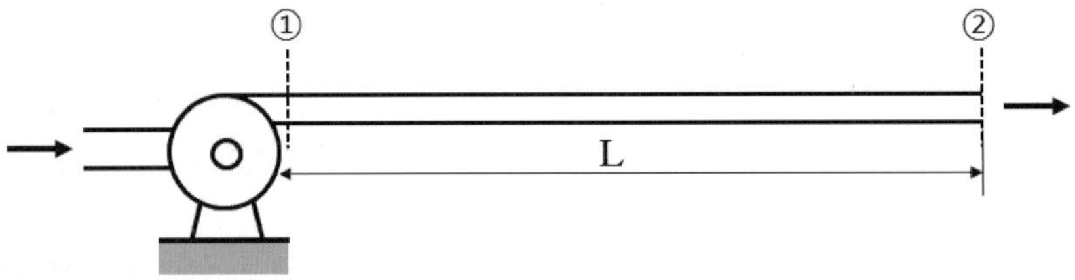

풀이 ① Reynolds 수, e/D를 이용하여 마찰계수(f)를 계산한다.

$$u_m = \frac{Q}{A} = \frac{0.03}{\pi(0.05)^2/4} = 15.28m/s$$

$$Re = \frac{\rho u_m D}{\mu} = \frac{999(15.28)0.05}{0.001144} = 667{,}164 \quad |\text{표 A-2}|$$

$$f = \frac{0.3086}{\left\{\log\left[\frac{6.9}{Re_D} + \left(\frac{e}{3.7D}\right)^{1.11}\right]\right\}^2} = \frac{0.3086}{\left\{\log\left[\frac{6.9}{667164} + \left(\frac{0.046\times10^{-3}}{3.7\times0.05}\right)^{1.11}\right]\right\}^2}$$

$= 0.0197$ [e : 표 12-1]

② 확장된 Bernoulli 방정식을 사용하여 관의 길이(L)를 계산한다.

여기서 $p_2 = p_{atm}$, $u_{m,1} = u_{m,2} = u_m$, $z_1 = z_2$, $\Sigma K = 0$이다.

$$\left(\frac{p}{\rho g} + \frac{u_m^2}{2g} + z\right)_1 = \left(\frac{p}{\rho g} + \frac{u_m^2}{2g} + z\right)_2 + \left(f\frac{L}{D} + \Sigma K\right)\left(\frac{u_m^2}{2g}\right)$$

따라서

$$L = \frac{2D(p_1 - p_2)}{f\rho u_m^2} = \frac{2(0.05)(500-101.3)1000}{0.0197(999)(15.28)^2}$$

$= 8677m = 8.677km$

6 유량측정(유량계)

예제 12-12A 오리피스 유량계

그림과 같은 오리피스 유량계의 원형관을 통하여 공기가 흐르고 있다. 관의 직경은 $D_1 = 22cm$이고, 직경비는 $\beta = 0.65$이며, 관을 흐르는 공기의 체적유량은 $800l/s$이다. 유량 측정에 이용되는 최대 압력은 3.3kPa이다. 이와 같은 조건에서 Reynolds 수 및 유량계의 유량계수(K)를 결정하고 그 결과를 [그림 12-9 / p.322]와 비교하라. 공기의 온도는 20℃이다.

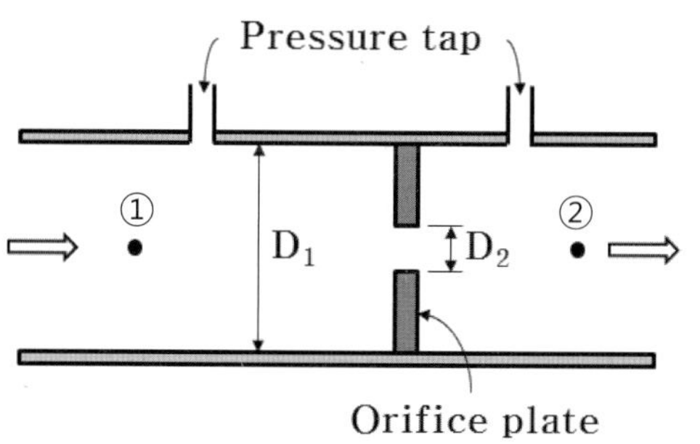

풀이

$$u_m = \frac{Q}{A} = \frac{0.8}{\pi(0.22)^2/4} = 21.05\,m/s$$

$$Re = \frac{\rho u_m D}{\mu} = \frac{1.2062(21.05)0.22}{1.8168\times 10^{-5}} = 307,459$$

그리고

$$\dot{m}_{real} = KA_2\sqrt{2\rho(p_1-p_2)}\,,\quad K = \frac{C}{\sqrt{1-\beta^4}}\,,\quad \beta = \frac{D_2}{D_1} \qquad (12-17)$$

여기서 $A_2/A_1 = (D_2/D_1)^2 = \beta^2$이므로 위의 식을 수정하면 다음과 같다.

$$\rho Q = K\beta^2 A_1\sqrt{2\rho(p_1-p_2)}$$

따라서

$$K = \frac{\rho Q}{\beta^2 A_1\sqrt{2\rho(p_1-p_2)}} = \frac{Q}{\beta^2 A_1}\sqrt{\frac{\rho}{2(p_1-p_2)}} = \frac{0.8}{0.65^2(\pi 0.22^2/4)}\sqrt{\frac{1.2062}{2(3300)}} = 0.673$$

즉, [그림 12-9]로부터 $K\approx 0.67$이므로 계산된 결과와 잘 일치한다.

12-8 | 예제 풀이B(엑셀 : 내부유동)

예제 12-1B 수두손실

앞의 예제 12-9A를 엑셀을 사용하여 반복하라. Colebrook의 마찰계수식 (12-12a)를 이용하여 해결하라.

풀이 풀이 순서에 따라 식을 정리하면 다음과 같다.

$$u_m = \frac{Q}{A} \quad \rightarrow \quad Re = \frac{\rho u_m D}{\mu} \quad \rightarrow \quad \frac{1}{\sqrt{f}} + 2.0\log\left(\frac{e/D}{3.7} + \frac{2.51}{Re\sqrt{f}}\right) = 0$$

$$h_{loss} = h_{major} + h_{minor} = \left(f\frac{L}{D} + \Sigma K\right)\left(\frac{u_m^2}{2g}\right)$$

Colebrook 식은 비선형식이므로 엑셀의 "목표값 찾기" 기능을 사용하여 해결한다. 워크시트를 다음과 같이 작성하고 계산하면 결과를 얻을 수 있다.

1) 변수명 및 데이터 입력
2) 평균속도, 레이놀즈수 계산
3) E8 cell에 "=1/(E7)^0.5+2*LOG10(B6/1000/B4/3.7+2.51/D5/E7^0.5)" 입력 후 [Enter] > E8 cell 클릭 > 데이터 > 가상분석 > 목표값 찾기 > 셀 및 찾는값 입력 > 확인
4) 수두손실 계산

즉, 총수두손실은 $h_{loss} = 14.57m$이며 앞의 결과와 거의 일치한다.

	A	B	C	D	E
1	[수두손실 계산]				
2	<data>			um[m/s]	
3	Q[m^3/s]	0.0008		2.546479	
4	D[m]	0.02		Re	
5	L[m]	19		44474.35	
6	e[mm]	0.046			마찰계수
7	rho[kg/m^3]	999		x	0.027464
8	mu[Pas]	0.001144		fx	0.000664
9	K	18		h_loss[m]	14.57239

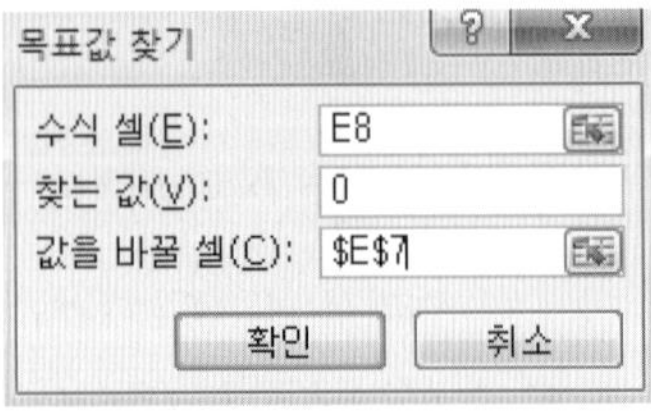

예제 12-2B $\Delta p,\ L,\ D \ \Rightarrow \ Q$ (경우 C)

그림과 같은 화재보호장치는 물탱크로부터 물을 공급받아 화재 현장에 공급한다. 관의 재질은 주철 $(e = 0.5mm)$이며 끝에 1개의 gate 밸브$(K = 0.25)$가 있고, 그 밖의 부차적 손실은 무시될 수 있다. 관을 통한 최대유량을 구하라. 물의 온도는 15℃이다.

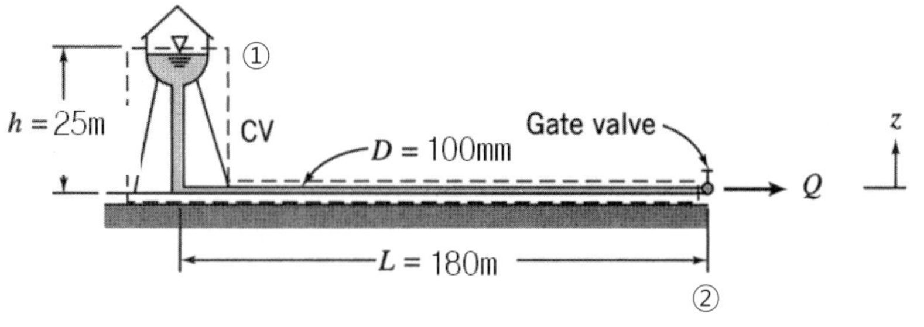

풀이 이 문제는 초기의 변수값을 가정하여 반복계산을 해야만 결과를 얻을 수 있다. 그러나 풀이 순서에 따라 식을 계산하고 엑셀의 "목표값 찾기" 기능을 활용하면 해를 찾을 수 있다.

먼저 확장된 Bernoulli 방정식과 수두손실식을 결합하여 마찰계수(f)에 대한 평균속도(u_m) 또는 유량(Q)의 관계식을 유도한다.

$$\left(\frac{p}{\rho g}+\frac{u_m^2}{2g}+z\right)_1-\left(\frac{p}{\rho g}+\frac{u_m^2}{2g}+z\right)_2=\left(f\frac{L}{D}+\Sigma K\right)\frac{u_m^2}{2g}$$

여기서 $p_1 = p_2 = p_{atm}$, $u_{m,1} = 0$, $u_{m,2} = u_m$, $z_1 = h$, $z_2 = 0$이므로 식은 다음과 같이 정리된다.

$$u_m=\left\{\frac{2g\Delta z}{(fL/D+\Sigma K)+1}\right\}^{1/2} \quad \rightarrow \quad u_m-\left\{\frac{2g\Delta z}{(fL/D+\Sigma K)+1}\right\}^{1/2}=0$$

여기서

$$f=\frac{0.3086}{\left\{\log\left[\frac{6.9}{Re_D}+\left(\frac{e}{3.7D}\right)^{1.11}\right]\right\}^2},\quad Re=\frac{\rho u_m D}{\mu},\quad Q=u_m A$$

워크시트를 다음과 같이 작성하고 계산하면 결과를 얻을 수 있다. 계산순서는 다음과 같다.

• 속도 초기값 입력 → Re → f → u_m → Q

1) 변수명 및 데이터 입력
2) E8 cell에 속도 초기값 [5] 입력
3) Re : E4 cell에 "=B7*E8*B4/B8" 입력 후 [Enter]
4) f : E5 cell에 "=0.3086/(LOG10(6.9/E4+(B6/1000/3.7/B4)^1.11))^2" 입력 후 [Enter]
5) u_m : E9 cell에 "=E8-(2*9.81*B10/(E5*B5/B4+B9+1))^0.5" 입력 후 [Enter] > E9 cell 클릭 > 데이터 > 가상분석 > 목표값 찾기 > 셀 및 찾는값 입력 > 확인
6) Q : E11 cell에 "=E8*PI()*B4^2/4*1000" 입력 후 [Enter]

• Re : fx =B7*E8*B4/B8

• f : fx =0.3086/(LOG10(6.9/E4+(B6/1000/3.7/B4)^1.11))^2

• u_m : fx =E8-(2*9.81*B10/(E5*B5/B4+B9+1))^0.5

• Q : fx =E8*PI()*B4^2/4*1000

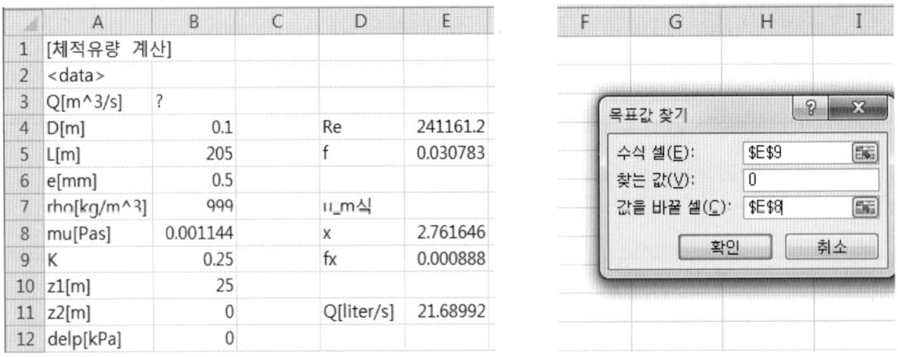

	A	B	C	D	E
1	[체적유량 계산]				
2	<data>				
3	Q[m^3/s]	?			
4	D[m]	0.1		Re	241161.2
5	L[m]	205		f	0.030783
6	e[mm]	0.5			
7	rho[kg/m^3]	999		u_m식	
8	mu[Pas]	0.001144		x	2.761646
9	K	0.25		fx	0.000888
10	z1[m]	25			
11	z2[m]	0		Q[liter/s]	21.68992
12	delp[kPa]	0			

즉, 출구속도는 $u_{m2}=2.76m/s$이며, 체적유량은 $Q=21.69l/s$이다.

예제 12-3B $\Delta p,\ L,\ Q\ \Rightarrow\ D$(경우 D)

저수지의 물을 흡입하여 350kPa의 압력으로 송출하는 펌프가 있다. 물을 수송하는 원형관은 상업용 강관($e=0.046mm$)이고 길이는 150m이며, 필요로하는 체적유량은 $100l/s$이다. 이 펌프를 이용하여 물을 보낼 수 있는 관의 직경을 구하라. 출구압력은 대기압(100kPa)이며 물의 온도는 15°이다.

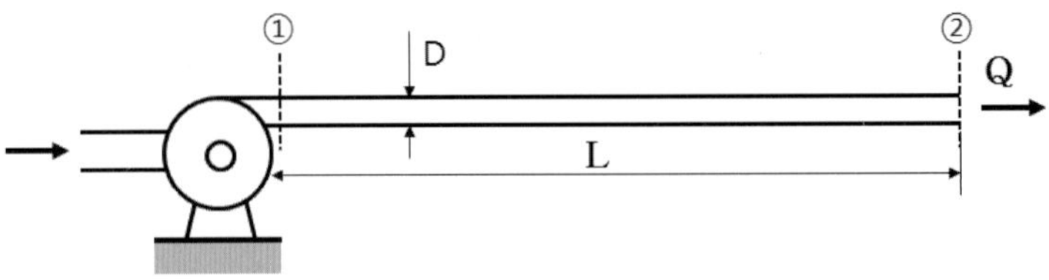

풀이 이 문제는 앞의 예제와 마찬가지로 반복계산이 필요하다. 그러나 풀이 순서에 따라 식을 정리한 후 계산하면 결과를 얻을 수 있다.

$$\left(\frac{p}{\rho g}+\frac{u_m^2}{2g}+z\right)_1-\left(\frac{p}{\rho g}+\frac{u_m^2}{2g}+z\right)_2=\left(f\frac{L}{D}+\Sigma K\right)\frac{u_m^2}{2g}$$

여기서 $u_{m,1}=u_{m,2}=u_m$, $z_1=z_2$, $\Sigma K=0$이므로 식은 다음과 같이 정리된다.

$$f=\frac{2(p_1-p_2)D}{\rho u_m^2 L}=\frac{2(p_1-p_2)D}{\rho L}\left(\frac{A}{Q}\right)^2=\frac{\pi^2 D^5(p_1-p_2)}{8\rho Q^2 L}$$

따라서

$$f-\frac{\pi^2 D^5(p_1-p_2)}{8\rho Q^2 L}=0$$

여기서

$$f=\frac{0.3086}{\left\{\log\left[\frac{6.9}{Re_D}+\left(\frac{e}{3.7D}\right)^{1.11}\right]\right\}^2},\quad Re=\frac{\rho u_m D}{\mu},\quad u_m=\frac{Q}{A}=\frac{4Q}{\pi D^2}$$

워크시트를 다음과 같이 작성하고 계산하면 결과를 얻을 수 있다. 계산순서는 다음과 같다.

- 직경 초기값 입력 → u_m → Re → f → D

1) 변수명 및 데이터 입력

2) E8 cell에 직경 초기값 [0.2] 입력
3) u_m : E3 cell에 "=4*B3/PI()/E8^2" 입력 후 [Enter]
4) Re : E4 cell에 "=B7*E3*E8/B8" 입력 후 [Enter]
5) f : E5 cell에 "=0.3086/(LOG10(6.9/E4+(B6/1000/E8/3.7)^1.11))^2" 입력 후 [Enter]
6) D : E9 cell에 "=E5−PI()^2*E8^5*B12*1000/(8*B7*B3^2*B5)" 입력 후 [Enter] > E9 cell 클릭 > 데이터 > 가상분석 > 목표값 찾기 > 셀 및 찾는값 입력 > 확인

- u_m : fx =4*B3/PI()/E8^2
- Re : fx =B7*E3*E8/B8
- f : fx =0.3086/(LOG10(6.9/E4+(B6/1000/E8/3.7)^1.11))^2
- D : fx =E5-PI()^2*E8^5*B12*1000/(8*B7*B3^2*B5)

	A	B	C	D	E
1	[관 직경 계산]				
2	<data>				
3	Q[m^3/s]	0.1		um	5.557595686
4	D[m]	?		Re	734578.1353
5	L[m]	150		f	0.015841495
6	e[mm]	0.046			
7	rho[kg/m^3]	999		직경식	
8	mu[Pas]	0.001144		x	0.151360162
9	K	0		fx	-0.000509754
10	z1[m]	0			
11	z2[m]	0			
12	delp[kPa]	250			

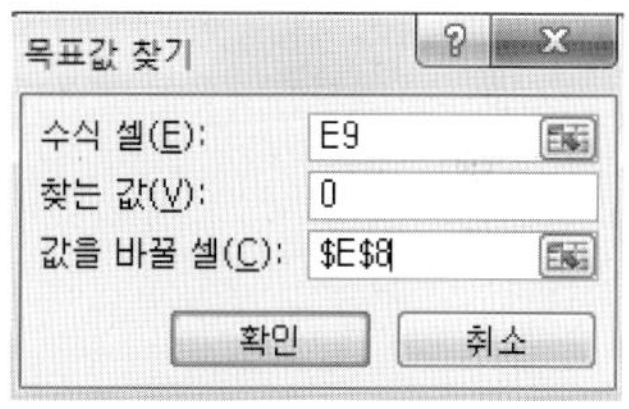

즉, 관의 직경은 $D = 0.151m = 151mm$ 이다.

예제 12-4B 오리피스 유량계

앞의 예제 12-12A를 고려한다. 직경비를 모르는 상황에서 유량계수(K)를 결정하라.

- $D_1 = 22cm$, $Q = 800 l/s$, $\Delta p_{max} = 3300 Pa$, $T_{air} = 20℃$

풀이 앞의 예제 12-12A를 고려한다. 직경비를 모르는 상황에서 유량계수(K) 및 오리피스판의 직경(D_2)을 결정하고 그 결과를 [그림 12-9]와 비교하라. 공기의 온도는 20℃이다.

- $D_1 = 22cm$, $Q = 800 l/s$, $\Delta p_{max} = 3300 Pa$, $T_{air} = 20℃$

(1) 관계식 정리

$$\dot{m}_{real} = KA_2\sqrt{2\rho(p_1 - p_2)}, \quad K = \frac{C}{\sqrt{1-\beta^4}}, \quad \beta = \frac{D_2}{D_1} \qquad (12\text{-}17)$$

$$C = 0.5959 + 0.0312\beta^{2.1} - 0.184\beta^8 + \frac{91.71\beta^{2.5}}{Re_{D_1}^{0.75}} \qquad (12\text{-}18)$$

따라서

$$\rho Q - KA_2\sqrt{2\rho\Delta p} = 0$$

(2) 계산 순서

풀이 순서에 따라 식을 정리하면 다음과 같다.

직경 초기값 입력(D_2) $\rightarrow u_m = \frac{Q}{A} = \frac{4Q}{\pi D_1^2} \rightarrow Re = \frac{\rho u_m D_1}{\mu} \rightarrow$

$\beta \rightarrow C \rightarrow K \rightarrow A_2 \rightarrow \rho Q - KA_2\sqrt{2\rho\Delta p} = 0$

(3) 프로그램 작성

1) 변수명 및 데이터 입력
2) H3 cell에 직경 초기값 [0.1] 입력
3) u_m ; E3 cell에 "=4*B3/(PI()*B4^2)" 입력 후 [Enter]
4) Re ; E4 cell에 "=B7*E3*B4/B8*10^5" 입력 후 [Enter]
5) β ; E5 cell에 "=H3/B4" 입력 후 [Enter]
6) C ; E6 cell에 "=0.5959+0.0312*E5^2.1−0.184*E5^8+91.71*E5^2.5/E4^0.75" 입력 후 [Enter]
7) K ; E7 cell에 "=E6/(1−E5^4)^0.5" 입력 후 [Enter]
8) A_2 ; E8 cell에 "=PI()*H3^2/4" 입력 후 [Enter]
9) H4 cell에 "=B7*B3−E7*E8*(2*B7*B6)^0.5" 입력 후 [Enter] > H4 cell 클릭 > 데이터 > 가상분석 > 목표값 찾기 > 셀 및 찾는값 입력 > 확인

	A	B	C	D	E	F	G	H
1	[오리피스 유량계]							
2	<data>						<목표값찾기>	
3	Q[m^3/s]	0.8		um[m/s]	21.04528		x(=D2)	0.143509
4	D1[m]	0.22		Re	307389.9		fx	0.0001
5				beta	0.652315			
6	deltap[Pa]	3300		C	0.605003			
7	rho[kg/m^3]	1.2062		K	0.668547			
8	mu[Pas]*10^5	1.8168		A2[m^2]	0.016175			

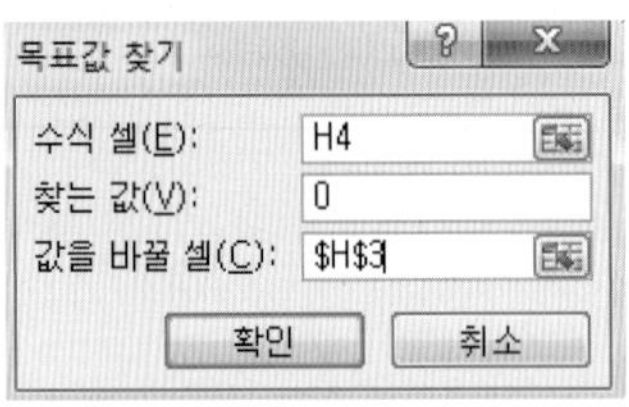

즉, $\beta = 0.652$, $K = 0.668$, $D_2 = 0.144m = 144mm$이다. 이 결과는 [그림 12-9]의 $K \approx 0.67$과 잘 일치한다.

연습문제 A(계산기)

1 기초개념

12-1A 지름이 30mm인 원형관 내로 20℃의 물이 5m/s의 평균속도로 흐르고 있다. 레이놀즈수를 구하고 유동이 층류 또는 난류인지를 검토하라.

12-2A 지름이 15mm인 원형관에 15℃의 물이 0.02kg/s의 유량으로 흐르고 있다. 평균속도와 레이놀즈수를 구하고 유동이 층류인지 아니면 난류인지를 판단하라.

12-3A 지름이 15mm인 원형관을 통하여 20℃의 물이 0.025kg/s의 유량으로 흐르고 있다. 레이놀즈수 및 입구길이를 구하라.

12-4A 지름이 30mm인 원형관을 통하여 30℃의 물이 0.5m/s의 속도로 유동하고 있다. 레이놀즈수 및 입구길이를 구하라.

2 평행한 두 평판 사이의 유동

12-5A 게이지압력 12MPa, 온도 60℃에서 기름으로 작동되는 유압장치가 있으며 피스톤의 저압면에서 게이지압력은 1000kPa이다. 실린더와 피스톤 사이의 틈새는 0.005mm이고 피스톤의 직경은 35mm이며 길이는 18mm이다. 누설되는 기름의 체적유량을 구하라. 기름의 물성치는 다음과 같다.

- 기름 : $SG_{oil} = 0.92$, $\mu = 0.018Pa \cdot s$

3 원형관

12-6A 간단하면서도 정확한 점도계는 일정한 길이의 모세관으로 만들 수 있다. 유량과 압력강하가 측정되면 Newton 액체의 점도는 식 (12-7)로부터 계산할 수 있다. 어떤 모세관 점도계에서 얻은 임의의 유체($\rho = 999kg/m^3$)에 대한 자료가 다음과 같을 때, 유체의 점성계수를 구하라.

- 유량 : $Q = 880mm^3/s$, $\Delta p = 1.0MPa$
- 원관의 길이 : $L = 1m$, 원관의 직경 : $D = 0.5mm$

12-7A 염수용액을 주사하기 위하여 내부 직경이 0.15mm이고 길이가 30mm인 주사침을 사용한다. 주사기의 플런저 직경은 10mm이며, 플런저를 손가락으로 누르는 최대 힘은 $F = 60N$ 이다. 염수용액의 체적유량을 계산하라. 염수용액의 점성계수는 물(20℃)의 5배이다.

12-8A 주사액을 주사하기 위하여 내부 직경이 0.2mm이고 길이가 40mm인 주사침을 사용한다. 허용되는 최대의 체적유량이 층류일 때, 최대의 체적유량 및 이 유량을 송출하는데 필요한 압력강하를 구하라. 주사액의 밀도와 점도는 20℃의 물과 동일하다.

4 배관시스템

12-9A 수평으로 놓여있는 직경 2cm, 길이 50m인 원형관($e = 0.1mm$)을 통해 20℃의 물이 0.3kg/s의 유량으로 흐른다. Haaland의 마찰계수식 (12-12)를 사용하여 마찰계수(f) 및 수두손실을 구하라. 부손실은 무시한다.

12-10A 그림과 같은 배관시스템이 나사형 90° 엘보우 3개, globe 밸브 한 개, gate 밸브 한 개로 구성되었다. 관의 직경은 20mm, 총길이는 50m이며, 체적유량은 $Q = 2\ell/s$ 이다. Haaland의 마찰계수식 (12-12)을 사용하여 시스템에 대한 총수두손실을 구하라. 관은 상업용 강관($e = 0.046mm$)이며, 물의 온도는 15℃이다.

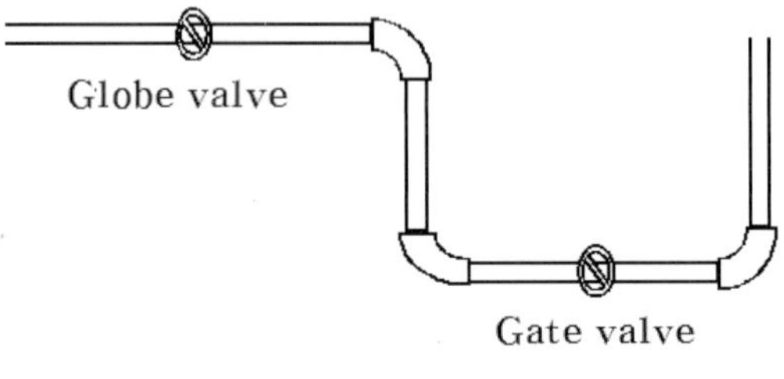

12-11A 앞의 문제 12-10A를 다음과 같이 표현되는 Colebrook의 마찰계수식(다른 형태의 마찰계수식)을 사용하여 반복하고 그 결과를 비교하라.

$$f = \frac{1.325}{\{\ln[(e/D/3.7) + (5.74/Re^{0.9})]\}^2}$$

5 유동문제 해법

12-12A 앞의 예제 12-10A를 고려한다. 체적이 매우 큰 탱크에 연결된 원형관($e = 0.046mm$)의 직경은 $D = 80mm$, 길이는 $L = 100m$이다. 체적유량 $8l/s$의 유지에 필요한 물의 깊이(h)를 구하라. 원형관의 입구는 직각 모서리($K = 0.5$)이며, 물의 온도는 15℃이다.

12-13A 앞의 예제 12-11A에서 펌프의 송출압력은 400kPa이며, 관의 출구압력은 대기압(100kPa)이다. 원형관은 상업용 강관이고 직경은 3cm이며, 체적유량은 $15l/s$이다. 이 펌프를 이용하여 물을 보낼 수 있는 관의 길이를 구하라. 물의 온도는 15°이다.

연습문제 B(엑셀)

12-1B 앞의 문세 12-9A를 엑셀을 사용하여 반복하라. 마찰계수를 구할 때 Colebrook 식(12 12a)을 이용하라.

12-2B 규모가 작은 수영장의 물을 배수하기 위하여 내부 직경이 20mm인 호스를 사용한다. 호스의 길이는 40m이고, 내부 표면의 조도는 $e=0.2mm$이며, 호스 출구에서 물의 속도는 1.3m/s이다. 중력에 의한 배수를 위하여 호스의 끝은 수영장의 바닥보다 3m 아래에 있다. 조도가 없는 경우와 있는 경우를 고려하여 수영장의 물의 깊이를 구하라.

12-3B 10℃의 물이 저장조 A로부터 저장조 B로 흐른다. 관은 주철관($e=0.26mm$)이고 관의 길이는 20m이며, 유량은 $Q=2l/s$이다. 배관시스템은 직각 모양의 입구($K=0.5$)와 6개의 90° 엘보(elbow)로 구성되었다. 조건에 만족되는 관의 직경을 구하라.

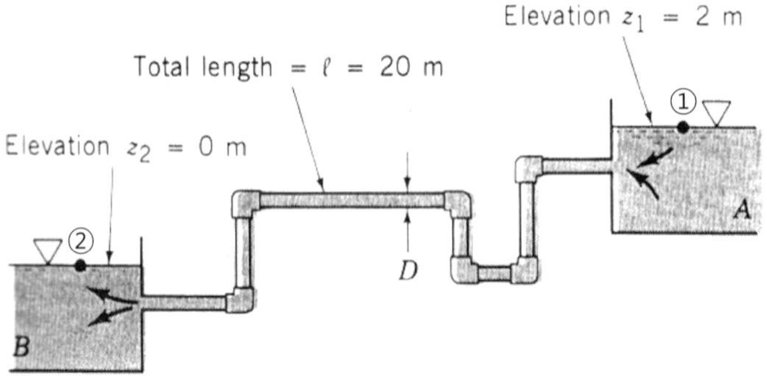

12-4B 공기가 수평으로 놓여있는 아연도강관($e=0.15mm$) 내를 $Q=55l/s$의 유량으로 흐르고 있다. 관 길이 30m당 압력강하량이 3.5kPa 이하가 되기 위한 최소직경을 구하라. 공기의 온도는 20℃이다.

12-5B 앞의 예제 12-2B를 고려한다. 조건은 예제와 동일하다. 관의 직경만 $D=80mm$로 변경하여 문제를 반복하라.

12-6B 앞의 예제 12-3B를 반복하여 풀어라. 조건은 다음과 같다.

- 펌프의 송출압력 = 300kPa, 관의 출구압력 = 100kPa
- 강관($e=0.046mm$)의 길이 = 200m, 체적유량 = $80l/s$

12-7B 공기가 $Q = 1m^3/s$ 의 유량으로 지름 0.25m인 덕트내로 흐른다. 유량측정을 위하여 관내에 오리피스를 설치하며 이용 가능한 액주계의 최대수두는 300mm($\Delta p = 2,940Pa$)이다. 식 (12-17)과 식 (12-18)을 사용하여 모서리탭이 부착된 오리피스 판의 지름을 구하라. 공기의 온도는 20℃이다.

12-8B 직경이 $D = 60mm$ 인 노즐 유량계 내를 에틸알콜(ethyl alcohol)이 흐르고 있다. 노즐에서 발생하는 압력강하는 $\Delta p = 4.0kPa$ 이며, 유량은 $Q = 3l/s$ 이다. 노즐 축소부의 직경을 구하라. 에틸알콜의 물성치는 다음과 같다.

- 에틸알콜 : $\rho = 789kg/m^3$, $\mu = 1.19 \times 10^{-3} Pa \cdot s$

Chapter 13

외부유동

외부유동(external flow)은 무한한 유체 속에 잠겨 있는 물체 주위의 유동이다. 평판 위의 유동, 원통 주위의 유동, 그리고 비행기 날개 주위의 유동 등은 외부유동의 예이다.

내부유동은 입구영역과 완전발달된 영역으로 구분되어 해석된다. 그러나 외부유동은 경계층의 발달에 제약이 없기 때문에 유동 전 지역에 대하여 층류 , 또는 층류와 난류가 혼합된 혼합류로 구분하여 해석한다.

13-1 | 경계층

1 경계층의 개념

경계층(boundary layer)의 개념은 1904년에 독일의 항공역학자인 Ludwig Prandtl에 의해 처음으로 소개되었다. 많은 실제 유동의 경우에서 경계층은 표면을 따라 길게 발달한다. 예를 들면 선박과 잠수함 선체, 항공기 날개 주위의 유동, 그리고 평평한 지형 주위의 대기 유동이 있다. 이러한 모든 유동들의 기본적 특성들은 평판 주위의 단순한 유동과 같이 나타낼 수 있으므로, [그림 13-1]과 같은 평판 위의 유동을 먼저 고려한다.

그림에서 점선으로 표시된 부분이 경계층이다. 평판 입구부터 조금 떨어진 하류까지는 층류이고, 이어서 천이영역(transition region)이 나타나는데 천이영역은 경계층유동이 완전하게 난류가 되는 지점까지 하류로 확장된다.

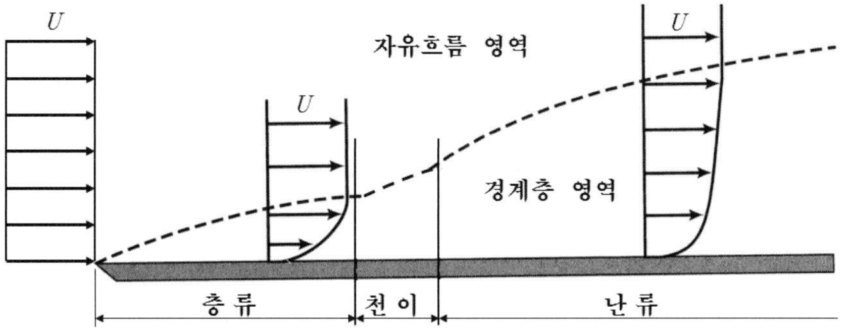

[그림 13-1] 평판 위의 경계층

평판인 경우, 천이가 발생하는 Reynolds수는 일반적으로 500,000이며, 이를 식 (13-1)에 표현하였다.

$$(Re_x)_{flat-plate,\ transition} = \left(\frac{\rho U x}{\mu}\right)_{flat-plate,\ transition} \approx 500{,}000 \qquad (13-1)$$

여기서, x는 선단으로부터의 거리, U는 자유 흐름의 속도이다. 자유흐름의 속도 U가 30m/s인 표준상태의 공기에 대해 천이는 평판의 $x \approx 0.24\text{m}$ 되는 지점에서 발생한다.

2 경계층의 두께

경계층은 고체 표면에 인접한 점성력이 중요시되는 가상적인 영역이다. 경계층 두께(boundary thickness), "δ"는 일반적으로 표면에서부터 속도가 자유흐름속도의 99%에 해당되는 위치까지의 거리로 정의된다. 경계층 두께의 정의를 그림으로 나타내면 [그림 13-2]와 같다. 경계층두께를 실험적으로 정확히 측정하는 것은 어려운 일이다.

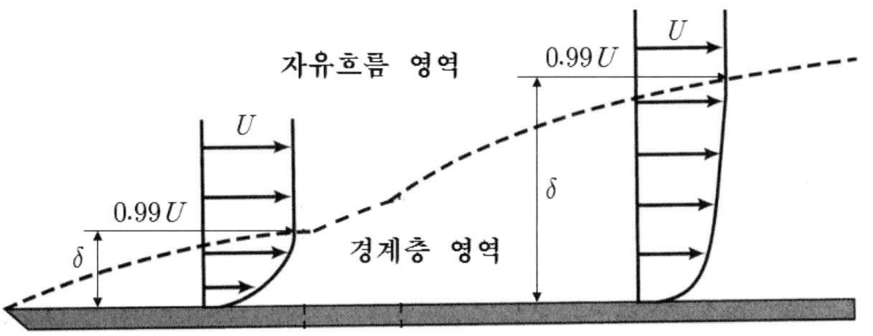

[그림 13-2] 경계층 두께(δ)

13-2 | 평판 위의 경계층

1 층류 경계층

앞장에서 언급한 Navier Stokes 방정식은 3차원 공간에서 유체의 운동을 기술할 수 있는 지배방정식임을 알고 있다. 이 방정식을 이용하여 경계층 유동에 적용할 수 있는 지배방정식을 유도할 수 있다.

결과적으로 압력구배가 없는($dp/dx=0$) 2차원 정상상태 비압축성 유동에 대한 연속방정식과 경계층 방정식은 다음과 같이 정리된다.

- 연속방정식 : $\dfrac{\partial u}{\partial x}+\dfrac{\partial v}{\partial y}=0$
- 경계층 방정식 : $u\dfrac{\partial u}{\partial x}+v\dfrac{\partial u}{\partial y}=\nu\dfrac{\partial^2 u}{\partial y^2}$
- 경계조건 : $y=0 \quad \rightarrow \quad u=0,\ v=0$

  $y=\infty \quad \rightarrow \quad u=U,\ \dfrac{\partial u}{\partial y}=0$

수평으로 놓여 있는 평판 위의 층류 경계층 유동에 대한 해는 Prandtl의 제자인 H. Blasius에 의해 1908년에 구해졌다. 이 결과를 바탕으로 압력구배가 0인 2차원, 정상상태, 비압축성 유동에 대하여 경계층두께, 벽면전단응력, 표면마찰계수를 구할 수 있으며 식은 다음과 같다.

- 경계층두께 : $\delta=\dfrac{5.0x}{\sqrt{Re_x}}$ (13-2)
- 벽면전단응력 : $\tau_w=\left(\mu\dfrac{\partial u}{\partial y}\right)_{y=0}=\dfrac{0.332\rho U^2}{\sqrt{Re_x}}$ (13-3)
- 표면마찰계수 : $C_f=\dfrac{\tau_w}{\rho U^2/2}=\dfrac{0.664}{\sqrt{Re_x}}$ (13-4)

2 난류 경계층

난류에 대한 속도분포는 수학적으로 매우 복잡하여 운동량 적분방정식으로는 쉽게 해결할 수가 없다. 운동량 적분방정식의 근사해를 이용하여 경계층두께 및 표면마찰계수를 나타내면 다음과 같다.

$$\frac{\delta}{x} = 0.382\left(\frac{\nu}{Ux}\right)^{1/5} = \frac{0.382}{Re_x^{1/5}} \tag{13-5}$$

$$C_f = \frac{\tau_w}{\rho U^2/2} = \frac{0.0594}{Re_x^{1/5}} \tag{13-6}$$

실험결과와 비교해 보면, 위 식은 $5 \times 10^5 < Re_x < 10^7$ 범위에서 평판 위의 난류표면마찰을 아주 잘 예측하고 있다.

공학적인 유동문제에서 난류 경계층은 매우 중요하다. 그러나 해석적인 접근이 어렵기 때문에 난류에 대한 수학적 모델을 이용하여 수치적으로 해를 얻고 있다.

13-3 | 항력과 양력

1 개념

물체가 점성유체 속에서 움직이면 물체는 유체의 작용으로 인하여 전단력 (shear force) 및 압력(pressure force)과 같은 힘을 받게 된다. 전단력은 물체 표면에 나란히 작용하며, 압력은 물체 표면에 수직으로 작용한다. 물체의 표면에 작용하는 합력을 성분으로 분류하면 유동방향에 평행한 힘의 성분은 항력(drag, F_D)이고, 수직인 성분은 양력(lift, F_L)이다.

물체에 작용하는 항력과 양력은 해석적으로 구하기가 매우 어렵다. 따라서 물체의 항력과 양력을 계산하기 위해서는 실험적으로 측정된 계수를 이용해서 구해야 한다.

2 항력

점성, 비압축성 유체를 통해 속도 V로 움직이는 지름 D인 매끄러운 구에 대한 항력 F_D를 구하는 문제를 고려한다. 항력은 $F_D = f(d, V, \mu, \rho)$의 함수형태로 나타낼 수 있으며 항력계수(drag coefficient), C_D는 다음과 같이 정의할 수 있다.

$$C_D = \frac{F_D}{(\rho V^2/2)A} = f(Re) \tag{13-7}$$

항력은 전술한 바와 같이 유동방향에 평행하게 작용하는 힘의 성분이며, 마찰항력(friction drag)과 압력항력(pressure drag)으로 분류된다.

1 유동에 평행한 평판(마찰항력)

평판 위의 유동에서는 압력구배가 0이므로 총 항력은 마찰항력과 같다. 층류에 대한 벽면전단응력 식을 이용하면 마찰항력은 다음과 같이 표현된다.

$$F_D = \int_{plate\ surface} \tau_w dA = \int_A \frac{0.332\rho V^2}{\sqrt{Re_x}} dA$$

평판의 길이 L, 폭 b, 자유흐름속도 V인 경우 층류에 대한 표면마찰계수 식을 적용하면 항력계수는 다음과 같이 계산된다.

$$C_D = \frac{F_D}{(\rho V^2/2)A} = \frac{1}{A}\int_0^L \frac{0.664}{\sqrt{Re_x}} bdx = \frac{1}{bL}\int_0^L 0.664\left(\frac{V}{\nu}\right)^{-0.5} x^{-0.5} bdx$$

즉,

$$C_D = \frac{1.33}{\sqrt{Re_L}} \quad [Re_L < 5 \times 10^5] \tag{13-8}$$

평판에서 천이 Reynolds수가 5×10^5일 때 난류의 표면마찰계수 식을 적용하면 항력계수는 다음과 같이 표현된다.

$$C_D = \frac{0.455}{(\log Re_L)^{2.58}} - \frac{1610}{Re_L} \quad [5 \times 10^5 < Re_L < 10^9] \tag{13-9}$$

2 유동에 수직인 평판(압력항력)

[그림 13-3]과 같이 유동방향에 수직인 평판 주위의 유동에서 벽면 전단응력은 항력에 포함되지 않는다. 따라서 평판의 앞면과 뒷면에 작용하는 압력차이로 인한 압력항력만 작용한다.

이러한 형상을 가진 유동에서는 평판 끝에서 박리(separation) 현상이 발생되고 평판 뒤에서 생성되는 후류(wake)에서 역류가 일어난다. 유동의 복잡함으로 인하여 이론적 해석은 불가능하므로 실험에 의존하여 항력계수를 결정해야 한다.

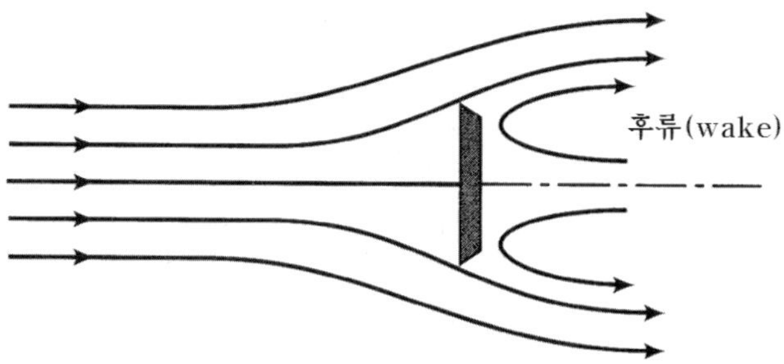

[그림 13-3] 유동에 수직한 평판 주위의 유동

유체 속에 잠긴 물체 주위의 유동에 대한 항력계수는 일반적으로 물체의 전면면적(frontal area) 또는 투영면적(projected area)을 기준으로 한다. 유동방향에 수직으로 놓인 평판의 항력계수는 종횡비와 Reynolds수에 따라 결정된다. 종횡비(aspect ratio)는 평판의 높이에 대한 폭의 비($Ar = b/h$)로 정의되며, Reynolds는 $Re_h = Vh/\nu$로 계산된다. [그림 13-4]는 평판의 종횡비에 따른 C_D의 변화를 나타낸 것이다. $b/h = 1.0$일 때 항력계수는 $C_D = 1.18$로 최소치가 된다.

뾰족한 모서리를 갖는 모든 물체들의 항력계수는 $Re_h \geq 1000$일 때 본질적으로 Reynolds수와 무관하다. 이는 박리점이 물체의 형상에 따라 고정되기 때문이다. 여러 가지 모양에 대한 항력계수는 [그림 13-5]에 주어져 있다. 그리고 승용차의 항력계수는 $C_D = 0.29 \sim 0.30$, 낙하산은 $C_D = 1.4$, 보통의 자세로 자전거를 타는 경우 $C_D = 1.0$이다.

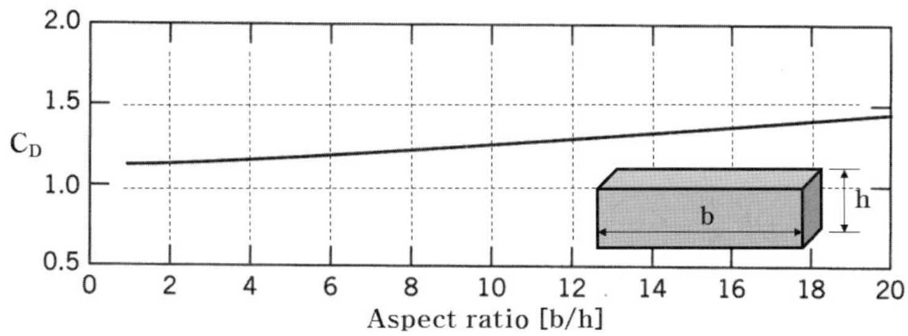

[그림 13-4] 유동에 수직한 평판의 항력계수

형상	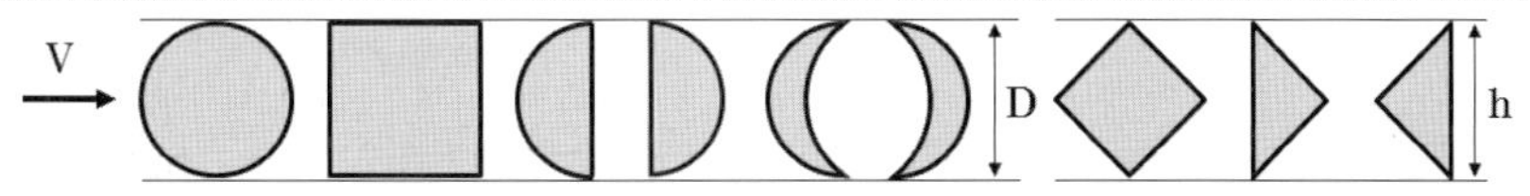							
면적	Db	Db	$\pi D^2/4$	Db	Db	hb	hb	hb
C_D	1.2	2.0	0.42	1.12	2.3	1.6	2.0	1.72

*b=물체의 폭

[그림 13-5] 여러 형상의 물체들에 대한 항력계수($Re_h > 10^3$)

3 구 주위의 유동(마찰항력+압력항력)

마찰항력만이 존재하는 경우의 항력계수는 Reynolds 수에 따라 결정되지만, 압력항력만이 존재하는 경우의 항력계수는 $Re \geq 1000$일 때 Reynolds 수와 관계없다.

구인 경우에는 마찰항력과 압력항력이 동시에 작용한다. 매끈한 구 주위의 유동에 대하여 항력계수를 Reynolds 수의 함수로 나타내면 [그림 13-6]과 같다. 항력계수는 Reynolds 수가 약 1000에 이를 때까지 계속해서 감소하다가 $10^3 < Re < 2\times10^5$ 영역에서 거의 수평을 유지한다. 항력계수는 약 2×10^5의 임계 Reynolds 수에서 갑자기 떨어지기 시작한다.

$Re \leq 1$로 Reynolds 수가 매우 작으면 구 표면으로부터 유동의 박리현상이 발생하지 않으며 유동의 하류 쪽에서도 층류이다. Stokes는 관성력이 무시될 정도로 낮은 Reynolds 수의 유동에서 항력을 해석적으로 구하였다. 이 결과를 "Stokes의 항력법칙"이라고 한다.

$$F_D = 3\pi\mu VD \tag{13-10}$$

그리고

$$C_D = \frac{F_D}{(\rho V^2/2)A} = \frac{3\pi\mu VD}{(\rho V^2/2)\pi D^2/4} = \frac{24\mu}{\rho VD} = \frac{24}{Re} \tag{13-11}$$

[그림 13-6]에서 볼 수 있듯이 이 식은 $Re < 1$인 경우에 실험결과와 잘 일치하지만 Reynolds 수가 증가하여 $Re > 1$이면 실험자료와 차이가 난다.

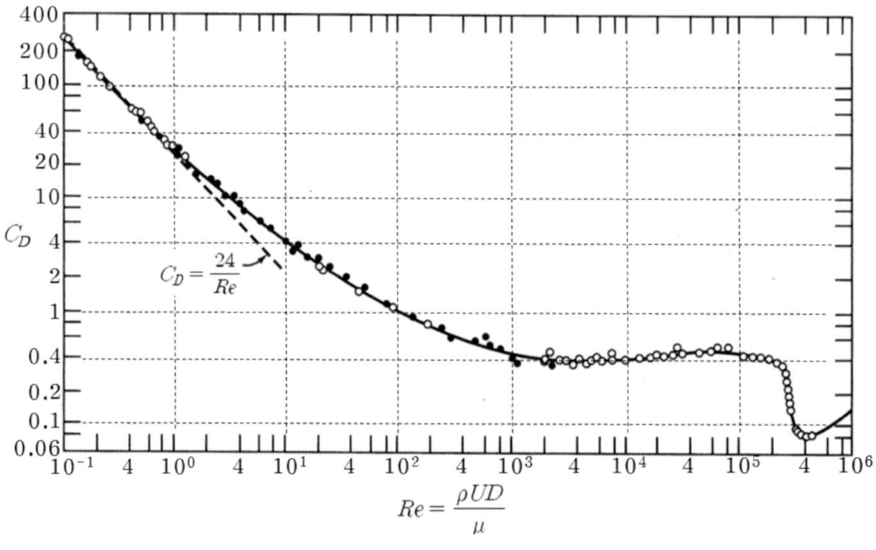

[그림 13-6] 매끈한 구의 항력계수

4 원통 주위의 유동(마찰항력+압력항력)

원통인 경우에도 구와 마찬가지로 마찰항력과 압력항력 모두가 원통에 전항력으로 작용한다. 매끈한 원통 주위의 유동은 원통 하류에 규칙적인 와류를 발생시키는데, 이와 같은 와류는 진동을 일으키며 구조물에 높은 응력이 가해져 위험을 초래할 수 도 있다. 매끄러운 원통의 유동에 대한 항력계수는 Reynolds수의 함수로 [그림 13-7]에 주어져 있다.

그림을 살펴보면 Reynolds 수에 따른 C_D 의 변화는 매끈한 구 주위의 유동과 비슷한 경향을 보이지만 C_D 값은 약 두 배 정도 높다.

3 양력

에어포일(airfoil)은 날개(wing)의 한 단면을 나타내는 용어로써 익형이라고도 한다. [그림 13-8]에서 익형의 전연과 후연을 연결하는 직선을 익현(chord)이라 부른다. 익형의 캠버(camber)는 날개 단면의 전연과 후연 사이에서 두께의 평균위치를 연결하는 선이다. 익형이 대칭형이면 캠버선과 익현은 직선이며 일치된다.

양력(lift)은 유체의 유동방향에 수직한 공기역학적인 힘의 성분이다. 양력계수(lift coefficient), C_L 은 다음과 같이 정의된다.

$$C_L \equiv \frac{F_L}{(\rho V^2/2)A_p} \tag{13-12}$$

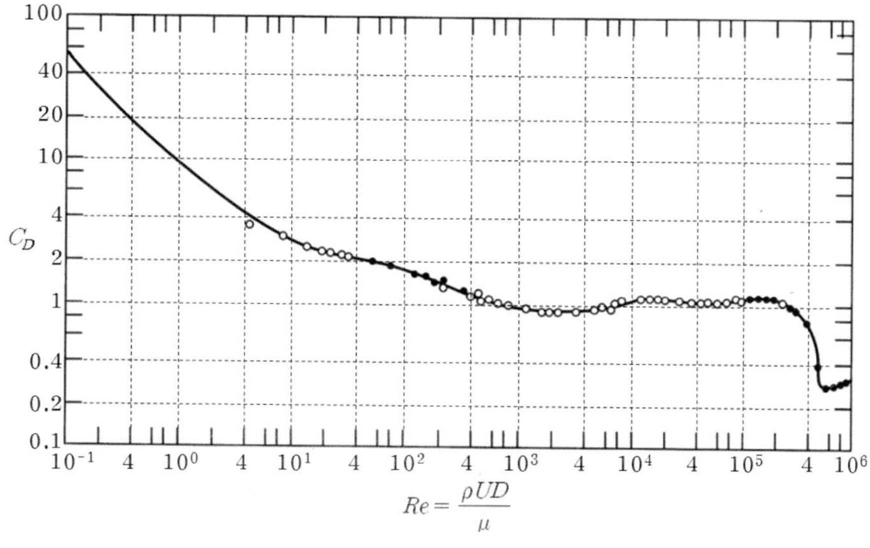

[그림 13-7] 매끈한 원통의 항력계수

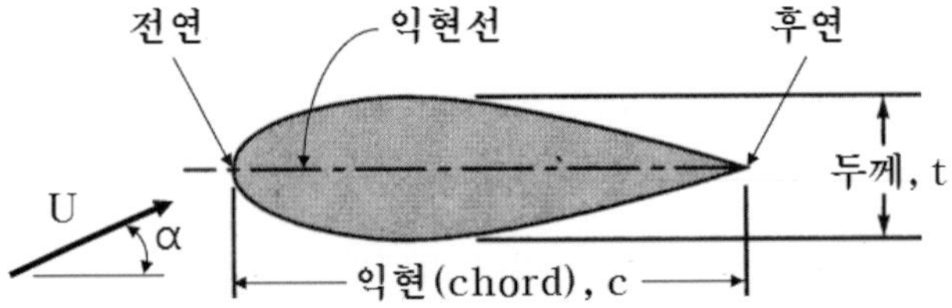

[그림 13-8] 에어포일의 명칭

여기서 A_p는 평면투영면적(planform area), 즉 익형의 최대 투영면적을 나타내며 익형에 대한 양력계수와 항력계수를 정의하는 데 사용된다. 익형에 대한 양력계수와 항력계수는 Reynolds 수와 영각의 함수이다. 영각(α)은 [그림 13-8]과 같이 익현선과 자유유동 속도벡터 사이의 각이다.

대표적인 에어포일에 대하여 양력계수와 항력계수를 영각의 함수로 나타내면 [그림 13-9]와 같다. 양력계수는 영각이 증가함에 따라 완만하게 증가하다가 최대점에 도달한 후 갑자기 감소한다. 이와같이 C_L이 갑자기 떨어질 때 "에어포일은 실속(stall)된다"라고 말한다.

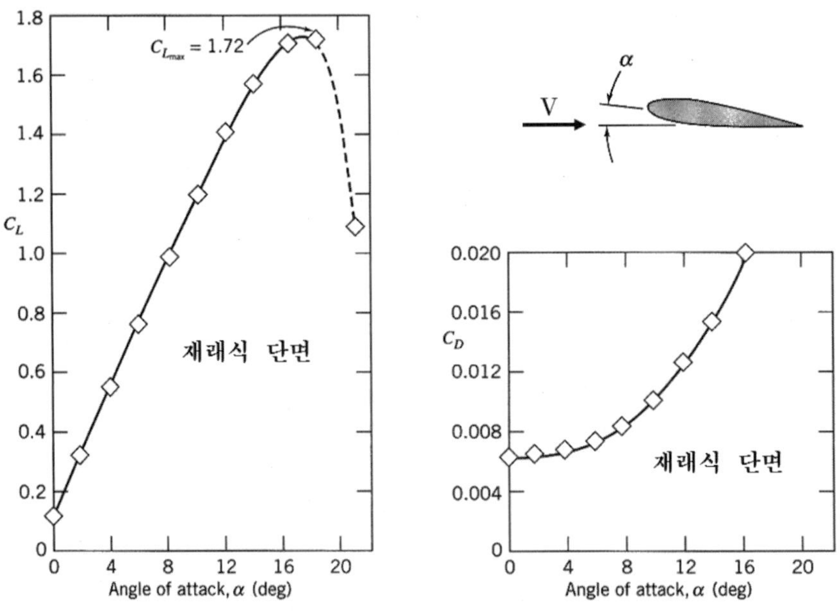

(a) 영각과 양력계수 (b) 영각과 항력계수

[그림 13-9] 에어포일의 재래식 단면에 대한 양력 및 항력계수

4 항공기(항력+양력)

1 총 항력계수

항공기는 항력과 양력이 함께 작용하는 물체이다. 항공기는 몸체, 날개, 엔진, 착륙기어 등의 여러 요소로 구성되어 있다. 이러한 요소들의 일부(특히 날개)가 양력을 발생시킨다. 그러나 실제 유동은 매우 복잡하기 때문에 항공기의 설계는 실험자료 뿐만 아니라 오랜 동안 축적된 광범위한 자료에 의존한다. 여기서는 기본적인 개념에 대해서만 설명한다.

비행에 필요한 양력은 주로 날개에 의해 생성되는데 날개의 비대칭 단면 형상에 의해 얻어진다. [그림 13-10]과 같이 날개의 형상에 의해 유체의 속도는 날개의 아랫면보다 윗면에서 빠르게 가속된다. Bernoulli 방정식의 효과에 의해 아랫면은 압력이 높고 상대적으로 윗면은 압력이 낮아져 그 결과 수직방향의 힘(즉, 양력)이 발생한다.

[그림 13-9]에 제시된 자료는 무한 스팬(infinite span) 또는 길이가 무한히 긴 날개에 대한 것이다. 유한 스팬을 갖는 날개에서는 날개 끝의 영향이 양력을 감소시키고 항력을 증가시키므로 이로 인한 영향이 추가되어야 한다.

유한 스팬의 영향은 종횡비(aspect ration)를 사용하여 연관시킬 수 있다. [그림 13-11]을 참고하면 종횡비는 다음과 같이 구해진다.

$$Ar = \frac{b^2}{A_p} = \frac{b^2}{bc} = \frac{b}{c} \tag{13-13}$$

항공기에 작용하는 실제의 항력과 양력은 매우 복잡하다. 결론적으로 항공기에 작용하는 유효한 항력의 근사값은 양력이 0일 때의 항력($C_{D,0}$)과 양력에 의해 야기되는 유도항력(induced drag : $C_{D,i}$)으로 이루어진다. 식으로 표현하면 다음과 같다.

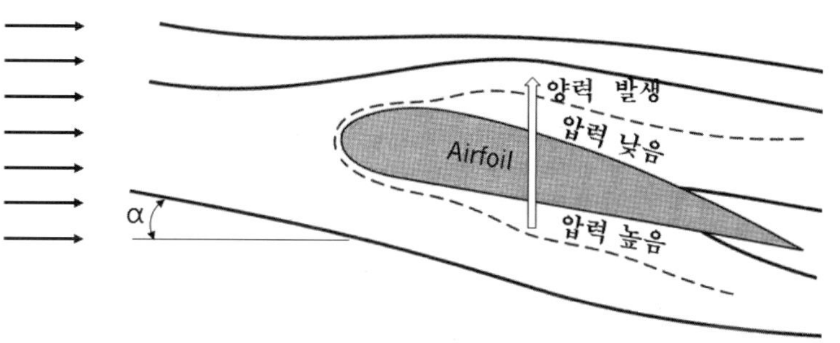

[그림 13-10] 날개의 양력 발생

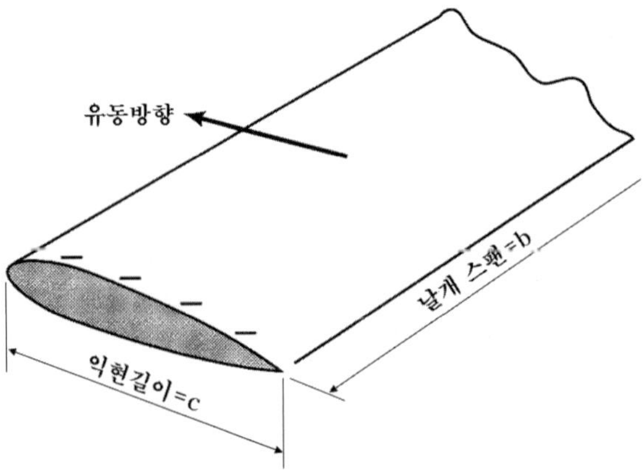

[그림 13-11] 날개의 종횡비

$$C_{D,total} = C_{D,0} + C_{D,i} = C_{D,0} + \frac{C_L^2}{\pi Ar} = \frac{F_D}{(\rho V^2/2)A} \qquad (13-14)$$

실제의 항공기 해석은 앞에서 언급한 사항 이외에도 이 책의 범위를 벗어나는 수많은 변수가 고려되어야 한다.

2 최저 비행속도

[그림 13-12]와 같은 항공기를 고려한다. 정상상태의 비행조건에서 양력은 항공기 무게와 같아야 하므로 다음과 같이 표현된다.

$$W = F_L = C_L\left(\frac{\rho V^2 A}{2}\right)$$

최저 비행속도는 $C_L = C_{L,\max}$일 때이므로 다음과 같이 계산된다.

$$V_{min} = \sqrt{\frac{2W}{\rho C_{L,\max} A}} \qquad (13-15)$$

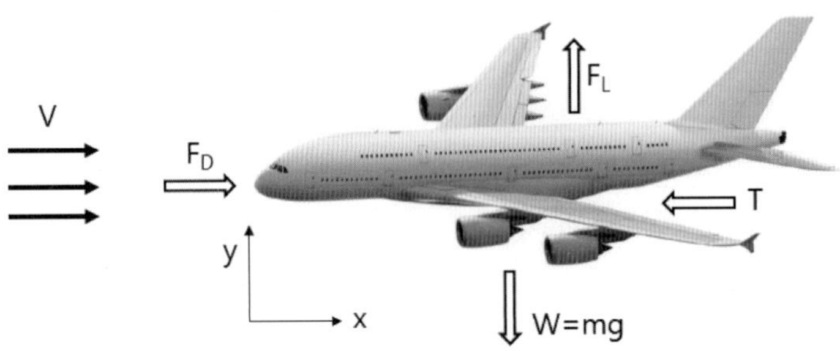

[그림 13-12] 항공기의 항력계수 및 추력

이 식에 따라 최소 착륙속도는 $C_{L,\max}$ 또는 날개면적을 증가시키면 감소될 수 있다. 날개의 후연에 이동용 플랩(flap)을 설치하면 인위적으로 날개면적을 증가시킬 수 있다.

5 응용 예

고도 10,000m에서 비행하는 항공기의 조건은 다음과 같다. 관심사는 양력계수(C_L), 총 항력계수($C_{D,total}$) 및 항공기의 추력(T)을 구하는 것이다.

- 최대이륙질량$= 3\times 10^4 kg$, 운항속도$= 100m/s$, 양력면$(A) = 140m^2$
- 형상에 의한 항력계수$(C_D) = 0.015$, $Ar = 8$
- $\rho_{air} = 0.42kg/m^3$, $g = 9.78m/s^2$

[그림 13-12]의 항공기를 검사체적으로 선정한다. 먼저 수직방향의 힘의 균형으로부터 다음과 같이 표현된다.

$$\Sigma F_y = F_W - F_L = 0 \quad \text{또는} \quad F_W = W = F_L = C_L\left(\frac{\rho V^2 A}{2}\right)$$

따라서

$$C_L = \frac{2W}{\rho V^2 A} = \frac{2(3\times 10^4)9.78}{0.42(100^2)140} = 0.998$$

이다. 총 항력계수는 식 (13-13)으로 표현되므로 계산하면 다음과 같다.

$$C_{D,total} = C_{D,0} + \frac{C_L^2}{\pi Ar} = 0.015 + \frac{0.998^2}{8\pi} = 0.0546$$

수평방향의 힘의 균형으로부터 다음과 같이 표현된다.

$$\Sigma F_x = F_D - T = 0 \quad \text{또는} \quad F_D = C_{D,total}\left(\frac{\rho V^2 A}{2}\right) = T$$

따라서

$$T = 0.0546\left(\frac{0.42\times 100^2\times 140}{2}\right) = 16052N = 16.05kN$$

13-4 | 예제 풀이A(계산기 : 외부유동)

1 평판(flat plate)

예제 13-1A 평판 위의 경계층(층류)

길이 L=1.8m, 폭 b=0.9m인 수평 평판의 표면 위로 공기가 3m/s의 속도로 흐르고 있다. 유동방향으로 0.5m, 1m, 1.5m되는 위치에서 경계층두께 및 벽면전단응력을 계산하라. 공기의 온도는 20℃이다.

풀이 유동의 종류를 결정하기 위하여 먼저 Reynolds 수를 계산한다.

$$Re_x = \frac{\rho Ux}{\mu} = \frac{1.2062(3)1.8}{1.8168\times10^{-5}} = (1.9917\times10^5)1.8 \quad |\text{부록, 표 A-1}|$$

$$= 358{,}514 < 500{,}000 \quad \Rightarrow \quad \text{층류}$$

따라서

$$\bullet\ x = 0.5m : \delta = \frac{5.0x}{\sqrt{Re_x}} = \frac{5(0.5)}{\sqrt{(1.9917\times10^5)0.5}} = 0.0079m = 7.9mm \quad (13\text{-}2)$$

$$\bullet\ x = 1.0m : \delta = \frac{5(1.0)}{\sqrt{(1.9917\times10^5)1.0}} = 0.0112m = 11.2mm$$

$$\bullet\ x = 1.5m : \delta = \frac{5(1.5)}{\sqrt{(1.9917\times10^5)1.5}} = 0.0137m = 13.7mm$$

그리고

$$\bullet\ x = 0.5m : \tau_w = \frac{0.332\rho U^2}{\sqrt{Re_x}} = \frac{0.332(1.2062)3^2}{\sqrt{(1.9917\times10^5)0.5}} = 0.0114Pa \quad (13\text{-}3)$$

$$\bullet\ x = 1.0m : \tau_w = \frac{0.332(1.2062)3^2}{\sqrt{(1.9917\times10^5)1.0}} = 0.0081Pa$$

$$\bullet\ x = 1.5m : \tau_w = \frac{0.332(1.2062)3^2}{\sqrt{(1.9917\times10^5)1.5}} = 0.0066Pa$$

예제 13-2A 평판 위의 경계층(난류)

길이 L=1.5m, 폭 b=1.0m인 수평 평판의 표면 위로 20℃의 물이 1m/s의 속도로 흐르고 있다. $x = L$ 되는 위치에서 경계층두께 및 벽면전단응력을 계산하라.

풀이 유동의 종류를 결정하기 위하여 먼저 Reynolds 수를 계산한다.

$$Re_x = \frac{\rho Ux}{\mu} = \frac{998(1)1.5}{0.001005} = 1{,}489{,}552 > 500{,}000 \quad \Rightarrow \quad \text{난류} \quad |\text{부록, 표 A-2}|$$

따라서

$$\delta = \frac{0.382}{Re_x^{1/5}}x = \frac{0.382(1.5)}{(1489552)^{0.2}} = 0.0334m = 33.4mm \quad (13\text{-}5)$$

$$\tau_w = \frac{0.0594}{Re_x^{1/5}}\frac{\rho U^2}{2} = \frac{0.0594}{(1489552)^{0.2}}\frac{998(1)^2}{2} = 1.727Pa \quad (13\text{-}6)$$

2 항력과 양력

예제 13-3A 바지선에 작용하는 항력(마찰항력)

길이가 25m이고 폭이 10m인 바닥이 평평한 바지선이 물에 1.5m 깊이로 잠긴 채 $U = 8km/hr$의 속도로 강 위쪽으로 당겨진다. 수온이 15℃일 때 표면마찰을 극복하는 데 필요한 동력을 구하라.

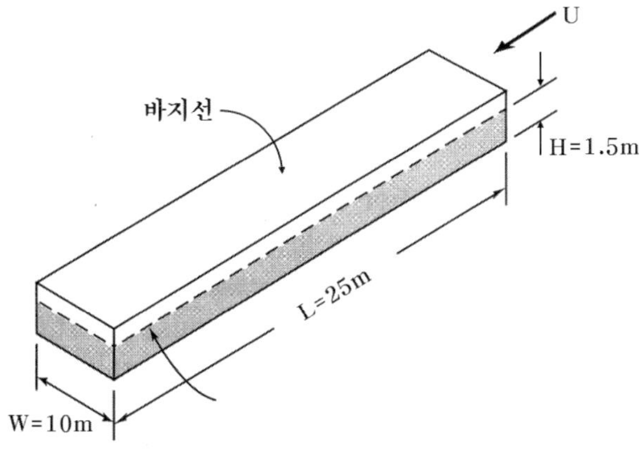

풀이 유동의 종류를 결정하기 위하여 먼저 Reynolds 수를 계산한다.

$$Re = \frac{\rho UL}{\mu} = \frac{999(8000/3600)25}{0.001144} = 4.851 \times 10^7 > 5 \times 10^5 \quad \Rightarrow \text{ 난류}$$

바지선 선체는 물과 접촉하는 부분을 길이$=L$, 폭$= W+2H$인 평판으로 모형화할 수 있으며 유동에 평행한 평판의 경우에 해당하므로 식 (13-9)를 이용할 수 있다.

$$C_D = \frac{0.455}{(\log Re_L)^{2.58}} - \frac{1610}{Re_L} = \frac{0.455}{(\log[4.851 \times 10^7])^{2.58}} - \frac{1610}{4.851 \times 10^7} = 0.00233 \qquad (13-9)$$

따라서

$$A = L(W+2H) = 25(10+2\times 1.5) = 325m^2$$

$$Power = F_D \cdot U = C_D \frac{\rho U^2}{2} A \cdot U = \frac{0.00233}{2} 999 \left(\frac{8000}{3600}\right)^3 (325) = 4151\,W = 5.564hp$$

예제 13-4A 원통형 굴뚝에 작용하는 항력

직경이 0.8m이고 길이가 20m인 원통형 굴뚝에 20km/hr의 속도로 바람이 균일하게 불고 있다. 다른 효과는 무시하고 바람에 의한 항력만 고려하여 굴뚝지지 부분에 작용하는 굽힘 모멘트를 구하라. 공기의 온도는 15℃이다.

풀이 바람이 균일하므로 합력은 굴뚝 중간 부분에 작용한다고 가정할 수 있다. 따라서 굴뚝 바닥에 대한 모멘트는 다음과 같이 계산된다.

$$M_0 = F_D \frac{L}{2} = \left(C_D A \frac{\rho V^2}{2}\right) \frac{L}{2}$$

여기서

$$Re = \frac{\rho VD}{\mu} = \frac{1.2271(20000/3600)0.8}{1.7929 \times 10^{-5}} = 3.042 \times 10^5$$

$C_D \approx 1.0$[그림 13-7], $A = DL = 0.8(20) = 16m^2$

따라서

$$M_0 = 1.0(16)\frac{1.2271(20000/3600)^2}{2}\frac{20}{2} = 3030N \cdot m$$

예제 13-5A 자동차에 작용하는 항력

무게가 1200N인 자동차가 100km/hr의 속도로 주행할 때 자동차에 작용하는 항력을 이겨내기 위해 필요한 동력을 구하라. 자동차의 정면도 면적은 $4m^2$이며, 항력계수는 $C_D = 0.25$이다.

풀이 자동차의 무게와 주행 중에 발생하는 항력을 이겨내기 위해 필요한 동력은 다음과 같이 표현된다.

$$Power = (\text{무게} + \text{항력}) \times \text{주행속도} = \left(mg + C_D A \frac{\rho V^2}{2}\right) \cdot V$$

여기서

$$V = \frac{100{,}000}{3600} = 27.78m/s$$

따라서

$$Power = \left\{1200 + 0.25(4)\frac{1.2062(27.78)^2}{2}\right\}(27.78) = 46{,}266\,W = 62.0hp$$

예제 13-6A 낙하산에 작용하는 항력

스카이다이버들은 비행기에서 점프 후 가속되다가 일정한 도착속도에 이르게 된다. 다이버와 낙하산 장비 등의 총 질량이 100kg일 때 도착속도를 구하라. 완전히 펴진 낙하산의 지름은 4m이며, 항력계수는 $C_D = 1.4$이다. 공기의 온도는 15℃로 가정하라.

풀이 낙하산에 작용하는 항력과 중력에 의한 무게는 평형이 되어야하므로 다음과 같이 표현된다.

$$F_D = W \quad \rightarrow \quad C_D A \frac{\rho V^2}{2} = mg \quad \rightarrow \quad V = \sqrt{\frac{2mg}{C_D \rho A}}$$

따라서

$$V = \sqrt{\frac{2(100)9.81}{1.4(1.2271)(\pi 4^2/4)}} = 9.533m/s$$

예제 13-7A 항공기의 최소 운항속도

최대 이륙질량이 30,000kg이며 운항고도가 10,000m인 항공기가 일정한 고도에서 비행하는데 필요한 최소의 운항속도를 구하라. 항공기의 총 양력면은 $A_p = 150m^2$이며 양력계수는 $C_L = 1.2$이다. 고도 10,000m에서 공기의 밀도는 $0.414kg/m^3$이며, 중력가속도는 $9.776m/s^2$이다.

풀이 수평비행의 경우 수직방향의 양력과 항공기의 무게에 의한 중력이 평형을 이루어야 하므로 식은 다음과 같이 표현된다.

$$F_L = W \quad \rightarrow \quad C_L A_p \frac{\rho V^2}{2} = mg$$

따라서

$$V_{min} = \sqrt{\frac{2mg}{C_L \rho A_p}} = \sqrt{\frac{2(30{,}000)9.776}{1.2(0.414)150}} = 88.72m/s$$

예제 13-8A 항공기의 추력

최대 이륙질량이 30,000kg인 항공기가 10,000m의 고도에서 100m/s의 속도로 비행하고 있다. 형상에 의한 항력계수는 $C_D = 0.015$이고, 양력면은 $A_p = 150m^2$이며 종횡비는 $Ar = 8$이다. (a) 양력계수(C_L), (b) 총 항력계수($C_{D,total}$) 및 (c) 항공기의 추력(T)을 구하라. 고도 10,000m에서 공기의 밀도는 0.42kg/m^3이며, 중력가속도는 9.78m/s^2이다.

풀이 (a) 수직방향의 힘의 균형으로부터 다음과 같이 표현된다.

$$\Sigma F_y = F_W - F_L = 0 \quad \rightarrow \quad F_W = W = F_L = C_L\left(\frac{\rho V^2 A}{2}\right)$$

따라서

$$C_L = \frac{2W}{\rho V^2 A} = \frac{2mg}{\rho V^2 A} = \frac{2(3\times 10^4)9.78}{0.42(100^2)150} = 0.9314$$

(b) $$C_{D,total} = C_{D,0} + \frac{C_L^2}{\pi Ar} = 0.015 + \frac{0.9314^2}{8\pi} = 0.0495 \qquad (13\text{-}14)$$

(c) 수평방향의 힘의 균형으로부터 다음과 같이 표현된다.

$$\Sigma F_x = F_D - T = 0 \quad \rightarrow \quad F_D = C_{D,total}\left(\frac{\rho V^2 A}{2}\right) = T$$

따라서

$$T = 0.0495\left(\frac{0.42\times 100^2 \times 150}{2}\right) = 15593N = 15.593kN$$

13-5 | 예제 풀이B(엑셀 : 외부유동)

예제 13-1B 평판 위의 경계층

길이 $L = 2m$, 폭 $b = 1m$인 수평 평판의 표면 위로 공기가 3m/s의 속도로 흐르고 있다. 경계층두께 및 벽면전단응력을 계산하고 결과를 그래프로 나타내라. 공기의 온도는 20℃이다.

풀이 유동의 종류를 결정하기 위하여 먼저 Reynolds 수를 계산한다.

$$Re_x = \frac{\rho U x}{\mu} = \frac{1.2062(3)2}{1.8168\times 10^{-5}} = 398{,}349 < 500{,}000 \quad \Rightarrow \quad 층류$$

따라서 식 (13-2)와 식 (13-3)을 사용할 수 있다. 식을 이용하여 다음과 같이 워크시트를 작성하고 계산하면 결과를 얻을 수 있다.

$$\delta = \frac{5.0x}{\sqrt{Re_x}} \tag{13-2}$$

$$\tau_w = \frac{0.332\rho U^2}{\sqrt{Re_x}} \tag{13-3}$$

	A	B	C
1	[경계층 두께 및 전단응력]		
2			
3	x[m]	delta[mm]	tau[mPa]
4	0.2	5.0104074	18.05814
5	0.4	7.0857861	12.76903
6	0.6	8.67828019	10.42587
7	0.8	10.0208148	9.029069
8	1	11.2036116	8.075845
9	1.2	12.2729415	7.372204
10	1.4	13.256292	6.825334
11	1.6	14.1715722	6.384516
12	1.8	15.0312222	6.019379
13	2	15.8442994	5.710485

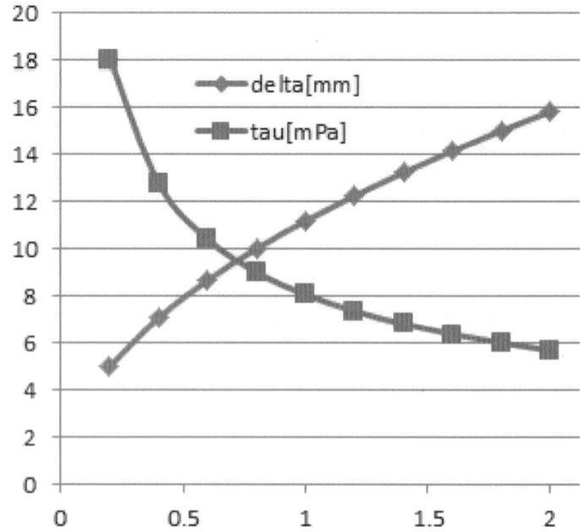

즉, 이동방향에 따라 경계층두께는 증가하고 벽전단응력은 감소한다.

예제 13-2B 물체에 작용하는 항력

대부분의 트럭의 정면도 면적은 정사각형에 가깝다. 트럭의 속도범위 $10 \sim 90 km/hr$에 대하여 항력을 이겨내기 위해 필요한 동력을 속도의 함수로 구하고 결과를 그래프로 표현하라. 트럭의 정면도 면적은 $10m^2$이며, 항력계수는 $C_D = 1.05$이다. 공기의 온도는 15℃이다.

풀이 트럭의 주행 중에 발생하는 항력을 이겨내기 위해 필요한 동력은 다음과 같이 표현된다.

$$Power = F_D \cdot V = \left(C_D A \frac{\rho V^2}{2} \right) \cdot V$$

위의 식을 이용하여 다음과 같이 워크시트를 작성하고 계산하면 결과를 얻을 수 있다.

	A	B	C	D
1	[트럭에 작용하는 항력]			
2				
3	V[km/hr]	V[m/s]	Power[W]	Power[hp]
4	10	2.77777778	138.0803	0.185094
5	20	5.55555556	1104.642	1.480754
6	30	8.33333333	3728.168	4.997545
7	40	11.1111111	8837.14	11.84603
8	50	13.8888889	17260.04	23.13678
9	60	16.6666667	29825.35	39.98036
10	70	19.4444444	47361.55	63.48733
11	80	22.2222222	70697.12	94.76826
12	90	25	100660.5	134.9337

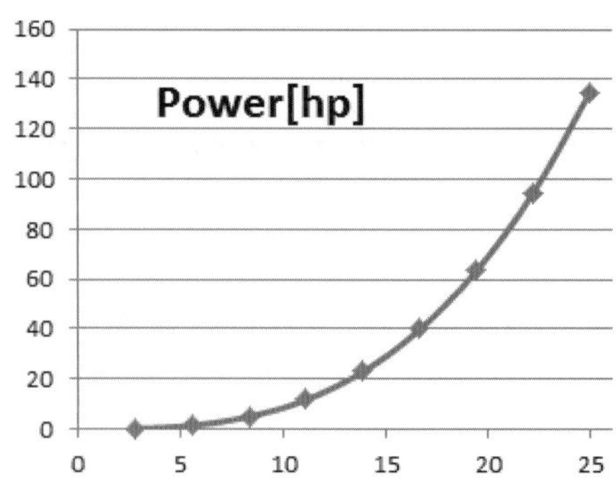

즉, 속도의 증가에 비례하여 소요되는 동력은 지수적으로 증가한다.

예제 13-3B 고도 변화에 따른 항공기 운항속도

앞의 예제 13-6A에서 고도 변화에 따른 항공기의 최소 운항속도를 고찰하고자 한다. 동일한 조건에서 고도변화(즉, 밀도 및 중력가속도 변화)에 따른 운항속도를 고도의 함수로 구하고 결과를 그래프로 나타내라. 고도의 범위는 1000~10000m이며, 고도에 따른 밀도와 중력가속도의 자료는 다음과 같다.

• 조건 : 최대 이륙질량=30,000kg, $A_p = 150m^2$, $C_L = 1.2$

고도$[m]$	$g[m/s^2]$	$\rho[kg/m^3]$	고도$[m]$	$g[m/s^2]$	$\rho[kg/m^3]$
1000	9.804	1.112	6000	9.788	0.660
2000	9.801	1.007	7000	9.785	0.590
3000	9.797	0.909	8000	9.782	0.526
4000	9.794	0.819	9000	9.779	0.467
5000	9.791	0.736	10000	9.776	0.414

풀이 비행고도에서 속도와 양력계수는 일정하다고 가정한다. 최소 운항속도식을 정리하면 다음과 같다.

$$V_{min} = \sqrt{\frac{2mg}{C_L \rho A_p}} = \sqrt{\frac{2(30,000)g}{1.2(150)\rho}} = 18.26\sqrt{\frac{g}{\rho}}\ m/s$$

식과 자료를 사용하여 워크시트를 작성하고 계산하면 다음과 같은 결과를 얻을 수 있다.

	A	B	C	D
1	[고도변화에 따른 항공기 운항속도]			
2				
3	고도[m]	g[m/s^2]	rho[kg/m^3]	V_min[m/s]
4	1000	9.804	1.112	54.21882
5	2000	9.801	1.007	56.96672
6	3000	9.797	0.909	59.94671
7	4000	9.794	0.819	63.14499
8	5000	9.791	0.736	66.60018
9	6000	9.788	0.66	70.3195
10	7000	9.785	0.59	74.36271
11	8000	9.782	0.526	78.74477
12	9000	9.779	0.467	83.55829
13	10000	9.776	0.414	88.73219

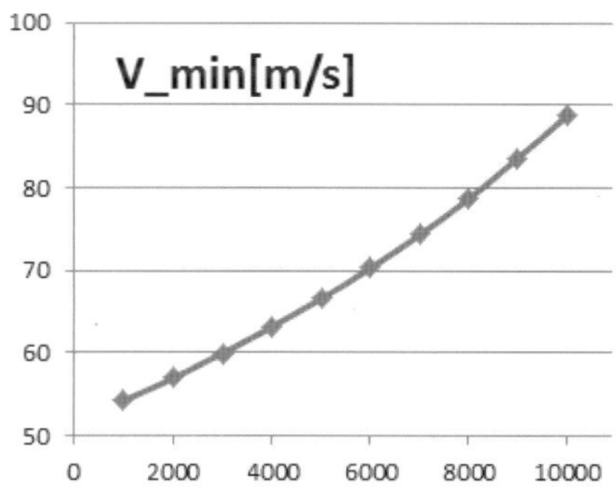

즉, 항공기의 최소 운항속도는 고도의 증가에 비례하여 증가한다.

예제 13-4B 운항속도 변화에 따른 항공기의 추력

앞의 예제 13-7A에서 항공기의 운항속도 변화에 따른 추력의 변화를 고찰하고자 한다. 조건은 예제와 동일하며 운항속도는 $100 \sim 300 km/hr$의 범위에서 변한다.

- 조건 : 최대 이륙질량=30,000kg, $C_D = 0.015$, $A_p = 150m^2$, $Ar = 8$
- 고도 10,000m : $\rho = 0.42kg/m^3$, $g = 9.78m/s^2$

풀이 계산 순서에 따라 식을 정리하면 다음과 같다.

$$C_L = \frac{2mg}{\rho V^2 A} \quad \rightarrow \quad C_{D,total} = C_{D,0} + \frac{C_L^2}{\pi Ar} \quad \rightarrow \quad T = C_{D,total}\left(\frac{\rho V^2 A}{2}\right)$$

식을 이용하여 워크시트를 작성하고 계산하면 다음과 같이 결과를 얻을 수 있다.

	A	B	C	D	E
1	[운항속도변화에 따른 항공기 추력]				
2					
3	속도[m/s]	C_L	C_Dt	T[N]	T[kN]
4	100	0.93142857	0.049519	15598.51	15.59851
5	120	0.6468254	0.031647	14355.05	14.35505
6	140	0.47521866	0.023986	14808.71	14.80871
7	160	0.36383929	0.020267	16343.47	16.34347
8	180	0.28747795	0.018288	18665.02	18.66502
9	200	0.23285714	0.017157	21618.38	21.61838
10	220	0.19244392	0.016474	25115.59	25.11559
11	240	0.16170635	0.01604	29103.76	29.10376
12	260	0.13778529	0.015755	33549.51	33.54951
13	280	0.11880466	0.015562	38430.93	38.43093
14	300	0.10349206	0.015426	43733.17	43.73317

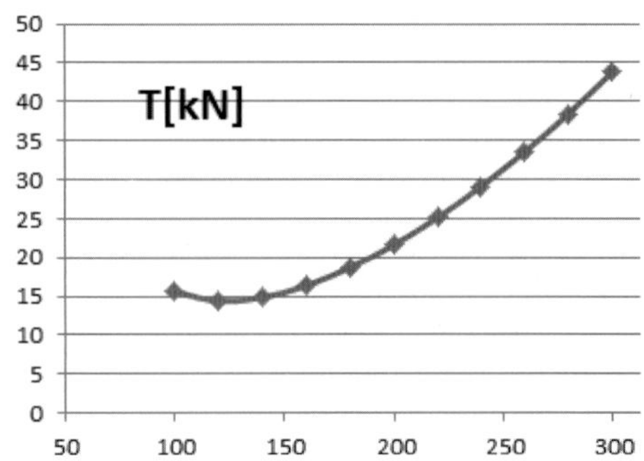

즉, 항공기의 추력은 속도가 증가할 때 처음에는 약간 감소하다가 다시 증가하는 특성을 보인다.

연습문제 A(계산기)

1 평판

13-1A 온도가 30℃인 대기공기가 25m/s의 속도로 평판 위를 흐르고 있다. 선단에서 $x = 1$, 10, $100mm$인 위치에서의 경계층두께 및 벽전단응력을 계산하라.

13-2A 길이가 $1m$인 평판 위를 온도가 25℃인 물이 $6m/s$의 속도로 평행유동하고 있다. 천이(transition)가 발생하는 지점을 구하고 평판 끝에서의 경계층두께 및 벽전단응력을 결정하라.

2 항력 및 양력

13-3A 그림과 같이 초대형 유조선은 길이가 350m, 폭은 65m, 흘수(물에 잠기는 높이)는 25m이다. 배의 운항속도는 14knot($1knot = 0.5148m/s$)이다. 표면 마찰항력을 극복하는 데 요구되는 힘과 동력을 구하라. 10℃ 해수의 동점성계수는 $\nu = 1.37 \times 10^{-6} m^2/s$이며, 밀도는 $\rho = 1020kg/m^3$이다.

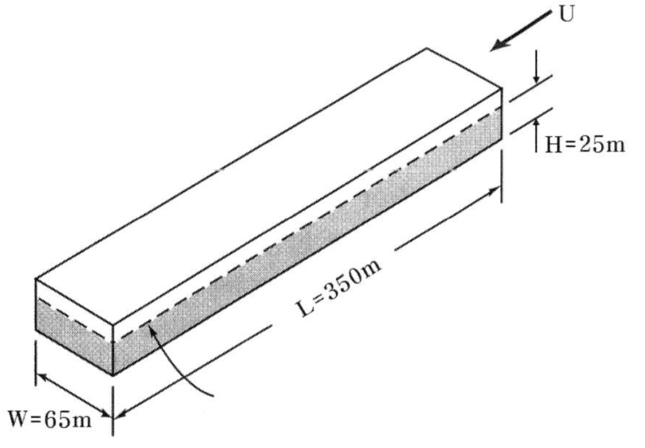

13-4A 지름 1m, 높이 10m인 굴뚝에 30km/hr의 속도로 바람이 균일하게 불고 있다. 바람에 의해 굴뚝이 받는 힘과 모멘트를 구하라. 공기의 온도는 15℃이다.

13-5A 높이가 200m이고 한 변의 길이가 50m인 정사각형 단면의 빌딩이 있다. 빌딩에 수직한 방향으로 바람이 40km/hr의 속도로 균일하게 불어오는 경우 빌딩에 작용하는 모멘트를 계산하라. 공기의 온도는 15℃이다.

13-6A 무게가 1000N이고 항력계수가 $C_D = 0.4$인 자동차를 다시 설계하여 $C_D = 0.25$로 낮추었다. 자동차의 운행속도는 100km/hr이고 정면도 면적은 $3m^2$이다. 항력계수의 감소로 인한 동력의 감소를 백분율로 나타내라. 공기의 온도는 20℃이다.

13-7A 최대 이륙질량이 30,000kg이며 운항고도가 8,000m인 항공기가 일정한 고도에서 비행하는데 필요한 최소의 운항속도를 구하라. 항공기의 총 양력면은 A_p =150m^2이며 양력계수는 $C_L = 1.2$이다. 고도 8,000m에서 공기의 밀도는 0.526kg/m^3이며, 중력가속도는 9.782m/s^2이다.

13-8A 최대 이륙질량이 30,000kg인 항공기가 7,000m의 고도에서 200m/s의 속도로 비행하고 있다. 항력계수는 $C_D = 0.015$이고, 양력면은 A_p =150m^2이며 종횡비는 $Ar = 8$이다. (a) 양력계수(C_L), (b) 총 항력계수($C_{D,total}$) 및 (c) 항공기의 추력(T)을 구하라. 고도 7,000m에서 공기의 밀도는 0.59kg/m^3이며, 중력가속도는 9.785m/s^2이다.

연습문제 B(엑셀)

13-1B 평판 위를 $1m/s$의 속도로 유동하는 공기, 물을 고려한다. 각각의 유체에 대하여 $x=5\sim40mm$인 위치에서의 경계층두께를 거리의 함수로 구하고 결과를 그래프로 표현하라. 유체의 물성치는 다음과 같다.

- $\nu_{air}=1.589\times10^{-5}m^2/s$, $\nu_{water}=8.58\times10^{-5}m^2/s$

13-2B 무게가 1100N인 자동차가 속도범위 $10\sim100km/hr$로 주행할 때 자동차에 작용하는 항력을 이겨내기 위해 필요한 동력을 속도의 함수로 구하고 결과를 그래프로 나타내라. 자동차의 항력계수는 $C_D=0.25$이며 정면도 면적은 $4.5m^2$이다.

13-3B 어떤 자동차의 운행속도는 $100km/hr$이고 정면도 면적은 $3m^2$이다. 항력계수의 감소에 따른 동력의 변화를 알고자 한다. 항력계수가 $C_D=0.25$에서 $C_D=0.45$변할 때 이에 대한 동력의 변화를 구하고 그 결과를 그래프로 표현하라.

13-4B 최대 이륙질량이 25,000kg인 항공기가 고도 1000~10,000m의 범위에서 운항할 때 비행에 필요한 최소의 운항속도를 고도의 함수로 구하고 그 결과를 그래프로 표현하라. 항공기의 총 양력면은 $A_p=$120m^2이며 양력계수는 $C_L=1.2$이다. 고도에 따른 밀도와 중력가속도의 값은 아래의 표와 같다.

고도$[m]$	$g[m/s^2]$	$\rho[kg/m^3]$	고도$[m]$	$g[m/s^2]$	$\rho[kg/m^3]$
1000	9.804	1.112	6000	9.788	0.660
2000	9.801	1.007	7000	9.785	0.590
3000	9.797	0.909	8000	9.782	0.526
4000	9.794	0.819	9000	9.779	0.467
5000	9.791	0.736	10000	9.776	0.414

13-5B 최대 이륙질량이 25,000kg인 항공기가 7,000m의 고도에서 비행하고 있다. 항력계수는 $C_D=0.015$이고, 양력면은 $A_p=$120m^2이며 종횡비는 $Ar=8$이다. 항공기의 운항속도가 100~300m/s의 범위에서 변할 때, (a) 양력계수(C_L), (b) 총 항력계수($C_{D,total}$) 및 (c) 항공기의 추력(T)을 속도의 함수로 구하고 그 결과를 그래프로 나타내라. 고도 7,000m에서 공기의 밀도는 0.59kg/m^3이며, 중력가속도는 9.785m/s^2이다.

부록

- 표 A-1 : 건공기(dry air)의 상태량
- 표 A-2 : 포화수(물)의 상태량
- 표 A-3 : 임계상수 및 상태량(25℃, 100kPa)
- 표 A-4 : 각종 이상기체의 정압비열
- 표 A-5 : 이상기체 공기의 상태량 및 표준 엔트로피(100kPa)
- 표 B-1 : 물의 열역학 상태량
- 표 B-2 : R-22의 열역학 상태량
- 표 B-3 : R-134a의 열역학 상태량
- 표 B-4 : 포화상태의 압축성인자
- 표 C-1 : 단위 환산 인자
- 그림 D-1 : 압축성인자 선도
- 그림 D-2 : 점성계수
- 그림 D-3 : 습공기선도

|표 A-1| 건공기(dry air)의 상태량

T (℃)	ρ (kg/m^3)	$\mu \times 10^5$ ($Pa \cdot s$)	c_p (kJ/kgK)	k (W/mK)	Pr
-10	1.340	1.670	1.003	0.0233	0.720
0	1.293	1.720	1.004	0.0241	0.71
5	1.271	1.744	1.004	0.0245	0.715
10	1.249	1.769	1.004	0.0249	0.714
12	1.240	1.778	1.004	0.0250	0.714
14	1.231	1.788	1.004	0.0252	0.713
15	1.227	1.793	1.004	0.0252	0.713
16	1.223	1.798	1.004	0.0253	0.713
17	1.219	1.803	1.004	0.0254	0.713
18	1.215	1.807	1.004	0.0255	0.712
19	1.210	1.812	1.004	0.0255	0.712
20	1.206	1.817	1.004	0.0256	0.712
21	1.202	1.822	1.004	0.0257	0.712
22	1.198	1.826	1.004	0.0258	0.712
23	1.194	1.831	1.004	0.0258	0.711
24	1.190	1.836	1.005	0.0259	0.711
25	1.186	1.841	1.005	0.0260	0.711
26	1.182	1.845	1.005	0.0261	0.711
27	1.178	1.850	1.005	0.0261	0.711
28	1.174	1.855	1.005	0.0262	0.711
29	1.170	1.860	1.005	0.0263	0.710
30	1.166	1.864	1.005	0.0264	0.710
32	1.158	1.874	1.005	0.0265	0.710
34	1.151	1.883	1.005	0.0266	0.710
35	1.147	1.888	1.005	0.0267	0.710
36	1.143	1.892	1.005	0.0268	0.709
38	1.136	1.902	1.005	0.0269	0.709
40	1.128	1.911	1.005	0.0271	0.709
45	1.110	1.934	1.006	0.0274	0.708
50	1.092	1.957	1.006	0.0278	0.708
55	1.075	1.980	1.006	0.0282	0.707
60	1.059	2.002	1.007	0.0285	0.707
65	1.043	2.025	1.007	0.0289	0.707
70	1.028	2.047	1.008	0.0292	0.706
75	1.013	2.069	1.008	0.0296	0.706
80	0.999	2.091	1.008	0.0299	0.705
85	0.985	2.113	1.009	0.0303	0.705
90	0.972	2.134	1.009	0.0306	0.704
95	0.960	2.156	1.010	0.0309	0.704
100	0.948	2.177	1.010	0.0313	0.703

| 표 A-1 | (연속) 건공기(dry air)의 상태량

T (K)	ρ (kg/m^3)	$\mu \times 10^5$ ($N \cdot s/m^2$)	c_p ($kJ/kg \cdot K$)	k ($W/m \cdot K$)	Pr
400	0.871	2.301	1.014	0.0338	0.690
450	0.774	2.507	1.021	0.0373	0.686
500	0.696	2.701	1.030	0.0407	0.684
550	0.633	2.884	1.040	0.0439	0.683
600	0.580	3.058	1.051	0.0469	0.685
650	0.536	3.225	1.063	0.0497	0.690
700	0.498	3.388	1.075	0.0524	0.695
750	0.464	3.546	1.087	0.0549	0.702
800	0.435	3.698	1.099	0.0573	0.709
850	0.410	3.843	1.110	0.0596	0.716
900	0.387	3.981	1.121	0.0620	0.720
950	0.367	4.11	1.131	0.0643	0.723
1000	0.348	4.24	1.141	0.0667	0.726
1100	0.317	4.49	1.159	0.0715	0.728
1200	0.290	4.73	1.175	0.0763	0.728
1300	0.268	4.96	1.189	0.0820	0.719
1400	0.249	5.30	1.207	0.0910	0.703
1500	0.232	5.57	1.230	0.100	0.685
1600	0.218	5.84	1.248	0.106	0.688
1700	0.205	6.11	1.267	0.113	0.685
1800	0.194	6.37	1.286	0.120	0.683
1900	0.183	6.63	1.307	0.128	0.677
2000	0.174	6.89	1.337	0.137	0.672
2100	0.166	7.15	1.372	0.147	0.667
2200	0.158	7.40	1.417	0.160	0.655
2300	0.151	7.66	1.478	0.175	0.647
2400	0.145	7.92	1.558	0.196	0.630
2500	0.139	8.18	1.665	0.222	0.613
3000	0.114	9.55	2.726	0.486	0.536

| 표 A-2 | 포화수(물)의 상태량

T (℃)	P_{sat} (kPa)	ρ (kg/m^3)	μ ($Pa \cdot s$)	h_f (kJ/kg)	h_g (kJ/kg)	c_p (kJ/kgK)	k (W/mK)	Pr
0	0.611	1000	0.001747	0.0	2501	4.217	0.569	12.95
5	0.872	1000	0.001509	20.98	2511	4.203	0.578	11.00
10	1.228	1000	0.001310	41.99	2520	4.193	0.587	9.39
12	1.402	999.0	0.001240	50.39	2523	4.190	0.590	8.82
14	1.598	999.0	0.001175	58.79	2527	4.187	0.594	8.30
15	1.705	999.0	0.001144	62.98	2529	4.186	0.595	8.06
16	1.818	999.0	0.001114	67.18	2531	4.185	0.597	7.82
17	1.938	999.0	0.001085	71.37	2533	4.184	0.598	7.60
18	2.064	999.0	0.001058	75.56	2534	4.183	0.600	7.38
19	2.198	998.0	0.001031	79.75	2536	4.182	0.602	7.17
20	2.339	998.0	0.001005	83.94	2538	4.182	0.603	6.97
21	2.487	998.0	0.000981	88.13	2540	4.181	0.605	6.78
22	2.645	998.0	0.000957	92.31	2542	4.181	0.606	6.59
23	2.810	998.0	0.000934	96.50	2544	4.180	0.608	6.42
24	2.985	997.0	0.000912	100.7	2545	4.180	0.609	6.25
25	3.169	997.0	0.000891	104.9	2547	4.179	0.611	6.08
26	3.363	997.0	0.000870	109.0	2549	4.179	0.612	5.93
27	3.567	997.0	0.000851	113.2	2551	4.179	0.614	5.78
28	3.782	996.0	0.000832	117.4	2553	4.179	0.615	5.64
29	4.008	996.0	0.000814	121.6	2554	4.178	0.617	5.50
30	4.246	996.0	0.000796	125.8	2556	4.178	0.618	5.37
32	4.759	995.0	0.000763	134.1	2560	4.178	0.621	5.12
34	5.324	994.0	0.000732	142.5	2563	4.178	0.623	4.89
35	5.628	994.0	0.000717	146.7	2565	4.178	0.625	4.78
36	5.947	994.0	0.000703	150.8	2567	4.178	0.626	4.68
38	6.632	993.0	0.000677	159.2	2571	4.178	0.629	4.48
40	7.384	992.1	0.000652	167.5	2574	4.179	0.631	4.30
45	9.593	990.1	0.000596	188.4	2583	4.180	0.637	3.91
50	12.35	988.1	0.000549	209.3	2592	4.181	0.643	3.57
55	15.76	985.2	0.000508	230.2	2601	4.183	0.649	3.28
60	19.94	983.3	0.000471	251.1	2610	4.185	0.654	3.03
65	25.03	980.4	0.000437	272.0	2618	4.187	0.658	2.79
70	31.19	977.5	0.000406	293.0	2627	4.190	0.662	2.57
75	38.58	974.7	0.000377	313.9	2635	4.193	0.666	2.37
80	47.39	971.8	0.000350	334.9	2644	4.197	0.670	2.18
85	57.83	969.0	0.000326	355.9	2652	4.201	0.673	2.02
90	70.14	965.3	0.000306	376.9	2660	4.206	0.676	1.89
95	84.55	961.5	0.000290	397.9	2668	4.211	0.678	1.81
100	101.3	957.9	0.000281	419.0	2676	4.217	0.680	1.79

| 표 A-3 | 임계상수 및 상태량(25℃, 100kPa)

물질	공기	수증기	R-22	R-134a
화학식		H_2O	$CHClF_2$	CF_3CH_2F
분자량	28.97	18.015	86.469	102.03
T_c(K)		647.3	369.3	374.2
P_c(MPa)		22.12	4.97	4.06
$V_c(m^3/kmol)$		0.00317	0.00191	0.00197
$R(kJ/kgK)$	0.287	0.4615	0.09616	0.08149
$\rho(kg/m^3)$	1.169	0.0231	3.54	4.20
$c_p(kJ/kgK)$	1.004	1.872	0.658	0.852
$c_v(kJ/kgK)$	0.717	1.410	0.562	0.771
k(비열비)	1.4	1.327	1.171	1.106

| 표 A-4 | 각종 이상기체의 정압비열

$c_p = C_0 + C_1(T/1000) + C_2(T/1000)^2 + C_3(T/1000)^3$ (kJ/kgK), $T[K]$					
기체	C_0	C_1	C_2	C_3	적용범위
수증기	1.79	0.107	0.586	-0.20	250 ~ 1200K
공기	1.05	-0.365	0.85	-0.39	250 ~ 1200K
R-22	0.2	1.87	-1.35	0.35	500K까지
R-134a	0.165	2.81	-2.23	1.11	500K까지

| 표 A-5 | 이상기체 공기의 상태량 및 표준 엔트로피(100kPa)

T (K)	u (kJ/kg)	h (kJ/kg)	S_T^0 ($kJ/kg-K$)	T (K)	u (kJ/kg)	h (kJ/kg)	S_T^0 (kJ/kgK)
200	142.77	200.17	6.46260	1100	845.45	1161.18	8.24449
220	157.07	220.22	6.55812	1150	889.21	1219.30	8.29616
240	171.38	240.27	6.64535	1200	933.37	1277.81	8.34596
260	185.70	260.32	6.72562	1250	977.89	1336.68	8.39402
280	200.02	280.39	6.79998	1300	1022.75	1395.89	8.44046
290	207.19	290.43	6.83521	1350	1067.94	1455.43	8.48539
298.15	213.04	298.62	6.86305	1400	1113.43	1515.27	8.52891
300	214.36	300.47	6.86926	1450	1159.20	1575.40	8.57111
320	228.73	320.58	6.93413	1500	1205.25	1635.80	8.61208
340	243.11	340.70	6.99515	1550	1251.55	1696.45	8.65185
360	257.53	360.86	7.05276	1600	1298.08	1757.33	8.69051
380	271.99	381.06	7.10735	1650	1344.83	1818.44	8.72811
400	286.49	401.30	7.15926	1700	1391.80	1879.76	8.76472
420	301.04	421.59	7.20875	1750	1438.97	1941.28	8.80039
440	315.64	441.93	7.25607	1800	1486.33	2002.99	8.83516
460	330.31	462.34	7.30142	1850	1533.87	2064.88	8.86908
480	345.04	482.81	7.34499	1900	1571.59	2126.95	8.90219
500	359.84	503.36	7.38692	1950	1629.47	2189.19	8.93452
520	374.73	523.98	7.42736	2000	1677.52	2251.58	8.96611
540	389.69	544.69	7.46642	2050	1725.71	2314.13	8.99699
560	404.74	565.47	7.05422	2100	1774.06	2376.82	9.02721
580	419.87	586.35	7.54084	2150	1822.54	2439.66	9.05678
600	435.10	607.32	7.57638	2200	1871.16	2502.63	9.08573
620	450.42	628.38	7.61090	2250	1919.91	2565.73	9.11409
640	465.83	649.53	7.64448	2300	1986.79	2628.96	9.14189
660	481.34	670.78	7.67717	2350	2017.79	2692.31	9.16913
680	496.94	692.12	7.70903	2400	2066.91	2755.78	9.19586
700	512.64	713.56	7.74010	2450	2116.14	2819.37	9.22208
720	528.44	735.10	7.77044	2500	2165.48	2883.06	9.24781
740	544.33	756.73	7.80008	2550	2214.93	2946.86	9.27308
760	560.32	778.46	7.82905	2600	2264.48	3010.76	9.29790
780	576.40	800.28	7.85740	2650	2314.13	3074.77	9.32228
800	592.58	822.20	7.88514	2700	2363.88	3138.87	9.34625
850	633.42	877.40	7.95207	2750	2413.73	3203.06	9.36980
900	674.82	933.15	8.01581	2800	2463.66	3267.35	9.39297
950	716.76	989.44	8.07667	2850	2513.69	3331.73	9.41576
1000	759.19	1046.22	8.13493	2900	2563.80	3396.19	9.43818
1050	802.10	1103.48	8.19081	2950	2613.99	3460.73	9.46025
1100	845.45	1161.18	8.24449	3000	2664.27	3525.36	9.48198

| 표 B-1 | 물의 열역학 상태량

◆ B-1-1 포화상태량 : 온도 기준

온도 (℃)	압력 (kPa)	비체적, m^3/kg 포화액체 v_f	비체적, m^3/kg 포화증기 v_g	내부 에너지, kJ/kg 포화액체 u_f	내부 에너지, kJ/kg 포화증기 u_g	엔탈피, kJ/kg 포화액체 h_f	엔탈피, kJ/kg 포화증기 h_g	엔트로피, $kJ/kg-K$ 포화액체 s_f	엔트로피, $kJ/kg-K$ 포화증기 s_g
0.01	0.6113	0.001000	206.153	0	2375.33	0.00	2501.35	0	9.1562
5	0.8721	0.001000	147.118	20.97	2382.24	20.98	2510.54	0.0761	9.0257
10	1.2276	0.001000	106.377	41.99	2389.15	41.99	2519.74	0.1501	8.9007
15	1.705	0.001001	77.925	62.98	2396.04	62.98	2528.91	0.2245	8.7813
20	2.339	0.001002	57.7897	83.94	2402.91	83.94	2538.06	0.2966	8.6671
25	3.169	0.001003	43.3593	104.86	2409.76	104.87	2547.17	0.3673	8.5579
30	4.246	0.001004	32.8932	125.77	2416.58	125.77	2556.25	0.4369	8.4533
35	5.628	0.001006	25.2158	146.65	2423.36	146.66	2565.28	0.5052	8.3530
40	7.384	0.001008	19.5229	167.53	2430.11	167.54	2574.26	0.5724	8.2569
45	9.593	0.001010	15.2581	188.41	2436.81	188.42	2583.19	0.6386	8.1647
50	12.350	0.001012	12.0318	209.30	2443.47	209.31	2592.06	0.7037	8.0762
55	15.758	0.001015	9.56835	230.19	2450.08	230.20	2600.86	0.7679	7.9912
60	19.941	0.001017	7.67071	251.09	2456.63	251.11	2609.59	0.8311	7.9095
65	25.03	0.001020	6.19656	272.00	2463.12	272.03	2618.24	0.8934	7.8309
70	31.19	0.001023	5.04217	292.93	2469.55	292.96	2626.80	0.9548	7.7552
75	38.58	0.001026	4.13123	313.87	2475.91	313.91	2635.28	1.0154	7.6824
80	47.39	0.001029	3.40715	334.84	2482.19	334.88	2643.66	1.0752	7.6121
85	57.83	0.001032	2.82757	355.82	2488.40	355.88	2651.93	1.1342	7.5444
90	70.14	0.001036	2.36056	376.82	2494.52	376.90	2660.09	1.1924	7.4790
95	84.55	0.001040	1.98186	397.86	2500.56	397.94	2668.13	1.2500	7.4158
100	101.3	0.001044	1.67290	418.91	2506.50	419.02	2676.05	1.3068	7.3548
105	120.8	0.001047	1.41936	440.00	2512.34	440.13	2683.83	1.3629	7.2958
110	143.3	0.001052	1.21014	461.12	2518.09	461.27	2691.47	1.4184	7.2386
115	169.1	0.001056	1.03658	482.28	2523.72	482.46	2698.96	1.4733	7.1832
120	198.5	0.001060	0.89186	503.48	2529.24	503.69	2706.30	1.5275	7.1295
125	232.1	0.001065	0.77059	524.72	2534.63	524.96	2713.46	1.5812	7.0774
130	270.1	0.001070	0.66850	546.00	2539.90	546.29	2720.46	1.6343	7.0269
135	313.0	0.001075	0.58217	567.34	2545.03	567.67	2727.26	1.6869	6.9777
140	361.3	0.001080	0.50885	588.72	2550.02	589.11	2733.87	1.7390	6.9298
145	415.4	0.001085	0.44632	610.16	2554.86	610.61	2740.26	1.7906	6.8832
150	475.9	0.001090	0.39278	631.66	2559.54	632.18	2746.44	1.8417	6.8378
155	543.1	0.001096	0.34676	653.23	2564.04	653.82	2752.39	1.8924	6.7934
160	617.8	0.001102	0.30706	674.85	2568.37	675.53	2758.09	1.9426	6.7501
165	700.5	0.001108	0.27269	696.55	2572.51	697.32	2763.53	1.9924	6.7078
170	791.7	0.001114	0.24283	718.31	2576.46	719.20	2768.70	2.0418	6.6663
175	892.0	0.001121	0.21680	740.16	2580.19	741.16	2773.58	2.0909	6.6256
180	1002.2	0.001127	0.19405	762.08	2583.70	763.21	2778.16	2.1395	6.5857
185	1122.7	0.001134	0.17409	784.08	2586.98	785.36	2782.43	2.1878	6.5464
190	1254.4	0.001141	0.15654	806.17	2590.01	807.61	2786.37	2.2358	6.5078

◆ B-1-1(계속) 포화상태량 : 온도 기준

온도	압력	비체적, m^3/kg		내부 에너지, kJ/kg		엔탈피, kJ/kg		엔트로피, $kJ/kg-K$	
		포화액체	포화증기	포화액체	포화증기	포화액체	포화증기	포화액체	포화증기
(℃)	(kPa)	v_f	v_g	u_f	u_g	h_f	h_g	s_f	s_g
195	1397.8	0.001149	0.14105	828.36	2592.79	829.96	2789.96	2.2835	6.4697
200	1553.8	0.001156	0.12736	850.64	2595.29	852.43	2793.18	2.3308	6.4322
205	1723.0	0.001164	0.11521	073.02	2597.52	875.03	2796.03	2.3779	6.3951
210	1906.3	0.001173	0.10441	895.51	2599.44	897.75	2798.48	2.4247	6.3584
215	2104.2	0.001181	0.09479	918.12	2601.06	920.61	2800.51	2.4713	6.3221
220	2317.8	0.001190	0.08619	940.85	2602.35	943.61	2802.12	2.5177	6.2860
225	2547.7	0.001199	0.07849	963.72	2603.30	966.77	2803.27	2.5639	6.2502
230	2794.9	0.001209	0.07158	986.72	2603.89	990.10	2803.95	2.6099	6.2146
235	3060.1	0.001219	0.06536	1009.88	2604.11	1013.61	2804.13	2.6557	6.1791
240	3344.2	0.001229	0.05976	1133.19	2603.95	1037.31	2803.81	2.7015	6.1436
245	3648.2	0.001240	0.05470	1056.69	2603.37	1061.21	2802.95	2.7471	6.1083
250	3973.0	0.001251	0.05013	1080.37	2602.37	1085.34	2801.52	2.7927	6.0729
255	4319.5	0.001263	0.04598	1104.26	2600.93	1109.72	27799.51	2.8382	6.0374
260	4688.6	0.001276	0.04420	1128.37	2599.01	1134.35	2796.89	2.8837	6.0018
265	5081.3	0.001289	0.03877	1152.72	2596.60	1159.27	2793.61	2.9293	5.9661
270	5498.7	0.001302	0.03564	1177.33	2593.66	1184.49	2789.65	2.9750	5.9301
275	5941.8	0.001317	0.03279	1202.23	2590.17	1210.05	2784.97	3.0208	5.8937
280	6411.7	0.001332	0.03017	1227.43	2586.09	1235.97	2779.53	3.0667	5.8570
285	6909.4	0.001348	0.02777	1252.98	2581.38	1262.29	2773.27	3.1129	5.8198
290	7436.0	0.001366	0.02557	1278.89	2575.99	1289.04	2766.13	3.1593	5.7821
295	7992.8	0.001384	0.02354	1305.21	2569.87	1316.27	2758.05	3.2061	5.7436
300	8581.0	0.001404	0.02167	1331.97	2562.96	1344.01	2748.94	3.2533	5.7044
305	9201.8	0.001425	0.01995	1359.22	2555.16	1372.33	2738.72	3.3009	5.6642
310	9856.6	0.001447	0.01835	1387.03	2546.40	1401.29	2727.27	3.3492	5.6229
315	10547	0.001472	0.01687	1415.44	2536.55	1430.97	2714.44	3.3981	5.5803
320	11274	0.001499	0.01549	1444.55	2525.48	1461.45	2700.08	3.4479	5.5361
325	12040	0.001528	0.01420	1474.44	2513.01	1492.84	2683.97	3.4987	5.4900
330	12845	0.001561	0.01300	1505.24	2498.91	1525.29	2665.85	3.5506	5.4416
335	13694	0.001597	0.01186	1537.11	2482.88	1558.98	2645.35	3.6040	5.3903
340	14586	0.001638	0.01080	1570.26	2464.53	1594.15	2622.01	3.6593	5.3356
345	15525	0.001685	0.00978	1605.01	2443.30	1631.17	2595.19	3.7169	5.2763
350	16514	0.001740	0.00881	1641.81	2418.39	1670.54	2563.92	3.7776	5.2111
355	17554	0.001807	0.00787	1681.41	2388.52	1713.13	2526.72	3.8427	5.1378
360	18651	0.001892	0.00694	1725.19	2351.47	1760.48	2481.00	3.9146	5.0525
365	19807	0.002011	0.00599	1776.13	2302.67	1815.96	2421.40	3.9983	4.9470
370	21028	0.002213	0.00493	1843.84	2228.53	1890.37	2332.12	4.1104	4.7972
374	22089	0.003155	0.00315	2029.58	2029.58	2099.26	209926	4.4297	4.4297

◆ B-1-2 포화상태량 : 압력 기준

압력	온도	비체적, m^3/kg		내부 에너지, kJ/kg		엔탈피, kJ/kg		엔트로피, $kJ/kg-K$	
		포화액체	포화증기	포화액체	포화증기	포화액체	포화증기	포화액체	포화증기
(kPa)	(℃)	v_f	v_g	u_f	u_g	h_f	h_g	s_f	s_g
0.611	0.01	0.001000	206.132	0	2375.3	0.00	2501.3	0	9.1562
1	6.98	0.001000	129.20802	29.29	2384.98	29.29	2514.18	0.1059	8.9756
1.5	13.03	0.001001	87.98013	54.70	2393.32	54.70	2525.30	0.1956	8.8278
2	17.50	0.001001	67.00385	73.47	2399.48	73.47	2533.49	0.2607	8.7236
2.5	21.08	0.001002	54.25385	88.47	2404.40	88.47	2540.03	0.3120	8.6431
3	24.08	0.001003	45.66502	101.03	2408.51	101.03	2545.50	0.3545	8.5775
4	28.96	0.001004	34.80015	121.44	2415.17	121.44	2554.37	0.4226	8.4746
5	32.88	0.001005	28.19251	137.79	2420.49	137.79	2561.45	0.4763	8.3950
7.5	40.29	0.001008	19.23775	168.76	2430.50	168.77	2574.79	0.5763	8.2514
10	45.81	0.001010	14.67355	191.79	2437.89	191.81	2584.63	0.6492	8.1501
15	53.97	0.001014	10.02218	225.90	2448.73	225.91	2599.06	0.7548	8.0084
20	60.06	0.001017	7.64937	251.35	2456.71	251.39	2609.70	0.8319	7.9085
25	64.97	0.001020	6.20424	271.88	2463.08	271.90	2618.19	0.8930	7.8313
30	69.10	0.001022	5.22918	289.18	2468.40	289.21	2625.28	0.9439	7.7686
40	75.87	0.001026	3.99345	317.51	2477.00	317.55	2636.74	1.0258	7.6700
50	81.33	0.001030	3.24034	340.42	2483.85	340.47	2645.87	1.0910	7.5939
75	91.77	0.001037	2.21711	394.29	2496.67	348.36	2662.96	1.2129	7.4563
100	99.62	0.001043	1.69400	417.33	2506.06	417.44	2675.46	1.3025	7.3593
125	105.99	0.001048	1.37490	444.16	2513.48	444.30	2685.35	1.3739	7.2843
150	111.37	0.001053	1.15933	466.92	2519.64	467.08	2963.54	1.4335	7.2232
175	116.06	0.001057	1.00363	486.78	2524.90	486.97	2700.53	1.4848	7.1717
200	120.23	0.001061	0.88573	504.47	2529.49	504.68	2706.63	1.5300	7.1271
225	124.00	0.001064	0.79325	520.45	2533.56	520.69	2712.04	1.5705	7.0878
250	127.43	0.001067	0.71871	535.08	2537.21	535.34	2716.89	1.6072	7.0526
275	130.60	0.001070	0.65731	548.57	2540.53	548.87	2721.29	1.6407	7.0208
300	133.55	0.001073	0.60582	561.13	2543.55	561.45	2725.30	1.6717	6.9918
325	136.30	0.001076	0.56201	572.88	2546.34	573.23	2728.99	1.7005	6.9651
350	138.88	0.001079	0.52425	583.93	2548.92	584.31	2732.40	1.7274	6.9404
375	141.32	0.001081	0.49137	594.38	2551.31	594.79	2735.58	1.7527	6.9174
400	143.63	0.001084	0.46246	604.29	2553.55	604.73	2738.53	1.7766	6.8958
450	147.93	0.001088	0.41398	622.75	2557.62	623.24	2743.91	1.8206	6.8565
500	151.86	0.001093	0.37489	639.66	2561.23	640.21	2748.67	1.8606	6.8212
550	155.48	0.001097	0.34268	655.30	2564.47	655.91	2752.94	1.8972	6.7892
600	158.85	0.001101	0.31567	669.88	2567.40	670.54	2756.80	1.9311	6.7600
650	161.01	0.001104	0.29268	683.55	2570.06	684.26	2760.30	1.9627	6.7330
700	164.97	0.001108	0.27286	696.43	2572.49	697.20	2763.50	1.9922	6.7080
750	167.77	0.001111	0.25560	708.62	2574.73	709.45	2766.43	2.0199	6.6846
800	170.43	0.001115	0.24043	720.20	2576.79	721.10	2769.13	2.0461	6.6627

◆ B-1-2(계속) 포화상태량 : 압력 기준

		비체적, m^3/kg		내부 에너지, kJ/kg		엔탈피, kJ/kg		엔트로피, $kJ/kg-K$	
압력	온도	포화액체	포화증기	포화액체	포화증기	포화액체	포화증기	포화액체	포화증기
(kPa)	(℃)	v_f	v_g	u_f	u_g	h_f	h_g	s_f	s_g
850	172.96	0.001118	0.22698	731.25	2578.69	732.20	2771.63	2.0709	6.6421
900	175.38	0.001121	0.21497	741.81	2580.46	742.82	2773.94	2.0946	6.6225
950	177.69	0.001124	0.20419	751.94	2582.11	753.00	2776.08	2.1171	6.6040
1000	179.91	0.001127	0.19444	761.67	2583.64	762.79	2778.08	2.1386	6.5864
1100	184.09	0.001133	0.17753	780.08	2586.40	781.32	2781.68	2.1791	6.5535
1200	187.99	0.001139	0.16333	797.27	2588.82	798.64	2784.82	2.2165	6.5233
1300	191.64	0.001144	0.15125	813.42	2590.95	814.91	2787.58	2.2514	6.4953
1400	195.07	0.001149	0.14084	828.68	2592.83	830.29	2790.00	2.2842	6.4692
1500	198.32	0.001154	0.13177	843.14	2594.5	844.87	2792.15	2.3150	6.4448
1750	205.76	0.001166	0.11349	876.44	2597.83	878.48	2796.43	2.3851	6.3895
2000	212.42	0.001177	0.09963	906.42	2600.26	908.77	2799.51	2.4473	6.3408
2250	218.45	0.001187	0.08875	933.81	2601.98	936.48	2801.67	2.5034	6.2971
2500	223.99	0.001197	0.07998	959.09	2603.13	962.09	2803.07	2.5546	6.2574
2750	229.12	0.001207	0.07275	982.65	2603.81	985.97	2803.86	2.6018	6.2208
3000	233.90	0.001216	0.06668	1004.76	2604.10	1008.41	2804.14	2.6456	6.1869
3250	238.38	0.001226	0.06152	1025.62	2604.04	1029.60	2803.97	2.6866	6.1551
3500	242.60	0.001235	0.05707	1045.41	2603.70	1049.73	2803.43	2.7252	6.1252
4000	250.40	0.001252	0.04978	1082.28	2602.27	1087.29	2801.38	2.7963	6.0700
5000	263.99	0.001286	0.03944	1147.78	2597.12	1154.21	2794.33	2.9201	5.9733
6000	275.64	0.001319	0.03244	1205.41	2589.69	1213.32	2784.33	3.0266	5.8891
7000	285.88	0.001351	0.02737	1257.51	2580.48	1266.97	2772.07	3.1210	5.8132
8000	295.06	0.001384	0.02352	1305.54	2569.79	1316.61	2757.94	3.2067	5.7431
9000	303.40	0.001418	0.02048	1350.47	2557.75	1363.23	2742.11	3.2857	5.6771
10000	311.06	0.001452	0.01803	1393.00	2544.41	1407.53	2724.67	3.3595	5.6140
11000	318.15	0.001489	0.01599	1433.68	2529.74	1450.05	2705.60	3.4294	5.5527
12000	324.75	0.001527	0.01426	1472.92	2513.67	1491.24	2684.83	3.4961	5.4923
13000	330.93	0.001567	0.01278	1511.09	2496.08	1531.46	2662.22	3.5604	5.4323
14000	336.75	0.001611	0.01149	1548.53	2476.76	1571.08	2637.55	3.6231	5.3716
15000	342.24	0.001658	0.01034	1585.58	2455.43	1610.45	2610.49	3.6847	5.3097
16000	347.43	0.001711	0.00931	1622.63	2431.70	1650.00	2580.59	3.7460	5.2454
17000	352.37	0.001770	0.00836	1660.16	2404.96	1690.25	2547.15	3.8078	5.1776
18000	357.06	0.001840	0.00749	1698.86	2374.28	1731.97	2509.09	3.8713	5.1044
19000	361.54	0.001925	0.00666	1739.87	2338.05	1776.43	2464.54	3.9387	5.0227
20000	365.81	0.002035	0.00583	1785.47	2293.05	1826.18	2409.74	4.0137	4.9269
21000	369.89	0.002206	0.00495	1841.97	2230.71	1888.30	2334.72	4.1073	4.8015
22000	373.80	0.002808	0.00353	1973.16	2081.39	2034.92	2158.97	4.3307	4.5224
22089	374.14	0.003155	0.00315	2029.58	2029.58	2099.26	2099.26	4.4297	4.4297

◆ B-1-3 물의 과열 증기 상태량

온도 (℃)	v (m^3/kg)	u (kJ/kg)	h (kJ/kg)	s ($kJ/kg-K$)	v (m^3/kg)	u (kJ/kg)	h (kJ/kg)	s (kJ/kgK)
	P = 10 kPa (45.81)				P = 50 kPa (81.33)			
포화	14.67355	2437.89	2584.63	8.1501	3.24034	2483.85	2645.87	7.5939
50	14.86920	2443.87	2592.56	8.1749	–	–	–	–
100	17.19561	2515.50	2687.46	8.4479	3.41833	2511.61	2682.52	7.6947
150	19.51251	2587.86	2782.99	8.6881	3.88937	2585.61	2780.08	7.9400
200	21.82507	2661.27	2879.52	8.9037	4.35595	2659.85	2877.64	8.1579
250	24.13559	2735.95	2977.31	9.1002	4.82045	2734.97	2975.99	8.3555
300	26.44508	2812.06	3076.51	9.2812	5.28391	2811.33	3075.52	8.5372
400	31.06252	2968.89	3279.51	9.6076	6.20929	2968.43	3278.89	8.8641
500	35.67896	3132.26	3489.05	9.8977	7.13364	3131.94	3488.62	9.1545
600	40.29488	3302.45	3705.40	10.1608	8.05748	3302.22	3705.10	9.4177
700	44.91052	3479.63	3928.73	10.4028	8.98104	3479.45	3928.51	9.6599
800	49.52599	3663.84	4159.10	10.6281	9.90444	3663.70	4158.92	9.8852
900	54.14137	3855.03	4396.44	10.8395	10.82773	3854.91	4396.30	10.0967
1000	58.75669	4053.01	4640.58	11.0392	11.75097	1052.91	4640.46	10.2964
1100	63.37198	4257.47	4891.19	11.2287	12.67418	4257.37	4891.08	10.4858
1200	67.98724	4467.91	5147.78	11.4090	13.59737	4467.82	5147.69	10.6662
1300	72.60250	4683.68	5409.70	14.5810	14.52054	4683.58	5409.61	10.8382
	100 kPa (99.62)				200 kPa (120.23)			
포화	1.69400	2506.06	2675.46	7.3593	0.88573	2529.49	2706.63	7.1271
150	1.93636	2582.75	2776.38	7.6133	0.95964	2576.87	2768.80	7.2795
200	2.17226	2658.05	2875.27	7.8342	1.08034	2654.39	2870.46	7.5066
250	2.40604	2733.73	2974.33	8.0332	1.19880	2731.22	2970.98	7.7085
300	2.63876	2810.41	3074.28	8.2157	1.31616	2808.55	3071.79	7.8926
400	3.10263	2967.85	3278.11	8.5434	1.54930	2966.69	3276.55	8.2217
500	3.56547	3131.54	3488.09	8.8341	1.78139	3130.75	3487.03	8.5132
600	4.02781	3301.94	3704.72	9.0975	2.01297	3301.36	3703.96	8.7769
700	4.48986	3479.24	3928.23	9.3398	2.24426	3478.81	3927.66	9.0194
800	4.95174	3663.53	4158.71	9.5652	2.47539	3663.19	4158.27	9.2450
900	5.41353	3854.77	4396.12	9.7767	2.70643	3854.49	4395.77	9.4565
1000	5.87526	4052.78	4640.31	9.9764	2.93740	4052.53	4640.01	9.6563
1100	6.33696	4257.25	4890.95	10.1658	3.16834	4257.01	4890.68	9.8458
1200	6.79863	4467.70	5147.56	10.3462	3.39927	4467.46	5147.32	10.0262
1300	7.26030	4683.47	5409.49	10.5182	3.63018	4683.23	5409.26	10.1982
	300 kPa (133.55)				400 kPa (143.63)			
포화	0.60582	2543.55	2725.30	6.9918	0.46246	2553.55	2738.53	6.8958
150	0.63388	2570.79	2760.95	7.0778	0.47084	2564.48	2752.82	6.9299
200	0.71629	2650.65	2865.54	7.3115	0.53422	2646.83	2860.51	7.1706

◆ B-1-3(계속) 물의 과열 증기 상태량

온도 (℃)	v (m^3/kg)	u (kJ/kg)	h (kJ/kg)	s ($kJ/kg-K$)	v (m^3/kg)	u (kJ/kg)	h (kJ/kg)	s ($kJ/kg-K$)
	300 kPa (133.55)				400 kPa (143.63)			
250	0.79636	2728.69	2967.59	7.5165	0.59512	2726.11	2964.16	7.3788
300	0.87529	2806.69	3069.28	7.7022	0.65484	2804.81	3066.75	7.5661
400	1.03151	2965.53	3274.98	8.0329	0.77262	2964.36	3273.41	7.8984
500	1.18669	3129.95	3485.96	8.3250	0.88934	3129.15	3484.89	8.1912
600	1.34136	3300.79	3703.20	8.5892	1.00555	3300.22	3702.44	8.4557
700	1.49573	3478.38	3927.10	8.8319	1.12147	3477.95	3926.53	8.6987
800	1.64994	3662.85	4157.83	9.0575	1.23722	3662.51	4157.40	8.9244
900	1.80406	3854.20	4395.42	9.2691	1.35288	3853.91	4395.06	9.1361
1000	1.95812	4052.27	4639.71	9.4689	1.46847	4052.02	4639.41	9.3360
1100	2.11214	4256.77	4890.41	9.6585	1.58404	4256.53	4890.15	9.5255
1200	2.26614	4467.23	5147.07	9.8389	1.69958	4466.99	5146.83	9.7059
1300	2.42013	4682.99	5409.03	10.0109	1.81511	4682.75	5408.80	9.8780
	500 kPa (151.86)				600 kPa (158.85)			
포화	0.37489	2561.23	2748.67	6.8212	0.31567	2567.40	2756.80	6.7600
200	0.42492	2642.91	2855.37	7.0592	0.35202	2638.91	2850.12	6.9665
250	0.47436	2723.50	2960.68	7.2708	0.39383	2720.86	2957.16	7.1816
300	0.52256	2802.91	3064.20	7.4598	0.43437	2801.00	3061.63	7.3723
350	0.57012	2882.59	3167.65	7.6328	0.47424	2881.12	3165.66	7.5463
400	0.61728	2963.19	3271.83	7.7937	0.51372	2962.02	3270.25	7.7078
500	0.71093	3128.35	3483.82	8.0872	0.59199	3127.55	3482.75	8.0020
600	0.80406	3299.64	3701.67	8.3521	0.66974	3299.07	3700.91	8.2673
700	0.89691	3477.52	3925.97	8.5952	0.74720	3477.08	3925.41	8.5107
800	0.98959	3662.17	4156.96	8.8211	0.82450	3661.83	4156.52	8.7367
900	1.08217	3853.63	4394.71	9.0329	0.90169	3853.34	4394.36	8.9485
1000	1.17469	4051.76	4639.11	9.2328	0.97883	4051.51	4638.81	9.1484
1100	1.26718	4256.29	4889.88	9.4224	1.05594	4256.05	4889.61	9.3381
1200	1.35964	4466.76	5146.58	9.6028	1.13302	4466.52	5146.34	9.5185
1300	1.45210	4682.52	5408.57	9.7749	1.21009	4682.28	5408.34	9.6906
	800 kPa (170.43)				1000 kPa (179.91)			
포화	0.24043	2576.79	2769.13	6.6627	0.19444	2583.64	2778.08	6.5864
200	0.26080	2630.61	2869.25	6.8158	0.20596	2621.90	2827.86	6.6939
250	0.29314	2715.46	2949.97	7.0384	0.23268	2709.91	2942.59	6.9246
300	0.32411	2797.14	3056.43	7.2327	0.25794	2793.21	3051.15	7.1228
350	0.35439	2878.16	3161.68	7.4088	0.28247	2875.18	3157.65	7.3010
400	0.38426	2959.66	3267.07	7.5715	0.30659	2957.29	3263.88	7.4650
500	0.44331	3125.95	3480.60	7.8672	0.35411	3124.34	3478.44	7.7621
600	0.50184	3297.91	3699.38	8.1332	0.40109	3296.76	3697.85	8.0289

◆ B-1-3(계속) 물의 과열 증기 상태량

온도 (℃)	v (m^3/kg)	u (kJ/kg)	h (kJ/kg)	s ($kJ/kg-K$)	v (m^3/kg)	u (kJ/kg)	h (kJ/kg)	s (kJ/kgK)
	800 kPa (170.43)				1000 kPa (179.91)			
700	0.56007	3476.22	3924.27	8.3770	0.44779	3475.35	3923.14	8.2731
800	0.61813	3661.14	4155.65	8.6033	0.49432	3660.46	4154.78	8.4996
900	0.67610	3852.77	4393.65	8.8153	0.54075	3852.19	4392.94	8.7118
1000	0.73401	4051.00	4638.20	9.0153	0.58712	4050.49	4637.60	8.9119
1100	0.79188	4225.57	4889.08	9.2049	0.63345	4255.09	4888.55	9.1016
1200	0.84974	4466.05	5145.85	9.3854	0.67977	4465.58	5145.36	9.2821
1300	0.90758	4681.81	5407.87	9.5575	0.72608	4681.33	5407.41	9.4542
	1200 kPa (187.99)				1400 kPa (195.07)			
포화	0.16333	2588.82	2784.82	6.5233	0.14084	2592.83	2780.00	6.4692
200	0.16930	2612.74	2815.90	65898	0.14302	2603.09	2803.32	6.4975
250	0.19235	2704.20	2935.01	6.8293	0.16350	2698.32	2927.22	6.7467
300	0.21382	2789.22	3045.80	7.0316	0.18228	2785.16	3040.35	6.9533
350	0.23452	2872.16	3153.59	7.2120	0.20026	2869.12	3149.49	7.1359
400	0.25480	2954.90	3260.66	7.3773	0.21780	2952.50	3257.42	7.3025
500	0.29463	3122.72	3476.28	7.6758	0.25215	3121.10	3474.11	7.6026
600	0.33393	3295.60	3696.32	7.9434	0.28596	3294.44	3694.78	7.8710
700	0.37294	3474.48	3922.01	8.1881	0.31947	3473.61	3920.87	7.1160
800	0.4117	3659.77	4153.90	8.4149	0.35281	3659.09	4153.03	8.3431
900	0.45051	3851.62	4392.23	8.6272	0.38606	3851.05	4391.53	8.5555
1000	0.48919	4049.98	4637.00	8.8.274	0.41924	4049.47	4636.41	8.7558
1100	0.52783	4254.61	4888.02	9.0171	0.45239	4254.14	4887.49	8.9456
1200	0.56646	4465.12	5144.87	9.1977	0.48552	4664.65	5144.38	9.1262
1300	0.60507	4680.86	5406.95	9.3698	0.51864	4680.39	5406.49	9.2983
	1600 kPa (201.40)				1800 kPa (207.15)			
포화	0.12380	2595.95	2794.02	6.4217	0.11042	2598.38	2797.13	6.3793
250	0.14184	2692.26	2919.20	6.6732	0.12497	2686.02	2910.96	6.6066
300	0.15862	2781.03	3034.83	6.8844	0.14021	2776.83	3029.21	6.8226
350	0.17456	2866.05	3145.35	7.0693	0.15457	2862.95	3141.18	7.0099
400	0.19005	2950.09	3254.17	7.2373	0.16847	2947.66	3250.90	7.1793
450	0.22029	3119.47	3471.93	7.5389	0.19550	3117.84	3469.75	7.4824
500	0.24998	3293.27	3693.23	7.8080	0.22199	3292.10	3691.69	7.7523
600	0.27937	3472.74	3919.73	8.0535	0.24818	3471.87	3918.59	7.9983
700	0.30859	3658.40	4152.15	8.2808	0.27420	3657.71	4151.27	8.2258
800	0.33772	3850.47	4390.82	8.4934	0.30012	3849.90	4390.11	8.4386
900	0.36678	4048.96	4635.81	8.6938	0.32598	4048.45	4635.21	8.6390
1000	0.39581	4253.66	4886.95	8.8837	0.35180	4253.18	4886.42	8.8290
1200	0.42482	4465.18	5143.89	9.0642	0.37761	4463.71	5143.40	9.0096
1300	0.45382	4679.92	5406.02	9.2364	0.40340	4679.44	5405.56	9.1817

◆ B-1-3(계속) 물의 과열 증기 상태량

온도 (℃)	v (m^3/kg)	u (kJ/kg)	h (kJ/kg)	s ($kJ/kg-K$)	v (m^3/kg)	u kJ/kg)	h (kJ/kg)	s (kJ/kgK)
	2000 kPa (212.42)				2500 kPa (223.99)			
포화	0.09963	2600.26	2799.51	6.3408	0.07998	2603.13	2803.07	6.2574
250	0.11144	2679.58	2902.46	6.5452	0.08700	2662.55	2880.06	6.4084
300	0.12547	2772.56	3023.50	6.7663	0.09890	2761.56	3008.81	6.6437
350	0.13857	2859.81	3136.96	6.9562	0.10976	2851.84	3126.24	6.8402
400	0.15120	2045.21	3247.60	7.1270	0.12010	2939.03	3126.28	7.0147
450	0.16353	3030.41	3357.48	7.2844	0.13104	3025.43	3350.77	7.1745
500	0.17568	3116.20	3467.55	7.4316	0.13998	3112.08	3462.04	7.3233
600	0.19960	3290.93	3690.14	7.7023	0.15930	3287.99	3686.25	7.5960
700	0.22323	3470.99	3917.45	7.9487	0.17832	3468.80	3914.59	7.8435
800	0.24668	3657.03	4150.40	8.1766	0.19716	3655.30	4148.20	8.0720
900	0.27004	3849.33	4389.40	8.3895	0.21590	3447.89	4387.64	8.2853
1000	0.29333	4047.94	4634.61	8.5900	0.23458	4046.67	4633.12	8.4860
1100	0.31659	4252.71	4885.89	8.7800	0.25322	4251.52	4884.57	8.6761
1200	0.33984	4463.25	5142.92	8.9606	0.27185	4462.08	5141.70	8.8569
1300	0.36306	4678.97	5405.10	9.1328	0.29046	4677.80	5403.95	9.0291
	3000 kPa (233.90)				4000 kPa (250.40)			
포화	0.06668	2604.10	2804.14	6.1869	0.04978	2602.27	2801.38	6.0700
250	0.07058	2644.00	2855.75	6.2871	–	–	–	–
300	0.08114	2750.05	2993.48	6.5389	0.05884	2725.33	2960.68	6.3614
350	0.09053	2843.66	3115.25	6.7427	0.06645	2826.65	3092.43	6.5820
400	0.09936	2932.75	3230.82	6.9211	0.07341	2919.88	3213.51	6.7689
450	0.10787	3020.38	3344.00	7.0833	0.08003	3110.13	3330.23	6.9362
500	0.11619	3107.92	3456.48	7.2337	0.08643	3099.49	3445.21	7.0900
600	0.13243	3285.03	3682.34	7.5084	0.09885	3279.06	3674.44	7.3688
700	0.14838	3466.59	3911.72	7.7571	0.11095	3462.15	3905.94	7.6198
800	0.16414	3653.58	4146.00	7.9862	0.12287	3650.11	4141.59	7.8502
900	0.17980	3846.46	4385.87	8.1999	0.13469	3843.59	4382.34	8.0647
1000	0.19541	4045.40	4631.63	8.4009	0.14645	4042.87	4628.65	8.2661
1100	0.21098	4250.33	4883.26	8.5911	0.15817	4047.96	4880.63	8.4566
1200	0.22652	4460.92	5140.49	8.7719	0.16987	4458.60	5138.07	8.6376
1300	0.24206	4676.63	5402.81	8.9442	0.18156	4674.29	5400.52	8.8099

◆ B-1-3(계속) 물의 과열 증기 상태량

온도 (℃)	v (m^3/kg)	u (kJ/kg)	h (kJ/kg)	s ($kJ/kg-K$)	v (m^3/kg)	u (kJ/kg)	h (kJ/kg)	s (kJ/kgK)
	5000 kPa (263.99)				6000 kPa (275.64)			
포화	0.03944	2597.12	2794.33	5.9733	0.03244	2589.69	2784.33	5.8891
300	0.04532	2697.94	2924.53	6.2083	0.03616	2667.22	2884.19	6.0673
350	0.05194	2808.67	3068.39	6.4492	0.04223	2789.61	3042.19	6.3334
400	0.05781	2906.58	3195.64	6.6458	0.04739	2892.81	3177.17	6.5407
450	0.06330	2999.64	3316.15	6.8185	0.05214	2988.90	3301.76	6.7192
500	0.06857	3090.92	3433.76	6.9758	0.05665	3082.20	3422.12	6.8802
550	0.07368	3181.82	3550.33	7.1217	0.06101	3174.57	3540.62	7.0287
600	0.07869	3273.01	3666.47	7.2588	0.06525	3266.89	3658.40	7.1676
700	0.08849	3457.67	3900.13	7.5122	0.07352	3453.15	3894.28	7.4234
800	0.09811	3646.62	4137.17	7.7440	0.08160	3643.12	4132.74	7.6566
900	0.10762	3840.71	4378.82	7.9593	0.08958	3837.84	4375.29	7.8727
1000	0.11707	4040.35	4625.69	8.1612	0.09749	4037.83	4622.74	8.0751
1100	0.12648	4245.61	4878.02	8.3519	0.01536	4243.26	4875.42	8.2661
1200	013587	4456.30	5135.67	8.5330	0.11321	4454.00	5133.28	8.4473
1300	0.14526	4671.96	5398.24	8.7055	012106	4669.64	5395.97	8.6199
	8000 kPa (295.06)				10000 kPa (311.06)			
포화	0.02352	2569.79	2757.94	5.7431	0.01803	2544.41	2724.67	5.6140
300	0.02426	2590.93	2784.98	5.7905	-	-	-	-
350	0.02995	2747.67	2987.30	6.1300	0.02242	2699.16	2923.39	5.9442
400	0.03432	2863.75	3138.28	6.3633	0.02641	2832.38	3096.46	6.2119
450	0.03817	2966.66	3271.99	6.5550	0.02975	2943.32	3240.83	6.4189
500	0.04175	3064.30	3398.27	6.7239	0.03279	3045.54	3373.63	6.5965
550	0.04516	3159.76	3521.01	6.8778	0.03564	3241.68	3500.92	6.7561
600	0.04845	3254.43	3642.03	7.0205	0.03837	3434.68	3625.34	6.9028
700	0.05481	3444.00	3882.47	7.2812	0.04358	3434.72	3870.82	7.1687
800	0.06097	3636.08	4123.84	7.5173	0.04859	3628.97	4114.91	7.4007
900	0.06702	3832.08	4368.26	7.7350	0.05349	3826.63	4361.24	7.6272
1000	0.07301	4032.81	4616.87	7.9384	0.05832	4027.81	4611.04	7.8315
1100	007896	4238.60	4870.25	8.1299	0.06312	4233.97	4865.14	8.0236
1200	0.08489	4449.45	5128.54	8.3115	0.06789	4444.93	5123.84	8.2054
1300	0.09080	4665.02	5391.46	8.4842	0.07265	4660.44	5386.99	8.3783

| 표 B-2 | R-22의 열역학 상태량

◆ B-2-1 : R-22의 포화 상태량(온도 기준)

		비체적, m^3/kg		내부 에너지, kJ/kg		엔탈피, kJ/kg		엔트로피, kJ/kgK	
온도	압력	포화액체	포화증기	포화액체	포화증기	포화액체	포화증기	포화액체	포화증기
(℃)	(kPa)	v_f	v_g	u_f	u_g	h_f	h_g	s_f	s_g
−70	20.5	0.000670	0.94094	−30.62	199.51	−30.61	218.82	−0.1401	1.0876
−65	28.0	0.000676	0.70547	−25.68	201.54	−25.66	221.27	−0.1161	1.0701
−60	37.5	0.000682	0.53715	−20.68	203.57	−20.65	223.70	−0.0924	1.0540
−55	49.5	0.000689	0.41483	−15.62	205.59	−15.59	226.12	−0.0689	1.0390
−50	64.4	0.000695	0.32456	−10.50	207.61	−10.46	228.51	−0.0457	1.0251
−45	82.7	0.000702	0.25699	−5.32	209.62	−5.26	230.87	−0.0227	1.0122
−40.8	101.3	0.000708	0.21261	−0.87	211.31	−0.80	232.85	−0.0034	1.0019
−40	104.9	0.000709	0.20575	−0.07	211.60	0	233.20	0	1.0002
−35	131.7	0.000717	0.16640	5.23	213.57	5.33	325.48	0.0225	0.9889
−30	163.5	0.000725	0.13584	10.61	215.52	10.73	237.73	0.0449	0.9784
−25	201.0	0.000733	0.11186	16.04	217.44	16.19	239.92	0.0670	0.9685
−20	244.8	0.000741	0.09284	21.55	219.32	21.73	242.06	0.0890	0.9593
−15	295.7	0.000750	0.07763	27.11	221.32	27.33	244.13	0.1107	0.9505
−10	354.3	0.000759	0.06534	32.74	222.99	33.01	246.14	0.1324	0.9422
−5	421.3	0.000768	0.05534	38.44	224.77	38.76	248.09	0.1538	0.9344
0	497.6	0.000778	0.04714	44.20	226.50	44.59	249.95	0.1751	0.9269
5	583.8	0.000789	0.04036	50.03	228.17	50.49	251.73	0.1963	0.9197
10	680.7	0.000800	0.03471	55.92	229.79	56.46	253.42	0.2173	0.9129
15	789.1	0.000812	0.02999	61.88	231.35	62.52	255.02	0.2382	0.9062
20	909.9	0.000824	0.02600	67.92	232.85	68.67	256.51	0.2590	0.8997
25	1043.9	0.000838	0.02262	74.04	234.26	74.91	257.88	0.2797	0.8934
30	1191.9	0.000852	0.01974	80.23	235.59	81.25	259.12	0.3004	0.8871
35	1354.8	0.000867	0.01727	86.53	236.82	87.70	260.22	0.3210	0.8809
40	1533.5	0.000884	0.01514	92.92	237.94	94.27	261.15	0.3417	0.8746
45	1729.0	0.000902	0.01328	99.42	238.93	100.98	261.90	0.3624	0.8682
50	1942.3	0.000922	0.01167	106.06	239.76	107.85	262.43	0.3832	0.8615
55	2174.4	0.000944	0.01025	112.85	240.41	114.91	262.71	0.4042	0.8546
60	2426.6	0.000969	0.00900	119.83	240.84	122.18	262.68	0.4255	0.8472
65	2699.9	0.000997	0.00789	127.04	240.98	129.73	262.28	0.4472	0.8391
70	2995.9	0.001030	0.00689	134.54	240.76	137.63	261.40	0.4695	0.8302
75	3316.1	0.001069	0.00598	142.44	240.05	145.99	259.89	0.4927	0.8198
80	3662.3	0.001118	0.00515	150.92	238.63	155.01	257.49	0.5173	0.8075
85	4036.8	0.001183	0.00436	160.32	236.10	165.09	253.69	0.5445	0.7918
90	4442.5	0.001282	0.00256	171.51	231.41	177.20	247.24	0.5767	07.695
95	4883.5	0.001521	0.00255	188.93	218.83	196.36	231.28	0.6273	0.7222
96.0	4969.0	0.001906	0.00191	203.07	203.07	212.54	212.54	0.6708	0.6708

◆ B-2-2 : R-22의 포화 상태량(압력기준)

압력	온도	비체적, m^3/kg		내부 에너지, kJ/kg		엔탈피, kJ/kg		엔트로피, kJ/kgK	
		포화액체	포화증기	포화액체	포화증기	포화액체	포화증기	포화액체	포화증기
(kPa)	(℃)	v_f	v_g	u_f	u_g	h_f	h_g	s_f	s_g
20	−70.41	0.0006692	0.9639	−31.02	199.3	−31.01	218.6	−0.1421	1.089
30	−63.83	0.0006773	0.6608	−24.51	202	−24.49	221.8	−0.1105	1.066
40	−58.85	0.0006836	0.5056	−19.52	204	−19.49	224.3	−0.08695	1.05
50	−54.8	0.0006888	0.4108	−15.42	205.7	−15.39	226.2	−0.06799	1.038
60	−51.37	0.0006934	0.3466	−11.9	207.1	−11.86	227.9	−0.05201	1.029
80	−45.68	0.0007012	0.2651	−6.027	209.3	−5.971	230.6	−0.02585	1.014
101.3	−40.79	0.0007083	0.2127	−0.8749	211.3	−0.8032	232.8	−0.003439	1.002
130	−35.29	0.0007164	0.184	4.925	213.5	5.018	235.4	0.02123	0.9895
160	−30.51	0.0007237	0.1386	10.06	215.3	10.17	237.5	0.0426	0.9794
200	−25.12	0.0007324	0.1124	15.91	217.4	16.06	239.9	0.06647	0.9688
250	−19.46	0.0007418	0.09102	22.15	219.5	22.33	242.3	0.09133	0.9583
300	−14.61	0.0007503	0.07657	27.55	221.3	27.78	244.3	0.1124	0.9499
350	−10.34	0.0007581	0.06611	32.35	222.9	32.62	246	0.1309	0.9428
400	−6.522	0.0007654	0.05817	36.7	224.2	37	247.5	0.1473	0.9367
500	0.1485	0.0007786	0.04692	44.37	226.5	44.76	250	0.1757	0.9267
600	5.878	0.0007908	0.03929	51.05	228.5	51.53	252	0.2	0.9185
700	10.93	0.0008022	0.03377	57.02	230.1	57.59	253.7	0.2212	0.9116
800	15.47	0.000813	0.02958	62.45	231.5	63.1	255.2	0.2402	0.9056
900	19.61	0.0008233	0.02629	67.44	232.7	68.19	256.4	0.2574	0.9002
1000	23.42	0.0008333	0.02364	72.09	233.8	72.92	257.5	0.2732	0.8954
1200	30.26	0.0008527	0.0196	80.56	235.7	81.58	259.2	0.3015	0.8868
1400	36.31	0.000871	0.01668	88.19	237.1	89.41	260.5	0.3264	0.8792
1600	41.75	0.000890	0.01446	95.18	238.3	96.6	261.4	0.3489	0.8724
1800	46.71	0.000908	0.01271	101.7	239.2	103.3	262.1	0.3695	0.8659
2000	51.28	0.0009274	0.01129	107.8	239.9	109.6	262.5	0.3886	0.8598
2250	56.54	0.0009513	0.00985	115	240.6	117.1	262.7	0.4107	0.8524
2500	61.38	0.0009762	0.00868	121.8	240.9	124.2	262.6	0.4314	0.845
2750	65.87	0.001002	0.007705	128.3	241	131.1	262.2	0.451	0.8376
3000	70.07	0.00103	0.006876	134.6	240.8	137.7	261.4	0.4698	0.83
3250	74	0.001061	0.006158	140.8	240.2	144.3	260.3	0.4879	0.822
3500	77.7	0.001094	0.005524	146.9	239.4	150.8	258.7	0.5058	0.8135
3750	81.21	0.001132	0.004955	153.1	238.1	157.3	256.7	0.5236	0.8041
4000	84.53	0.001176	0.004432	159.4	236.4	164.1	254.1	0.5417	0.7935
4500	90.68	0.001301	0.003451	173.3	230.5	179.1	246	0.5818	0.7655
4800	94.09	0.001444	0.002796	184.4	222.9	191.3	236.3	0.6141	0.7365

◆ B-2-3 : R-22의 과열 증기 상태량

온도 (℃)	v (m^3/kg)	u (kJ/kg)	h (kJ/kg)	s ($kJ/kg-K$)	v (m^3/kg)	u (kJ/kg)	h (kJ/kg)	s (kJ/kgK)
	-50 kPa (-54.80)				100 kPa (-41.03)			
포화	0.41077	205.67	226.21	1.0384	0.21525	211.19	232.72	1.0026
-40	0.44063	212.69	234.72	1.0762	0.21633	211.70	233.34	1.0052
-30	0.46064	217.57	240.60	1.1008	0.22675	216.68	239.36	1.0305
-20	0.48054	222.56	246.59	1.1250	0.23706	221.76	245347	1.0551
-10	0.50036	227.66	252.68	1.1485	0.24728	226.94	251.67	1.0791
0	0.52010	232.87	258.87	1.1717	0.25742	232.21	257.96	1.1026
10	0.53977	238.19	265.18	1.1943	0.26748	237.60	264.35	1.1256
20	0.55939	243.62	271.59	1.2166	0.27750	243.08	270.83	1.1481
30	0.57897	249.17	278.12	1.2385	0.28747	248.67	277.42	1.1702
40	0.59851	254.82	284.74	1.2600	0.29739	254.36	284.10	1.1919
50	0.61801	260.58	291.48	1.2811	0.30729	260.16	290.89	1.2132
60	0.63749	266.44	293.32	1.3020	0.31715	266.06	297.77	1.2342
70	0.65694	272.42	305.26	1.3225	0.32699	272.06	304.76	1.2548
80	0.67636	278.50	312.31	1.3428	0.33680	278.16	311.84	1.2752
90	0.69577	284.68	319.47	1.3627	0.34660	284.37	319.03	1.2952
100	0.71516	290.96	326.72	1.3824	0.35637	290.67	326.31	1.3150
110	0.73454	297.34	334.07	1.4019	0.36614	297.07	333.69	133.45
	150 kPa (-32.02)				200 kPa (-25.12)			
포화	0.14727	214.74	236.83	0.9826	0.11237	217.39	239.87	0.9688
-20	0.15585	220.94	244.32	1.0129	0.11520	220.10	243.14	0.9818
-10	0.16288	226.20	250.63	1.0373	0.12065	225.44	249.57	1.0068
0	0.16982	231.55	257.02	1.0612	0.12600	230.87	256.07	1.0310
10	0.17670	236.99	263.50	1.0844	0.13129	236.38	262.63	1.0546
20	0.18352	242.53	270.06	1.1072	0.13651	241.97	269.27	1.0776
30	0.19028	248.17	276.71	1.1295	0.14168	247.66	275.99	1.1002
40	0.19701	253.90	283.45	1.1514	0.14681	253.43	252.80	1.1222
50	0.20370	259.73	290.29	1.1729	0.15190	259.31	289.69	1.1439
60	0.21036	265.67	297.22	1.1940	0.15696	265.27	296.66	1.1652
70	0.21700	271.70	304.25	1.2148	0.16200	271.33	303.73	1.1861
80	0.22361	277.83	311.37	1.2353	0.16701	277.49	310.89	1.2066
90	0.23020	284.05	318.58	1.2554	0.17200	283.74	318.14	1.2269
100	0.23678	290.38	325.90	1.2753	0.17697	290.09	325.48	1.2468
110	0.24333	296.80	333.30	1.2948	0.18193	296.53	332.91	1.2665
120	0.24988	303.32	340.80	1.3142	0.18688	303.06	340.44	1.2858
130	0.25642	309.93	.48.39	1.3332	0.19181	309.69	348.05	1.3050

◆ B-2-3(계속) : R-22의 과열 증기 상태량

온도 (℃)	v (m^3/kg)	u (kJ/kg)	h (kJ/kg)	s ($kJ/kg-K$)	v (m^3/kg)	u (kJ/kg)	h (kJ/kg)	s (kJ/kgK)
	300 kPa (-14.61)				400 kPa (-6.52)			
포화	0.07657	221.32	244.29	0.9499	0305817	224.23	247.50	0.9367
-10	0.07834	223.88	247.38	0.9617	-	-	-	-
0	0.08123	229.47	254.10	0.9868	0.06013	228.00	252.05	0.9536
10	0.08583	235.11	260.86	1.0111	0.06306	233.80	259.02	0.9787
20	0.08947	240.83	267.67	1.0347	0.06591	239.64	266.01	1.0029
30	0.09305	246.62	274.53	1.0577	0.06871	245.55	273.03	1.0265
40	0.09659	252.48	281.46	1.0802	0.07146	251.51	280.09	1.0494
50	0.10009	258.43	288.46	1.1022	0.07416	257.54	287.21	1.0717
60	0.10355	264.47	295.54	1.1238	0.07683	263.65	294.39	1.0936
70	0.10699	270.59	302.69	1.1449	0.07947	269.84	301.63	1.1150
80	0.11040	276.80	302.69	1.1657	0.08209	276.11	308.94	1.1361
90	0.11379	283.10	317.24	1.1861	0.08468	282.46	316.33	1.1567
100	0.11716	289.49	324.64	1.2062	0.08725	288.89	328.80	1.1770
110	0.12052	295.97	332.13	1.2260	0.08981	295.41	331.34	1.1969
120	0.12387	302.54	339.70	1.2445	0.09236	302.02	338.96	1.2165
130	0.12720	309.20	347.36	1.2648	0.09489	308.71	346.66	1.2359
140	0.13052	315.95	355.10	1.2837	0.09741	315.48	354.45	1.2550
	500 kPa (0.15)				600 kPa (5.88)			
포화	0.04692	226.55	250.00	0.9267	0.03929	228.46	252.04	0.9185
10	0.04936	232.43	257.11	0.9522	0.04018	231.00	255.11	0.9295
20	0.05175	238.42	264.30	0.9772	0.04228	237.15	262.52	0.9552
30	0.05408	244.44	271.48	1.0013	0.04431	243.30	269.89	0.9799
40	0.05636	250.51	278.69	1.2047	0.0428	249.48	277.25	1.0038
50	0.05859	526.63	285.93	1.0474	0.04820	255.70	284.62	1.0270
60	0.06709	262.82	293.22	1.0696	0.05008	261.97	292.02	1.0495
70	0.06295	269.08	300.55	1.0913	0.05193	268.30	299.46	1.0715
80	0.06509	275.40	307.95	1.1126	0.05375	274.69	306.94	1.0930
90	0.06721	281.81	315.41	1.1334	0.05555	281.14	314.48	1.1140
100	0.06930	288.29	322.94	1.1539	0.05733	287.67	322.07	1.1347
110	0.07138	294.85	330.54	1.1740	0.05909	294.27	329.73	1.1549
120	0.07345	301.49	338.21	1.1937	0.06084	300.95	337.46	1.1748
130	0.07550	308.21	345.96	1.2132	0.06258	307.71	345.26	1.1944
140	0.07755	315.02	353.79	1.2324	0.06430	314.54	353.12	1.2137
150	0.07958	321.90	361.69	1.2513	0.06601	321.46	361.07	1.2327
160	0.08160	328.87	369.67	1.2699	0.06772	328.45	369.08	1.2514

◆ B-2-3(계속) : R-22의 과열 증기 상태량

온도 (℃)	v (m^3/kg)	u (kJ/kg)	h (kJ/kg)	s $(kJ/kg-K)$	v (m^3/kg)	u (kJ/kg)	h (kJ/kg)	s (kJ/kgK)
	800 kPa (15.47)				1000 kPa (23.42)			
포화	0.02958	231.50	255.16	0.956	0.02364	233.82	257.46	0.8954
20	0.03037	234.44	258.74	0.9179	–	–	–	–
30	0.03203	240.91	266.53	0.9440	0.02460	238.31	262.91	0.9136
40	0.03363	247.34	274.24	0.9690	0.02599	245.05	271.04	0.9400
50	0.03518	253.77	281.91	0.9931	0.02732	251.72	279.05	0.9651
60	0.03667	260.21	289.55	1.0164	0.02860	258.37	286.97	0.9893
70	0.03814	266.69	297.20	1.0391	0.02984	265.02	294.86	1.0126
80	0.03957	273.21	304.87	1.0611	0.03104	271.69	302.73	1.0352
90	0.04097	279.79	312.57	1.0826	0.03221	278.39	310.60	1.0572
100	0.04236	286.42	320.30	1.1036	0.03336	285.12	318.49	1.0786
110	0.04373	293.11	328.09	1.1242	0.03449	291.91	326.41	1.0996
120	0.04508	299.86	335.93	1.1444	0.03561	298.75	334.36	1.1200
130	0.04641	306.69	343.82	1.1642	0.03671	305.65	342.36	1.1401
140	0.04774	313.59	351.78	1.1837	0.03780	312.61	350.41	1.1599
150	0.04905	320.56	359.80	1.2029	0.03387	319.64	358.51	1.1792
160	0.05036	327.60	367.89	1.2218	0.03994	326.74	366.68	1.1983
170	0.05166	334.72	376.04	1.2404	0.04100	333.90	374.90	1.2171
	1200 kPa (30.26)				1400 kPa (36.31)			
포화	0.01960	235.66	259.18	0.8868	0.01668	237.12	260.48	0.8792
40	0.02085	242.58	267.60	0.9141	0.01712	239.89	263.86	0.8901
50	0.02205	249.55	276.01	0.9405	0.01825	247.22	272.77	0.9181
60	0.02319	256.43	284.26	0.9657	0.01930	254.38	281.40	0.9444
70	0.02428	263.28	292.42	0.9898	0.02029	261.45	289.86	0.9694
80	0.02534	270.10	300.51	1.0131	0.02125	268.45	298.20	0.9934
90	0.02636	276.94	308.57	1.0356	0.02217	275.44	306.47	1.0165
100	0.02736	283.79	316.62	1.0574	0.02306	282.42	314.70	1.0388
110	0.02833	290.68	324.68	1.0788	0.02393	289.42	322.92	1.0606
120	0.02929	297.61	332.76	1.0996	0.02477	296.44	331.13	1.0817
130	0.03024	304.59	340.87	1.1199	0.02561	303.50	339.35	1.1024
140	0.03117	311.62	349.02	1.1399	0.02643	310.61	347.60	1.1226
150	0.03208	318.71	357.21	1.1595	0.02723	317.76	355.89	1.1424
160	0.03299	325.86	365.45	1.1787	0.02803	324.97	364.21	1.1618
170	0.03389	333.07	373.74	1.1977	0.02882	332.23	372.57	1.1809
180	0.03479	340.35	382.09	1.2163	0.02960	339.55	380.99	1.1997
190	0.03567	347.69	390.50	1.2346	0.03037	346.94	389.45	1.2182

◆ B-2-3(계속) : R-22의 과열 증기 상태량

온도 (℃)	v (m^3/kg)	u (kJ/kg)	h (kJ/kg)	s ($kJ/kg-K$)	v (m^3/kg)	u (kJ/kg)	h (kJ/kg)	s (kJ/kgK)
	1600 kPa (41.75)				2000 kPa (51.28)			
포화	0.01446	238.30	261.43	0.8724	0.01129	239.95	262.53	0.8598
50	0.01535	244.70	269.26	0.8969	–	–	–	–
60	0.01635	252.20	278.36	0.9246	0.01213	247.29	271.56	0.8873
70	0.01728	259.52	287.17	0.9507	0.01301	255.29	281.31	0.9161
80	0.01817	266.73	295.80	0.9755	0.01381	263.02	290.64	0.9429
90	0.01901	273.88	304.30	0.9992	0.01456	270.57	299.70	0.9682
100	0.01983	381.00	312.73	1.0221	0.01528	278.02	308.57	0.9923
110	0.02061	288.12	321.10	1.0442	0.01596	285.40	317.32	1.0155
120	0.02138	295.25	329.46	1.0658	0.01662	292.75	325.99	1.0378
130	0.02213	302.39	337.81	1.0867	0.01726	300.09	334.61	1.0594
140	0.02287	309.57	346.16	1.1072	0.01788	307.44	343.20	1.0805
150	0.02359	316.79	354.54	1.1272	0.01849	314.80	351.78	1.1010
160	0.02430	324.06	362.95	1.1469	0.01909	322.19	360.37	1.1211
170	0.02501	331.37	371.39	1.1661	0.01967	329.62	368.97	1.1407
180	0.02570	338.74	379.87	1.1851	0.02025	337.09	377.60	1.600
190	0.02639	346.17	388.40	1.2037	0.02082	344.61	356.25	1.1788
200	0.02707	353.66	396.97	1.2220	0.02138	352.17	394.94	1.1974
	3000 kPa (70.09)				4000 kPa (84.53)			
포화	0.00688	240.75	261.38	0.8300	0.0443	236.40	254.13	0.7935
	0.00775	251.29	274.53	0.8678	–	–	–	–
	0.00847	260.65	286.04	0.9000	0.00504	245.78	265.63	0.8254
	0.00910	269.37	296.66	0.9288	0.00580	257.78	281.00	0.8672
	0.00967	277.72	306.74	0.9555	0.00641	268.13	293.75	0.9009
	0.01021	285.84	316.47	0.9805	0.00692	277.58	305.27	0.9306
	0.01072	293.80	325.96	1.0044	0.00739	286.52	316.08	0.9578
	0.01120	301.67	335.27	1.0272	0.00782	295.14	326.42	0.9831
	0.01166	309.47	344.47	1.0492	0.00823	303.54	336.45	1.0071
	0.01211	317.24	353.58	1.0705	0.00861	311.81	346.25	1.0300
	0.01255	325.00	362.35	1.0912	0.00898	319.97	355.89	1.0520
	0.01298	332.75	371.68	1.1113	0.00933	328.08	365.41	1.0732
	0.01339	340.52	380.70	1.1310	0.00968	336.15	374.85	1.0939
	0.01380	348.31	389.71	1.1502	0.01001	344.20	384.24	1.1139
	0.01420	356.12	398.73	1.1691	0.01033	352.25	393.59	1.1335
	0.01460	363.98	407.77	1.1876	0.01065	360.31	402.93	1.1526
	0.01499	371.87	416.83	1.2058	0.01097	368.38	412.25	1.1713

| 표 B-3 | R-134a의 열역학 상태량

◆ B-3-1 : R-134a의 포화 상태량(온도기준)

		비체적, m^3/kg		내부 에너지, kJ/kg		엔탈피, kJ/kg		엔트로피, kJ/kgK	
온도	압력	포화액체	포화증기	포화액체	포화증기	포화액체	포화증기	포화액체	포화증기
(℃)	(kPa)	v_f	v_g	u_f	u_g	h_f	h_g	s_f	s_g
−70	8.3	0.000675	1.97274	119.46	338.20	119.47	354.62	0.6645	1.8220
−65	11.7	0.000679	1.42983	123.18	340.94	123.18	357.73	0.6825	1.8094
−60	16.3	0.000684	1.05268	127.52	343.71	127.53	360.86	0.7031	1.7978
−55	22.2	0.000689	0.78678	132.36	346.50	132.37	364.00	0.7256	1.7874
−50	29.9	0.000695	0.59657	137.60	349.31	137.62	367.16	0.7493	1.7780
−45	39.6	0.000701	0.45853	143.15	352.15	143.18	370.32	0.7740	1.7695
−40	51.8	0.000708	0.35696	148.95	355.00	148.98	373.48	0.7991	1.7620
−35	66.8	0.000715	0.28122	154.93	357.86	154.98	376.64	0.8245	1.7553
−30	85.1	0.000722	0.22402	161.06	360.73	161.12	379.80	0.8499	1.7493
−26.3	101.3	0.000728	0.19020	165.73	362.89	165.80	382.16	0.8690	1.7453
−25	107.2	0.000730	0.18030	167.30	363.61	167.38	382.95	0.8754	1.7441
−20	133.7	0.000738	0.14649	173.65	366.50	173.74	386.08	0.9007	1.7395
−15	165.0	0.000746	0.12007	180.07	369.39	180.19	389.20	0.9258	1.7354
−10	201.7	0.000755	0.09921	186.57	372.27	186.72	392.28	0.9507	1.7319
−5	244.5	0.000764	0.08257	193.15	375.15	193.32	395.34	0.9755	1.7288
0	294.0	0.000773	0.06919	199.77	378.01	200.00	398.36	1.0000	1.7262
5	350.9	0.000783	0.05833	206.48	380.85	206.75	401.32	1.0243	1.7239
10	415.8	0.000794	0.04945	213.25	383.67	213.58	404.23	1.0485	1.7218
15	489.5	0.000805	0.04213	220.10	386.45	220.49	407.07	1.0725	1.7200
20	572.8	0.000817	0.03606	227.03	389.19	227.49	409.84	1.0963	1.7183
25	666.3	0.000829	0.03098	234.04	391.87	234.59	412.51	1.1201	1.7168
30	771.0	0.000843	0.02671	241.14	394.48	241.79	415.08	1.1437	1.7153
35	887.6	0.000857	0.02310	248.34	397.02	249.10	417.52	1.1673	1.7139
40	1017.0	0.000873	0.02002	255.65	399.46	256.54	419.82	1.1909	1.7123
45	1160.2	0.000890	0.01739	263.05	401.79	264.11	421.96	1.2145	1.7106
50	1318.1	0.000908	0.01512	270.63	403.98	271.83	423.91	1.2381	1.7088
55	1491.6	0.000928	0.01316	278.33	406.01	279.72	425.65	1.2619	1.7066
60	1681.8	0.000951	0.01146	286.19	407.85	287.79	427.13	1.2857	1.7040
65	1889.9	0.000976	0.00997	294.24	409.46	296.09	428.30	1.3099	1.7008
70	2117.0	0.001005	0.00866	302.51	410.78	304.64	429.11	1.3343	1.6970
75	2364.4	0.001038	0.00749	311.06	411.74	313.51	429.45	1.3592	1.6923
80	2633.6	0.001078	0.00645	319.96	412.22	322.79	429.19	1.3849	1.6862
85	2926.2	0.001128	0.00550	329.35	412.01	332.65	428.10	1.4117	1.6782
90	3244.5	0.001195	0.00461	339.51	410.75	343.38	425.70	1.4404	1.6671
95	3591.5	0.001297	0.00373	351.17	407.42	355.83	420.81	1.4733	1.6498
100	3973.2	0.001557	0.00264	368.55	396.74	374.74	407.21	1.5228	1.6098
101.2	4064.0	0.001969	0.00197	382.97	382.97	390.98	390.98	1.5658	1.5658

◆ B-3-2 : R-134a의 포화 상태량(압력기준)

압력	온도	비체적, m^3/kg		내부 에너지, kJ/kg		엔탈피, kJ/kg		엔트로피, kJ/kgK	
		포화액체	포화증기	포화액체	포화증기	포화액체	포화증기	포화액체	포화증기
(kPa)	(℃)	v_f	v_g	u_f	u_g	h_f	h_g	s_f	s_g
10	−66.86	0.0006697	1.667	115	340.3	115	357	0.6448	1.818
15	−60.9	0.0006771	1.14	122.3	343.6	122.3	360.7	0.6795	1.803
20	−56.41	0.0006829	0.8708	127.8	346.2	127.8	363.6	0.7051	1.793
25	−52.77	0.0006877	0.7067	132.2	348.2	132.3	365.9	0.7256	1.786
30	−49.68	0.0006918	0.5958	136	350	136.1	367.9	0.7428	1.78
40	−44.6	0.0006988	0.4551	142.4	352.9	142.4	371.1	0.7707	1.771
50	−40.45	0.0007047	0.3693	147.5	355.3	147.6	373.7	0.7932	1.765
70	−33.86	0.0007144	0.2693	155.8	359	155.9	377.9	0.8283	1.756
101.3	−26.08	0.0007264	0.1902	165.7	363.5	165.8	382.8	0.869	1.747
125	−21.38	0.000734	0.156	171.8	366.2	171.8	385.7	0.8932	1.743
150	−17.13	0.000741	0.1313	177.2	368.6	177.4	388.3	0.9148	1.739
175	−13.41	0.0007475	0.1134	182.1	370.8	182.2	390.6	0.9336	1.736
200	−10.08	0.0007534	0.09988	186.4	372.6	186.6	392.6	0.9503	1.733
250	−4.284	0.0007641	0.08069	194.1	375.9	194.3	396.1	0.979	1.73
300	0.6721	0.0007737	0.0677	200.7	378.7	200.9	399	1.003	1.727
350	5.028	0.0007825	0.05832	206.5	381.1	206.8	401.5	1.024	1.724
400	8.931	0.0007907	0.05121	211.8	383.2	212.1	403.7	1.043	1.723
450	12.48	0.0007985	0.04562	216.6	385.2	217	405.7	1.06	1.721
500	15.73	0.0008059	0.04112	221.1	386.9	221.5	407.5	1.076	1.72
600	21.57	0.00082	0.0343	229.2	390	229.7	410.6	1.104	1.717
800	31.33	0.0008459	0.02562	243	395	243.6	415.5	1.15	1.714
1000	39.39	0.0008701	0.02032	254.6	398.8	255.5	419.2	1.188	1.711
1200	46.31	0.0008935	0.01672	264.9	402	265.9	422	1.22	1.709
1400	52.42	0.0009167	0.01411	274.1	404.5	275.4	424.3	1.249	1.706
1600	57.91	0.0009401	0.01213	282.6	406.6	284.1	426	1.275	1.704
1800	62.9	0.000964	0.01056	290.5	408.3	292.3	427.4	1.299	1.701
2000	67.48	0.0009888	0.009291	298	409.7	300	428.3	1.321	1.698
2200	71.73	0.001015	0.008236	305.1	410.7	307.3	428.8	1.342	1.694
2400	75.69	0.001042	0.00734	311.9	411.4	314.4	429	1.362	1.69
2600	79.41	0.001072	0.006567	318.5	411.8	321.3	428.9	1.381	1.686
2800	82.9	0.001105	0.005888	324.9	411.8	328	428.3	1.399	1.681
3000	86.2	0.001141	0.005281	331.3	411.5	334.7	427.3	1.417	1.675
3200	89.33	0.001183	0.00473	337.6	410.7	341.4	425.8	1.435	1.668
3400	92.3	0.001234	0.004216	344.1	409.3	348.3	423.7	1.453	1.659
3600	95.12	0.001297	0.003722	350.9	407.1	355.6	420.5	1.472	1.649
4000	100.3	0.00158	0.002563	369.2	395.1	375.6	405.4	1.525	1.605

◆ B-3-3 : R-134a의 과열 증기 상태량

온도 (℃)	v (m^3/kg)	u (kJ/kg)	h (kJ/kg)	s ($kJ/kg-K$)	v (m^3/kg)	u (kJ/kg)	h (kJ/kg)	s (kJ/kgK)
	50 kPa (−40.67)				100 kPa (−26.54)			
포화	0.36889	354.61	373.06	1.7629	0.19257	362.73	381.98	1.7456
−20	0.40507	368.57	388.82	1.8279	0.19860	367.36	387.22	1.7665
−10	0.42222	375.53	396.64	1.8582	0.20765	374.51	395.27	1.7978
0	0.43921	382.63	404.59	1.8878	0.21652	381.76	403.41	1.8281
10	0.45608	389.90	412.70	1.9170	0.22527	389.14	411.67	1.8578
20	0.47287	397.32	420.96	1.9456	0.23392	396.66	420.05	1.8869
30	0.48958	404.90	429.38	1.9739	0.24250	404.31	428.56	1.9155
40	0.50623	412.64	437.96	2.0017	0.25101	412.12	437.22	1.9436
50	0.52284	420.55	446.70	2.0292	0.25948	420.08	446.03	1.9712
60	0.53941	428.63	455.60	2.0563	0.26791	428.20	454.99	1.9985
70	0.55595	436.86	464.66	2.0831	0.27631	436.47	464.10	2.0255
80	0.57247	445.26	473.88	2.1096	0.28468	444.89	473.36	2.0521
90	0.58896	453.82	483.26	2.1358	0.29302	453.47	482.78	2.0784
100	0.60544	462.53	492.81	2.1617	0.30135	462.21	492.35	2.1044
110	0.62190	471.41	502.50	2.1874	0.30967	471.11	502.07	2.1301
120	0.63835	480.44	512.36	2.2128	0.31797	480.16	511.95	2.1555
130	0.65479	489.63	522.37	2.2379	0.32626	489.36	521.98	2.1807
	150 kPa (−17.29)				200 kPa (−10.22)			
포화	0.13139	368.06	387.77	1.7372	0.10002	372.15	392.15	1.7320
−10	0.13602	373.44	393.84	1.7606	0.10013	372.31	392.34	1.7328
0	0.14222	380.85	402.19	1.7917	0.10501	379.91	400.91	1.7647
10	0.14828	388.36	410.60	1.8220	0.10974	387.55	409.50	1.7956
20	0.15424	395.98	419.11	1.8515	0.11436	395.27	418.15	1.8256
30	0.16011	403.71	427.73	1.8804	0.11889	403.10	426.87	1.8549
40	0.16592	411.59	436.47	1.9088	0.12335	411.04	435.71	1.8836
50	0.17168	419.60	445.35	1.9367	0.12776	419.11	444.66	1.9117
60	0.17740	427.76	454.37	1.9642	0.13213	427.31	453.74	1.9394
70	0.18308	436.06	463.53	1.9913	0.13646	435.65	462.95	1.9666
80	0.18874	444.52	472.83	2.0180	0.14076	444.14	472.30	1.9935
90	0.19437	453.13	482.28	2.0444	0.14504	452.78	481.79	2.0200
100	0.19999	461.89	491.89	2.0705	0.14930	461.56	491.42	2.0461
110	0.20559	470.80	501.64	2.0963	0.15355	470.50	501.21	2.0720
120	0.21117	479.87	511.54	2.1218	0.15777	479.58	511.13	2.0976
130	0.21675	489.08	521.60	2.1470	0.16199	488.81	521.21	2.1229
140	0.22231	498.45	531.80	2.1720	0.16620	498.19	531.43	2.1479

◆ B-3-3(계속) : R-134a의 과열 증기 상태량

온도 (℃)	v (m^3/kg)	u (kJ/kg)	h (kJ/kg)	s $(kJ/kg-K)$	v (m^3/kg)	u (kJ/kg)	h (kJ/kg)	s (kJ/kgK)
	300 kPa (0.56)				400 kPa (8.84)			
포화	0.06787	378.33	398.69	1.7259	0.05136	383.02	403.56	1.7223
10	0.07111	385.84	407.17	1.7564	0.05168	383.98	404.65	1.7261
20	0.07441	393.80	416.12	1.7874	0.05436	392.22	413.97	17.584
30	0.07762	401.81	425.10	1.8175	0.05693	400.45	423.22	1.7895
40	0.08075	409.90	434.12	1.8468	0.05940	408.70	432.46	1.8195
50	0.08382	418.09	443.23	1.8755	0.06181	417.03	441.75	1.8487
60	0.08684	426.39	452.44	1.9035	0.06417	425.44	451.10	1.8772
70	0.08982	434.82	461.76	1.9311	0.06648	433.95	460.55	1.9051
80	0.09277	443.37	471.21	1.9582	0.06877	442.58	470.09	1.9325
90	0.09570	452.07	480.78	1.9850	0.07102	451.34	479.52	1.9595
100	0.09861	460.90	490.48	2.0113	0.07325	460.22	489.52	1.9860
110	0.10150	469.87	500.32	2.0373	0.07547	469.24	499.43	2.0122
120	0.10437	478.99	510.30	2.0631	0.07767	478.40	509.46	2.0381
130	0.10723	488.26	520.43	2.0885	0.07985	487.69	519.63	2.0636
140	0.11008	497.66	530.69	2.1136	0.08202	497.13	529.94	2.0889
150	0.12292	507.22	541.09	2.1385	0.08418	506.71	540.38	2.1139
160	0.11575	516.91	551.64	2.1631	0.08634	516.43	550.97	2.1386
	500 kPa (15.66)				600 kPa (21.52)			
포화	0.04216	386.82	407.45	1.7198	0.03442	390.01	410.66	1.7179
20	0.04226	390.52	411.65	1.7342	–	–	–	–
30	0.04446	398.99	421.22	1.7663	0.03609	397.44	419.09	1.7461
40	0.04656	407.44	430.72	1.7971	0.03796	406.11	428.88	1.7779
50	0.04858	415.91	440.20	1.8270	0.03974	414.75	438.59	1.8084
60	0.05055	424.44	449.72	1.8560	0.04145	423.41	448.28	1.8379
70	0.05247	433.06	459.29	1.8843	0.04311	432.13	457.99	1.8666
80	0.05435	441.77	468.94	1.9120	0.04473	440.93	467.76	1.8947
90	0.05620	450.59	478.69	1.9392	0.04632	449.82	477.61	1.9222
100	0.05804	459.53	488.55	1.9660	0.04788	458.82	487.55	1.9492
110	0.05985	468..60	498.52	1.9924	0.04943	467.94	497.59	1.9758
120	0.06164	477.79	508.61	2.0184	0.05095	477.18	507.75	2.0019
130	0.06342	487.13	518.83	2.0440	0.05246	486.55	518.03	2.0277
140	0.06518	496.59	529.19	2.0694	0.05396	496.05	528.43	2.0532
150	0.06694	506.20	539.67	2.0945	0.05544	505.69	538.95	2.0784
160	0.06869	515.95	550.29	2.1193	0.05692	515.46	549.61	2.1033
170	0.07043	525.83	561.04	2.1438	0.05839	525.36	560.40	2.1279

◆ B-3-3(계속) : R-134a의 과열 증기 상태량

온도 (℃)	v (m^3/kg)	u (kJ/kg)	h (kJ/kg)	s ($kJ/kg-K$)	v (m^3/kg)	u (kJ/kg)	h (kJ/kg)	s (kJ/kgK)
	800 kPa (31.30)				1000 kPa (39.37)			
포화	0.02571	395.15	415.72	1.7150	0.02038	399.16	419.54	1.7125
40	0.02711	403.17	424.86	1.7446	0.02047	399.78	420.25	1.7148
50	0.02861	412.23	435.11	1.7768	0.02185	409.39	431.24	1.7494
60	0.03002	421.20	445.22	1.8076	0.02311	418.78	441.89	1.7818
70	0.03137	430.17	455.27	1.8373	0.02429	428.05	452.34	1.8127
80	0.03268	439.17	465.31	1.8662	0.02542	437.29	462.70	1.8425
90	0.03394	448.22	475.38	1.8943	0.02650	446.53	473.03	1.8713
100	0.03518	457.35	485.50	1.9218	0.02754	455.82	483.36	1.8994
110	0.03639	466.58	495.70	1.9487	0.02856	465.18	493.74	1.9268
120	0.03758	475.92	505.99	1.9753	0.02956	474.62	504.17	1.9537
130	0.03876	485.37	516.38	2.0014	0.03053	484.16	514.69	1.9801
140	0.03992	494.94	526.88	2.0271	0.03150	493.81	525.30	2.0061
150	0.04107	504.64	537.50	2.0525	0.03244	503.57	536.02	2.0318
160	0.04221	514.46	548.23	2.0775	0.03338	513.46	546.84	2.0570
170	0.04334	524.42	559.09	2.1023	0.03431	523.46	557.77	2.0820
180	0.04446	534.51	570.08	2.1268	0.03523	533.60	568.83	2.1067
	1200 kPa (46.31)				1400 kPa (52.42)			
포화	0.01676	402.37	422.49	1.7102	0.01414	404.98	424.78	1.7077
50	0.01724	406.15	426.84	1.7237	–	–	–	–
60	0.01844	416.08	438.21	1.7584	0.01503	413.03	434.08	1.7360
70	0.01953	425.74	449.18	1.7908	0.01608	423.20	445.72	1.7704
80	0.02055	435.27	459.92	1.8217	0.01704	433.09	456.94	1.8026
90	0.02151	444.74	470.55	1.8514	0.01793	442.83	467.93	1.8333
100	0.02244	454.20	481.13	1.8801	0.01878	452.50	478.79	1.8628
110	0.02333	463.71	491.70	1.9081	0.01958	462.17	489.59	1.8914
120	0.02420	473.27	502.31	1.9354	0.02036	471.87	500.38	1.9192
130	0.02504	482.91	512.97	1.9621	0.02112	481.63	511.19	1.9463
140	0.02587	492.65	523.70	1.9884	0.02186	491.46	522.05	1.9730
150	0.02669	502.48	534.51	2.0143	0.02258	501.37	532.98	1.9991
160	0.02750	512.43	545.43	2.0398	0.02329	511.39	543.99	2.0248
170	0.02829	522.50	556.44	2.0649	0.02399	521.51	555.10	2.0502
180	0.02907	532.68	567.57	2.0898	0.02468	531.75	566.30	2.0752

◆ B-3-3(계속) : R-134a의 과열 증기 상태량

온도 (℃)	v (m^3/kg)	u (kJ/kg)	h (kJ/kg)	s $(kJ/kg-K)$	v (m^3/kg)	u (kJ/kg)	h (kJ/kg)	s (kJ/kgK)
	1600 kPa (57.90)				2000 kPa (67.48)			
포화	0.01215	407.11	426.54	1.7051	0.00930	410.15	428.75	1.6991
60	0.01239	409.49	429.32	1.7135	–	–	–	–
70	0.01345	420.37	441.89	1.7507	0.00958	413.37	432.53	1.7101
80	0.01438	430.72	453.72	1.7847	0.01055	425.20	446.30	1.7497
90	0.01522	440.79	465.15	1.8166	0.01137	436.20	458.95	1.7850
100	0.01601	450.71	476.33	1.8469	0.01211	446.78	471.00	1.8177
110	0.01676	460.57	487.39	1.8762	0.01279	457.12	482.69	1.8487
120	0.01748	470.42	498.39	1.9045	0.01342	467.34	494.19	1.8783
130	0.01817	480.30	509.37	1.9321	0.01403	477.51	505.57	1.9069
140	0.01884	490.23	520.38	1.9591	0.01461	487.68	516.90	1.9346
150	0.01949	500.24	531.43	1.9855	0.01517	497.89	528.22	1.9617
160	0.02013	510.33	542.54	2.0115	0.01571	508.15	539.57	1.9882
170	0.02076	520.52	553.73	2.0370	0.01624	518.48	550.96	2.0142
180	0.02138	530.81	565.02	2.0622	0.01676	528.89	562.42	2.0398
	3000 kPa (86.20)				4000 kPa (100.33)			
포화	0.00528	411.83	427.67	1.6759	0.00252	394.86	404.94	1.6036
90	0.00575	418.93	436.19	1.6995	–	–	–	–
100	0.00665	433.77	453.73	1.7472	–	–	–	–
110	0.00734	446.48	468.50	1.7862	0.00428	429.74	446.84	1.7148
120	0.00792	458.27	482.04	1.8211	0.00500	445.97	465.99	1.7642
130	0.00845	469.58	494.91	1.8535	0.00556	459.63	481.87	1.8040
140	0.00893	480.61	507.39	1.8840	0.00603	472.19	496.29	1.8394
150	0.00937	491.49	519.62	1.9133	0.00644	484.15	509.92	1.8720
160	0.00980	502.30	531.70	1.9415	0.00683	495.77	523.07	1.9027
170	0.01021	513.09	543.71	1.9689	0.00718	507.19	535.92	1.9320
180	0.01060	523.89	555.69	1.9956	0.00752	518.51	548.57	1.9603

| 표 B-4 | 포화상태의 압축성인자

$\ln(P_r)$	P_r	T_r	Z_f	Z_g
−13.14053	0.00000	0.30	0.00000	0.99998
−11.89025	0.00000	0.32	0.00000	0.99993
−10.79655	0.00002	0.34	0.00001	0.99983
−9.83281	0.00005	0.36	0.00002	0.99963
−8.97801	0.00013	0.38	0.00003	0.99927
−8.21540	0.00027	0.40	0.00006	0.99865
−7.53140	0.00054	0.42	0.00012	0.99770
−6.91492	0.00099	0.44	0.00022	0.99628
−6.35683	0.00173	0.46	0.00038	0.99430
−5.84950	0.00288	0.48	0.00061	0.99165
−5.38653	0.00458	0.50	0.00095	0.98820
−4.96253	0.00700	0.52	0.00141	0.98389
−4.57289	0.01033	0.54	0.00204	0.97862
−4.21367	0.01479	0.56	0.00286	0.97233
−3.88146	0.02062	0.58	0.00390	0.96498
−3.57331	0.02806	0.60	0.00521	0.95652
−3.28666	0.03738	0.62	0.00682	0.94695
−3.01926	0.04884	0.64	0.00877	0.93623
−2.76913	0.06272	0.66	0.01110	0.92436
−2.53452	0.07930	0.68	0.01384	0.91133
−2.31388	0.09888	0.70	0.01705	0.89711
−2.10584	0.12174	0.72	0.02077	0.88170
−1.90915	0.14821	0.74	0.02504	0.86506
−1.72272	0.17858	0.76	0.02994	0.84712
−1.54554	0.21320	0.78	0.03552	0.82782
−1.37672	0.25241	0.80	0.04186	0.80704
−1.21545	0.29658	0.82	0.04906	0.78463
−1.06097	0.34612	0.84	0.05725	0.76036
−0.91263	0.40147	0.86	0.06658	0.73394
−0.76980	0.46311	0.88	0.07727	0.70491
−0.63192	0.53157	0.90	0.08961	0.67262
−0.49847	0.60746	0.92	0.10407	0.63605
−0.36898	0.69144	0.94	0.12143	0.59347
−0.24301	0.78426	0.96	0.14328	0.54146
−0.12014	0.88680	0.98	0.17412	0.47112
0.0	1.00000	1.00	0.29010	0.29010

| 표 C-1 | 단위 환산 인자

기본 단위

〈Length〉

- $1\,m = 3.2808\,ft = 39.37\,in = 1.0926\,yd$
- $1\,ft = 12\,in = 0.3048\,m$, $1\,mile = 5280\,ft = 1.6093\,km$

〈Mass〉

- $1\,kg = 2.2046\,lbm = 0.0685\,slug$
- $1\,lbm = 0.45359\,kg$, $1\,slug = 32.174\,lbm = 14.5939\,kg$

〈Temperature〉

- $T(K) = T(℃) + 273.15$, $T(℃) = [T(°F) - 32]/1.8$, $\Delta T(K) = \Delta T(℃)$
- $T(R) = T(°F) + 459.67 = 1.8\,T(K)$, $T(°F) = 1.8(℃) + 32$, $\Delta T(°F) = \Delta T(R) = 1.8\Delta T(℃)$

〈Energy〉

- $1\,cal = 4.184\,J$, $1\,kJ = 0.94782\,Btu$, $1\,Btu = 1055.056\,J = 778.169\,lbf \cdot ft$
- $1\,kWh = 1\,kW \times 3600s = 3600\,kJ = 3412.14\,Btu$

〈Flow Rate〉

① mass flow rate : $1\,kg/s = 7937\,lbm/hr$

② volume flow rate : $1\,m^3/s = 55850\,gal/min(gpm)$

〈Force〉

- $1\,N = 0.2248\,lbf = 10^5\,dyne$, $1\,kgf = 9.80665\,N$
- $1\,lbf = 32.174\,lbm \cdot ft/s^2 = 4.44822\,N$

〈Heat〉

① Heat flux : $1\,W/m^2 = 0.3171\,Btu/(hr \cdot ft^2)$

② Heat generation rate : $1\,W/m^3 = 0.09665\,Btu/(hr \cdot ft^3)$

③ Heat transfer coefficient

- $1\,W/m^2℃ = 0.17612\,Btu/(hr\,ft^2\,°F)$, $1\,Btu/(hr\,ft^2\,°F) = 5.678\,W/m^2℃$

〈Power〉

- $1\,W = 3.412\,Btu/hr = 1.341 \times 10^{-3}\,hp = 2.844 \times 10^{-4}$ tons of refrigeration
- $1\,hp = 550\,lbf \cdot ft/s^2 = 745.7\,W = 2544.5\,Btu/hr$

〈Pressure〉

- $1\,Pa = 10^{-5}bar = 1.4504 \times 10^{-4}\,lbf/in^2(psi) = 0.020886\,lbf/ft^2(psf)$
- $1\,psi = 144\,psf = 6.894757\,kPa$

- $1\,mmHg = 0.1333\,kPa$, $1\,inHg = 3.387\,kPa$
- $1\,atm = 101.325\,kPa = 14.696\,psi = 1.03323\,kgf/cm^2$
  $1\,atm = 760\,mmHg(0℃) = 29.92\,inHg(30°F)$

〈Specific Heat〉

- $1\,J/kg℃ = 2.3885 \times 10^{-4}\,Btu/lbm \cdot °F$, $1\,Btu/lbm \cdot °F = 4.1868\,kJ/kg \cdot ℃$

〈Thermal Conductivity〉

- $1\,W/m℃ = 0.57782\,Btu/h \cdot ft \cdot °F$

〈Thermal Resistance〉

- $1\,℃/W = 0.5275\,°F/h \cdot Btu$

〈Velocity〉

- $1\,m/s = 3.60\,km/h = 2.237\,mi/h$, $1\,knot = 0.5148\,m/s$

〈Viscosity〉

① dynamic : $1\,N \cdot s/m^2 = 1\,kg/m \cdot s = 1000\,centipoise = 0.67197\,lbm/ft \cdot s$

② kinematic : $1\,m^2/s = 10^6 centistoke = 10.764\,ft^2/s$

〈Volume〉

- $1\,m^3 = 1000\,l = 264.17\,gallons(U.S.)$
- $1\,U.S.\ gallon = 231\,in^3 = 0.13368\,ft^3 = 3.7854\,l$

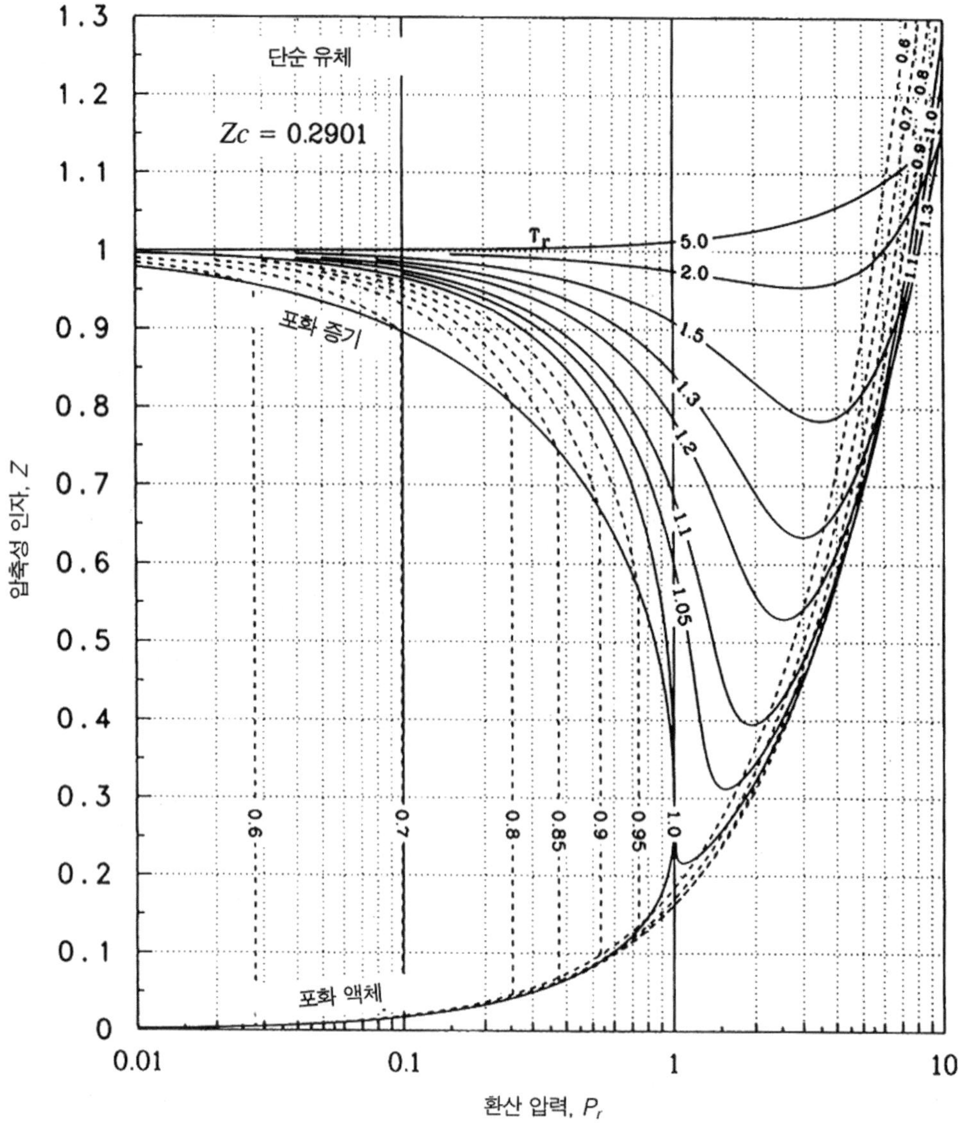

[그림 D-1] 압축성인자 선도

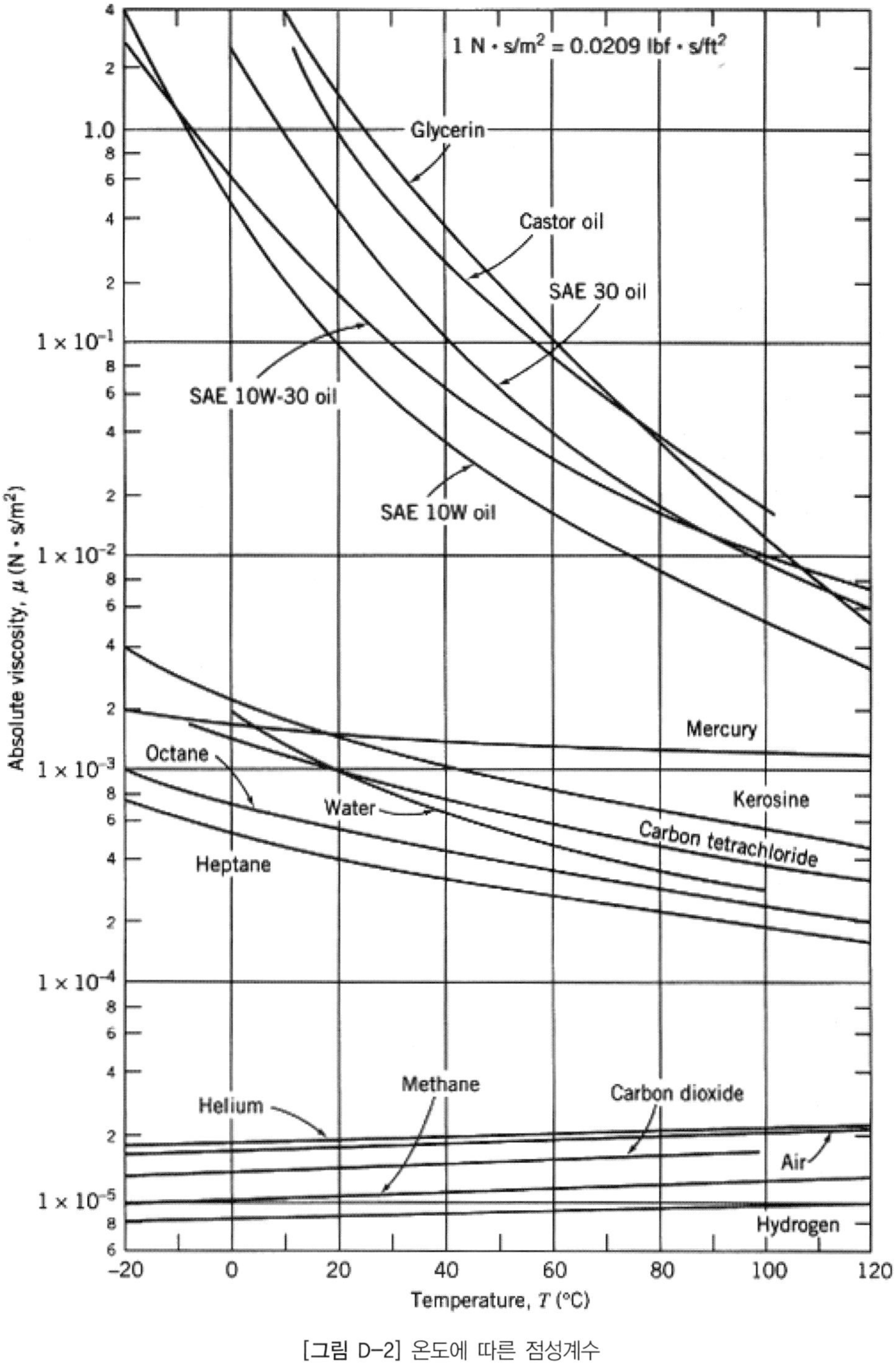

[그림 D-2] 온도에 따른 점성계수

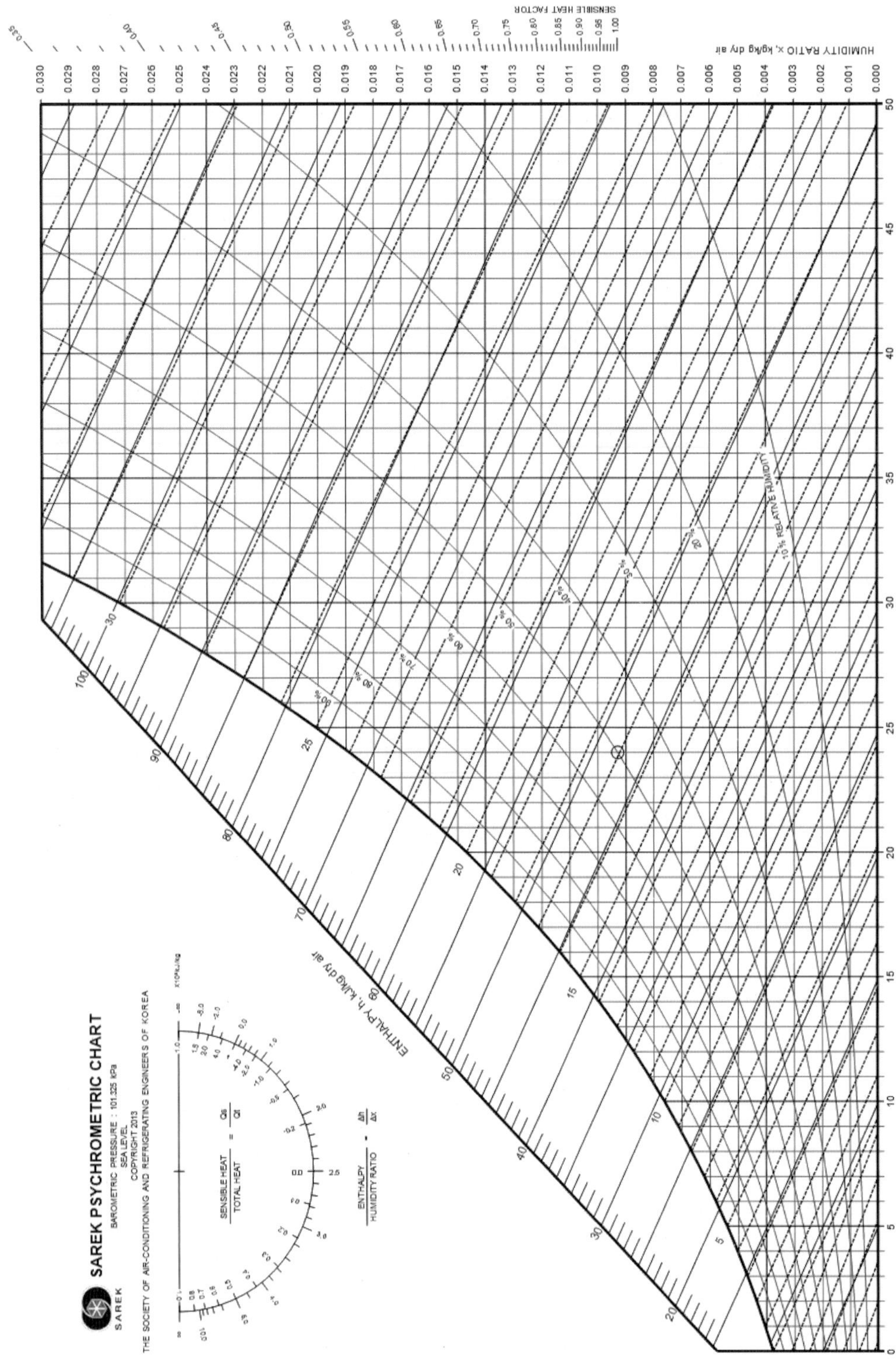
SAREK PSYCHROMETRIC CHART
BAROMETRIC PRESSURE : 101.325 kPa
SEA LEVEL
COPYRIGHT 2013
THE SOCIETY OF AIR-CONDITIONING AND REFRIGERATING ENGINEERS OF KOREA
SENSIBLE HEAT / TOTAL HEAT = Qs / Qt
ENTHALPY / HUMIDITY RATIO = Δh / Δx
SENSIBLE HEAT FACTOR
HUMIDITY RATIO x, kg/kg dry air
ENTHALPY h, kJ/kg dry air
DRY-BULB TEMPERATURE, ℃
10 % RELATIVE HUMIDITY

[그림 D-3] 습공기선도

찾아보기

ㅎ

저자 소개

모정하
원광대학교 기계자동차공학부

이태희
수원과학대학교 건축설비소방과

이병호
경남정보대학교 자동차과

우종식
용인송담대학교 기계과

김근묵
아주자동차대학 자동차튜업제어

EXCEL을 이용한 열유체공학

발 행 일 • 2015년 11월 30일
저 자 • 모정하 · 이태희 · 이병호 · 우종식 · 김근묵
발 행 자 • 최 봉 조
발 행 처 • 진샘미디어
주 소 • 서울시 은평구 연서로 5길 28 부호아파트 102동 상가5호
전 화 • 02)353-4421 / FAX 02)353-4431
홈 페 이 지 • www.jinsaem.co.kr

신 고 번 호 • 제311-2005-000025호
I S B N • 979-11-85504-37-7 93550

정가 22,000원